"十四五"职业教育国家规划教材

PLC 编程与应用技术

（第 3 版）

主　编　王　猛　杨　欢
副主编　熊家慧
参　编　顾　燕　巢春波　郭爱云　万　萍
审　稿　史先焘

北京理工大学出版社
BEIJING INSTITUTE OF TECHNOLOGY PRESS

内 容 简 介

本书是高等院校“以就业为导向、以能力为本位”课程改革成果系列教材之一，是根据教育部新一轮教育教学改革成果——最新研发的机电一体化技术专业人才培养方案中 PLC 编程及应用技术核心课程标准，并参照相关国家职业标准及有关行业职业技能鉴定规范编写的。

全书由九个项目组成，根据学生的认知水平和职业技能形成的规律，采用理论、实践一体化的形式，将各学科的内容按“项目”进行合理整合。采用了综合化、模块化和项目化的编写思路，以实践活动为主线，将理论知识和技能训练有机结合，突出对综合职业能力的培养。主要内容包括三相交流异步电动机的控制、液体自动混合控制系统、物料分拣控制系统、十字路口交通信号灯的控制、花式喷泉系统的控制、送料小车多工位运行系统的控制、城市霓虹灯系统的控制、商场自动售货机的控制和电动机的定位控制。每个项目的后面均附有练习题和操作题，以便学生自学以及进行知识的巩固与拓展。

本书可用作高等院校机电技术专业、数控技术专业及其他相关专业的教学用书，也可用作相关行业岗位培训教材及有关人员自学用书。

图书在版编目（CIP）数据

PLC 编程与应用技术 / 王猛，杨欢主编. -- 3 版. -- 北京：北京理工大学出版社，2022.1（2024.8 重印）

ISBN 978-7-5763-1013-9

Ⅰ. ①P…　Ⅱ. ①王…②杨…　Ⅲ. ①PLC 技术-程序设计　Ⅳ. ①TM571.61

中国版本图书馆 CIP 数据核字（2022）第 028070 号

责任编辑：孟雯雯　　**文案编辑**：多海鹏
责任校对：周瑞红　　**责任印制**：李志强

出版发行 / 北京理工大学出版社有限责任公司
社　　址 / 北京市丰台区四合庄路 6 号
邮　　编 / 100070
电　　话 / (010) 68914026（教材售后服务热线）
(010) 68944437（课件资源服务热线）
网　　址 / http://www.bitpress.com.cn

版 印 次 / 2024 年 8 月第 3 版第 5 次印刷
印　　刷 / 北京广达印刷有限公司
开　　本 / 787 mm×1092 mm　1/16
印　　张 / 19.5
字　　数 / 606 千字
定　　价 / 59.90 元

丛书编审委员会

前　言

为贯彻落实党的二十大精神，本教材以适应新时代发展为要求，以求真务实思想为基础，以创新驱动为引领，坚持问题导向，将科学技术融入项目实践，是高等院校课程改革成果系列教材之一，是根据教育部新一轮教育教学改革成果——最新研发的机电一体化技术专业人才培养方案中 PLC 编程及应用技术核心课程标准，并参照相关国家职业标准及有关行业职业技能鉴定规范编写的。

本书打破了原来各学科体系的框架，将各学科的内容按“项目”进行合理整合。采用了综合化、模块化和项目化的编写思路，以实践活动为主线，将理论知识和技能训练有机结合，突出对综合职业能力的培养。

本书采用项目任务书的形式，将职业技能大赛与日常教学有机结合，选择了工程和生活实际中的九个典型项目，每个项目均由若干个具体的典型工作任务组成，每个任务均将相关知识和实践（含实验）过程有机结合，力求体现理论、实践一体化的教学理念。在内容选择上，突出实际应用，注重培养学生的应用能力和解决问题的实际工作能力；在内容组织形式上，强调学生的主体性，在每个项目实施前，先提出学习目标，再进行任务分析，使学生在学习每个项目之初就知道具体的任务和要求，便于学生的自学和自评；在内容的安排上，采用了任务引入——任务分析——活动展开（任务实施）——拓展训练的顺序，既符合学生的认知规律和技能形成的规律，又兼顾了学生的可持续发展性。

本书可用作高等院校数控技术专业、机电技术专业及相关专业的教学用书，也可用作相关行业岗位培训教材及有关人员的自学用书。

本书参考学时数为 130 学时，各项目的推荐学时如下：

序号	项　目	学　时		
		理论	实践	合计
1	三相交流异步电动机的控制	8	16	24
2	液体自动混合控制系统	4	8	12
3	物料分拣控制系统	6	12	18
4	十字路口交通信号灯的控制	2	8	10
5	花式喷泉系统的控制	4	8	12
6	送料小车多工位运行系统的控制	4	12	16
7	城市霓虹灯系统的控制	4	8	12
8	商场自动售货机的控制	4	12	16
9	电动机定位的控制	4	6	10
	合　计	40	90	130

本书由王猛、杨欢担任主编，熊家慧担任副主编，顾燕、巢春波、郭爱云、万萍担任参编。全书由王猛和杨欢统稿。

本书由史先焘副教授审稿。他对书稿提出了许多宝贵的修改意见和建议，提高了书稿质量，在此表示衷心的感谢！

本书作为课程改革成果系列教材之一，在推广使用中，非常希望得到其教学适用性的反馈意见，以便不断地改进与完善。由于编者学识和水平有限，书中错漏之处在所难免，敬请读者批评指正。

编　者

目　　录

项目一　三相交流异步电动机的控制 …… 1
任务一　三菱 FX3U 系列 PLC 的认识 …… 2
任务二　三相交流异步电动机的点动控制 …… 28
任务三　三相交流异步电动机的长动控制（启保停控制） …… 42
任务四　具有双重联锁功能的三相交流异步电动机的正反转控制 …… 58
任务五　三相交流异步电动机单按钮启停的控制 …… 68
任务六　三相交流异步电动机 Y-△降压启动的控制 …… 78
任务七　三相交流异步电动机顺序启动、逆序停止的控制 …… 87
练习与操作 …… 96
项目二　液体自动混合控制系统 …… 103
任务一　学习状态编程的基本方法 …… 104
任务二　液体自动混合控制系统的实现 …… 117
拓展训练 1　全自动洗衣机控制系统的实现 …… 123
拓展训练 2　机械手控制系统的实现 …… 127
练习与操作 …… 132
项目三　物料分拣控制系统 …… 135
任务一　学习状态转移图（SFC）的选择性分支结构 …… 136
任务二　大小铁球分类传送控制系统的实现 …… 140
任务三　物料传送分拣系统控制 …… 150
练习与操作 …… 155
项目四　十字路口交通信号灯的控制 …… 157
任务一　学习状态转移图（SFC）的并行分支结构 …… 158
任务二　十字路口交通信号灯的控制 …… 162
拓展训练　YL-235A 光机电一体化设备整体运行控制 …… 168
练习与操作 …… 175
项目五　花式喷泉系统的控制 …… 179
任务一　用基本逻辑指令实现花式喷泉系统的控制 …… 180
任务二　用步进指令实现花式喷泉系统的控制 …… 186
任务三　用功能指令实现花式喷泉系统的控制 …… 188
拓展训练　用功能指令实现三相交流异步电动机 Y-△启动控制 …… 195
练习与操作 …… 198
项目六　送料小车多工位运行系统的控制 …… 199
任务一　用基本逻辑指令实现送料小车多工位运行系统的控制 …… 200
任务二　用功能指令实现运料小车多工位运行系统的控制 …… 208
拓展训练 1　用 CMP 比较功能指令实现简易密码锁的控制 …… 215
拓展训练 2　用 CMP、ZCP 比较指令实现简易定时与报时器的控制 …… 217
练习与操作 …… 220

项目七　城市霓虹灯系统的控制 …… 223
任务一　位左移/右移指令（SFTL/SFTR）实现铁塔之光的控制 …… 224
任务二　使用循环右移/左移指令、子程序调用及返回指令实现广告牌饰灯的控制 …… 234
任务三　利用加 1/减 1 指令完成彩灯控制系统的装调 …… 240
练习与操作 …… 245
项目八　商场自动售货机的控制 …… 247
任务一　四则运算（加、减、乘、除）功能的实现 …… 248
任务二　用七段解码指令实现 9 s 倒计时钟控制 …… 256
任务三　商场自动售货机系统的控制 …… 259
练习与操作 …… 267
项目九　电动机的定位控制 …… 269
任务一　步进电机的定位控制 …… 270
任务二　伺服电动机的定位控制 …… 283
练习与操作 …… 302
参考文献 …… 304

项目一 三相交流异步电动机的控制

PLC是可编程控制器（Programmable Controller）的简称，英文缩写为PC，为与个人计算机（Personal Computer）的英文缩写PC相互区别，人们将最初用于逻辑控制的可编程控制器（Programmable Logic Controller）叫作PLC。

可编程控制器（PLC）作为一种现代的新型工业控制装置，具有功能强、可靠性高、指令简单等一系列显著的优点。它不仅可以取代传统继电器控制系统，来实现逻辑控制、顺序控制、定时/计数等各种功能，还能像微型计算机一样具有数字运算、数据处理、模拟量调节、运动控制、闭环控制以及网络通信等功能，在工业生产的自动化控制中具有极其重要的地位。

作为PLC入门的需要，本项目以三相交流异步电动机的PLC控制为主线，首先介绍三菱FX3U系列PLC的基础知识和相关编程软件的使用，然后通过引入三相交流异步电动机的点动、长动、正反转、单按钮启停、Y-△降压启动等具体控制实例，配合PLC接线板的制作，使读者快速学会应用三菱FX3U系列PLC实现电动机典型控制案例的基本设计过程、实施步骤以及实现方法。

通过本项目的学习和实践，应努力达到如下目标：

知识目标：

① 认识三菱FX3U系列PLC的硬件、软件系统组成

② 知道PLC的工作原理

③ 熟悉PLC的基本逻辑指令

技能目标：

① 学会编程软件GX Work2的安装使用

② 能解决PLC与计算机的通信连接问题

③ 能完成三相交流异步电动机典型控制系统的安装、调试和监控

素养目标：

① 培养学生在分析和解决问题时学以致用、独立思考的基本素养

② 培养学生勇于创新、敬业乐业的职业精神

③ 养成学生严谨治学的学习态度和安全作业的职业意识

学习笔记

任务一 三菱 FX3U 系列 PLC 的认识

PLC 发展

任务引入

可编程控制器简称 PLC，是 20 世纪 60 年代以来发展极为迅速、应用极为广泛的工业控制装置，是现代工业自动化控制的首选产品，与机器人、CAD/CAM 并称为工业生产自动化的三大支柱。

经过近 50 年的发展，PLC 已应用于各行各业，功能也越来越完善。PLC 从当初的逻辑运算、定时和计数等简单功能，逐步增加了算术运算、数据处理和传送、通信联网、故障自诊断等功能，各个生产厂家（三菱、松下、西门子、欧姆龙、台达等）也相继推出了位置控制、伺服定位、PID 控制、A/D 转换、D/A 转换等特殊功能模块，进一步拓展了 PLC 的功能。

本任务以三菱 FX3U 系列 PLC 为例，学习可编程控制器软、硬件系统的组成，工作原理以及 GX Works2 编程软件的使用。

任务分析

PLC 控制系统的组成与微型计算机基本相同，也是由硬件系统和软件系统两大部分构成。通过本任务的学习和实践，需要解决以下问题：

（1）认识可编程控制器的硬件及软件系统组成，理解 PLC 的工作原理。

（2）识别三菱 FX3U 系列 PLC 的外部端子，明确其使用方法。

（3）学习 GX Work2 编程软件的基本使用方法，验证 PLC 与计算机之间的通信连接。

请判断：

给 3 个需解决的问题结合自身实际进行难度星级判定

①

②

③

任务实施

活动 1：PLC 控制系统的认识

虽然目前市场上 PLC 的品种、规格繁多，各厂家均独具特色，但一般来说，PLC 控制系统的组成都包括两个部分：硬件系统和软件系统。

一、PLC 硬件系统组成

PLC 实际是一种专用于工业控制的计算机，其硬件结构基本上与微型计算机相同，如图 1-1-1 所示。从图中可以看出 PLC 内部主要部件如下。

请回答：

PLC 硬件系统主要组成部件有哪些？

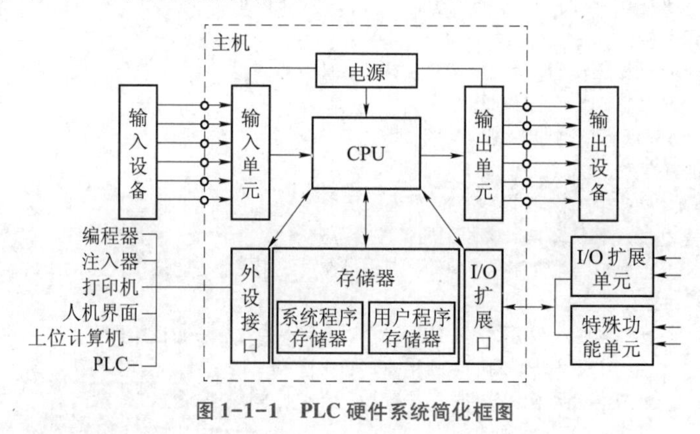

图 1-1-1 PLC 硬件系统简化框图

1. CPU（中央处理器）

CPU 是 PLC 的核心组成部分，主要由运算器和控制器组成。整个 PLC 的工作都是在 CPU 的统一指挥和协调下进行的。

2. 系统程序存储器

系统程序存储器用以存储系统的各类管理程序，如工作程序（监控程序）、模块化应用功能程序、命令解释功能程序以及对应定义（I/O、内部继电器、计时器、计数器、移位寄存器等存储系统）参数等。

3. 用户程序存储器

用户程序存储器用以存放用户编制的各类梯形图应用程序等。通常以字（16 位/字）为单位来表示存储容量。

4. 输入、输出模块

输入、输出模块是 CPU 与现场 I/O 装置或其他外部设备之间的连接部件，主要包括输入单元、输出单元、外设接口以及 I/O 扩展口等。PLC 提供了各种操作电平与驱动能力的 I/O 模块以及各种用途的 I/O 组件供用户选用。

5. 电源

在 PLC 内部，已为 CPU、存储器、I/O 接口等内部电路的正常工作配备了稳压电源，同时也为输入传感器提供了 24 V 直流电源。输入/输出回路中的电源一般都相互独立，以避免来自外部的干扰。

二、PLC 软件系统组成

PLC 的软件系统由系统程序和用户程序组成。

系统程序由 PLC 制造厂商设计编写，并存入 PLC 的系统程序存储器中，用户不能直接读写、更改；用户程序是用户通过编程软件，利用 PLC 编程语言，根据系统控制要求编写的程序。

在 PLC 控制系统中，最重要的是利用 PLC 编程语言来编写用户程序，以实现控制目的。PLC 是专门为工业控制而开发的装置，其主要使用者是广大电气技术人员，为了与他们的传统习惯和掌握能力相一致，编程语言采用相对简单、易懂、形象的专用语言，具体可归纳为两种类型：一是采用字符表达方式，如指令语句；二是采用图形符号表达方式，如梯形图、状态转移图（SFC）等。下面简要介绍几种常见的 PLC 编程语言。

请回答：

常见的 PLC 编程语言有：

1. 梯形图

梯形图是在传统继电器控制系统中常用的接触器、继电器等图形符号的基础上演变而来的。它与电气控制线路图相似，具有形象、直观、实用等特点，为广大电气技术人员所熟知，是应用最广泛的编程语言。梯形图示例如图 1-1-2 所示。

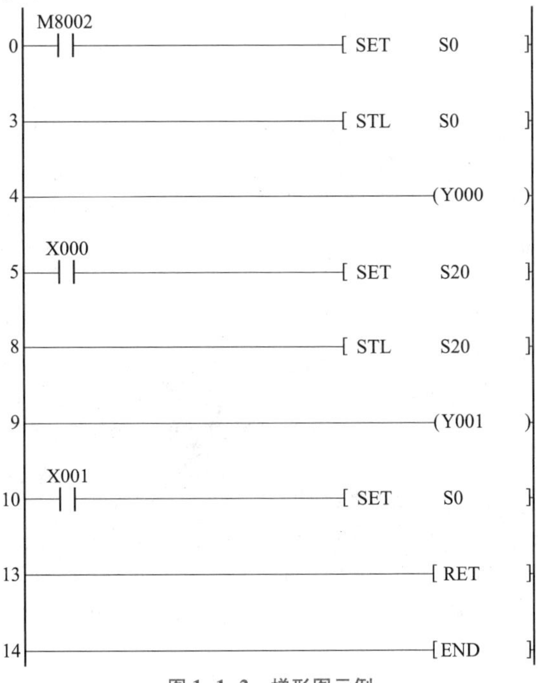

图 1-1-2　梯形图示例

学习笔记

想一想：

你还能说出哪些计算机的编程语言？

2. 指令语句

指令语句是一种与汇编语言类似的助记符编程表达方式。图 1-1-3 所示为图 1-1-2 梯形图转换成指令语句后的形式。在 PLC 应用中，经常采用简易编程器将指令语句输入到 PLC 中，从而达到系统控制的目的。虽然各个 PLC 生产厂家的指令语句形式不同，但基本功能相差无几。

```
0    LD     M8002
1    SET    S0
3    STL    S0
4    OUT    Y000
5    LD     X000
6    SET    S20
8    STL    S20
9    OUT    Y000
10   LD     X001
11   OUT    S0
13   RET
14   END
```

图 1-1-3　指令语句示例

3. 状态转移图（SFC）

状态转移图 SFC（Sequential Function Chart），又叫顺序功能流程图。它将一个完整的控制过程分为若干阶段，各阶段具有不同的动作，从一个阶段到另一个阶段都需要满足一定的转换条件，当转换条件满足时即实现阶段的转移，上一阶段动作结束，下一阶段动作开始。SFC 是用功能表、图的方式来表达一个控制过程，特别适用于顺序控制系统。图 1-1-4 所示为与上述梯形图、指令语句相对应的 SFC 图。

以上三种编程语言都需要编程软件的支持。对于三菱 FX3U 系列 PLC，常用的编程软件有 GX Works2 或者 GX Developer 等。编程人员只需利用编程软件将 PLC 编程语言通过编程电缆下载至 PLC 的用户存储器中运行，就能满足不同系统的控制要求。

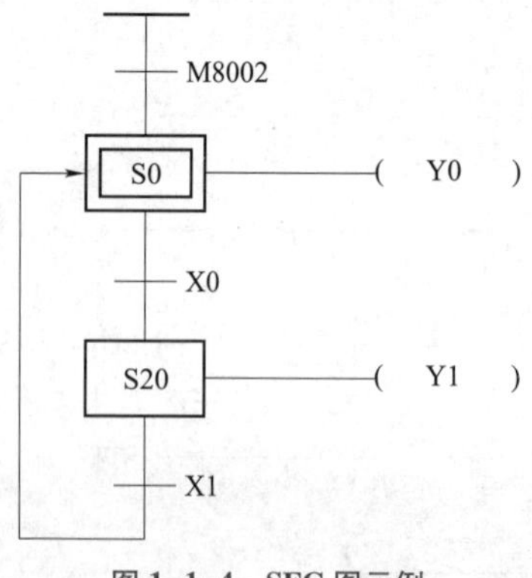

图 1-1-4　SFC 图示例

活动 2：认识三菱 FX3U 可编程控制器

PLC 的制造厂家较多，其中西门子、三菱和欧姆龙等 PLC 品牌在中国市场被广泛应用。图 1-1-5 所示为一些常用的 PLC，图 1-1-5（a）所示为三菱 FX3U 系列 PLC，图 1-1-5（b）所示为西门子 S7-200 系列 PLC。下面以三菱 FX3U 系列 PLC 为例，介绍相关型号说明及面板组成。

学习笔记

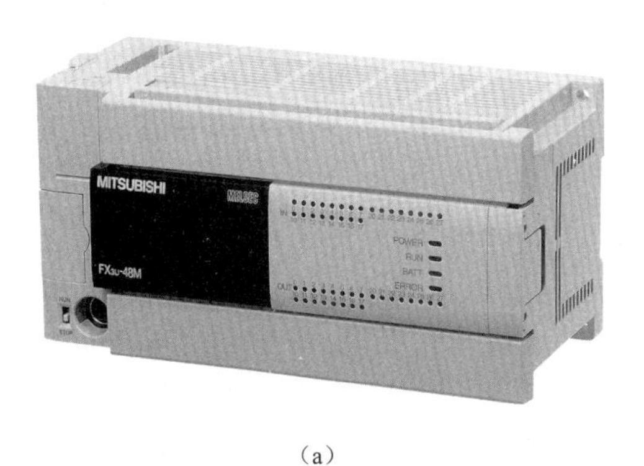

(a)

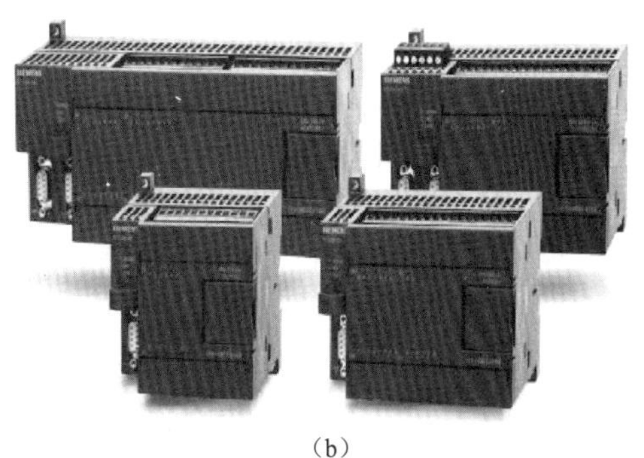

(b)

图 1-1-5　常用 PLC 外形

(a) 三菱 FX3U 系列 PLC；(b) 西门子 S7-200 系列 PLC

一、三菱 FX3U 系列 PLC 型号说明

三菱小型 F 系列 PLC 为早期的 1981 年的产品，它仅有开关量控制功能后来被升级为 F1 和 F2 系列，主要是加强了指令系统，增加了通信功能和特殊功能单元。至 20 世纪 80 年代末，推出了 FX 系列产品，在容量、速度、特殊功能和网络功能等方面都有了全面的加强。1991 年推出的 FX2 系列是整体式和模块式相结合的迭装式结构，它采用了一个 16 位微处理器和一个专用逻辑处理器，执行速度为 0.48 μs/步。近几年不断推出的多种产品有 FX1S、FX0N、FX1N、FX2N 以及 FX3U，全面地提升了各种功能，实现了微型、小型化，为各用户提供了更多的选择。

FX3U 是三菱最新开发的第三代小型化 PLC 产品，相当于 FX 系列中最高档次的 PLC，采用基本单元加扩展的形式，基本功能兼容了 FX2N 系列的全部功能。由于 FX3U 采用了比 FX2N 更高性能的 CPU，故基本性能大幅提升。FX3U 的特点如下：

请写出：FX3U - 48M 型 PLC 型号的含义：

1. I/O 点数更多

主机控制的 I/O 点数可达 256 点，其最大 I/O 点数可以达到 384 点。

2. 编程功能更强

强化了应用指令，内部继电器达到 7 680 点、状态继电器达到 4 096 点、定时器达到 512 点。FX3U 系列 PLC 编程软件需要 GX Developer，目前最新为 V8.52。

3. 速度更快，存储器容量更大

指令的执行速度，基本指令只需 0.065 μs/指令，应用指令在 0.642 μs/指令。用户程序存储器的容量可达 64 K 步，并可以采用闪存卡。

4. 通信功能更强

内置的编程口可以达到 115.2 kb/s 的高速通信，最多可以同时使用 3 个通信口；增加了 RS-422 标准接口与网络链接的通信模块，以适合网络链接的需要。

5. 高速计数与定位控制

内置 6 点 100 kHz 的高速计数功能，双相计数时可以进行 4 倍频计数。晶体管输出型的基本单元内置了 3 轴独立最高 100 kHz 的定位功能，并且增加了新的定位指令。

6. 多种特殊适配器

新增了高速输入/输出、模拟量输入/输出、温度输入适配器（不占用系统点数），提高了高速计数和定位控制的速度，可选装高性能显示模块（FX3U-7DM）。

本书主要介绍的是日本三菱公司的 FX3U 系列 PLC，该系列型号的含义如图 1-1-6 所示。

二、FX3U-48M 型 PLC 面板组成

图 1-1-7 所示为三菱 FX3U-48M 型 PLC 的外形图，其面板主要由三部分组成：外部接线端子、指示部分和接口部分。具体组成如图 1-1-8 所示。

学习笔记

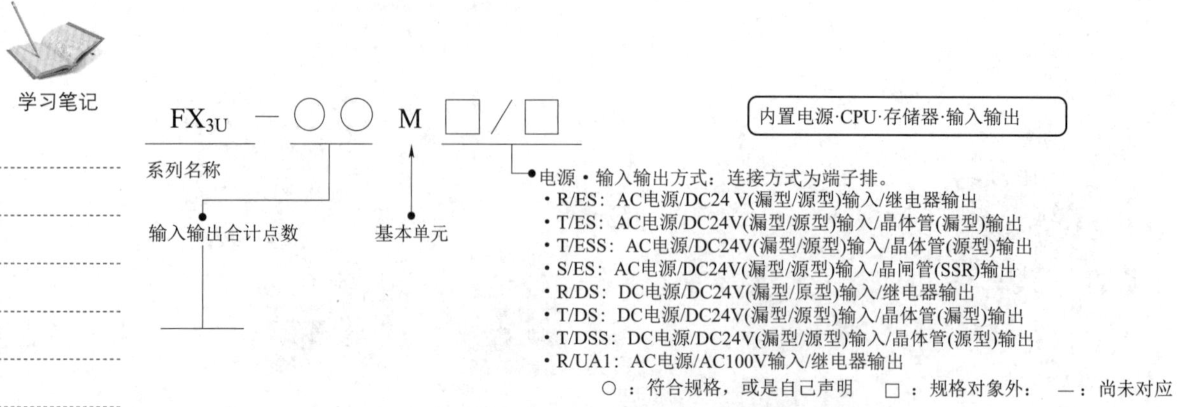

图 1-1-6　FX3U 系列 PLC 的型号含义

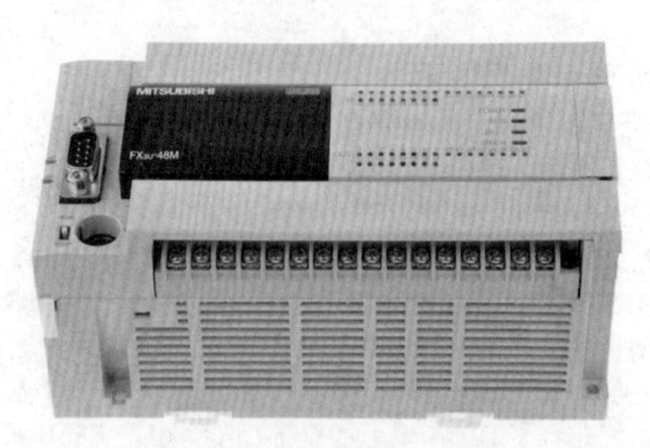

图 1-1-7　FX3U-48M 型 PLC

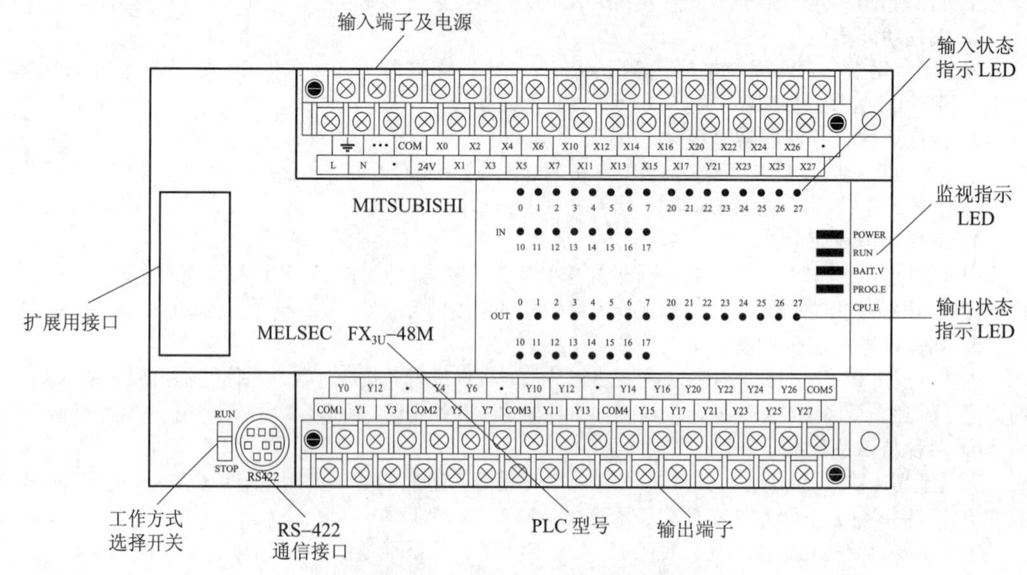

图 1-1-8　FX3U-48M 型 PLC 面板图

1. 外部接线端子

PLC 的上侧端子为输入端子，下侧端子为输出端子。外部接线端子各端子及其用途见表 1-1-1。

表 1-1-1　外部接线端子及其用途

端子分类	端 子 名 称	用 途
输入端子	电源端子（L、N）、接地端子（⊥）	用于 PLC 引入外部电源
	输入信号端子（X）、公共端子（COM）	用于 PLC 与输入设备的连接
	直流电源端子+24 V	供应 24 V 直流电源输出
输出端子	输出信号端子（Y）	用于 PLC 与输出设备的连接
	公共端子 COM1、COM2、COM3、COM4、COM5	

特别注意：

（1）输出端子 Y0~Y3 共用公共端子 COM1；Y4~Y7 共用公共端子 COM2；Y10~Y13 共用公共端子 COM3；Y14~Y17 共用公共端子 COM4；剩余的 Y20~Y27 共用公共端子 COM5。

（2）同组输出端子不能使用不同电源，使用时一定要查阅 PLC 使用手册，根据负载的大小、电源等级及电源类型，合理分配，正确使用。

（3）不同组输出端子可以使用不同的电源类型。

请思考：输出端子为什么要有多个公共端子？而输入只有 1 个公共端子？

2. 指示部分

指示部分由输入指示 LED、输出指示 LED、电源指示 LED、电池指示 LED、运行指示 LED 和程序出错指示 LED 等组成，其各部分名称及动作情况见表 1-1-2。

表 1-1-2　指示 LED 及其动作情况

LED 名称	动 作 情 况
输入指示 LED	外部输入开关闭合时，对应的 LED 点亮
输出指示 LED	程序驱动输出继电器动作时，对应的 LED 点亮
电源指示 LED	PLC 处于通电状态时，对应的 LED 点亮
运行指示 LED	PLC 运行时，对应的 LED 点亮
电池指示 LED	PLC 锂电池没有或电压不足时，对应的 LED 点亮
程序出错指示 LED	程序错误时灯闪烁，CPU 错误时对应的 LED 点亮

3. 接口部分

打开 PLC 的接口盖板和面板盖板，可以看到 PLC 的常用外部接口，各连接接口的作用见表 1-1-3。

表 1-1-3　常用外部接口及其用途

接口名称	用 途
选件连接用接口	用于存储卡盒、功能扩展板的连接
扩展连接用接口	用于输入、输出扩展单元的连接
编程设备连接接口	用于 PLC 与手持编程器或计算机的连接
RUN/STOP 开关	将之调至“RUN”位置时，PLC 运行；调至“STOP”位置时，PLC 处于停止状态，用户可以进行程序的读写、编辑和修改操作

活动 3：分析 PLC 的工作原理

一、PLC 的等效电路

PLC 内部可看作是由许多“软继电器”组成的等效电路，这些“软继电器”的线圈、常开触点、

学习笔记

说一说：

你是如何理解 PLC“软”元件的?

请分析：

当输入部分 SB2 闭合时，输入继电器（　）接通。由于 FR 常闭触点接通，输入继电器（　）也接通。X2 的常闭触点闭合。然后 Y0 线圈也（　），Y0 常开触点（　）并自锁。在输出回路部分，由于 Y0 线圈接通，使得 Y0 触点（　），输出回路接通，负载（　）。

常闭触点一般用图 1-1-9 所示的符号表示。PLC 的等效电路如图 1-1-10 所示，它由输入部分、内部控制电路以及输出部分组成。

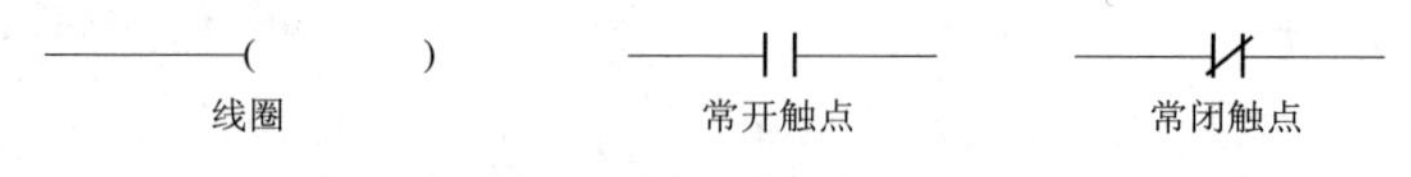

图 1-1-9　“软继电器”的线圈和触点

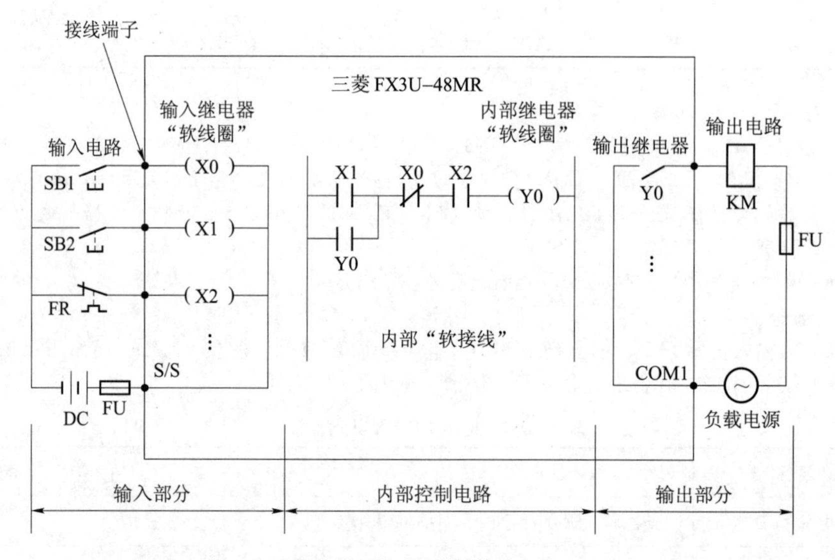

图 1-1-10　PLC 的等效电路

值得注意的是，PLC 等效电路图中的继电器并不是实际的物理继电器，而是存储器中的一位触发器。当该触发器为“1”状态时，相当于继电器接通；当该触发器为“0”状态时，相当于继电器断开。

PLC 提供的所有继电器中，输入继电器用来反映输入设备的状态；输出继电器用来直接驱动用户的输出设备；而其他继电器与用户设备没有关系，在 PLC 控制程序中仅起传递中间信号的作用，统称为内部继电器，如辅助继电器、特殊功能继电器、定时器和计数器等。

1. 输入回路

由外部输入电路、PLC 输入接线端子和输入继电器组成。外部输入信号经 PLC 输入接线端子驱动输入继电器 X。一个输入接线端子对应一个输入继电器，它可提供任意个常开触点和常闭触点，供 PLC 编程使用。输入回路的电源直接采用 PLC 内部电源部件提供的直流电压，因此无须外加电源。

2. 内部控制电路

内部控制电路是由用户程序形成的，即用软件代替硬件的电路。其作用是按照程序规定的逻辑关系，对输入、输出信号的状态进行计算、处理和判断，然后得到相应的输出。

3. 输出回路

输出回路由输出继电器 Y 的外部常开触点、输出接线端子和外部电路组成，用来驱动外部负载。PLC 内部控制电路中有许多输出继电器，每个输出继电器都为输出电路提供一个常开触点与输出接线端相连，称为内部硬触点，用以驱动外部负载。驱动外部负载的电源由外部提供。在 PLC 的输出端子上，有输出电源用的公共端（COM1～COM5）。

二、循环扫描的工作方式

PLC 运行程序的方式与微型计算机相比有较大的不同。微型计算机运行程序时，一旦执行到 END 指令，程序运行结束。而 PLC 从 0000 号存储地址所存放的第一条用户程序开始，在无中断或跳转的情况下，按存储地址号递增的方向顺序、逐条地执行用户程序，直到 END 指令结束，然后从头开始再执行，并周而复始地重复，直到停机或从运行（RUN）状态切换到停止（STOP）状态。PLC的这种执行程序的方式称为循环扫描工作方式。每扫描完一次程序就构成一个扫描周期，在每个扫描周期，PLC 对输入、输出信号进行一次集中批处理。下面具体介绍 PLC 的循环扫描工作过程。

学习笔记

请回答：PLC 面板上哪个部位可以切换运行与停止两种状态（　　）

1. PLC 的两种工作状态

PLC 有两种工作状态，即运行（RUN）状态与停止（STOP）状态。运行状态是执行应用程序的状态，停止状态一般用于程序的编制与修改。图 1-1-11 给出了运行和停止两种状态时，PLC 不同的扫描过程。由图可知，在这两种不同的工作状态中，扫描所要完成的任务是不尽相同的。

PLC 在 RUN 工作状态时，执行一次图 1-1-11 所示的扫描操作所需的时间称为扫描周期，其典型值为 1~100 ms。指令执行所需的时间与用户程序的长短、指令的种类和 CPU 执行速度有很大关系，PLC 厂家一般给出每执行 1 K（1 K=1 024）条基本逻辑指令所需的时间（以 ms 为单位）。某些厂家在说明书中还给出了执行各种指令所需的时间。一般来说，对于一个扫描过程，执行指令的时间占了绝大部分。

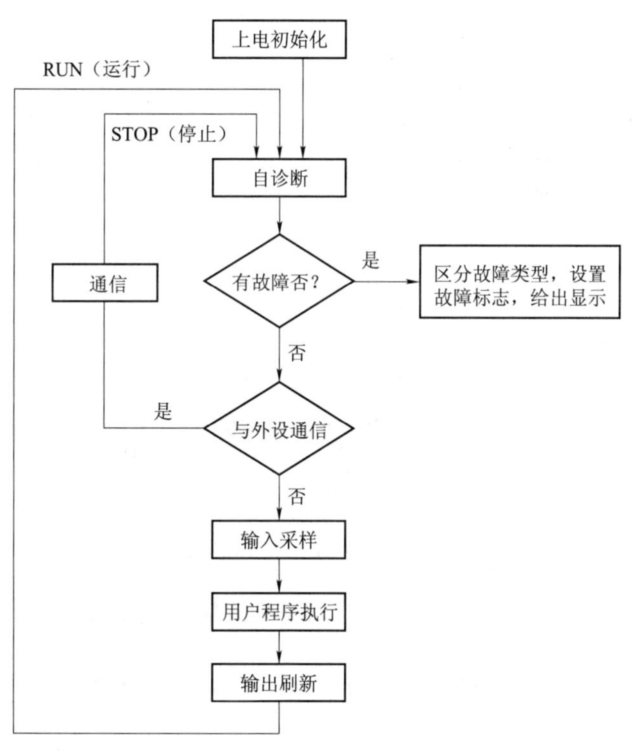

图 1-1-11　PLC 的工作过程

2. PLC 的工作过程

PLC 的工作过程如图 1-1-11 所示。上电后，在系统程序的监控下，周而复始地按一定的顺序对系统内部的各种任务进行查询、判断和执行，这个过程实质上是按顺序循环扫描的过程。

（1）初始化：PLC 上电后，首先进行系统初始化，清除内部继电器区及复位定时器等。

（2）CPU 自诊断：在每个扫描周期都要进入自诊断阶段，对电源、PLC 内部电路、用户程序的语言进行检查；定期复位监控定时器等，以确保系统可靠运行。

（3）通信信息处理：在每个通信信息处理扫描阶段，进行 PLC 之间以及 PLC 与计算机之间的信息交换；PLC 与其他带微处理器的智能装置通信，例如：智能 I/O 模块；在多处理器系统中，CPU 还要与数字处理器（DPU）交换信息。

请概括：PLC 扫描有什么特点？

（4）与外部设备交换信息：PLC 与外部设备连接时，在每个扫描周期内要与外部设备交换信息。这些外部设备有编程器、终端设备、彩色图形显示器、打印机等。编程器是人机交互的设备，通过

学习笔记

它，用户可以进行程序的编制、编辑、调试和监视等。用户把应用程序输入到 PLC 中，PLC 与编程器进行信息交换。当进行在线编程、在线修改和在线运行监控时，也要求 PLC 与编程器进行信息交换。在每个扫描周期内都要执行此项任务。

（5）用户程序执行：PLC 在运行状态下，每一个扫描周期都要执行用户程序。执行用户程序时，是以扫描的方式按顺序逐句扫描处理的，扫描一条执行一条，并把运算结果存入输出映像区对应位中。

（6）输入、输出信息处理：PLC 在运行状态下，每一个扫描周期都要进行输入、输出信息处理，以扫描的方式把外部输入信号的状态存入输入映像区；将运算处理后的结果存入输出映像区，直到传送到外部被控设备。PLC 周而复始地巡回扫描，执行上述整个过程，直至停机。

活动 4：GX Works2 编程软件的使用

GX Works2 是三菱电机新一代 PLC 软件，是基于 Windows 运行的，用于进行设计、调试、维护的编程工具。与传统的 GX Works2 相比，它的综合性更强，集成了程序仿真软件 GX Simulator2，提高了功能及操作性能。三菱 GX Work2 软件具有简单工程（Simple Project）和结构化工程（Structured Project）两种编程方式，支持梯形图、指令表、SFC、ST 及结构化梯形图等编程语言，可实现程序编辑，参数设定，网络设定，程序监控、调试及在线更改，智能功能模块设置等功能，适用于 Q、QnU、L、FX 等系列可编程控制器，兼容 GX Works2 软件。

查一查：GX Works2 较 GX Developer 的优点在哪？

一、GX Works2 编程软件的安装

（1）打开三菱 PLC 编程软件“GX Work2”文件夹，如图 1-1-12 所示。

› 此电脑 › TOSHIBA EXT (E:) › 个人工作资料 › 教学工作相关内容 › 教材编写 › PLC › GX Work2

名称	修改日期	类型	大小
Disk1	2022/2/12 20:12	文件夹	
Disk2	2022/2/12 15:52	文件夹	
Disk3	2022/2/12 15:52	文件夹	
Disk4	2022/2/12 15:50	文件夹	
Drawing1.dwg	2022/2/11 6:21	DWG 文件	61 KB
office_for_mac_2011_cn.torrent	2022/2/11 6:29	TORRENT 文件	123 KB
序列号	2022/2/11 6:28	文本文档	1 KB

图 1-1-12　打开“GX Work2”文件夹

（2）在安装文件夹中进入 Disc1 文件夹，双击“setup”执行安装，如图 1-1-13 所示。

SHIBA EXT (E:) › 个人工作资料 › 教学工作相关内容 › 教材编写 › PLC › GX Work2 › Disk1 ›

名称	修改日期	类型	大小
Doc	2022/2/12 15:51	文件夹	
Manual	2022/2/12 15:51	文件夹	
SUPPORT	2022/2/12 15:52	文件夹	
data1	2022/2/11 10:20	WinRAR 压缩文件	1,326 KB
data1.hdr	2022/2/11 10:20	HDR 文件	451 KB
data2	2022/2/11 10:41	WinRAR 压缩文件	87,897 KB
engine32	2022/2/11 10:18	WinRAR 压缩文件	542 KB
GXW2	2022/2/11 10:18	文本文档	1 KB
layout.bin	2022/2/11 10:18	BIN 文件	1 KB
setup	2022/2/11 10:18	应用程序	119 KB
setup.ibt	2022/2/11 10:18	IBT 文件	460 KB
setup	2022/2/11 10:18	配置设置	1 KB
setup.inx	2022/2/11 10:18	INX 文件	362 KB

图 1-1-13　打开 Disc1 文件夹

请概括 GX WORKS2 的安装过程：

（3）根据 GX Works2 向导开始安装应用程序，如图 1-1-14 所示。

图 1-1-14　开始安装应用程序

（4）填写用户信息并输入序列号，如图 1-1-15 所示。

图 1-1-15　填写用户信息和输入序列号

（5）安装过程中选择安装路径，如图 1-1-16 所示。

图 1-1-16　选择安装路径

学习笔记

（6）确认信息，等待安装过程，如图 1-1-17 所示。

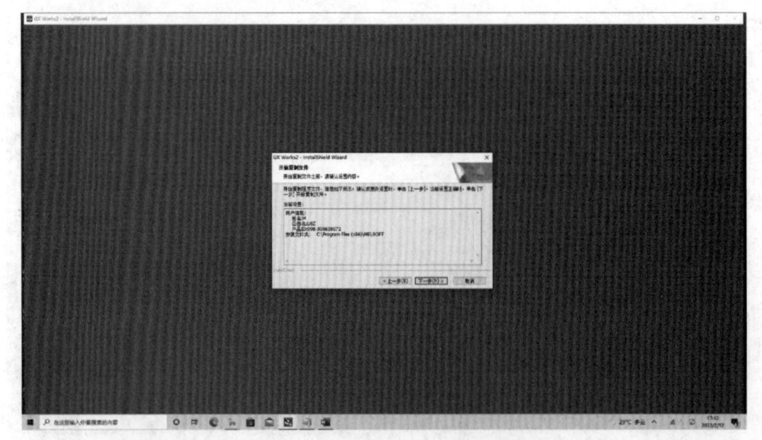

图 1-1-17　信息确认、等待安装

（7）安装过程中会安装一些插件和驱动，整个安装过程大概需要十几分钟，如图 1-1-18 所示。

请总结：你在安装过程中遇到了哪些问题？

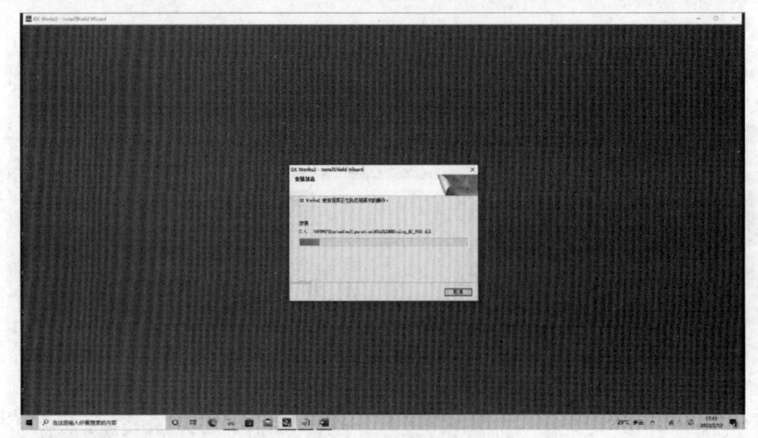

图 1-1-18　安装过程

（8）完成安装，如图 1-1-19 所示。这样，在开始菜单或桌面可以找到安装好的 GX Works2 软件图标 

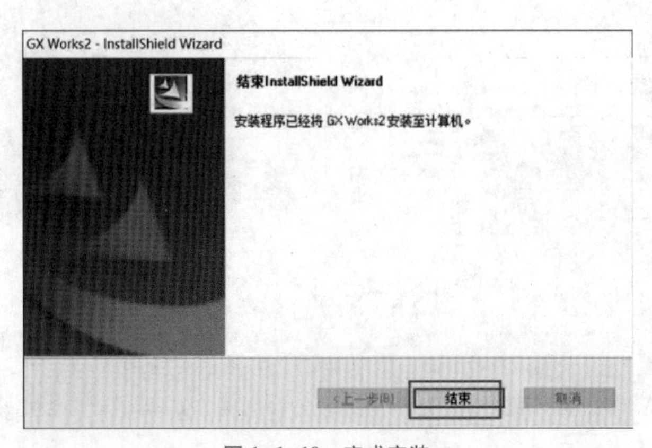

图 1-1-19　完成安装

学习笔记

二、GX Works2 编程软件中传输设置

三菱 FX3U 系列 PLC 与计算机的通信可采用一根 SC-09 电缆连接，如图 1-1-20 所示。

SC-09 电缆一端是 9 针的 D 型插头，应插入计算机的串行口 COM1 或 COM2；电缆的另一端 8 针的侧圆头直接插入 PLC 的编程器接口。

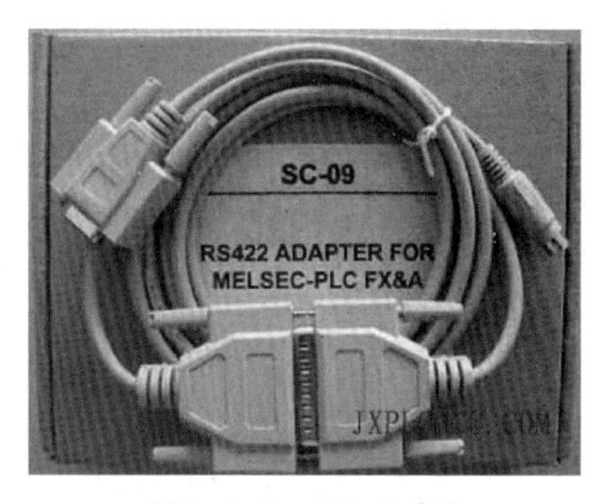

图 1-1-20　SC-09 电缆

三、GX Works2 编程软件的使用

1. 打开程序

单击“开始”→ 找到程序“GX Works2”，单击即打开程序，如图 1-1-21 所示。

找一找：

新建的工程如何自定义工程名及安装路径

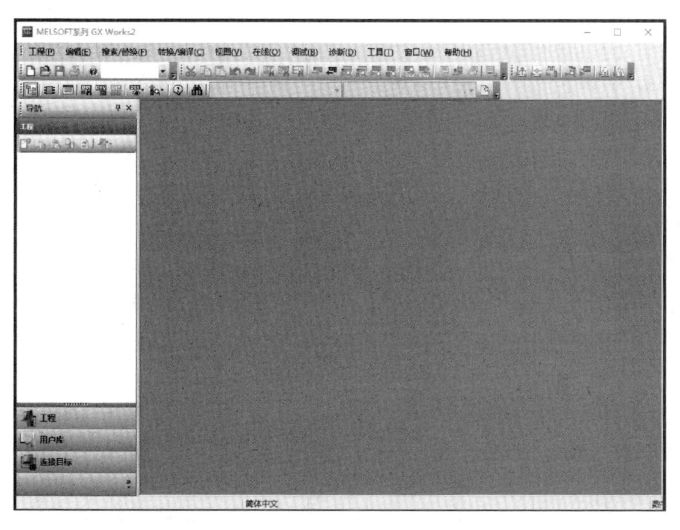

图 1-1-21　打开 GX Works2 软件

2. 创建新工程

单击“工程”→“新建”或单击“工程”下面的图标，即出现如图 1-1-22 所示对话框。

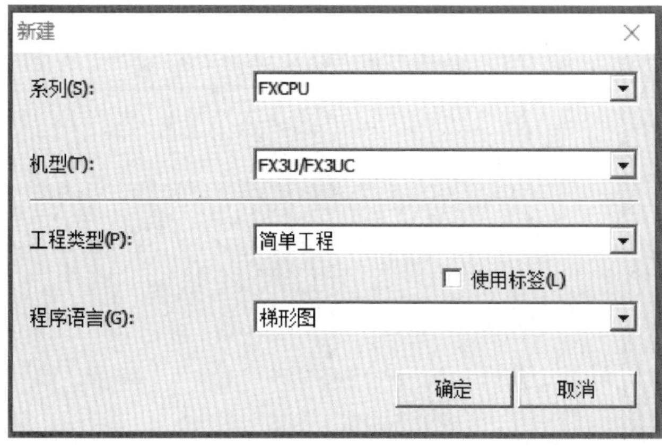

图 1-1-22　“新建”对话框

根据我们所选用的三菱 FX3U 系列 PLC，此对话框中“系列”选择“FXCPU”，“机型”选择“FX3U/FX3UC”，“工程类型”选择“简单工程”，“程序语言”默认为“梯形图”。单击“确定”按钮，新工程建立完毕，此时便进入编程界面，如图 1-1-23 所示。

学习笔记

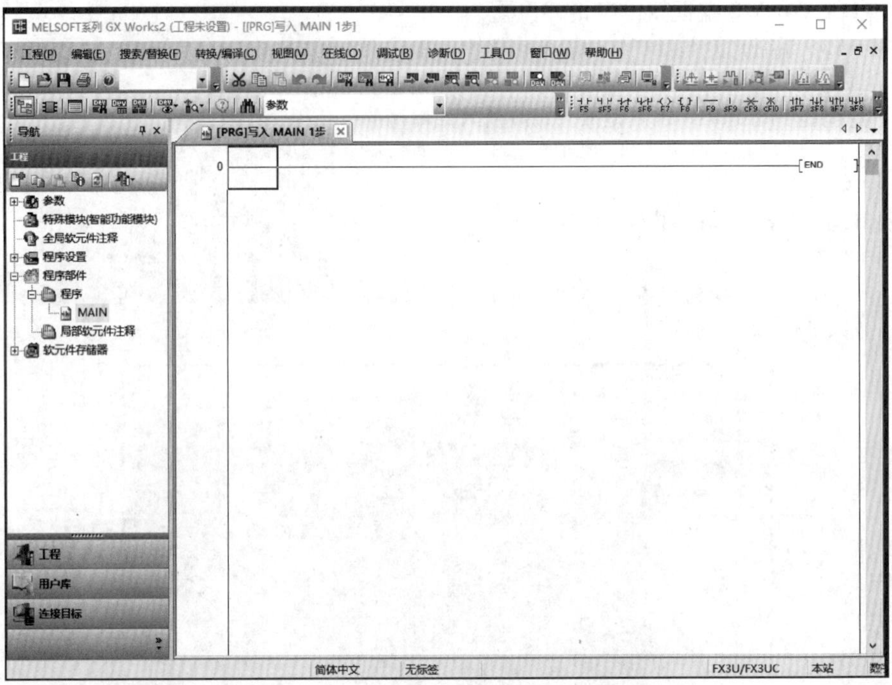

MELSOFT系列 GX Works2 (工程未设置) - [[PRG]写入 MAIN 1步]
工程(P) 编辑(E) 搜索/替换(F) 转换/编译(C) 视图(V) 在线(O) 调试(B) 诊断(D) 工具(T) 窗口(W) 帮助(H)
参数
导航
[PRG]写入 MAIN 1步
工程
参数
特殊模块(智能功能模块)
全局软元件注释
程序设置
程序部件
程序
MAIN
局部软元件注释
软元件存储器
END
工程
用户库
连接目标
简体中文
无标签
FX3U/FX3UC
本站

图 1-1-23　GX Works2 软件编程界面

3. 创建连接目标

单击软件界面左边目录最下方的“连接目标”按钮，左边目录会显示“当前连接目标”和“所有连接目标”，默认情况下只有“Connection1”，如图 1-1-24 所示。

写一写：

创建新工程的时候特别需要注意的地方：

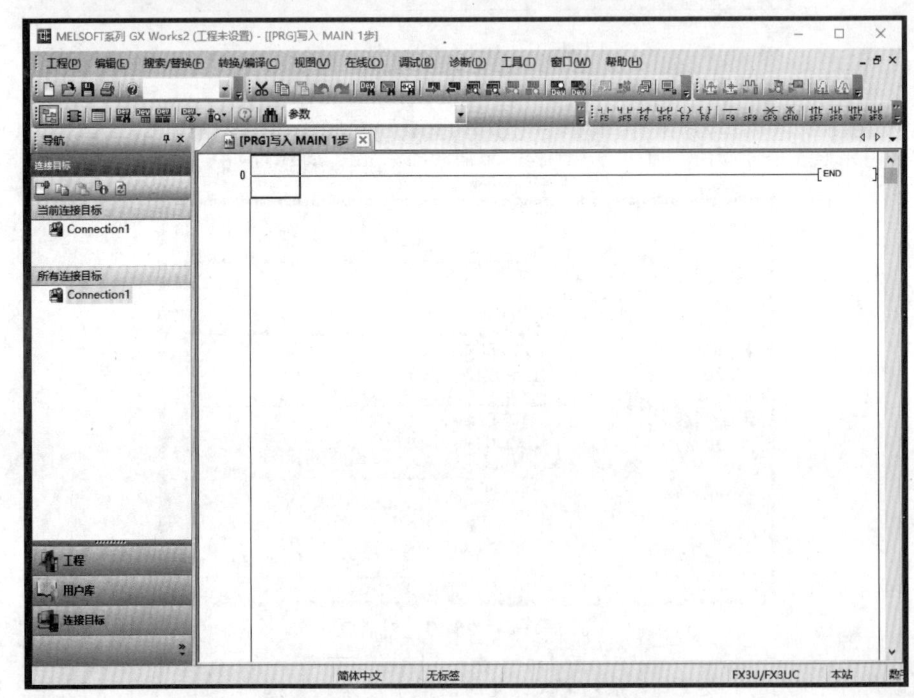

图 1-1-24　GX Works2 软件连接目标界面

学习笔记

双击任一“Connetion1”，在弹出的窗口中按照如图 1-1-25 所示顺序选择连接方式，最后单击“通信测试”，如果通信成功会弹出提示窗口，并且在 CPU 型号处会显示“FX3U/FX3UC”，如图 1-1-25 所示。

特别注意：

“计算机侧 I/F”：该选项选择的是计算机侧是通过什么方式来连接 PLC，常用的有 USB 和 Ethernet Board，前者是通过 USB 口和 PLC 连接，后者是通过以太网口和 PLC 连接；

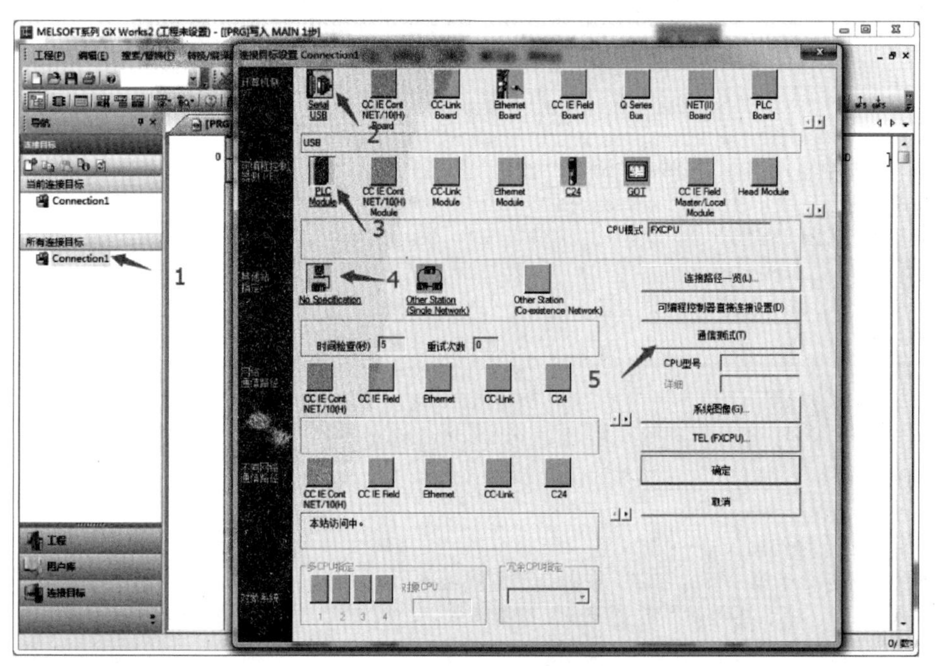

图 1-1-25　连接目标设置对话框

“可编程控制器侧 I/F”：该选项选择的是 PLC 侧是通过什么方式和电脑或者主站及远程 I/O 等连接。其中 PLC Module 是指 PLC 的本体，该选择会根据前面“计算机侧 I/F”的选择而不同；

“其他站指定”：本案例使用第一种“No Specfication”选项；

通信成功后，GX-Works2 软件即可和 PLC 建立连接，可以编写逻辑并下载到 PLC，也可以对 PLC 进行监控。

4. 输入梯形图

输入梯形图有两种方法，一是利用工具条中的快捷键输入，如 F5，F6，F7，F8，F9，F10；另一种是直接利用指令语句来输入。下面以一段简单的程序为例说明这两种输入方法。

想一想：并联一个常闭触点有哪些输入方法？

（1）用工具条中的快捷键输入，如图 1-1-26 所示。

图 1-1-26　GX Works2 软件工具条

① 输入触点：单击“F5”，则出现一个“梯形图输入”对话框，如图 1-1-27 所示。

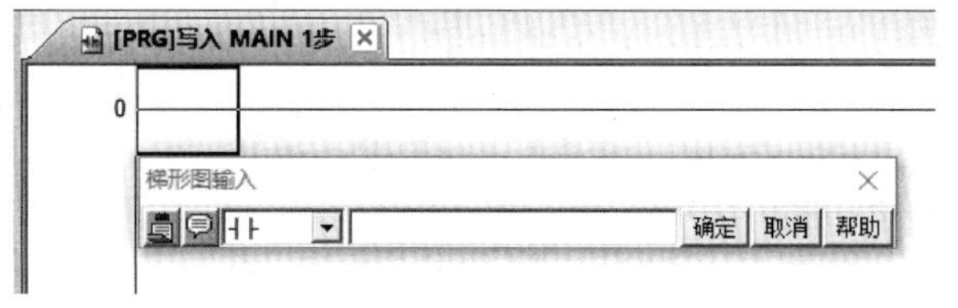

图 1-1-27　“梯形图输入”对话框 1

学习笔记

在对话框中输入“X1”，单击“确定”按钮则触点输入，用同样的方法可以输入其他的常开、常闭触点。

② 线圈输入：单击“F7”，则出现如图 1-1-28 所示“梯形图输入”对话框。

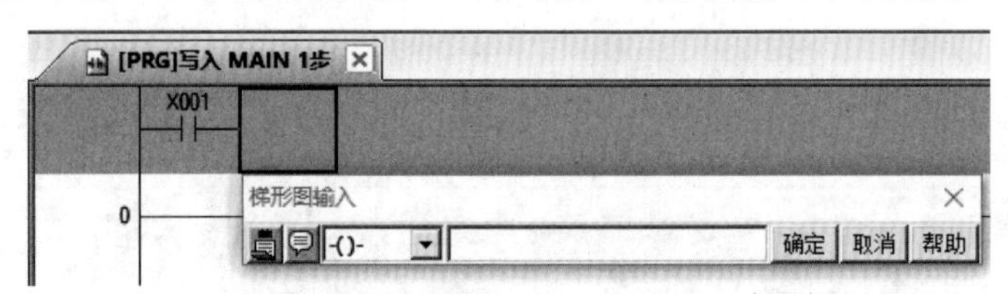

图 1-1-28 “梯形图输入”对话框 2

在对话框中输入“Y0”，单击“确定”按钮，则线圈输入。

知识小贴士： 图 1-1-26 所示工具条中各按钮的功能。

F5—输入常开触点　　F6—输入常闭触点
SF5—输入并联常开触点　　SF6—输入并联常闭触点
F7—输入线圈　　F8—输入功能指令
F9—输入直线　　SF9—输入竖线
CF9—横线删除　　CF10—竖线删除
SF7—上升沿脉冲　　SF8—下降沿脉冲
aF7—并联上升沿脉冲　　aF8—并联下降沿脉冲
caF10—运算结果取反　　F10—划线输入
aF9—划线删除

（2）用指令语句输入。

首先使光标处于第一行的首端。在键盘上直接敲入“ld　x1”，敲回车键（Enter）则程序输入；接着键入“out　y0”，再敲回车键（Enter）线圈输入。

知识小贴士：

用指令语句输入时，可以不管程序中各触点的连接关系，常开触点用 LD，常闭触点用 LDI，线圈用 OUT，功能指令直接输入助记符和操作数。但要注意助记符和操作数之间用空格隔开。对于出现分支、自锁等关系的可以直接用竖线去补上。通过一定的练习和摸索，就能熟练地掌握程序输入的方法。

应用举例：

举例 1：下面我们以图 1-1-29 所示的梯形图为例，输入梯形图。

请概括：竖线、横线的添加与删除、光标位置的确定有什么原则？

```
    X000   X001   X002
0 ──┤├────┤/├────┤/├──────────────────(Y000   )
 │ Y000 │
 └─┤├───┘
    X003   X004
5 ──┤├────┤├──┬───────────────────────(M0     )
    M0        │                         K100
  ──┤├────────┴───────────────────────(T0     )
    X005
12──┤├────────────────────────────[SET    Y001 ]
    X006
14──┤├────────────────────────────[RST    Y001 ]
```

图 1-1-29 例 1 程序

学习笔记

步骤 1：打开 GX Works2 软件，并新建一个工程。

步骤 2：进入程序编辑界面，并在键盘上输入“LD X0”指令，如图 1-1-30 所示。

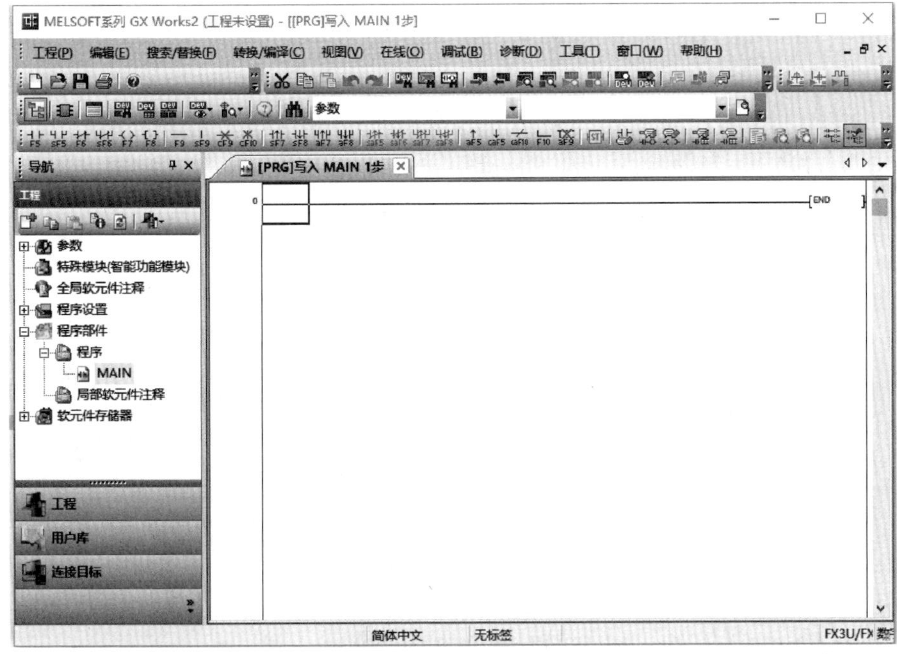

图 1-1-30　梯形图输入

步骤 3：按回车键后，继续输入“LDI X1”和“LDI X2”，如图 1-1-31 所示。

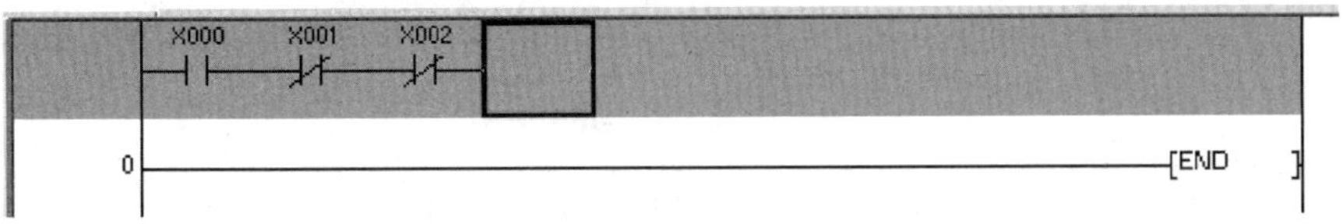

图 1-1-31　梯形图输入

步骤 4：在键盘上输入“OUT Y0”并回车，如图 1-1-32 所示。

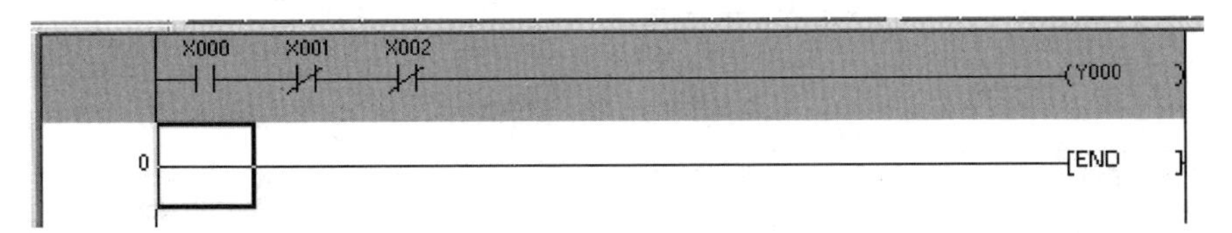

图 1-1-32　梯形图输入

步骤 5：在图 1-1-32 光标所示位置，用键盘输入“OR Y0”（因为 Y0 并联在 X0 的下方，故用 OR 表示）并回车，如图 1-1-33 所示。

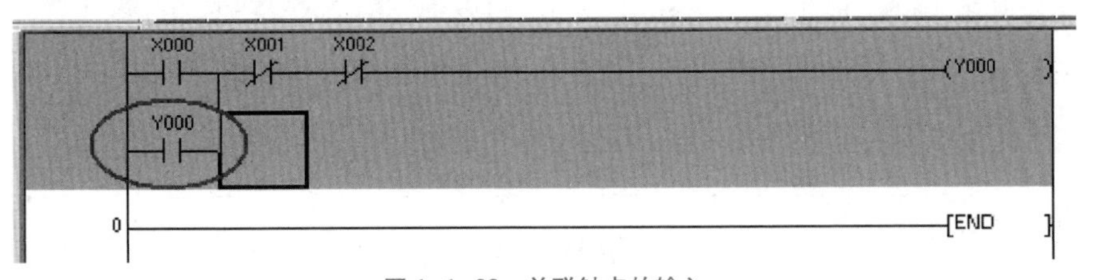

图 1-1-33　并联触点的输入

小组讨论：在输入指令语句时都用了哪些方法？

学习笔记

请写出：在梯形图输入中每一步的光标的位置有何不同？

步骤 6：另起一行，在键盘上输入“LD X3”和“LD X4”，如图 1-1-34 所示。

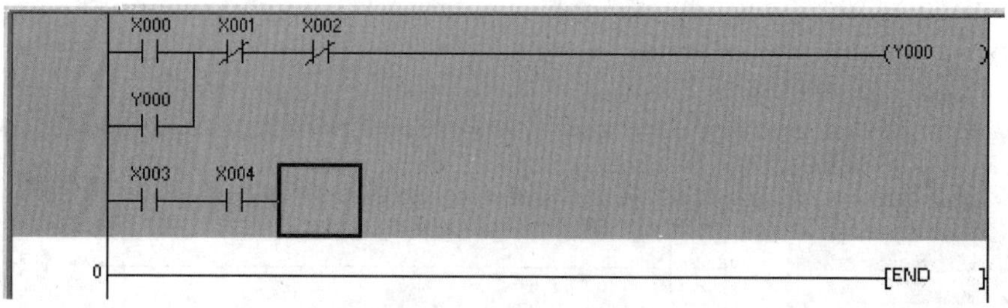

图 1-1-34　梯形图输入

步骤 7：在键盘上输入“OUT M0”并回车，如图 1-1-35 所示。

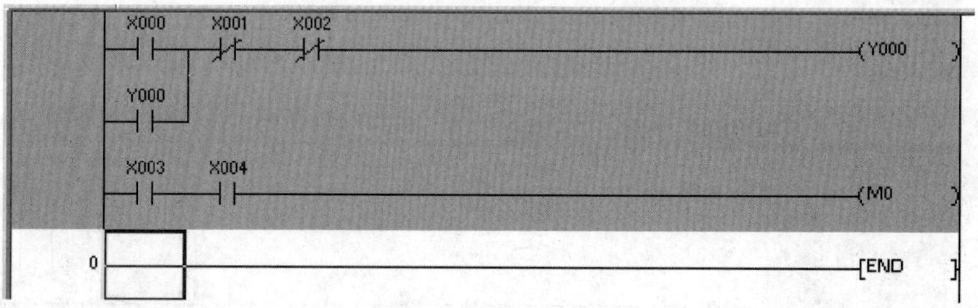

图 1-1-35　梯形图输入

步骤 8：在键盘上输入“LD M0”，如图 1-1-36 所示。

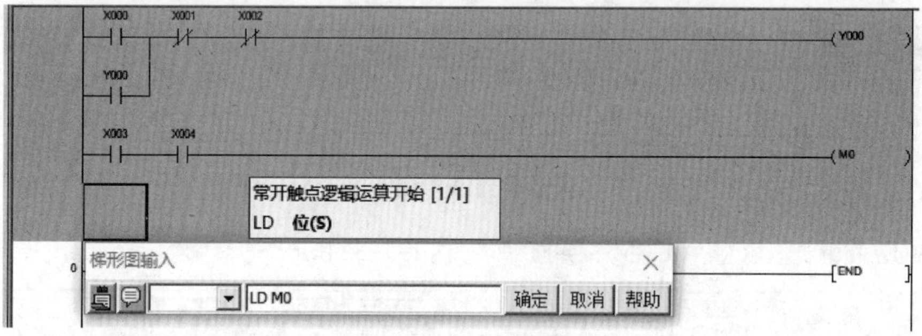

图 1-1-36　梯形图输入

步骤 9：按回车键，如图 1-1-37 所示。

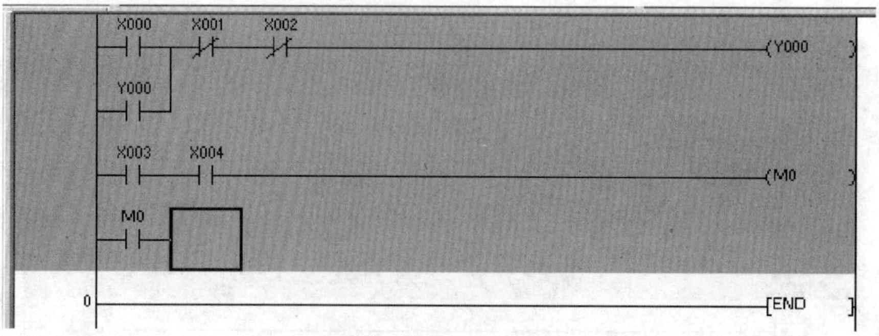

图 1-1-37　梯形图输入

学习笔记

步骤 10：在图 1-1-37 所示光标所在位置，按快捷键 F9 或功能键 F9 在 M0 后增添横线，横线的长短可以通过数值来设定（1~10），如图 1-1-38 所示。

图 1-1-38　横线输入设置

步骤 11：在图 1-1-39 所示光标所在位置，按快捷键 sF9 或功能键 “shift+F9” 在光标的左下位置增添竖线（长度设置值为 1），如图 1-1-40 所示。

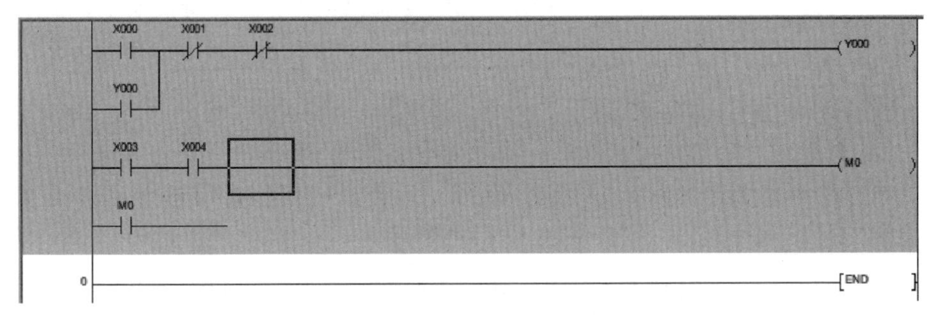

图 1-1-39　横线输入

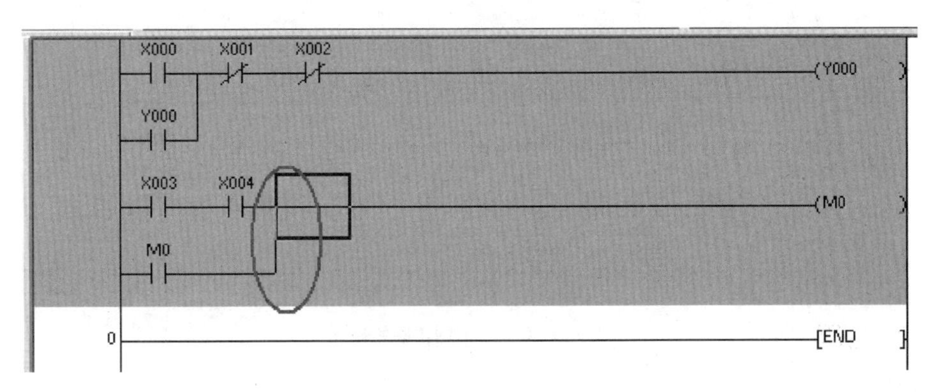

图 1-1-40　竖线输入

步骤 12：按下功能键 F10，从图 1-1-41 所示光标位置处，按住鼠标左键向下拖动至 M0 所在行处松开，完成划线输入，如图 1-1-42 所示。

请概括：在梯形图输入中光标的位置有何特点？

学习笔记

图 1-1-41　划线输入 1

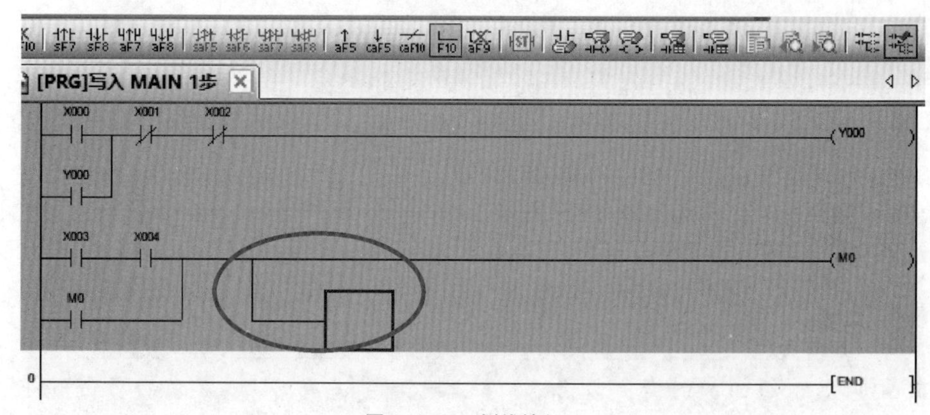

图 1-1-42　划线输入 2

说一说：梯形图输入的大致步骤。

步骤 13：在图 1-1-42 光标位置处，用键盘输入“OUT T0 K100”并回车，如图 1-1-43 所示。

图 1-1-43　定时器线圈的输入

知识小贴士：

三菱 FX3U 系列 PLC 的基本元件定时器 T 和计数器 C 的线圈驱动方式都是采用“OUT 指令+T（或 C）+K 值”，如步骤 13 所示。

步骤 14：另起一行，用键盘输入“LD X5”并回车，如图 1-1-44 所示。

步骤 15：用键盘输入“SET Y1”，如图 1-1-45 所示。

学习笔记

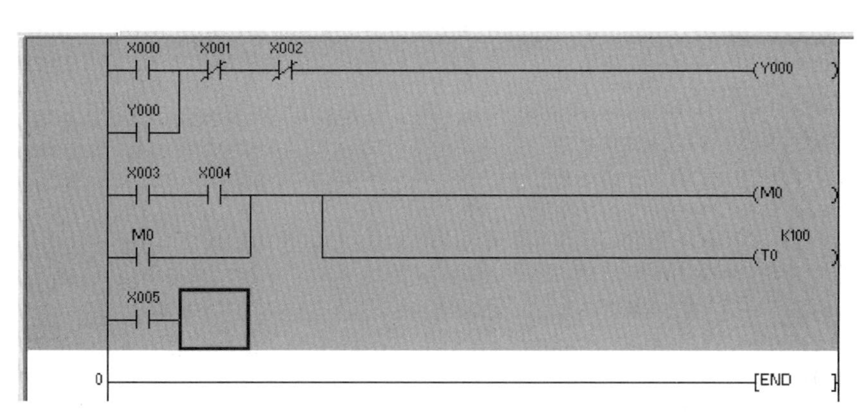

图 1-1-44　梯形图输入

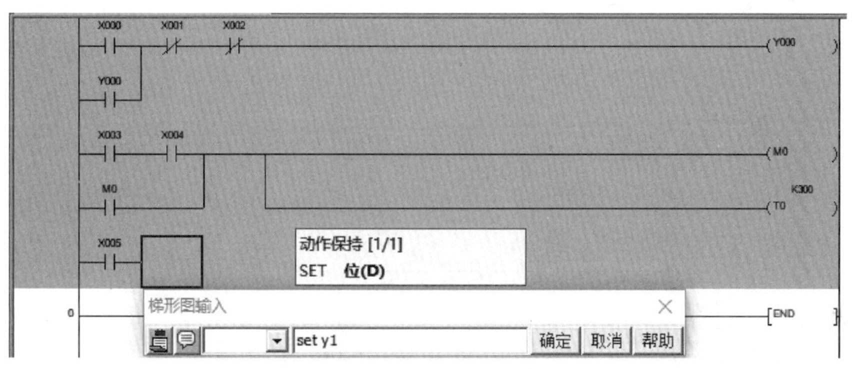

图 1-1-45　应用指令的输入

步骤 16：同样另起一行，分别输入“LD X6”和“RST Y1”，如图 1-1-46 所示。

想一想：

SET 和 RST 指令输入和前面几步指令有何不同？

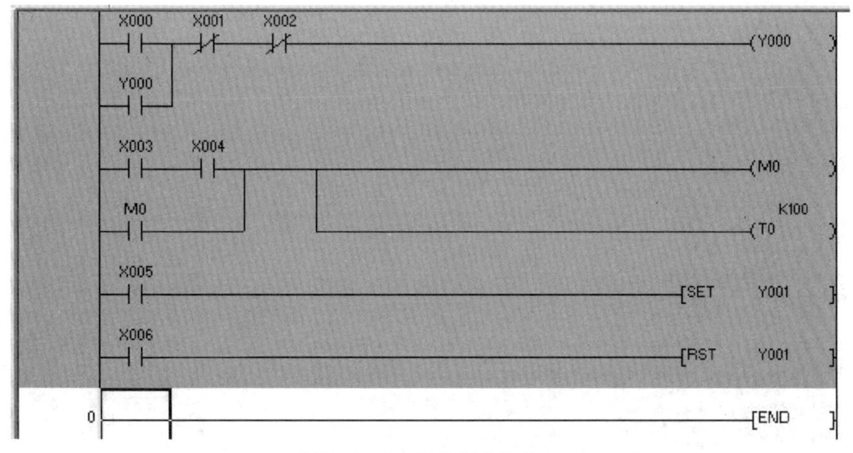

图 1-1-46　应用指令的输入

5. 梯形图编辑

在输入梯形图时，常需要对梯形进行编辑，如插入、删除等操作。

（1）触点的修改、添加和删除。

修改：把光标移在需要修改的触点上，直接输入新的触点，回车即可，则新的触点覆盖原来的触点；也可以把光标移到需要修改的触点上，双击，则出现一个对话框，在对话框中输入新触点的标号，回车即可。

学习笔记

添加：把光标移到需要添加的触点处，直接输入新的触点，回车即可。

删除：把光标点在需要删除的触点上，再按键盘的“Delete”键，即可删除，再单击直线，回车即可用直线覆盖原来的触点。

（2）行插入和行删除。

在进行程序编辑时，通常要插入或删除一行或几行程序，操作方法如下：

行插入：先将光标移到要插入行的地方，单击“编辑（E）”，弹出下拉菜单，再单击“行插入（N）”，则在光标处出现一个空行，就可以输入一行程序。用同样的方法，可以继续插入行。

行删除：先将光标移到要删除行的地方，单击“编辑（E）”，弹出下拉菜单，再单击“行删除（E）”，就删除了一行。用同样的方法可以继续删除。注意，“END”是不能删除的。

6. 程序的转换

程序通过编辑以后，程序界面的底色是灰色的，要通过转换后将阴影解除，才能将程序传至 PLC 或进行仿真运行，如图 1-1-47 所示。转换方法为：直接敲击功能键“F4”即可；选择菜单条中的“变换（C）”选项→弹出下拉菜单→在下拉菜单中单击“变换（C）”即可。

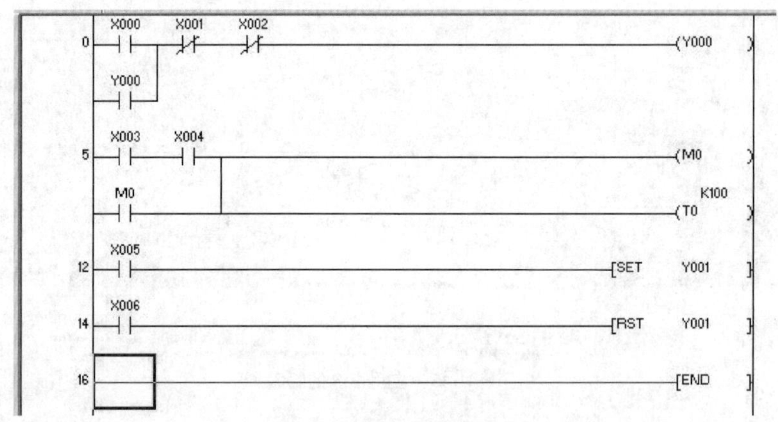

图 1-1-47　程序切换

7. 程序的保存

单击“工程”→“另存为”，弹出“工程另存为”对话框，在对话框中设置文件名和保存路径，如图 1-1-48 所示，这时软件编辑界面的最上方就会显示工程名和详细路径。

说一说：
你还能尝试用其他方法保存程序吗？

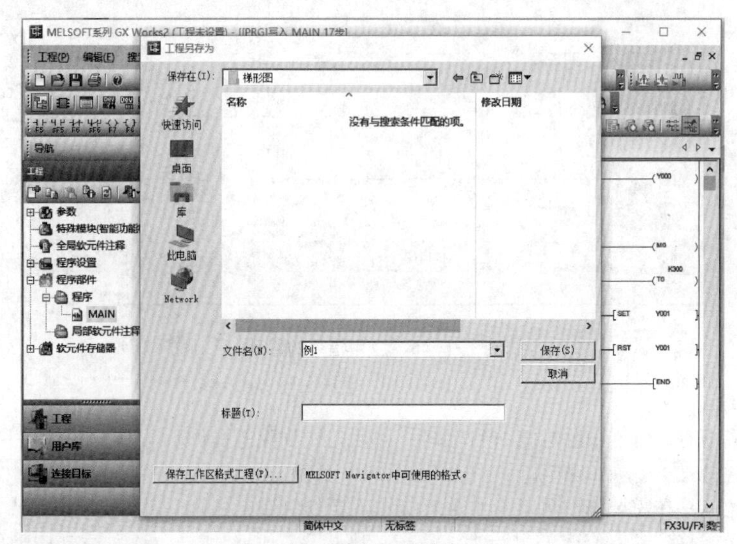

图 1-1-48　工程保存

学习笔记

8. 程序的调试与运行

（1）程序的检查。

执行“诊断”菜单—“诊断”命令，进行程序检查，如图 1-1-49 所示。

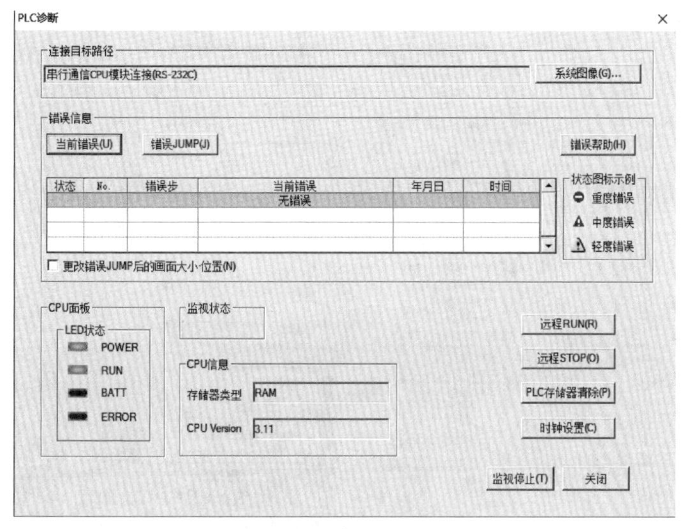

图 1-1-49　诊断操作

（2）程序的写入。

PLC 在 STOP 模式下，执行“在线”菜单-“PLC 写入”命令，出现“PLC 写入”对话框，如图 1-1-50 所示，选择“参数+程序”，再按“执行”按钮，完成将程序写入 PLC。

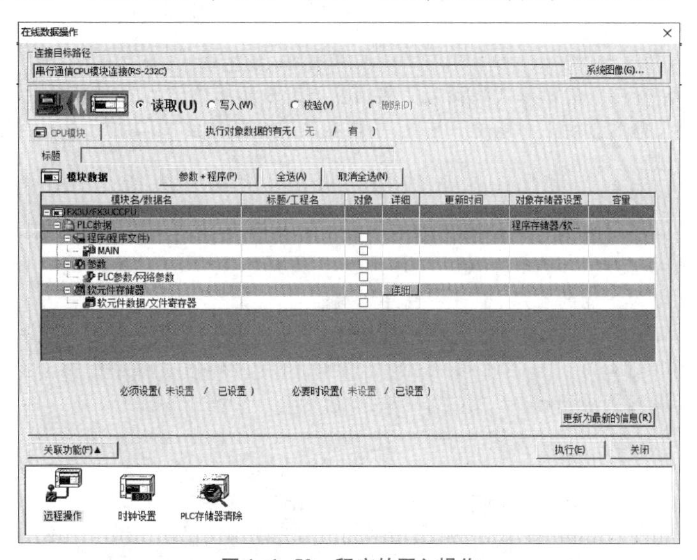

图 1-1-50　程序的写入操作

写出你在程序调试与运行过程中遇到的问题：

（3）程序的读取。

PLC 在“STOP”模式下，执行“在线”菜单→“PLC 读取”命令，将 PLC 中的程序发送到计算机中。传送程序时，应注意以下问题：

① 计算机的 RS-232C 端口及 PLC 之间必须用指定的缆线及转换器连接。

② PLC 必须在“STOP”模式下，才能执行程序传送。

③ 执行完“PLC 写入”后，PLC 中的程序将被丢失，原有的程序将被读入的程序所替代。

④ 在“PLC 读取”时，程序必须在 RAM 或 EE-PROM 内存保护关断的情况下读取。

（4）程序的运行及监控

① 运行：将 PLC 上的拨动开关拨至“RUN”模式，PLC 即处于运行状态。

② 监控：执行程序运行后，再执行“在线”菜单→“监视”命令（或按功能键“F3”），可对 PLC 的运行过程进行监视。结合控制程序，操作有关输入信号，观察输出状态，如图 1-1-51 所示。

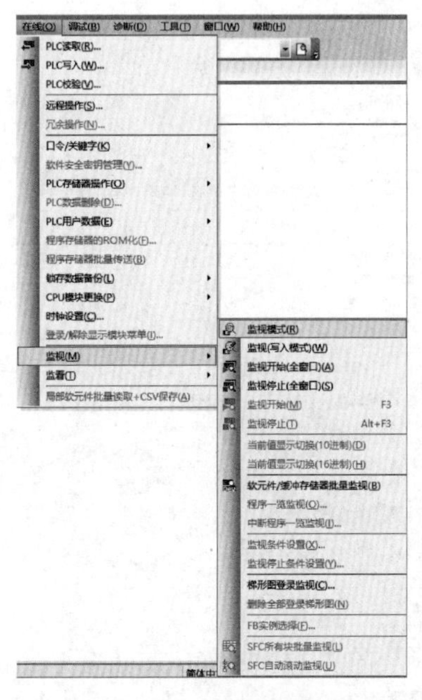

图 1-1-51　监控操作

知识小贴士：

在监视过程中，有光条的触点或线圈处于接通状态，表示有能流（帮助理解的假想电流）通过。PLC 处于运行状态下，按下功能键“F3”可启动监视功能，按“F2”可以取消监视功能。

（5）程序的调试。

程序运行过程中出现的错误有两种：

① 一般错误：运行的结果与设计的要求不一致，需要修改程序。先执行“在线”菜单→“远程操作”命令，将 PLC 设为“STOP”模式，再执行“编辑”菜单→“写模式”命令，再从上面第（3）点开始执行（输入正确的程序），直到程序正确。

② 致命错误：PLC 停止运行，PLC 上的 ERROR 指示灯亮，需要修改程序。先执行“在线”菜单→“清除 PLC 内存”命令，如图 1-1-52 所示；将 PLC 内的错误程序全部清除后，再从上面第（3）点开始执行（输入正确的程序），直到程序正确。

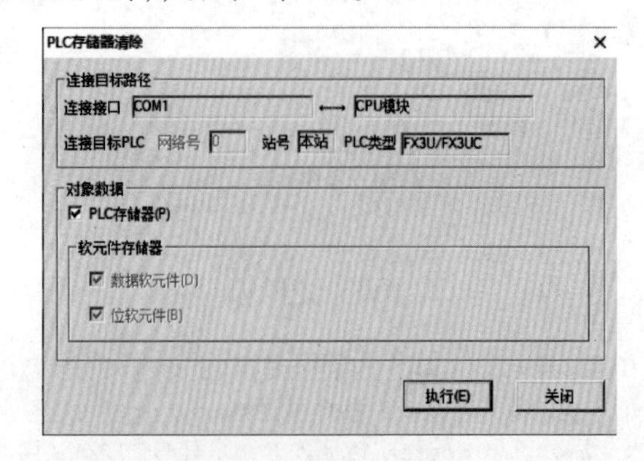

图 1-1-52　清除 PLC 内存

学习笔记

知识拓展

一、PLC 的产生

20 世纪 60 年代，美国汽车制造业竞争日趋激烈，汽车产品更新换代的周期越来越短，而继电器控制的汽车自动生产流水线设备体积大、触点使用寿命短、可靠性差、故障率高、维修和维护不便，同时这种控制系统智能化程度很低。当产品更新，生产工艺和流程发生变化时，整个系统都需要重新设计和安装，从而严重影响了企业生产效率，延长了汽车产品的更新周期。因此人们迫切需要一种通用性强、灵活方便的新型控制系统来替代原来的继电器控制系统。

1968 年，美国通用汽车公司（GM）首先进行了公开招标，提出了 10 项指标：

（1）编程方便，可现场修改程序。

（2）维修方便，采用插件式结构。

（3）可靠性高于继电器控制系统。

（4）体积小于继电器控制柜。

（5）数据可直接送入管理计算机。

（6）成本可与继电器控制系统竞争。

（7）输入可为市电。

（8）输出可为市电，输出电流要求在 2 A 以上，可直接驱动电磁阀和接触器等。

（9）系统扩展时，原系统变更最小。

（10）用户存储器容量大于 4K。

美国数字电子公司（DEC）中标后于 1969 年研制出世界上第一台可编程控制器，在通用汽车公司生产线上应用后获得极大成功，从此开创了一个可编程控制器的时代，世界各国也争相开发研制可编程控制器。

二、FX3U 系列 PLC 的基本构成

FX3U 是 FX 系列中功能最强、速度最高的可编程控制器，其基本指令执行时间高达 0.08 μs；用户存储器容量可扩展到 16K 步，最大可以扩展到 256 个 I/O 点；有 5 种模拟量输入/输出模块，高速计数器模块，脉冲输出模块，4 种位置控制模块，多种 RS232C、RS485 穿行通信模块或功能扩展板，以及模拟定时器功能扩展板。使用特殊功能模块和功能扩展板，可以实现模拟量控制、位置控制和联网通信等功能，见表 1-1-4～表 1-1-6。

表 1-1-4　FX3U 基本单元种类

单元	输入/输出点数	输出形式		
		继电器输出	晶体管输出	晶闸管输出
基本单元	8/8	FX3U-16MR-001	FX3U-16MT-001	
	16/16	FX3U-32MR-001	FX3U-32MT-001	FX3U-32MS-001
	24/24	FX3U-48MR-001	FX3U-48MT-001	FX3U-48MS-001
	32/32	FX3U-64MR-001	FX3U-64MT-001	FX3U-64MS-001
	40/40	FX3U-80MR-001	FX3U-80MT-001	FX3U-80MS-001
	64/64	FX3U-128MR-001	FX3U-128MT-001	

表 1-1-5　FX3U 扩展单元种类

单元	输入/输出点数	输出形式	
		继电器	晶体管输出
扩展单元	16/16	FX3U-32ER	FX3U-32ET
	24/24	FX3U-48ER	FX3U-48ET

学习笔记

表 1-1-6　FX3U 扩展模块种类

单元	输入/输出点数	输入/输出形式		
		继电器 I/O	晶体管输出	晶闸管输出
混合	4/4	FX0N-8ER	—	—
输出	0/8	FX0N-8EYR	FX0N-8EYT	-
	0/16	FX0N-16EYR	FX0N-16EYT	—
		FX3U-16EYR	FX3U-16EYT	FX3U-16EYS
输入	8/0	FX0N-8EX	—	—
	16/0	FX0N-16EX、	—	—
		FX3U-16EX		

三、手持式编程器（简称 HPP）

手持式编程器可以用来给 PLC 写入程序、读出程序、插入程序、删除程序和监视 PLC 的工作状态等。手持式编程器具有体积小、重量轻、价格低等特点，它广泛用于微型和小型 PLC 的用户程序编制、现场调试和监控。下面我们主要以三菱 FX-20P-E 手持式编程器为例来简单介绍它的界面和使用方法。

1. 操作面板

如图 1-1-53 所示，FX-20P-E 编程器的面板由两部分组成，上方有一个液晶显示屏，下方有 35 个按键，其中按键最上面一行和最右边一列为 11 个功能键，其余部分是指令键和数字键。

图 1-1-53　编程器面板示意图

（1）显示屏。显示屏显示 4 行，第一行、第一列的字符代表编程器的操作方式，其含义见表 1-1-7。

表 1-1-7　编程器的操作方式

序号	字符	操作方式
1	R	读出用户程序
2	W	写入用户程序
3	I	将编制的程序插入到光标“▶”所指的指令之前
4	D	删除光标“▶”所指的指令
5	M	表示编程器处于监控状态
6	T	表示编程器处于测试状态

（2）功能键。FX-20P-E编程器各功能键的功能见表1-1-8。

表1-1-8　FX-20P-E编程器功能键一览表

序号	功能键	功能	
1	RD/WR	读/写键	3个都是双功能键，按一次为前者功能，按两次为后者功能
2	INS/DEL	插入/删除键	
3	MNT/TEST	监视/测试键	
4	OTHER	其他键：按下它，立即进入工作方式选择界面	
5	CLEAR	消除键：取消“GO”键以前的输入，还可消除屏幕上的错误信息或恢复原来的画面	
6	HEPL	帮助键：按下“FNC”键后，再按“HEPL”键，编程器进入帮助模式	
7	SP	空格键：输入空格，在监控模式下，若要监视位元件，则先按下SP，再输入该位元件	
8	STEP	步序键：若要显示某步指令，则先按住“STEP”，再输入指令步	
9	↑、↓	光标键：移动光标“▶”及提示符	
10	GO	执行键：用于指令的确认、执行、显示画面和检索	

（3）数字键。数字键都是双功能键，键的上部分是指令助记符，下部分是数字或软元件的符号，反复按键时自动切换。

2. 编程准备

（1）电缆连接。在PLC主控制器上打开连接至HPP的端口盖板，将FX-20P-CAB0编程电缆接至该端口，该电缆的另一端接至HPP的右侧端口。

（2）打开电源。接通PLC主机电源，则HPP也接通电源，在HPP液晶显示屏显示如下内容：若按下“RST”和“GO”键，则可以对HPP进行复位。

◆ 符号：是指当前“执行”行，显示于屏幕的左侧。

■ 符号：是指当前“执行”行中的某一位，闪烁显示在左侧。

— 符号：光标，显示于字符下的下划线，等待输入字符处。

3. 编程

（1）接HPP和PLC，置PLC的“RUN/STOP”选择开关为“STOP”。

（2）模式选择：按“RD/WR”键一次、二次，使液晶显示屏上左边显示W时，即可进行编程。

（3）清零。在写入程序之前，一般将PLC内部存储器中的程序全部清除（简称清零），清零步骤如图1-1-54。

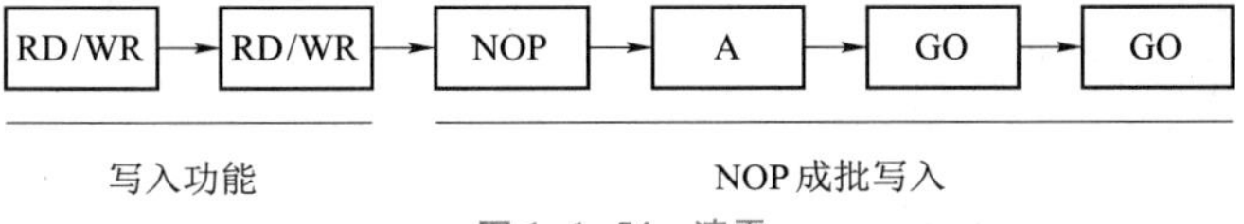

图1-1-54　清零

（4）写入指令。

应用举例：

举例2：梯形图1-1-29的写入步骤见表1-1-9。

表1-1-9　系统指令表写入步骤

程序步	指令	元件号	指令写入
0	LD	X000	W ▶ → LD → X → 1 → GO

学习笔记

续表

程序步	指令	元件号	指令写入
1	OR	Y001	▶ → OR → Y → 1 → GO
2	ANI	X002	▶ → ANI → T → 0 → GO
3	OUT	T0　K40	▶ → OUT → T → 0 → SP（•）→ K → 4 → 0 → GO
6	ANI	T0	▶ → ANI → T → 0 → GO
7	OUT	Y001	▶ → RST → Y → 1 → GO
8~15 步			▶ → RST → Y → 1 → GO
16	END		▶ → END → GO

任务二　三相交流异步电动机的点动控制

任务引入

请举例：点动控制电路的应用场合：

请概括：点动控制电路的功能：

图 1-2-1 所示为传统继电器控制系统中电动机点动控制电路原理图，其电路组成非常简单：首先三相交流电源 L1、L2、L3 通过空气开关 QS，连接 FU1 熔断器，再通过交流接触器的主触点 KM 与三相交流异步电动机连接形成主电路（注意：电动机须可靠接地）。在控制电路部分，L1 通过 FU2 熔断器，连接按钮 SB1，再与交流接触器 KM 的线圈连接，从 KM 线圈出来后，连接 FU2 并与 L2 形成控制回路（注意：KM 线圈的额定电压应为 380 V）。

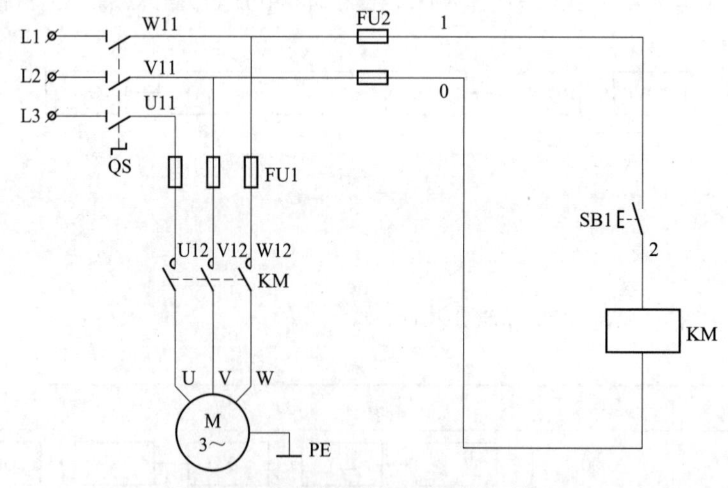

图 1-2-1　三相交流异步电动机的点动控制

它的工作原理为：若按下按钮 SB1，KM 线圈得电，KM 主触点闭合，电动机得电运转；松开按钮 SB1，KM 线圈失电，KM 主触点断开，电动机失电停转。这种控制方法常用于电葫芦的起重电动机和车床托板箱快速移动电动机的控制。此时若采用三菱 FX3U 系列 PLC 实现上述控制功能，该如何实现呢？

任务分析

采用三菱 FX3U 系列 PLC 实现三相交流异步电动机的点动控制时，主电路部分不变，只需将控制电路部分由 PLC 来代替。在本任务的学习和实践中，需要解决下面几个问题：

（1）知道 FX3U 系列 PLC 内部软元件输入继电器 X、输出继电器 Y 的含义。

（2）学会基本逻辑指令 LD、LDI、OUT 以及 END 的使用方法，并利用其绘制梯形图。

（3）学会 PLC 接线板的制作，能利用万用表检测元器件和电路。

（4）利用 GX Works2 编程软件编写梯形图程序，完成三相交流异步电动机点动控制的安装、调试和监控。

任务实施

活动 1：软元件 X、Y 的认识

一、PLC 编程软元件

PLC 编程软元件是可编程控制器内部设置的、具有各种功能的、能方便地执行控制过程中各种逻辑关系的元器件，其实质是计算机存储单元中的某一个位或整个存储单元。

FX3U 系列 PLC 编程软元件有输入继电器 X、输出继电器 Y、辅助继电器 M、状态组件 S、指针 P/I、常数 K/H、定时器 T、计数器 C、数据寄存器 D 和变址寄存器 V/Z 十大类。

PLC 编程软元件的名称由两部分组成，第一部分用一个字母代表功能，如输入继电器用“X”表示，输出继电器用“Y”表示；第二部分用数字表示该编程软元件的序号。输入、输出继电器的序号为八进制编码，即遵循“逢 8 进 1”的运算规则，其余编程元件序号为十进制。同时，从编程软元件的最大序号还可以了解 PLC 中可能具有的某类编程软元件的最大数量。

二、输入继电器 X

1. 输入继电器的表示方式

三菱 FX3U-48M 共有输入继电器 24 点，用 X0～X27 表示（即 X0～X7、X10～X17、X20～X27，共 24 点）。PLC 的一个输入端子对应一个输入继电器，结合任务一中图 1-1-8，可以看到该系列 PLC 输入继电器对应的输入端子。

2. 输入继电器的用途

输入继电器用于 PLC 接收外部输入信号，PLC 通过光电耦合将外部输入信号的状态读入并储存于输入映像寄存器中，输入端子可以外接常开触点或常闭触点，也可以接多个触点组成的串、并联电路。在梯形图中，可以多次使用输入继电器的常开触点和常闭触点。

3. 输入继电器的表示形式

输入继电器有两种表示形式：常开触点和常闭触点。梯形图中的符号如图 1-2-2 所示。

图 1-2-2　FX3U 系列 PLC 中输入继电器的符号

特别注意：

输入继电器必须由外部输入信号来驱动，而不能通过程序来驱动。它可以提供无数对常开触点和常闭触点，这些触点在编程时可自由使用。

三、输出继电器 Y

1. 输出继电器的表示方式

三菱 FX3U-48MR 共有输出继电器 24 点，用 Y0～Y27 表示（即 Y0～Y7、Y10～Y17、Y20～Y27，

学习笔记

共 24 点）。PLC 的一个输出端子对应一个输出继电器，结合任务一中图 1-1-8，可以看到该系列 PLC 输出继电器对应的输出端子。

2. 输出继电器的用途

输出继电器用于将 PLC 的输出信号传送给输出单元，再由输出单元驱动外部负载，反映 PLC 程序执行的结果。当某一输出继电器的线圈接通时，与之连接的外部负载被接通工作；反之该负载被断开停止工作。

特别注意：

输出继电器的线圈只能由用户程序驱动，其常开、常闭触点也可作为其他软元件的工作条件在程序中出现。

3. 输出继电器的符号

输出继电器除了有常开触点和常闭触点外，还有其对应的线圈。当输出继电器的线圈得电时，其常开触点闭合、常闭触点断开，反之则恢复。在梯形图中输出继电器各部分的符号如图 1-2-3 所示。

请比较：输入继电器与输出继电器的异同点：

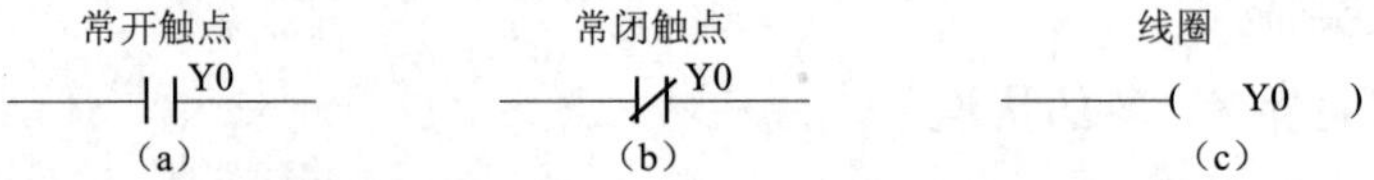

常开触点 Y0 (a)　　常闭触点 Y0 (b)　　线圈 (Y0) (c)

图 1-2-3　FX3U 系列 PLC 中输出继电器的符号

活动 2：学习基本逻辑指令（LD、LDI、OUT 和 END）

FX3U 系列 PLC 有基本逻辑指令 29 条、步进指令 2 条、应用指令 13 类。最常用的编程语言主要是梯形图和指令语句，且指令语句和梯形图有着严格的对应关系。

一、逻辑取（LD、LDI）与线圈驱动（OUT）指令

1. 指令助记符及功能

LD：逻辑取常开触点指令，用于常开触点与左母线的连接，即逻辑运算起始于常开触点。

LDI：逻辑取常闭触点指令，用于常闭触点与左母线的连接，即逻辑运算起始于常闭触点。

OUT：线圈驱动指令，用于根据逻辑运算的结果驱动指定的线圈。

2. 指令说明

（1）LD、LDI 指令的操作元件有输入继电器 X、输出继电器 Y、辅助继电器 M、状态继电器 S、定时器 T 以及计数器 C 的触点。

（2）LD、LDI 指令用于将触点接到左母线上。另外，与后面讲到的 ANB、ORB 指令组合，在分支起点处也可使用。

（3）OUT 指令是对输出继电器 Y、辅助继电器 M、状态寄存器 S、定时器 T、计数器 C 的线圈驱动指令，对输入继电器 X 不能使用。对定时器 T 或计数器 C 的线圈使用的 OUT 指令后面，必须设定 K 值。

（4）OUT 指令可作多次并联使用。

二、END 指令

END 为结束指令，无操作元件。任何一个完整的程序，都需要由 END 指令来结束，若程序中没有 END 指令，程序编译时，会提示错误信息。GX 或 FX 软件都具有自动在梯形图或指令语句最后添加 END 指令的功能，大大方便了用户的编程。当程序执行到 END 指令时，以后的程序将不再执行，直接进行输出处理，然后继续循环扫描。

特别注意：

在程序调试过程中，按段插入 END 指令，可以顺序检查程序各段的动作情况，确认无误后再删除多余的 END 指令。

应用举例：

举例 1：如图 1-2-4 所示，梯形图中左边一条竖线称为左母线，右边一条竖线称为右母线。

举例 2：如图 1-2-5 所示，在 LD X000 指令后，可以多次并联使用 OUT 指令以驱动不同线圈。

学习笔记

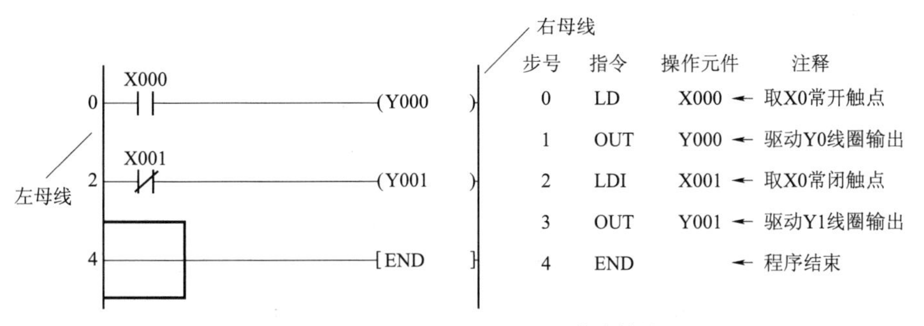

图 1-2-4　LD、LDI、OUT 及 END 指令的使用

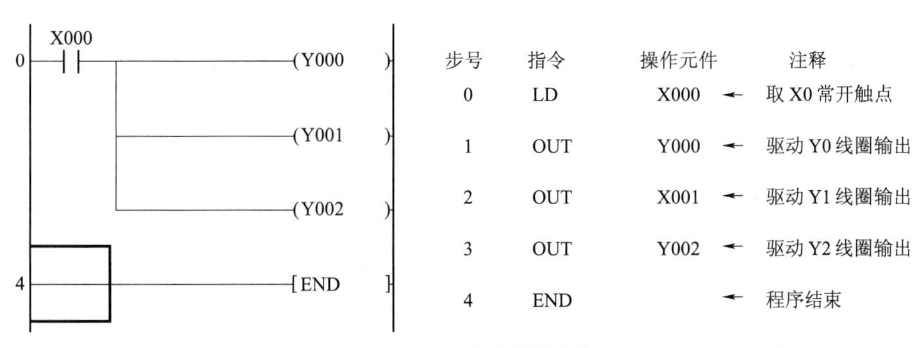

图 1-2-5　OUT 指令的并联使用

活动 3：用三菱 FX3U-48MR/ES 代替传统继电器控制电路

一、输入/输出分配表的确定

PLC 是由输入接口接收外部输入信号，运行控制程序后通过输出接口驱动负载，再由负载决定生产设备的工作状态。因此在实现图 1-2-1 所示电动机点动控制功能时，需要将主令器件启动按钮 SB1 与 PLC 的输入接口连接，并将 KM 接触器的线圈接至输出接口。

此时电动机的启动运行和停止仍然由接触器控制，因此在用 PLC 控制时，主电路和图 1-2-1 完全相同，无须更改，但控制电路的功能则要通过 PLC 来代替。表 1-2-1 所示为 PLC 实现电动机点动控制系统的输入/输出分配表。

表 1-2-1　输入/输出分配表

输　入			输　出		
元件	作用	输入点	元件	作用	输出点
SB1	启动	X000	KM	电机控制	Y000

二、电机点动控制的 PLC 电路原理图

用三菱 FX3U-48MR/ES 型可编程控制器实现三相交流异步电动机点动控制的电路原理如图 1-2-6 所示。

图中传统继电器控制电路部分，主电路不变，控制电路将由三菱 FX3U-48M PLC 代替控制，其中有三点特别需要注意：

（1）三菱 FX3U-48MR/ES 可编程控制器的电源输入端只能接交流 220 V，因此需要将传统继电器控制电路中的“1 号端子”与“0 号端子”之间的 380 V 电压通过变压器 TC 转变成220 V，然后“3 号端子”通过 FU3 熔断器进行短路保护后连接至 PLC 的“L”端子，而“4 号”端子可直接连接至 PLC 的“N”端子。

（2）在 PLC 的输入回路中，因表 1-2-1 的输入/输出分配表中有一个输入设备 SB1，因此只需将

请写出：
绘制电路原理图的注意事项

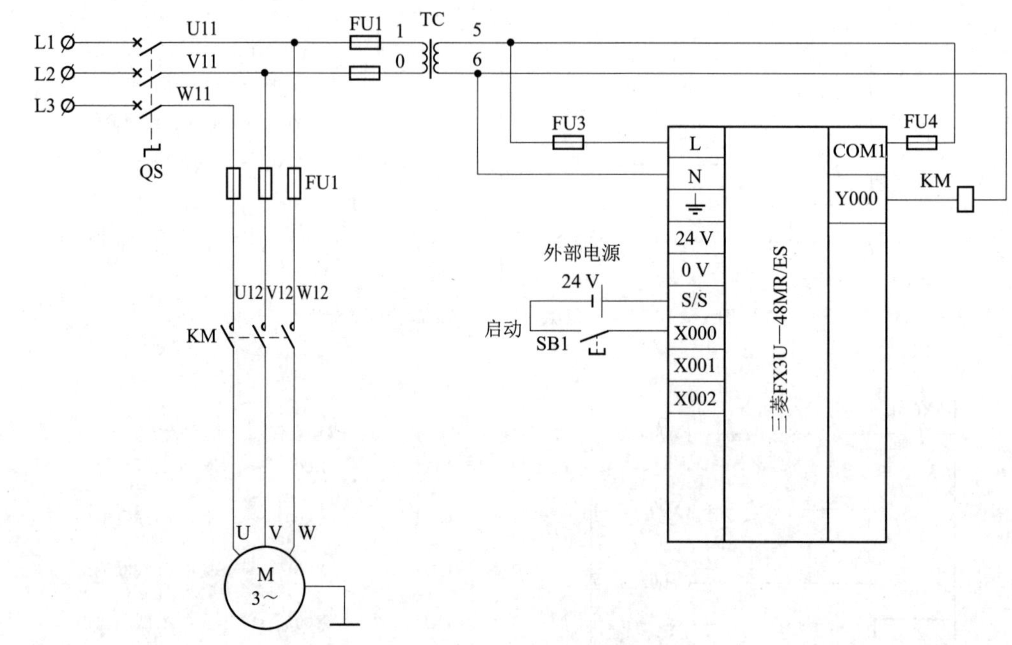

图 1-2-6　电动机点动 PLC 控制电路原理图

PLC 的输入端子 X000 连接 SB1，然后连接外部 24 V 电源，与 PLC 输入端“S/S”连接形成输入回路。

（3）在 PLC 的输出回路中，Y000 输出端子共用输出公共端“COM1”，因此需将变压器次级绕组上的“3 号端子”通过 FU4 熔断器并连接 PLC 输出公共端“COM1”，而 Y000 输出端子直接连接交流接触器 KM 的线圈，再与 PLC 的“N”端子形成回路（或“4 号端子”）。这样，当 PLC 梯形图程序中的 Y000 线圈得电时，“COM1”与“Y000”内部的触点将接通，形成输出回路，交流接触器 KM 线圈将得电，此时主电路中的交流接触器 KM 主触点闭合，电动机就能启动运行了。

特别注意：

在传统继电器控制系统中，控制电路部分 KM 线圈的额定电压是 380 V，但 PLC 输出回路部分中 KM 线圈的额定电压是 220 V，请注意区别。

活动 4：PLC 接线板的制作

一、元器件的准备

完成本活动所需要的元件器材见表 1-2-2。

提醒：
请结合电路原理图的分析，填写活动需要元件器材的名称、型号、数量和单位

表 1-2-2　元件器材表

序号	名　称	型号规格	数量	单位	备　注
1					
2					
3					
4					
5					
6					
7					
8					

续表

序号	名　称	型号规格	数量	单位	备　注
9					
10					
11					主电路
12					控制电路
13					
14					
15					
16					
17					
18					

学习笔记

二、元器件的检测

1. 熔断器的检测

RT18-32 型熔断器的外观及内部熔体如图 1-2-7 所示。

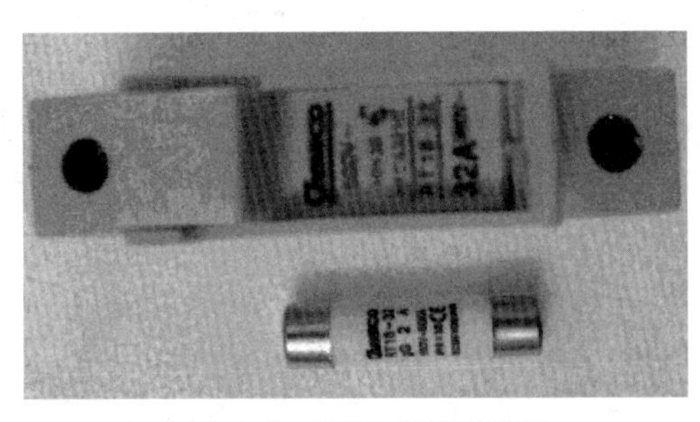

图 1-2-7　RT18-32 型熔断器

根据表 1-2-3，用万用表对每个工位上的 RT18-32 型熔断器进行检测。

表 1-2-3　熔断器的检测过程

序号	识别任务	参考值	识别值	识别方法及操作要点
1	检测熔断器熔底座两触点之间的绝缘电阻	阻值为 0 Ω		
2	如果熔断器检测出损坏，可打开熔断器，检测内部熔体的有无或熔体两端的绝缘电阻	内部无熔体		
		阻值为∞		
		阻值为 0 Ω		

请概括：运用所学知识概括熔断器检测方法及操作要点

请记录：熔断器的检测结果

2. 空气断路器的检测

DZ47-63 型空气断路器如图 1-2-8 所示。

学习笔记

请思考：空气断路器在生活中的应用场景

图 1-2-8　DZ47-63 型空气断路器

根据表 1-2-4，用万用表对每个工位上的 DZ47-63 型空气断路器进行检测。

请记录：空气断路器的检测结果

表 1-2-4　空气断路器的检测过程

序号	识别任务	参考值	识别值	识别方法及操作要点
1	读空气断路器的铭牌	内容有型号、额定电压、额定电流等		铭牌贴在空气断路器的正面
2	找到中性线 N 的接线端子	7-8		分布在空气断路器的最右端
3	找到 3 对相线的接线端子	1-2 3-4 5-6		分布在空气断路器的左边
4	拨动空气断路器开关至“OFF”，分别检测、判别 3 对常开触头的好坏	阻值均为∞		选 $R\times1$ Ω 挡，万用表调零后，两表棒分别搭接在常开触头的上下接线端子上 若阻值为 0，则说明触头已损坏或接触不良
5	拨动空气断路器开关至“ON”，分别检测、判别 3 对常开触头的好坏	阻值均为 0 Ω		选 $R\times1$ Ω 挡，万用表调零后，两表棒分别搭接在常开触头的上下接线端子上 若阻值为∞，则说明触头已损坏或接触不良

3. 按钮的检测

LA4-3H 型按钮如图 1-2-9 所示。

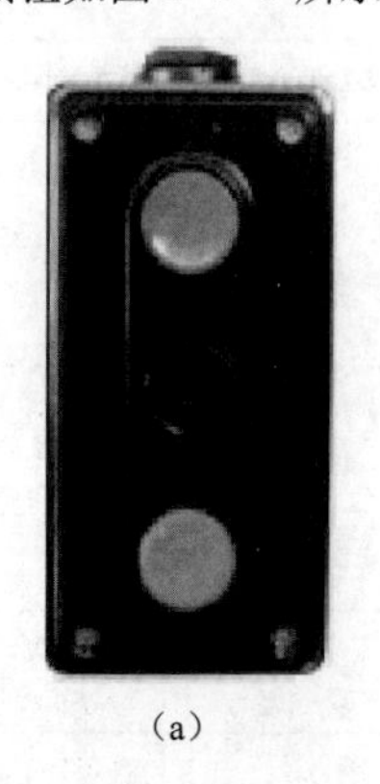

（a）

（b）

图 1-2-9　LA4-3H 型按钮

（a）外观；（b）内部

学习笔记

根据表 1-2-5，用万用表对每个工位上的 LA4-3H 型按钮进行检测。

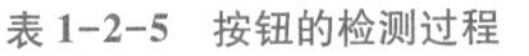

表 1-2-5　按钮的检测过程

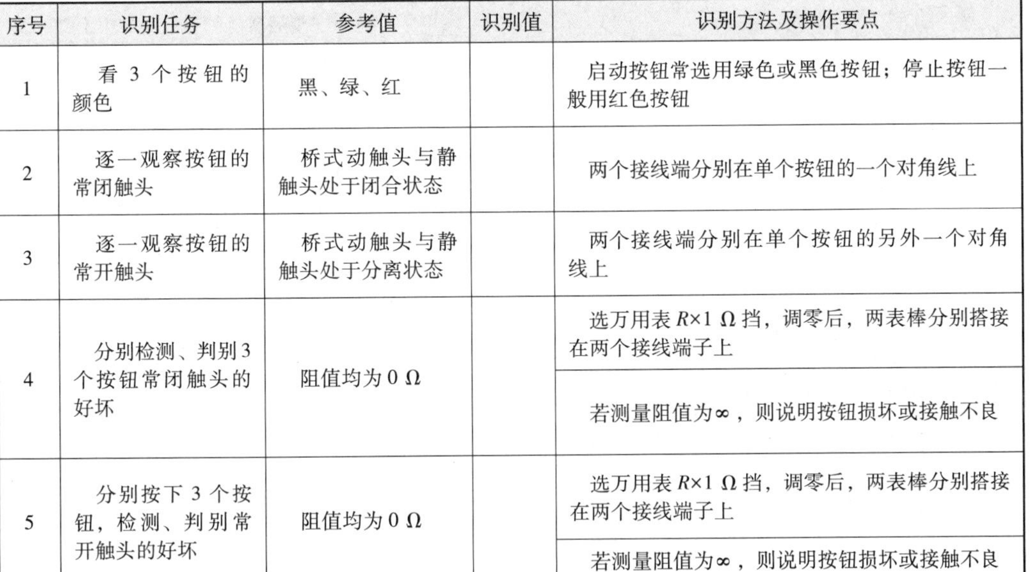

序号	识别任务	参考值	识别值	识别方法及操作要点
1	看 3 个按钮的颜色	黑、绿、红		启动按钮常选用绿色或黑色按钮；停止按钮一般用红色按钮
2	逐一观察按钮的常闭触头	桥式动触头与静触头处于闭合状态		两个接线端分别在单个按钮的一个对角线上
3	逐一观察按钮的常开触头	桥式动触头与静触头处于分离状态		两个接线端分别在单个按钮的另外一个对角线上
4	分别检测、判别 3 个按钮常闭触头的好坏	阻值均为 0 Ω		选万用表 *R*×1 Ω 挡，调零后，两表棒分别搭接在两个接线端子上
				若测量阻值为∞，则说明按钮损坏或接触不良
5	分别按下 3 个按钮，检测、判别常开触头的好坏	阻值均为 0 Ω		选万用表 *R*×1 Ω 挡，调零后，两表棒分别搭接在两个接线端子上
				若测量阻值为∞，则说明按钮损坏或接触不良

请记录：按钮的检测结果

4. 交流接触器的检测

CJX1-9 型交流接触器如图 1-2-10 所示。

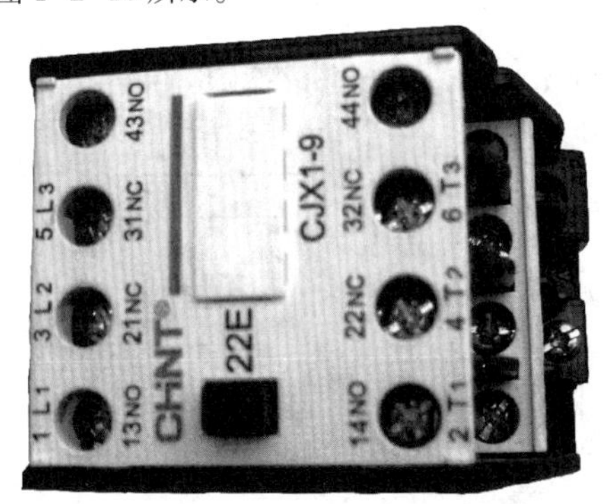

图 1-2-10　CJX1-9 型交流接触器

交流接触器的检测

根据表 1-2-6，用万用表对每个工位上的交流接触器进行检测。

表 1-2-6　交流接触器的检测过程

序号	识别任务	参考值	识别值	识别方法及操作要点
1	读接触器的铭牌	内容有型号、额定电压、额定电流等		铭牌贴在接触器的侧面
2	读接触器线圈的额定电压	220 V 50 Hz		看线圈的参数标签，同一型号的接触器有不同的线圈电压等级
3	找到线圈的接线端子	A1-A2		分布在接触器的左下角和右下角
4	找到 3 对主触头的接线端子	1L1-2T1 3L2-4T2 5L3-6T3		分布在接触器前侧与后侧的中部，编号在接触器的顶部面罩上

请记录：交流接触器的检测结果

学习笔记

续表

序号	识别任务	参考值	识别值	识别方法及操作要点
5	找到 2 对辅助常开触头的接线端子	13-14 43-44		分布在接触器前侧与后侧的中上部，编号在接触器的顶部面罩上
6	找到 2 对辅助常闭触头的接线端子	21-22 31-32		分布在接触器前侧与后侧的中上部，编号在接触器的顶部面罩上
7	分别检测判别 2 对辅助常闭触头的好坏	阻值均为 0 Ω		选 R×1 Ω 挡，万用表调零后，两表棒分别搭接在辅助常闭触头的上下接线端子上 若阻值为∞，则说明触头已损坏或接触不良
8	压下接触器的动铁芯，使接触器处于吸合状态，分别检测判别 5 对常开触头的好坏	阻值均为 0 Ω		选 R×1 Ω 挡，万用表调零后，两表棒分别搭接在常开触头的上下接线端子上 若阻值为∞，则说明触头已损坏或接触不良
9	检测判别接触器线圈的好坏	阻值约为 550 Ω		选 R×100 Ω 挡，万用表调零后将两表棒分别搭接在接线端子 A1 和 A2 上 若阻值过大或过小，则说明接触器已损坏
10	测量各触头之间的绝缘电阻	阻值均为∞		说明所有触头都是独立的，相互之间没有电的直接联系，安装时要防止错位

[思政]：元器件的布置与学生的前景规划一样，应“放眼大局，着手细节”。

三、元器件的布置

根据表 1-2-6 检测元器件的好坏，完成后将符合要求的元器件按图 1-2-11 所示安装在网孔板上并固定。固定元件时，要注意以下两点：

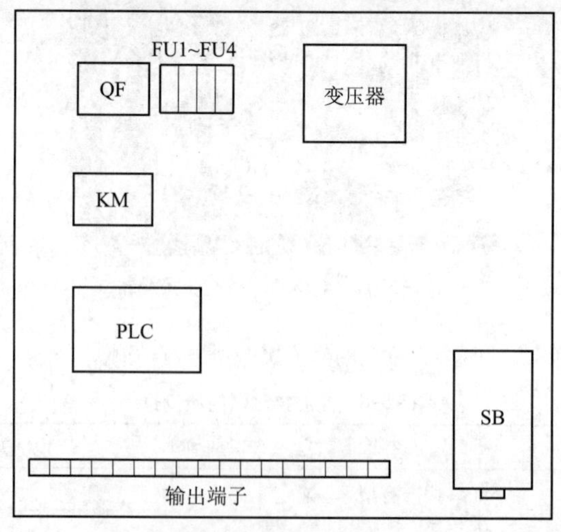

图 1-2-11 PLC 接线板的布局图

（1）必须按图施工（可参考图 1-2-11），固定元器件的位置。固定导轨时要充分考虑到，所有元件应排布整齐、均匀分布，元件之间的间距要合理，以便于元件的更换和维修。

（2）紧固元器件时要用力均匀，紧固程度适当，防止出现用力过猛而损坏元件的情况。

四、PLC 接线板的线路连接与检测

1. 线路连接原则

在给 PLC 接线板进行线路连接时，应特别注意以下几个方面：

（1）接线时，严格根据电路原理图中元器件的位置合理布线。

（2）各个接线端子引出导线的走向应以元件的中心线为界线。

（3）槽外走线要合理、美观大方、横平竖直、高低前后一致、避免交叉。

（4）布线时严禁损伤线芯和导线绝缘层。导线与接线端子连接时，不允许挤压绝缘层以及过长露铜。

（5）进入走线槽内的导线要完全置于线槽内，尽可能避免交叉，装线的数量以不超过线槽总容量的70%~80%为宜。

（6）在剥去绝缘层的导线上要套上号码管，相同接线端子只套一个号码管。编号时号码管上文字的方向应保持一致。

请互相检查同组同学的PLC接线板在接线过程中违反了哪些原则？

2. 线路连接及检测步骤

根据图1-2-11所示PLC电路原理图以及图1-2-11所示元器件分布的情况，按配线原则与工艺要求进行PLC控制系统的安装接线（主电路的连接线路此处不再赘述）。特别注意布线需紧贴线槽，保持整齐与美观。具体可按以下步骤操作：

1）连接PLC电源部分

如图1-2-12所示，L1、L2两根相线→进端子排→从端子排出→连接空气开关QS→W11、V11分别通过熔断器FU2→变压器TC→3号线通过FU3连接PLC的“L”端子，而4号线直接连接PLC的“N”端子。此时PLC电源部分的接线完成。

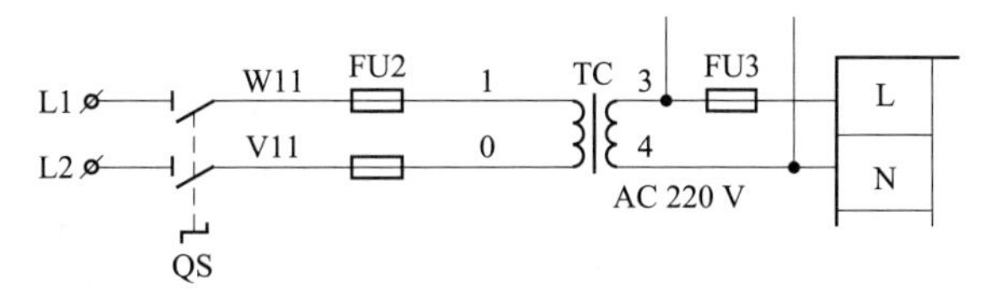

图1-2-12　连接PLC电源回路

2）PLC电源部分自检

（1）检查布线。对照图1-2-12检查是否掉线、错线，是否漏编、错编，接线是否牢固等。

（2）万用表检测。万用表检测过程见表1-2-7，如测量阻值与正确阻值不符，则应重新检查布线。

表1-2-7　万用表的检测过程

序号	检测内容	操作情况	正确阻值	测量阻值
1	检测判别FU的好坏	两表棒分别搭接在FU2、FU3的上下接线端子上	均为0 Ω	
2	测量L1、L2之间的绝缘电阻	合上断路器QS，两表棒分别搭接在接线端子排XT的L1和L2上	TC初级绕组的阻值	
3	测量PLC上L、N之间的电阻	两表棒分别搭接在PLC的接线端子L和N上	TC次级绕组的阻值	

请记录：用万用表检测电源部分：测量到的阻值

（3）通电观察PLC的指示灯。经过自检，确认正确且无安全隐患后，通电观察PLC的LED指示，见表1-2-8。

表1-2-8　LED工作情况记载表

步骤	操作内容	LED	正确结果	观察结果
1	先插上电源插头，再合上断路器	POWER	点亮	
2	拨动RUN/STOP开关，调至“RUN”位置	RUN	点亮	
3	拨动RUN/STOP开关，调至“STOP”位置	RUN	熄灭	
4	⚠ 拉下断路器后，拔下电源插头	断路器电源插头	已分断	

请记录：通电检测时观察到的PLC指示灯结果

学习笔记

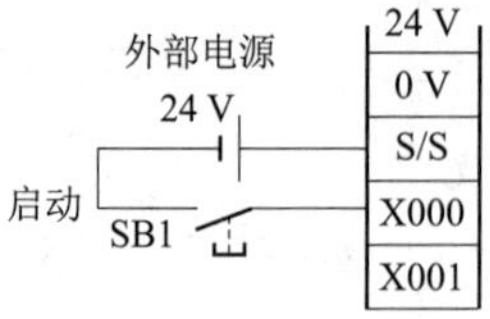

图 1-2-13　连接 PLC 输入回路

3）连接 PLC 输入回路部分

如图 1-2-13 所示，分析填写电路连接步骤：SB1 常开按钮的一端→连接至端子排→从端子排出→（　　）；SB1 常开按钮的另一端→从端子排出→（　　）。

4）PLC 输入回路部分的自检

（1）检查布线。对照图 1-2-13 检查是否掉线、错线，是否漏编、错编，接线是否牢固等。

（2）用万用表检测。用万用表检测过程见表 1-2-9，如测量阻值与正确阻值不符，则应重新检查布线。

请记录：用万用表检测输入回路时测量到的阻值

表 1-2-9　万用表的检测过程

序号	检测内容	操作情况	正确阻值	测量阻值
1	测量 PLC 的各输入端子与“COM”之间的阻值	分别对输入设备进行操作，两表棒搭接在 PLC 各输入接线端子与“COM”上	均为 0 Ω	
2	测量 PLC 的各输入端子与电源输入端子“L”之间的阻值	两表棒分别搭接在 PLC 各输入接线端子与电源输入端子“L”上	均为∞	

（3）通电观察 PLC 的指示灯。经过自检，确认正确和无安全隐患后，通电观察 PLC 的 LED 指示，见表 1-2-10。

请记录：通电检测时观察到的 PLC 指示灯结果

表 1-2-10　LED 工作情况记载表

步骤	操作内容	LED	正确结果	观察结果
1	先插上电源插头，再合上断路器	POWER	点亮	
2	按下 SB1	X000	点亮	
4	拉下断路器后，拔下电源插头	断路器 电源插头	已分断	

5）连接 PLC 输出回路部分

如图 1-2-14 所示，分析填写连接步骤：由于在三菱 FX3U-48M PLC 中，Y000~Y003 共用 COM1，所以先将 COM1 公共端通过接入端子“3”；输出端子 Y000 直接连接（　　），然后接入端子（　　），形成输出回路。

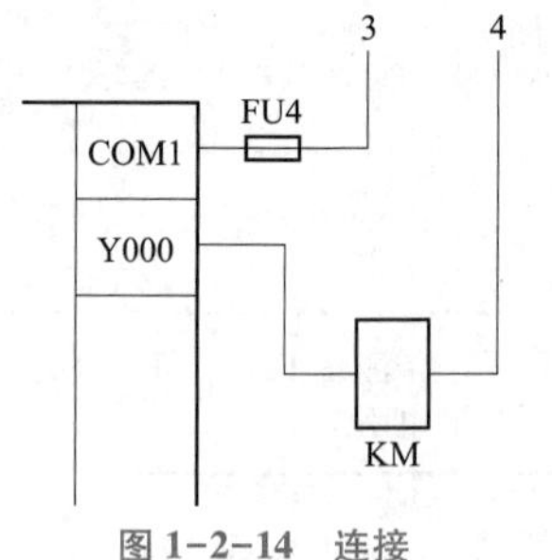

图 1-2-14　连接 PLC 输出回路

6）PLC 输出回路部分的检测

（1）检查布线。对照图 1-2-14 检查是否掉线、错线，是否漏编、错编，接线是否牢固等。

（2）万用表检测。万用表检测过程见表 1-2-11，如测量阻值与正确阻值不符，则应重新检查布线。

请记录：用万用表检测输出回路测量到的阻值

表 1-2-11　万用表的检测过程

序号	检测内容	操作情况	正确阻值	测量阻值
1	测量 PLC 的各输出端子与对应公共端子之间的阻值	两表棒分别搭接在 PLC 输出接线端子 COM1 与对应的公共端子 Y000 上	为 TC 次级绕组与 KM 线圈的阻值之和	

活动 5：程序编写与调试

（1）采用梯形图及指令语句两种方法编写该程序，如图 1-2-15 所示。

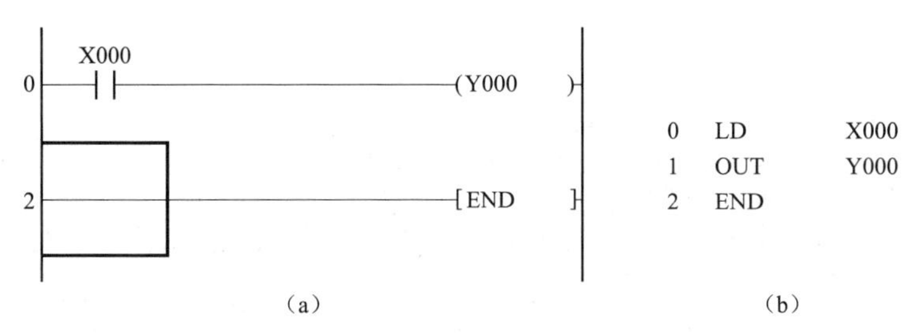

（a）　　（b）

图 1-2-15　电动机点动控制 PLC 梯形图及指令表
（a）梯形图；（b）指令语句

请回答：利用 GX Works2 编程软件，如何切换梯形图与指令表两种编程语言？

（2）程序分析。

根据图 1-2-15 所示梯形图，X000 常开触点闭合，则 Y000 线圈得电；反之，Y000 线圈失电。

活动 6：用 GX Works2 编程软件编写、调试、下载程序

（1）打开 GX Works2 编程软件，新建工程，将光标放在起始位置。

（2）用键盘输入“LD X0”指令，如图 1-2-16 所示。

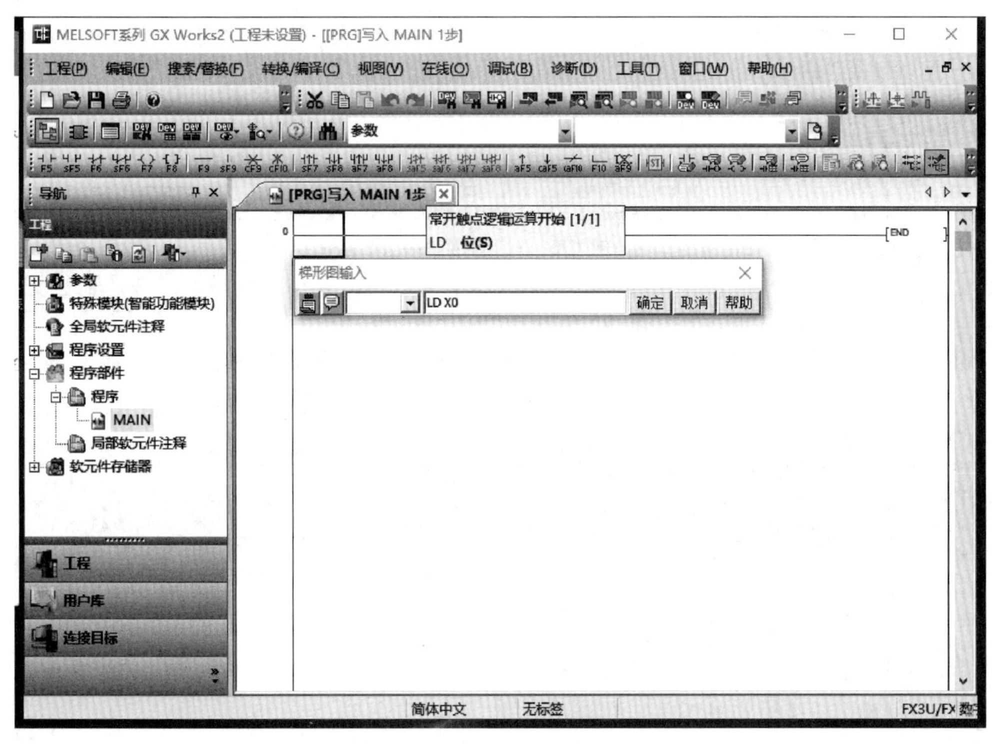

图 1-2-16　触点的输入

（3）按回车键后，在图 1-2-17 所示光标位置处通过键盘输入“OUT Y0”指令。

（4）按回车键输入指令，如图 1-2-18 所示。

（5）按功能键“F4”对编辑好的梯形图进行切换并保存，如图 1-2-19 所示。

（6）程序的写入。将 PLC 上的拨动开关调至“STOP”，单击“在线”菜单中的“PLC 写入”。

（7）程序的调试与监控。将 PLC 上的拨动开关调至“RUN”，按照表 1-2-12 进行操作，观察系统的运行情况。如出现故障，则应立即切断电源，分析原因，检查电路或梯形图后重新调试，直至系统实现功能；也可以按功能键“F3”启动监视模式，观察软元件的得失电状态来判断系统运行是否正确。

学习笔记

请记录：

程序输入过程中遇到的问题

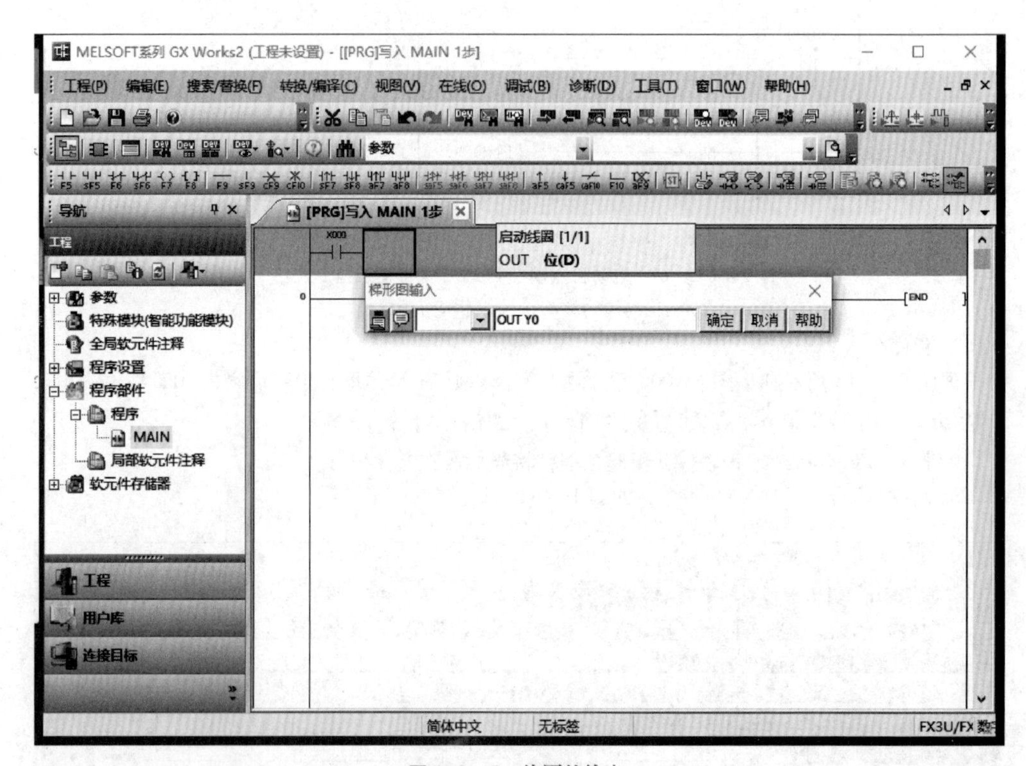

图 1-2-17 线圈的输入

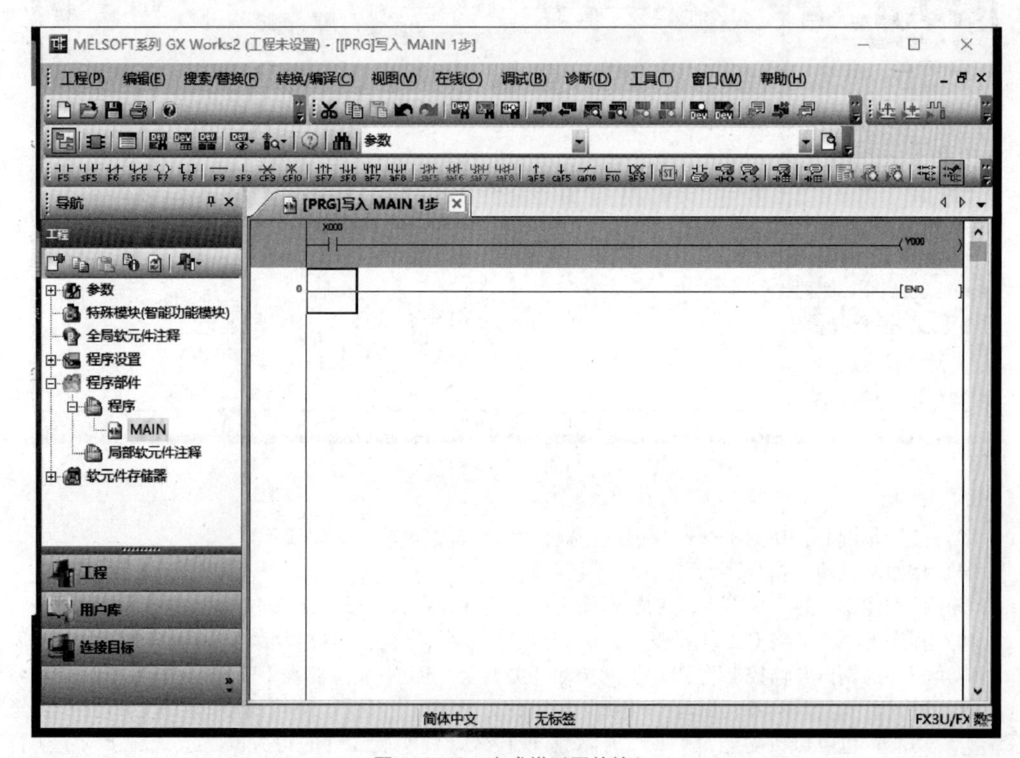

图 1-2-18 完成梯形图的输入

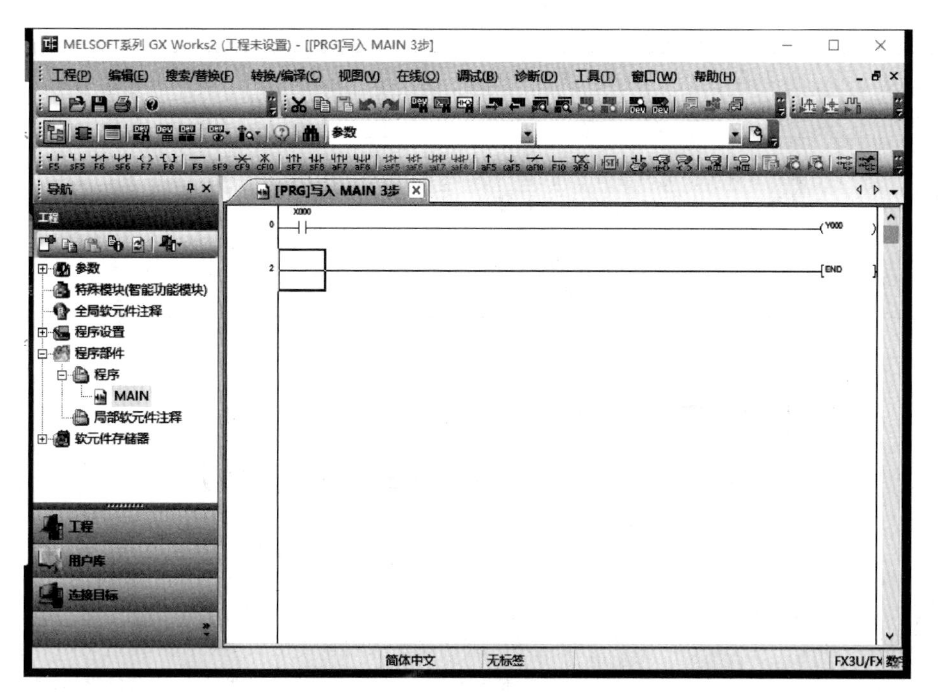

图 1-2-19　梯形图的切换

表 1-2-12　系统运行情况记载表

步骤	操作内容	观察内容						备注
		指示 LED		接触器		电动机		
		正确结果	观察结果	正确结果	观察结果	正确结果	观察结果	
1	按下 SB1	Y000 点亮		KM 吸合		运转		
2	松开 SB1	Y000 熄灭		KM 释放		停止		

请记录：程序运行过程中，系统各部分运行情况

知识拓展

一、程序的编写方法——翻译法

三菱 PLC 程序有梯形图、指令语句和状态转移图三种形式，梯形图与继电器电路相似，有继电器电路基础的人比较容易接受、掌握。另外，在对传统电气设备进行技术改造时，原继电器控制系统经过长期的运行，其控制逻辑的合理性和可靠性已得到了证明，因此对于有继电器电路基础的初学者来说，翻译法是一种常用且可靠的程序编写方法。

翻译法是将继电器电路的控制逻辑图直接转化为 PLC 梯形图的程序设计方法。用翻译法编程时，应根据输入/输出分配表或输入/输出接线图将继电器控制电路中的触点和线圈用对应的 PLC 软元件替代。

控制系统的发展

请思考：控制方式的发展、更替对我们学生的学习和就业有何影响

二、传统继电-接触器控制系统与 PLC 的区别

PLC 由继电-接触器控制系统发展而来，两者之间存在一定区别，见表 1-2-13。

表 1-2-13　传统继电-接触器控制系统与 PLC 的区别

	传统继电-接触器控制系统	PLC 控制系统
元器件	各种低压电器硬件（按钮、接触器、时间继电器、中间继电器）	软继电器，不是真正的硬件继电器（X、Y、M、S、T、C 等）

学习笔记

续表

	传统继电-接触器控制系统	PLC 控制系统
元器件数量	硬件低压电器触点数量有限，4~8 对	软触点数量不受使用次数的限制
控制方式	通过各种硬件低压电器之间的接线实现功能固定，当功能改变时必须重新接线	通过软件编写控制程序来实现控制，可以灵活变化，功能改变时，只对程序修改，无须另行接线
工作方式	同一时刻，满足吸合条件的继电器同时吸合，不满足吸合条件的继电器同时断开	循环扫描的工作方式

任务三　三相交流异步电动机的长动控制（启保停控制）

任务引入

机床的主轴往往需要较长时间的连续运转，这就需要采用电动机长动控制。传统继电器控制电路如图 1-3-1 所示。该电路在图 1-2-1 点动控制的基础上，增加了停止按钮 SB2 以及热继电器 FR。长动控制是指当按下启动按钮 SB1 并松开后，电动机仍然能通电转动。为此，电路在 SB1 两端并联 KM 的一对常开触点，起到自锁的作用。由于电动机要求长时间运转，故加入热继电器起到过载保护的作用。

请举例：

长动控制电路的应用场景

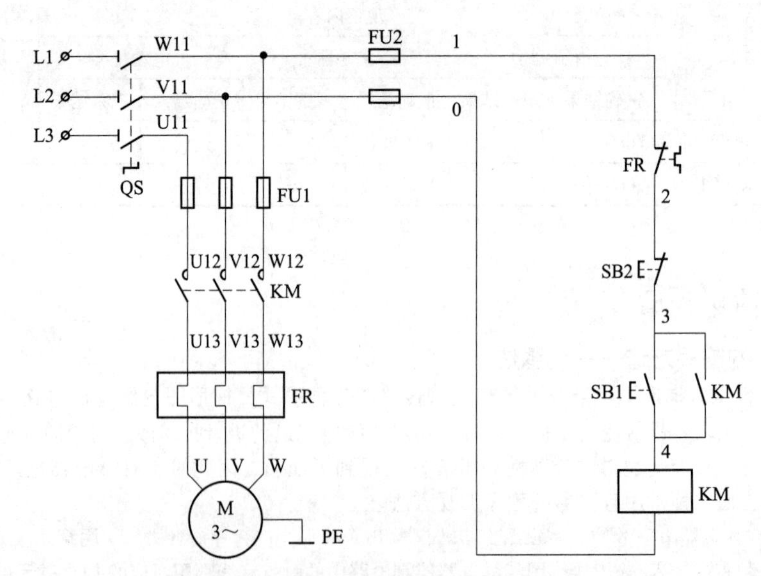

图 1-3-1　三相交流异步电动机的长动控制

具体工作原理为：若按下启动按钮 SB1，KM 线圈得电，KM 主触点闭合，电动机得电运转，同时 KM 辅助常开触点闭合，起到自锁作用，即使 SB1 松开，KM 线圈仍得电，电动机仍运转；按下停止按钮 SB2，KM 线圈失电，KM 主触点断开，电动机就失电停转，同时 KM 辅助常开触点断开，即使松开 SB2，SB2 常闭触点复位，KM 线圈仍保持失电，电动机仍然停转。显然，这种电路具有启动、保持和停止功能，所以又叫作启保停电路。

请概括：

长动控制电路的功能

下面来学习如何用三菱 FX3U 系列 PLC 来实现上述长动控制功能。

学习笔记

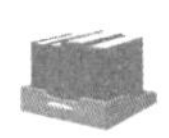

任务分析

采用三菱 FX3U 系列 PLC 实现三相交流异步电动机的长动控制，主电路部分不变，只需将控制电路部分由 PLC 来代替。通过本任务的学习和实践，需要解决下面几个问题：

（1）熟悉三菱 PLC 辅助继电器 M 的分类及用法。

（2）知道触点串并联指令 OR、ORI、AND 及 ANI 的用法。

（3）能够理解 SET、RST、PLS 及 PLF 指令的含义。

（4）能独立完善 PLC 接线板的制作，对电路出现的故障进行简单分析并排除。

（5）会利用 GX Works2 编程软件编写、调试电动机长动控制程序并监控其运行。

任务实施

活动 1：辅助继电器 M 的认识

辅助继电器 M 类似于传统继电器控制系统中的中间继电器。它是一种 PLC 内部的状态标志，不能接收外部的输入信号，也不能直接驱动外部负载，只能由程序驱动，经常用作状态暂存、移位运算及断电保持等。

每个辅助继电器都有无数个常开、常闭触点可供 PLC 编程时使用。三菱 FX3U 系列 PLC 的辅助继电器可分为通用辅助继电器、断电保持辅助继电器和特殊辅助继电器三种，它们均以十进制编号。

请思考：M 与 X、Y 的区别有哪些？

一、通用辅助继电器

通用辅助继电器的元件编号为 M0～M499，共 500 点，编程时每个通用辅助继电器的线圈仍由 OUT 指令驱动，而其触点的状态取决于线圈的通、断。

应用举例：

举例 1：如图 1-3-2 所示。

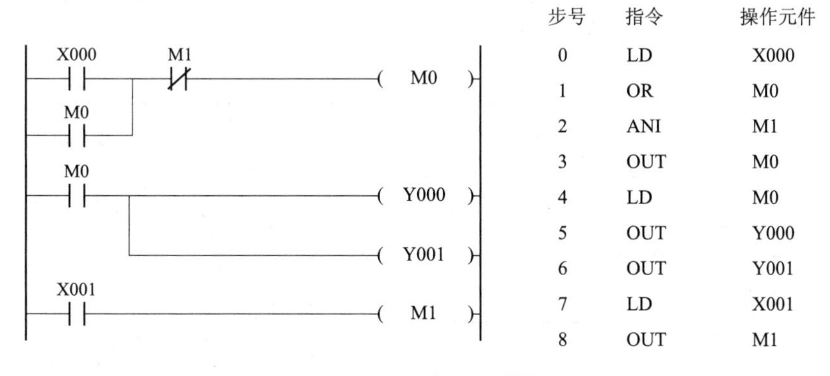

步号	指令	操作元件
0	LD	X000
1	OR	M0
2	ANI	M1
3	OUT	M0
4	LD	M0
5	OUT	Y000
6	OUT	Y001
7	LD	X001
8	OUT	M1

图 1-3-2　通用辅助继电器用法

图 1-3-2 中，按下 X000，M0 线圈接通自锁，其常开触点闭合使得 Y000、Y001 线圈得电；按下 X001 时，M1 线圈接通，其常闭触点断开，M0 线圈断开，Y000、Y001 线圈断电。

请回答：M0、M1 在程序中起什么作用？

二、断电保持辅助继电器

断电保持辅助继电器的元件编号为 M500～M1023 和 M1024～M3071，共 2 572 点，用于保存断电瞬间的状态，并在来电后继续运行。其中 M500～M1023 可作断电保持用，也可作通用辅助继电器用（需要在软件中专门设置）；而 M1024～M3071 是断电保持专用，不可作通用辅助继电器用。

应用举例：

举例 2：如图 1-3-3 所示。

学习笔记

断电保持功能的应用

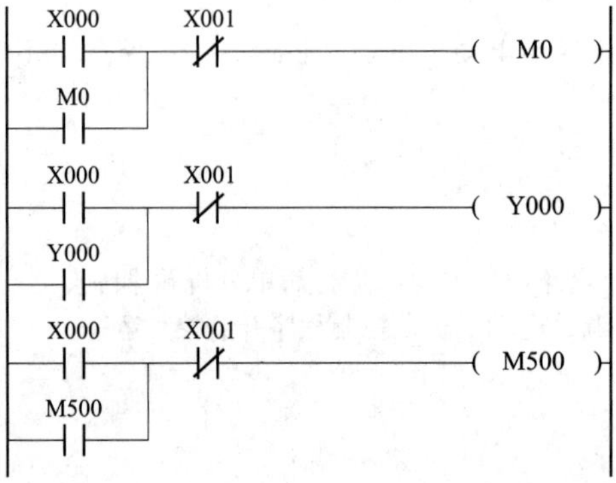

步号	指令	操作元件
0	LD	X000
1	OR	M0
2	ANI	X001
3	OUT	M0
4	LD	X000
5	OR	Y000
6	ANI	X001
7	OUT	Y000
8	LD	X000
9	OR	M500
10	ANI	X001
11	OUT	M500

图 1-3-3　断电保持辅助继电器用法

说一说：生活中断电保持的应用场景？有何意义？

图 1-3-3 中，若按下 X000，M0、Y000、M500 线圈均得电自锁，若此时突然断电，则 M0、Y000、M500 线圈均断开。当重新来电，PLC 投入运行时，M0、Y000 线圈仍处于断开状态，而 M500 线圈恢复断电前的接通状态；若断电前已按下 X001，M500 线圈处于断开状态，则 PLC 重新投入运行时，M500 线圈不接通，仍保持断电前的断开状态。

三、特殊辅助继电器

在 PLC 中，一般都有一些被赋予了特定功能的辅助继电器，称为特殊辅助继电器。三菱 FX3U 系列 PLC 特殊辅助继电器的编号为 M8000~M8255，共 256 点，分为不可驱动线圈型和可驱动线圈型两大类。

1. 不可驱动线圈型

对于这类特殊辅助继电器，用户只能应用其触点编程，线圈由 PLC 自动驱动，用户不能编程驱动。一些常用的特殊辅助继电器功能见表 1-3-1。

表 1-3-1　一些常用的特殊辅助继电器

特殊辅助继电器	功能	时序图	说明
M8000	运行监视	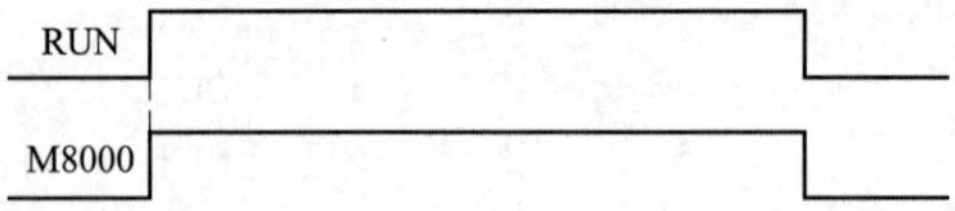 RUN M8000	当 PLC 开机运行后，M8000 为“ON”；停止执行时，M8000 为“OFF”
M8001	运行监视	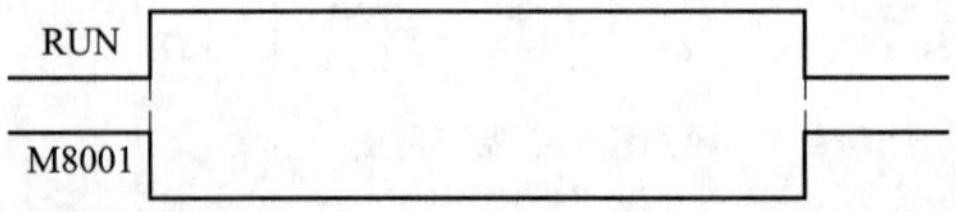 RUN M8001	当 PLC 开机运行后，M8001 为“OFF”；停止执行时，M8001 为“ON”
M8002	初始脉冲	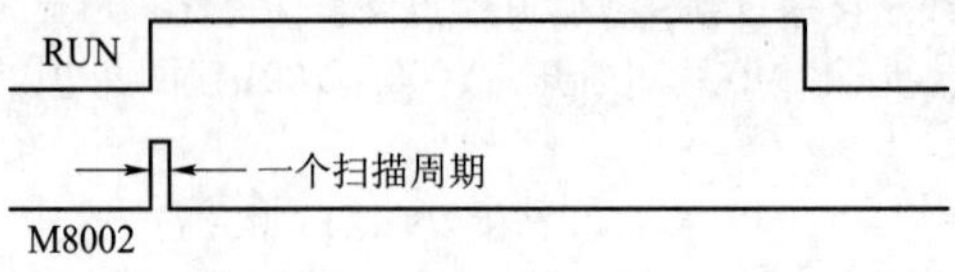 RUN 一个扫描周期 M8002	当 PLC 开机运行后，M8002 仅在 M8000 由“OFF”变为“ON”时，自动接通一个扫描周期；可以用 M8002 的常开触点来使断电保持功能的元件初始化复位
M8003	初始脉冲	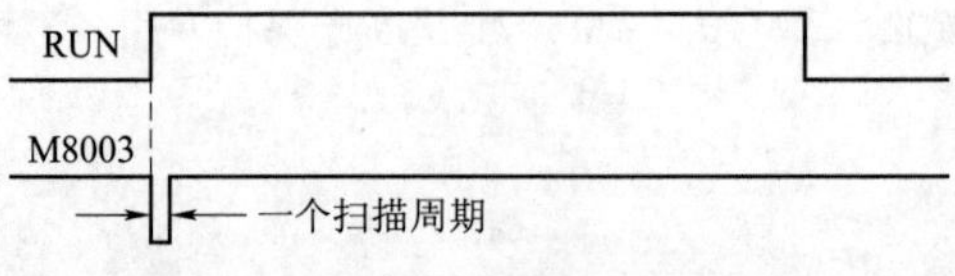 RUN M8003 一个扫描周期	当 PLC 开机运行后，M8003 仅在 M8000 由“OFF”变为“ON”时，自动断开一个扫描周期

学习笔记

续表

特殊辅助继电器	功能	时序图	说明
M8011	内部10 ms时钟脉冲	M8001；10 ms；上电	当PLC上电后（不管运行与否），自动产生周期为10 ms的时钟脉冲
M8012	内部100 ms时钟脉冲	100 ms；上电	当PLC上电后（不管运行与否），自动产生周期为100 ms的时钟脉冲
M8013	内部1 s时钟脉冲	1 s；上电	当PLC上电后（不管运行与否），自动产生周期为1 s的时钟脉冲
M8014	内部1 min时钟脉冲	1 min；上电	当PLC上电后（不管运行与否），自动产生周期为1 min的时钟脉冲

请思考：

下列梯形图的功能

M8013 (Y0)

应用举例：

举例3：如图1-3-4所示。

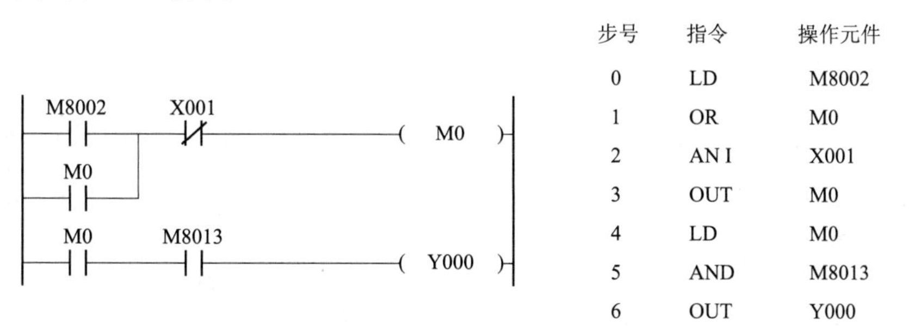

步号	指令	操作元件
0	LD	M8002
1	OR	M0
2	AN I	X001
3	OUT	M0
4	LD	M0
5	AND	M8013
6	OUT	Y000

图1-3-4　特殊辅助继电器用法

在图1-3-4中，PLC为RUN时，M8002接通一个扫描周期，M0线圈接通自锁，其常开触点闭合，Y000随M8013以1 s为周期不停闪烁，直到按下停止按钮X001，M0线圈断电，常开触点断开，Y000断电。

请尝试：

画出M8002、M0、M8013及Y0的波形图

2. 可驱动线圈型

这类特殊辅助继电器需要用户编程驱动其线圈，接通后PLC完成特定的动作。例如：

M8030：熄灭锂电池欠压指示灯。

M8033：PLC停止（STOP）时使输出保持。

M8034：禁止所有输出。

M8239：定时扫描。

特殊辅助继电器还有很多，可查阅相关手册。用户在程序中不可使用未定义的特殊辅助继电器。

学习笔记

请思考：

X1

上面梯形图中的 X1 可否用 AND 指令？

活动 2：学习基本逻辑指令

一、触点的串联指令 AND、ANI

AND：与指令，用于单个常开触点的串联连接；

ANI：与非指令，用于单个常闭触点的串联连接。

应用举例：

举例 4：如图 1-3-5 所示。

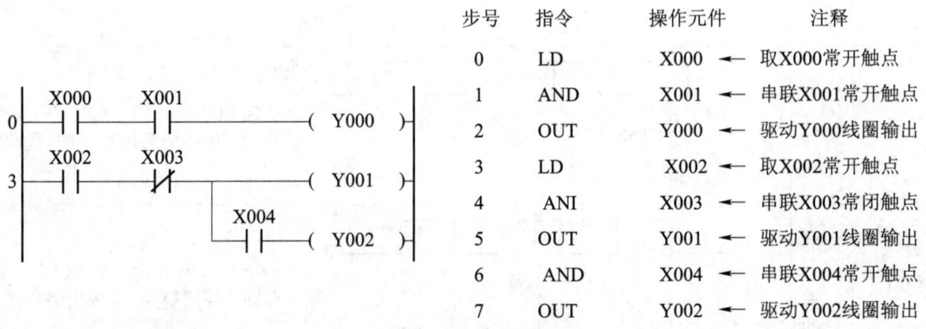

步号	指令	操作元件	注释
0	LD	X000	取X000常开触点
1	AND	X001	串联X001常开触点
2	OUT	Y000	驱动Y000线圈输出
3	LD	X002	取X002常开触点
4	ANI	X003	串联X003常闭触点
5	OUT	Y001	驱动Y001线圈输出
6	AND	X004	串联X004常开触点
7	OUT	Y002	驱动Y002线圈输出

图 1-3-5　AND、ANI 指令用法

指令说明：

（1）AND、ANI 指令的操作元件为 X、Y、M、S、T、C 的触点。

（2）AND、ANI 指令可连续重复使用，用于单个触点的连续串联，使用次数不限。

（3）OUT 指令后，通过触点对其他线圈使用 OUT 指令，称为纵接输出。这种纵接输出，如果顺序不错，则可多次重复。

二、触点并联指令 OR、ORI

OR：“或”操作指令，用于单个常开触点的并联。

ORI：“或非”操作指令，用于单个常闭触点的并联。

应用举例：

举例 5：如图 1-3-6 所示。

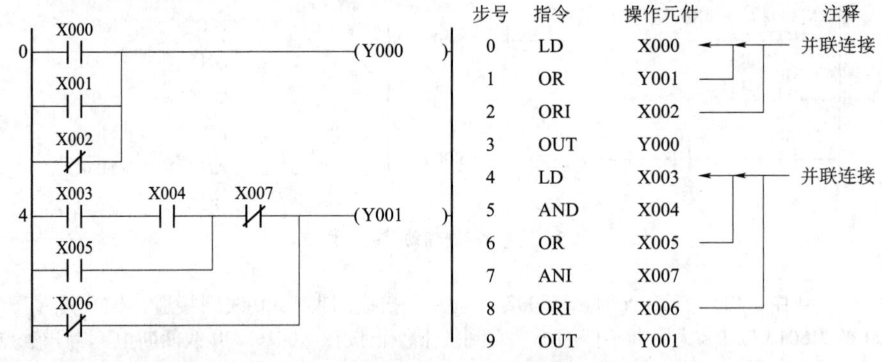

步号	指令	操作元件
0	LD	X000
1	OR	Y001
2	ORI	X002
3	OUT	Y000
4	LD	X003
5	AND	X004
6	OR	X005
7	ANI	X007
8	ORI	X006
9	OUT	Y001

图 1-3-6　OR、ORI 指令用法

指令说明：

（1）OR、ORI 指令的操作元件为 X、Y、M、S、T、C 的触点。

（2）OR、ORI 指令可将触点并联于以 LD、LDI 为起始的电路块。

（3）OR、ORI 指令可连续重复使用，用于单个触点的连续并联，使用次数不限。

请说出：SET 与 OUT 指令的区别

三、置位/复位指令 SET、RST

置位 SET：令元件自保持“ON”。

复位 RST：令元件自保持“OFF”，数据寄存器清零。

应用举例：

举例6：如图1-3-7所示。

0 X000 [SET Y000]

2 X001 [RST Y000]

步号	指令	操作元件	注释
0	LD	X000	
1	SET	Y000	← 将Y000置位
2	LD	X001	
3	RST	Y000	← 将Y000复位

图1-3-7　SET、RST指令用法

指令说明：

（1）RST指令作用于定时器T、计数器C时，使它们的当前值和设定值清零。

（2）针对举例6，结合图1-3-8的波形图分析可知，X000一旦接通，即使再断开，Y000也保持接通，直至X001接通，Y000才断开。

（3）对同一元件，可多次使用SET和RST指令，最后执行的一条才决定该元件的状态。

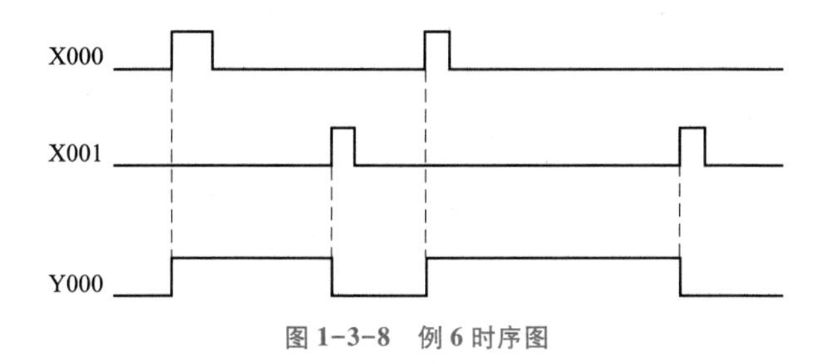

图1-3-8　例6时序图

四、微分脉冲输出指令PLS、PLF

微分脉冲指令可以将脉宽较宽的触发信号变成脉宽等于PLC扫描周期的触发脉冲信号，其中：

PLS：上升沿微分脉冲输出指令，在触发信号的上升沿时使操作元件产生一个扫描周期的脉冲输出。

PLF：下降沿微分脉冲输出指令，在触发信号的下降沿时使操作元件产生一个扫描周期的脉冲输出。

应用举例：

举例7：如图1-3-9所示。

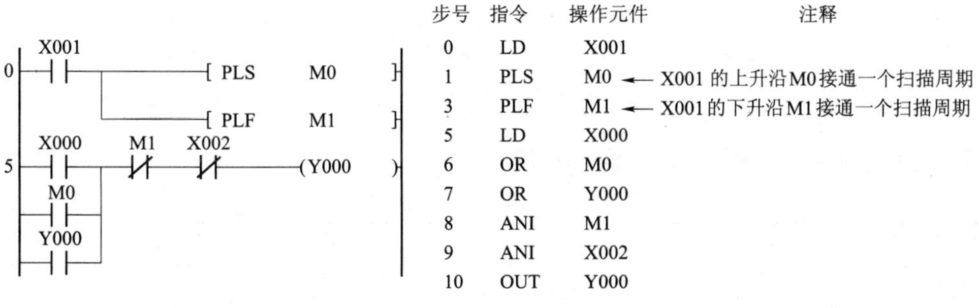

步号	指令	操作元件	注释
0	LD	X001	
1	PLS	M0	← X001的上升沿M0接通一个扫描周期
3	PLF	M1	← X001的下升沿M1接通一个扫描周期
5	LD	X000	
6	OR	M0	
7	OR	Y000	
8	ANI	M1	
9	ANI	X002	
10	OUT	Y000	

图1-3-9　微分脉冲指令用法

在图1-3-9中，当按下X000时，Y000接通并自锁，按下X002，Y000断开；当按下X001时，在X001上升沿，M0接通一个扫描周期，Y000接通；在X001下降沿，M1接通一个扫描周期，断开Y000。由此可见，图1-3-9梯形图实现了Y000的点动和自锁两个功能。

学习笔记

说一说：

PLS/PLF 指令为什么不能用于输入元件X？

指令说明：

（1）PLS/PLF 指令的操作元件为 Y、M 和 S。

（2）使用 PLS 指令时，操作元件（Y、M 和 S）仅在触发信号上升沿到来时的一个扫描周期内接通；使用 PLF 指令时，操作元件（Y、M 和 S）仅在触发信号下降沿到来时的一个扫描周期内接通。

（3）特殊继电器不能用作 PLS 和 PLF 指令的操作元件。

应用举例：

举例 8：如图 1-3-10 所示。

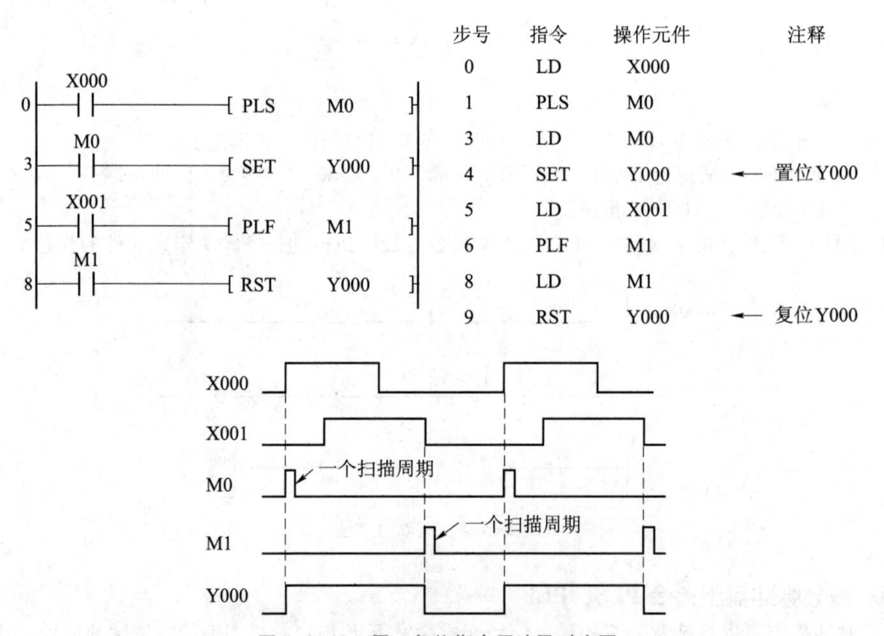

图 1-3-10　置、复位指令用法及时序图

在图 1-3-10 中，当 X000 的上升沿到来时，M0 接通一个扫描周期，将 Y000 置位并保持；当 X001 下降沿到来时，M1 接通一个扫描周期，将 Y000 复位，这样就省去了 Y000 的自锁电路。因此，置位和复位指令若应用得当，则能简化程序，并使程序清晰明了。

活动 3：用三菱 FX3U 系列 PLC 代替传统继电器控制电路

一、输入/输出分配表的确定

当用 PLC 实现如图 1-3-1 所示的三相交流异步电动机长动控制功能时，需要将启动按钮 SB1、停止按钮 SB2 分别与可编程控制器输入接口连接，并将 KM 接触器的线圈接至输出接口。

此时，电动机的启动运行和停止仍然由接触器控制，因此，在用 PLC 控制时，主电路和图 1-3-1 完全相同，无须更改，但控制电路的功能则要通过 PLC 来实现。表 1-3-2 所示为 PLC 实现三相异步电动机长动控制系统的输入/输出分配表。

表 1-3-2　输入/输出分配表

输　入			输　出		
元件	作用	输入点	元件	作用	输出点
SB1	启动	X000	KM	电机控制	Y000
SB2	停止	X001			
FR	过载保护(模拟)	X002			

学习笔记

二、电机长动控制的 PLC 电路原理图

用三菱 FX3U-48MR/ES 型可编程序控制器实现三相交流异步电动机长动控制的电路原理如图 1-3-11 所示。

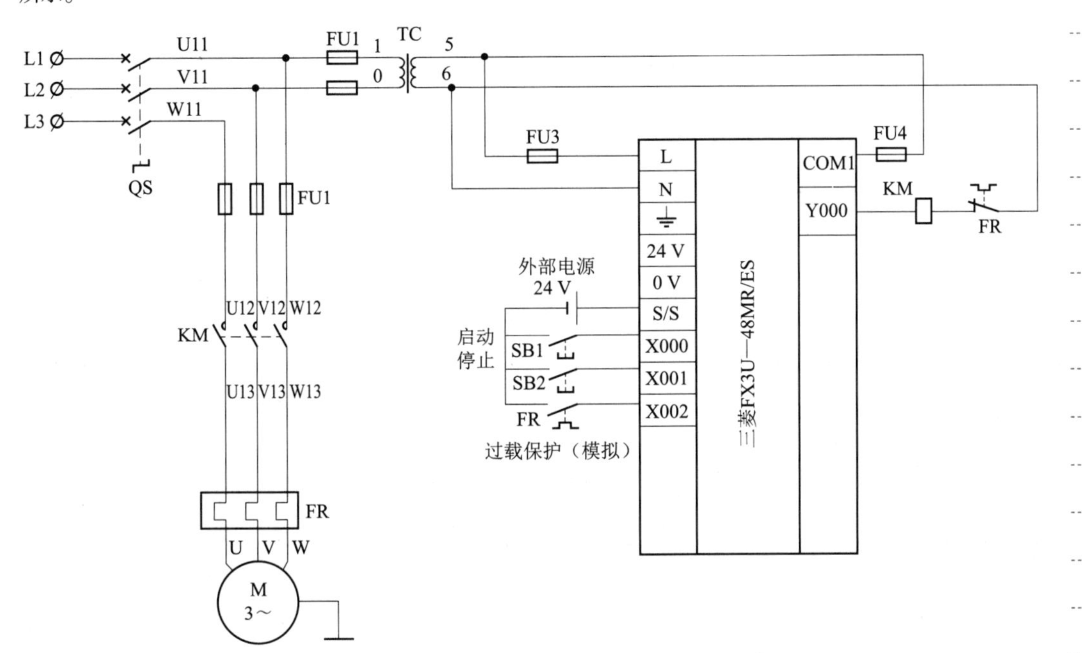

图 1-3-11　电动机长动 PLC 控制电路原理图

活动 4：PLC 接线板的制作

一、环境设备

学习所需工具、设备见表 1-3-3。

提醒：请结合电器原理图的分析，填写活动需要元件器材的名称、型号、数量、单位

表 1-3-3　工具、设备清单

序号	名　称	型号规格	数量	单位	备　注
1					
2					
3					
4					
5					
6					
7					
8					
9					
10					
11					
12					
13					

学习笔记

续表

序号	名　称	型号规格	数量	单位	备　注
14					
15					
16					
17					
18					
19					

二、元器件的检测

1. 熔断器的检测

根据表 1-3-4，用万用表对每个工位上的 RT18-32 型熔断器进行检测。

请记录：用万用表检测熔断器的结果

表 1-3-4　熔断器的检测过程

序号	识别任务	参考值	识别值	识别方法及操作要点
1	检测熔断器熔体底座两触点之间的绝缘电阻	阻值为 0 Ω		选万用表 R×1 Ω 挡，调零后，两表棒分别搭接在两个接线端子上
				若测量阻值为∞，则说明熔断器损坏或接触不良
2	如果熔断器检测出损坏，可打开熔断器，检测内部熔体的有无或熔体两端的绝缘电阻	内部无熔体		内部无熔体，可选择对应规格的熔体装入后再检测好坏
		阻值为∞		若测量阻值为∞，则说明熔体损坏
		阻值为 0 Ω		若测量阻值为 0 Ω，则可能是熔座有损坏或接触不良

2. 空气断路器的检测

根据表 1-3-5，用万用表对每个工位上的 DZ47-63 型空气断路器进行检测。

请记录：用万用表检测空气断路器的结果

表 1-3-5　空气断路器的检测过程

序号	识别任务	参考值	识别值	识别方法及操作要点
1	读空气断路器的铭牌	内容有型号、额定电压、额定电流等		铭牌贴在空气断路器的正面
2	找到中性线 N 的接线端子	7-8		分布在空气断路器的最右端
3	找到 3 对相线的接线端子	1-2 3-4 5-6		分布在空气断路器的左边

学习笔记

续表

序号	识别任务	参考值	识别值	识别方法及操作要点
4	拨动空气断路器开关至“OFF”，分别检测、判别4对常开触头的好坏	阻值均为∞		选 $R\times1\ \Omega$ 挡，万用表调零后，两表棒分别搭接在常开触头的上下接线端子上
				若阻值为0，则说明触头已损坏或接触不良
5	拨动空气断路器开关至“ON”，分别检测、判别4对常开触头的好坏	阻值均为0 Ω		选 $R\times1\ \Omega$ 挡，万用表调零后，两表棒分别搭接在常开触头的上下接线端子上
				若阻值为∞，则说明触头已损坏或接触不良

3. 按钮的检测

根据表1-3-6，用万用表对每个工位上的LA4-3H型按钮进行检测。

请记录：用万用表检测按钮的结果

表1-3-6　按钮的检测过程

序号	识别任务	参考值	识别值	识别方法及操作要点
1	看3个按钮的颜色	黑、绿、红		启动按钮常选用绿色或黑色按钮；停止按钮一般用红色按钮
2	逐一观察按钮的常闭触头	桥式动触头与静触头处于闭合状态		两个接线端分别在单个按钮的一个对角线上
3	逐一观察按钮的常开触头	桥式动触头与静触头处于分离状态		两个接线端分别在单个按钮的另外一个对角线上
4	分别检测、判别3个按钮常闭触头的好坏	阻值均为0 Ω		选万用表 $R\times1\ \Omega$ 挡，调零后，两表棒分别搭接在两个接线端子上
				若测量阻值为∞，则说明按钮损坏或接触不良
5	分别按下3个按钮，检测、判别常开触头的好坏	阻值均为0 Ω		选万用表 $R\times1\ \Omega$ 挡，调零后，两表棒分别搭接在两个接线端子上
				若测量阻值为∞，则说明按钮损坏或接触不良

4. 交流接触器的检测

根据表1-3-7，用万用表对每个工位上的交流接触器进行检测。

请记录：用万用表检测交流接触器的结果

表1-3-7　交流接触器的检测过程

序号	识别任务	参考值	识别值	识别方法及操作要点
1	读接触器的铭牌	内容有型号、额定电压、额定电流等		铭牌贴在接触器的侧面
2	读接触器线圈的额定电压	220 V 50 Hz		看线圈的参数标签，同一型号的接触器有不同的线圈电压等级
3	找到线圈的接线端子	A1-A2		分布在接触器的左下角和右下角

学习笔记

续表

序号	识别任务	参考值	识别值	识别方法及操作要点
4	找到 3 对主触头的接线端子	1L1-2T1 3L2-4T2 5L3-6T3		分布在接触器前侧与后侧的中部，编号在接触器的顶部面罩上
5	找到 2 对辅助常开触头的接线端子	13-14 43-44		分布在接触器前侧与后侧的中上部，编号在接触器的顶部面罩上
6	找到 2 对辅助常闭触头的接线端子	21-22 31-32		分布在接触器前侧与后侧的中上部，编号在接触器的顶部面罩上
7	分别检测、判别两对辅助常闭触头的好坏	阻值均为 0 Ω		选 $R\times1$ Ω 挡，万用表调零后，两表棒分别搭接在辅助常闭触头的上下接线端子上 若阻值为∞，则说明触头已损坏或接触不良
8	压下接触器的动铁芯，使接触器处于吸合状态，分别检测、判别 5 对常开触头的好坏	阻值均为 0 Ω		选 $R\times1$ Ω 挡，万用表调零后，两表棒分别搭接在常开触头的上下接线端子上 若阻值为∞，则说明触头已损坏或接触不良
9	检测判别接触器线圈的好坏	阻值为 550 Ω 左右		选 $R\times1$ Ω 挡，万用表调零后，将两表棒分别搭接在接线端子 A1 和 A2 上 若阻值过大或过小，则说明接触器已损坏
10	测量各触头之间的绝缘电阻	阻值均为∞		说明所有触头都是独立的，相互之间没有电的直接联系，安装时要防止错位

5. 热继电器的检测

根据表 1-3-8，用万用表对每个工位上的热继电器进行检测。

请记录：用万用表检测热继电器的结果

表 1-3-8　热继电器的检测过程

序号	识别任务	参考值	识别值	识别方法及操作要点
1	读热继电器的铭牌	内容有型号、额定电压、额定电流等		铭牌贴在热继电器的侧面
2	找到脱扣指示	绿色		脱扣指示位于热继电器面罩的最右侧。电路过载时，热继电器动作，脱扣指示顶出
3	找到测试按钮	红色（Test）		测试按钮位于热继电器的面罩上
4	找到复位按钮	蓝色（Reset）		复位按钮位于热继电器的面罩上
5	按下测试按钮	脱扣指示顶出		脱扣指示顶出，表示已动作保护
6	按下复位按钮	脱扣指示弹进		脱扣指示弹进，表示未动作
7	找到 3 对热元件的接线端子	1 L1-2 T1 3 L2-4 T2 5 L3-6 T3		热元件的接线端子分布在热继电器前侧与后侧的下部，前后一一对应，其编号标在热继电器的顶部面罩上

学习笔记

续表

序号	识别任务	参考值	识别值	识别方法及操作要点
8	找到常开触头的接线端子	97-98		常开触头的接线端子分布在热继电器前侧与后侧的中上部，其编号标在热继电器的顶部面罩上
9	找到常闭触头的接线端子	95-96		常闭触头的接线端子分布在热继电器前侧与后侧的中上部，其编号标在热继电器的顶部面罩上
10	检测、判别常闭触头的好坏	阻值为 0 Ω		选万用表 $R\times1\ \Omega$ 挡，调零后，两表棒分别搭接在上下两个接线端子上 若检测阻值为∞，则说明常闭触头损坏或热继电器已动作
11	按下测试按钮，检测、判别常开触头的好坏	阻值为 0 Ω		选万用表 $R\times1\ \Omega$ 挡，调零后，两表棒分别搭接在上下两个接线端子上 若阻值为∞，则说明常开触头损坏
12	找到整定电流调节旋钮	黑色圆形旋钮，标有整定值范围		调节旋钮位于热继电器的面罩上

三、元器件的布置与安装

根据上表检测元器件的好坏，完成后将符合要求的元器件按图 1-3-12 所示安装在网孔板上并固定。固定元件时，要注意两点：

（1）必须按图施工（可参考图 1-3-12），应根据接线图固定元器件的位置。固定导轨时要充分考虑到所有元件应整齐和均匀分布，元件之间的间距要合理，以便于元件的更换和维修。

（2）紧固元器件时要用力均匀，紧固程度适当，防止出现用力过猛而损坏元件的情况。

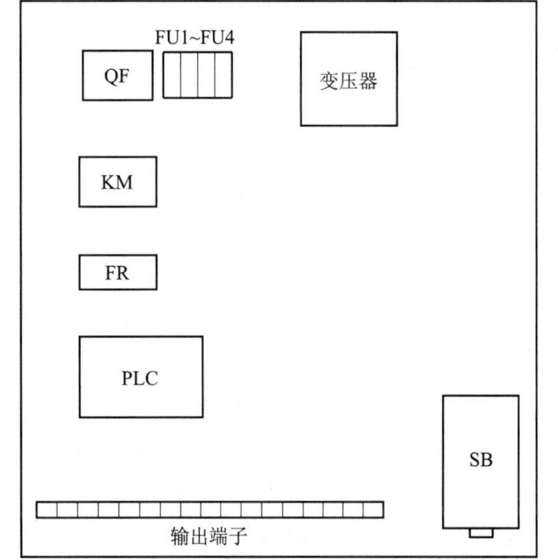

图 1-3-12　PLC 接线板的布局图

说一说：

你的 PLC 接线板上元器件布置有何不同？你的理由是什么？

四、PLC 接线板的线路连接与检测

1. 线路连接原则

在给 PLC 接线板进行线路连接时，应特别注意以下几个方面：

（1）接线时，必须按图施工，严格根据电路原理图中元器件的位置合理布线。

（2）各个接线端子的引出导线的走向应以元件的中心线为界线。

（3）槽外走线要合理，美观大方，横平竖直，高低前后一致，避免交叉。

（4）布线时严禁损伤线芯和导线绝缘。导线与接线端子连接时，不允许挤压绝缘层以及过长露铜。

（5）进入走线槽内的导线要完全置于线槽内，尽可能避免交叉，装线的数量以不超过线槽总容量的 70%～80% 为宜。

（6）在每根剥去绝缘层的导线上要套上号码管，相同接线端子只套一个号码管。编号时号码管上的文字的方向应保持一致。

学习笔记

请记录：

用万用表检测电源部分时测量到的阻值

请记录：

通电检测时观察到的 PLC 指示灯结果

2. 线路连接及检测步骤

根据图 1-3-11 所示 PLC 电路原理图以及图 1-3-12 所示元器件分布的情况，按配线原则与工艺要求进行 PLC 控制系统的安装接线（主电路的连接线路此处不再赘述）。特别注意布线需紧贴线槽，保持整齐与美观。具体操作方式可按以下步骤进行。

1）连接 PLC 电源部分

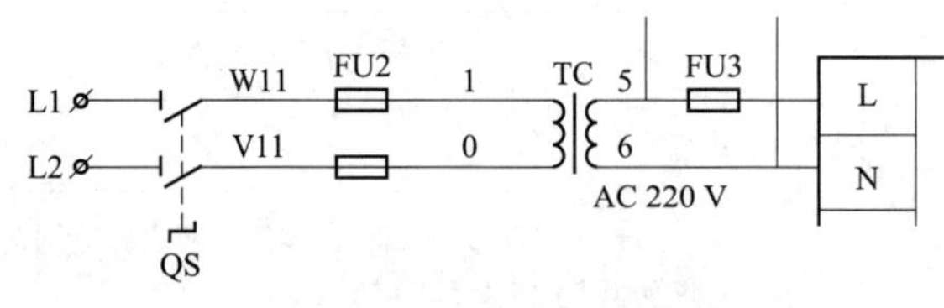

图 1-3-13　连接 PLC 电源回路

如图 1-3-13 所示，分析填写电路的连接步骤：L1、L2 两根相线→进端子排→从端子排出→W11、V11 分别通过（　　）→经过（　　）→5 号线通过（　　）连接 PLC 的“L”端子，而 6 号线直接连接（　　）。此时 PLC 电源部分的接线完成。

2）PLC 电源部分自检

（1）检查布线。对照图 1-3-13 检查是否掉线、错线，是否漏编、错编，接线是否牢固等。

（2）万用表检测。万用表检测过程见表 1-3-9，如测量阻值与正确阻值不符，则应重新检查布线。

表 1-3-9　万用表的检测过程

序号	检测内容	操作情况	正确阻值	测量阻值
1	检测、判别 FU 的好坏	两表棒分别搭接在 FU2、FU3 的上下接线端子上	均为 0 Ω	
2	测量 L1-L2 之间的绝缘电阻	合上断路器 QF，两表棒分别搭接在接线端子排 XT 的 L1 和 L2 上	TC 初级绕组的阻值	
3	测量 PLC 上 L-N 之间的电阻	两表棒分别搭接在 PLC 的接线端子 L 和 N 上	TC 次级绕组的阻值	

（3）通电观察 PLC 的指示灯。经过自检，确认正确和无安全隐患后，通电观察 PLC 的 LED 指示，见表 1-3-10。

表 1-3-10　LED 工作情况记载表

步骤	操作内容	LED	正确结果	观察结果
1	先插上电源插头，再合上断路器	POWER	点亮	
2	拨动“RUN/STOP”开关，打置“RUN”位置	RUN	点亮	
3	拨动“RUN/STOP”开关，打置“STOP”位置	RUN	熄灭	
4	⚠ 拉下断路器后，拔下电源插头	断路器 电源插头	已分断	

3）连接 PLC 输入回路部分

如图 1-3-14 所示，连接 PLC 输入回路部分，分析填写电路连接步骤：导线从 X0 端子→入端子排→从端子排出→（　　　）；导线从 X1 端子→入端子排→从端子排出→（　　　）；导线从 X2 端子→入端子排→从端子排出→（　　　）；将 SB1、SB2、FR 三常开触点的另一端互联→入端子排→从端子排出→连接（　　　）。

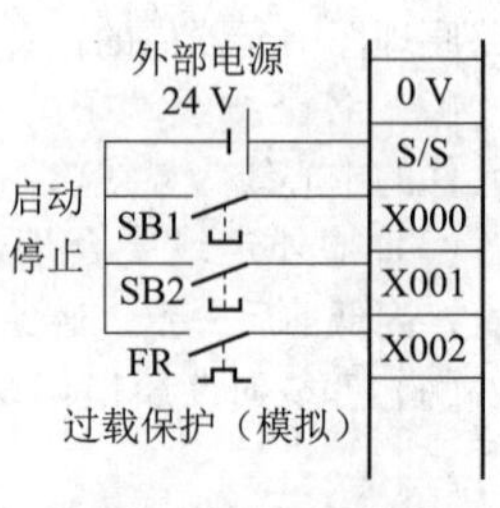

图 1-3-14　连接 PLC 输入回路

4）PLC 输入回路部分的自检

（1）检查布线。对照上图检查是否掉线、错线，是否漏编、错编，接线是否牢固等。

（2）用万用表检测。用万用表检测过程见表 1-3-11，如测量阻值与正确阻值不符，则应重新检查布线。

学习笔记

请记录：

用万用表检测输入回路时测量到的阻值

表 1-3-11　万用表的检测过程

序号	检测内容	操作情况	正确阻值	测量阻值
1	测量 PLC 的各输入端子与“COM”之间的阻值	分别动作输入设备，两表棒搭接在 PLC 各输入接线端子与“COM”上	均为 0 Ω	
2	测量 PLC 的各输入端子与电源输入端子“L”之间的阻值	两表棒分别搭接在 PLC 各输入接线端子与电源输入端子“L”上	均为∞	

（3）通电观察 PLC 的指示灯。经过自检，确认正确和无安全隐患后，通电观察 PLC 的 LED 指示见表 1-3-12。

请记录：

通电检测时观察到的 PLC 指示灯结果

表 1-3-12　LED 工作情况记载表

步骤	操作内容	LED	正确结果	观察结果
1	先插上电源插头，再合上断路器	POWER	点亮	
2	按下 SB1	X000	点亮	
3	按下 SB2	X001	点亮	
3	按下 FR	X002	点亮	
4	⚠ 拉下断路器后，拔下电源插头	断路器 电源插头	已分断	

5）连接 PLC 输出回路部分

如图 1-3-15 所示，分析填写电路的连接步骤：由于在三菱 FX3U-48MR PLC 中，Y000-Y003 共用（　　），所以先将（　　）通过 FU4 接入“5 号”端子；而输出端子 Y000 直接连接（　　），然后通过（　　）后接入“5 号”端子（即连接至 PLC 的“N”端子上）形成输出回路。

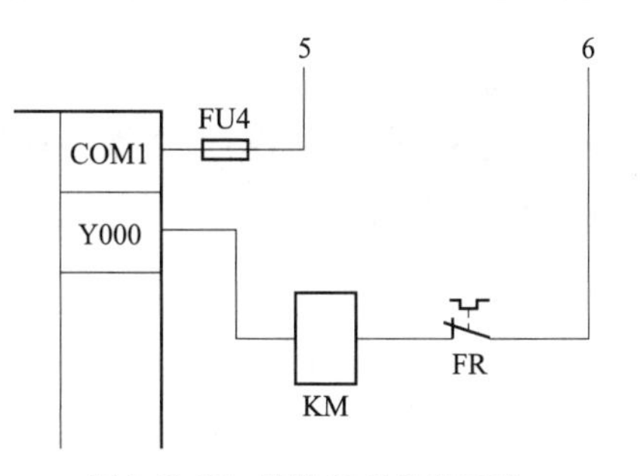

图 1-3-15　连接 PLC 输出回路

6）PLC 输出回路部分的检测

（1）检查布线。对照上图检查是否掉线、错线，是否漏编、错编，接线是否牢固等。

（2）用万用表检测。用万用表检测过程见表 1-3-13，如测量阻值与正确阻值不符，则应重新检查布线。

请记录：

用万用表检测输出回路时测量的阻值

表 1-3-13　万用表的检测过程

序号	检测内容	操作情况	正确阻值	测量阻值
1	测量 PLC 的各输出端子与对应公共端子之间的阻值	两表棒分别搭接在 PLC 输出接线端子 COM1 与对应的公共端子 Y000 上	为 TC 次级绕组与 KM 线圈的阻值之和	

活动 5：PLC 控制程序的编写与调试

方法一：

根据图 1-3-1，由电气控制原理类推易得出电动机长动控制梯形图程序，如图 1-3-16 所示。

方法二：

根据本任务的要求，按下 SB1 并松开，KM 始终保持得电状态（即置位），直至按下 SB2，KM 才断电（即复位）。所以本任务还可以利用 SET 和 RST 指令来解决。梯形图程序如图 1-3-17 所示。

学习笔记

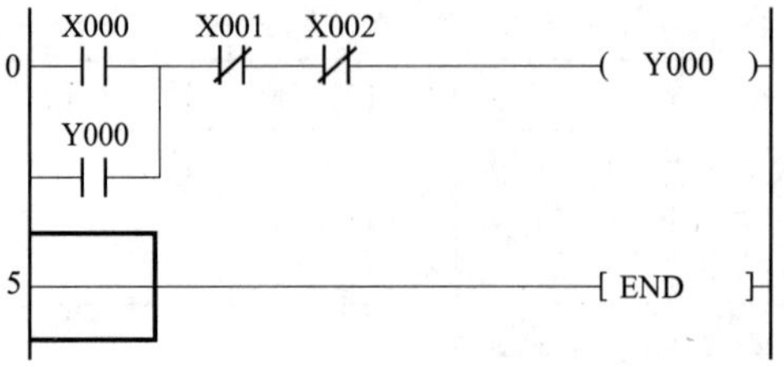

X000 X001 X002 Y000 Y000 END 0 5

0	LD	X000
1	OR	Y000
2	ANI	X001
3	ANI	X002
4	OUT	Y000
5	END	

（a）　　　　（b）

图 1-3-16　电动机长动控制 PLC 梯形图及指令表

（a）梯形图；（b）指令语句

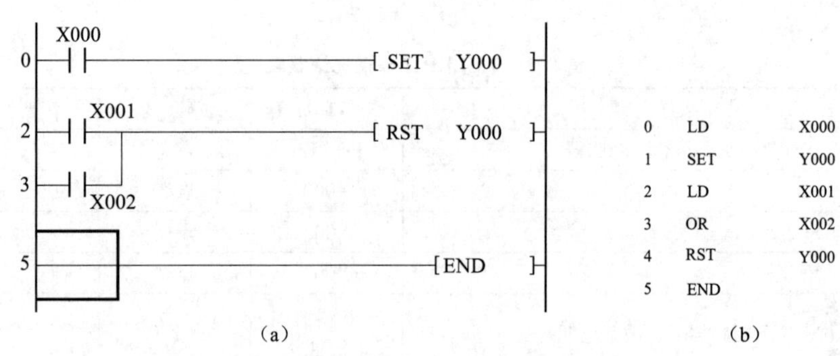

图 1-3-17　电动机长动控制 PLC 梯形图及指令表 2

（a）梯形图；（b）指令语句

请记录：你在程序调试过程中遇到的问题和解决办法

活动 6：用 GX Works2 编程软件编写、下载、调试程序

一、程序的输入

（1）打开 GX Works2 编程软件，按照前面介绍的方法输入梯形图。

（2）按功能键“F4”对编辑好的梯形图进行切换，并保存。

二、程序写入 PLC

将 PLC 上的拨动开关拨至“STOP”，单击“在线”菜单中的“PLC 写入”。

三、程序的运行与调试

将 PLC 上的拨动开关拨至“RUN”，按照表 1-3-14 进行操作，观察系统的运行情况并做好记录。如出现故障，则应立即切断电源，分析原因，检查电路或梯形图后重新调试，直至系统实现功能。

表 1-3-14　系统运行情况记载表

步骤	操作内容	观察内容						备注
		指示 LED		接触器		电动机		
		正确结果	观察结果	正确结果	观察结果	正确结果	观察结果	
1	按下 SB1	Y000 点亮		KM 吸合		运转		
2	按下 SB2	Y000 熄灭		KM 释放		停止		

知识拓展

通用辅助继电器 M 在 PLC 编程中，主要起到控制信号的传递以及暂存程序运行中间结果等作用，这类似于传统继电器控制系统的中间继电器。在系统逻辑关系较为复杂时，仅用输入继电器 X 和输出继电器 Y 可能无法准确地实现梯形图的功能。为此，可通过引入辅助继电器 M，使程序功能更易于实现。

学习笔记

图 1-3-18 所示为具有两路选择、一路优先功能的梯形图程序。由图分析可知：若 X000 常开触点先闭合，辅助继电器 M0 的线圈得电，其常开触点 M0 自锁、输出元件 Y000 保持接通的同时，M0 常闭触点断开，使得另一个辅助继电器 M1 的线圈不能得电，则输出元件 Y001 也不可能接通；反之，当 X001 常开触点先闭合，辅助继电器 M1 的线圈得电，其常开触点 M1 自锁、输出元件 Y001 保持接通的同时，M1 常闭触点断开，使得另一个辅助继电器 M0 的线圈不能得电，则输出元件 Y000 也不可能接通。

X000 M1 (M0)
M0
X001 M0 (M1)
M1
M0 (Y000)
M1 (Y001)

图 1-3-18　两路优先电路

通过上述分析得出此梯形图的功能为：X000 先闭合，只有 Y000 得电输出；X001 先闭合，只有 Y001 得电输出；Y000 与 Y001 不可能同时得电输出，因此具有两路选择、一路优先的功能。

知识小贴士：

优先电路的含义：

在两个或多个输入信号中，先获得信号，则取得优先权，实现对输出的控制。

想一想：如图 1-3-18 所示，两路优先电路存在一个问题，即一旦 X000 或 X001 闭合，辅助继电器 M0 或 M1 会被永远接通。为解决该问题，就必须想办法使辅助继电器 M0 或 M1 能够复位。

参考答案：该梯形图缺少辅助继电器复位的功能，可通过增加 X002 的常闭触点来达到复位的目的，如图 1-3-19 所示。

请思考：优先电路在实际生活中的应用场景

[思政]：讨论“优先权”的利与弊

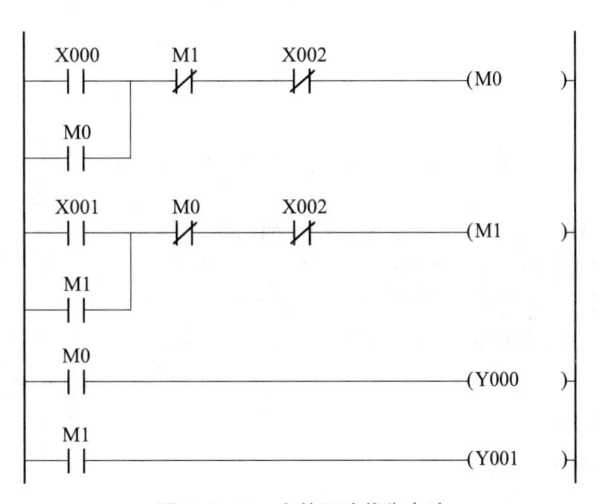

图 1-3-19　完整两路优先电路

学习笔记

任务四　具有双重联锁功能的三相交流异步电动机的正反转控制

请举例：

正反转控制电路的应用场合：

任务引入

在实际生产设备中，经常要求三相交流异步电动机既能正转又能反转，而改变三相交流异步电动机正反转最基本的方法就是改变接入三相电源的相序，即只需对调三根电源相线中的任意两根。图 1-4-1 所示为按钮、接触器双重连锁的正反转控制电路原理图。图中，正反转控制按钮 SB2、SB3 为复合按钮，它们将各自的常闭触点分别串联在对方按钮所控制的接触器线圈的电路中，使正反转控制按钮连锁，即在接触器互锁的基础上增加了按钮的连锁。

针对上述任务的控制要求，本任务重点来解决如何利用 PLC 实现三相异步电动机的正反转控制。

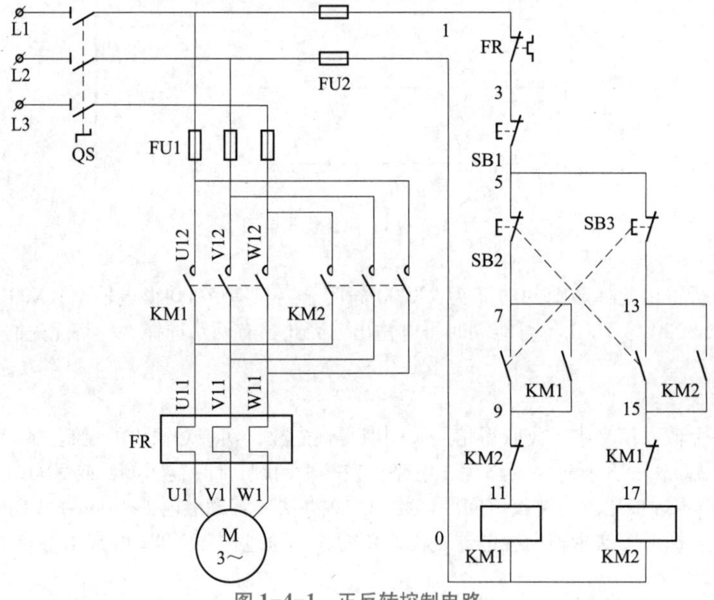

图 1-4-1　正反转控制电路

任务分析

采用三菱 FX3U 系列 PLC 实现三相交流异步电动机的正反转控制，主电路部分不变，只需将控制电路部分由 PLC 来代替。通过本任务的学习和实践，需要解决下面几个问题：

（1）知道 ORB、ANB、MPS、MRS 和 MPP 指令的用法。

（2）能将给定的梯形图转换成对应的指令语句。

（3）能够区分出串、并联指令与电路块串、并联指令。

（4）会利用 GX Works2 软件编写、调试程序，并监控其运行。

比一比：

ORB、ANB 与 OR、AND 指令的区别

任务实施

活动 1：相关指令的学习

一、串联电路块中并联指令 ORB 的学习

（1）串联电路块：两个或两个以上触点串联连接的支路。

请讨论：X2 的指令为何不能用 ORI，而是 LDI？

（2）ORB：串联电路块的并联指令，用于两个或两个以上串联电路块的并联。

应用举例：

举例 1：如图 1-4-2 所示。

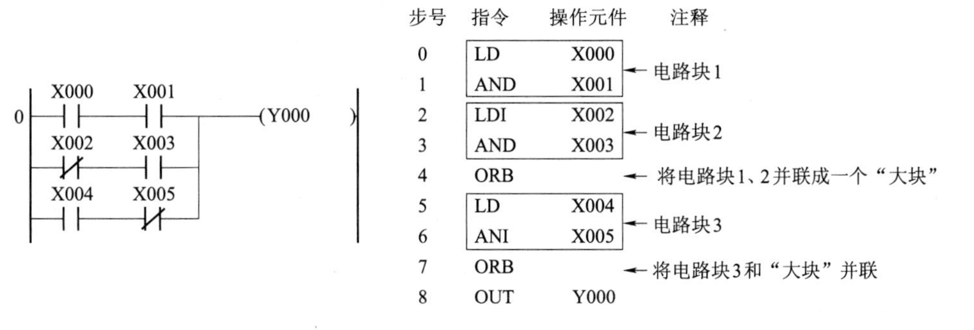

步号	指令	操作元件	注释
0	LD	X000	电路块1
1	AND	X001	
2	LDI	X002	电路块2
3	AND	X003	
4	ORB		将电路块1、2并联成一个“大块”
5	LD	X004	电路块3
6	ANI	X005	
7	ORB		将电路块3和“大块”并联
8	OUT	Y000	

图 1-4-2　ORB 指令用法

指令说明：

（1）ORB 指令无操作元件。

（2）多个串联电路块并联时，若每并联一个电路块时均使用一次 ORB 指令，则并联的电路块数没有限制。

（3）将串联电路并联连接时，分支开始用 LD、LDI 指令，分支结束用 ORB 指令。

二、并联电路块的串联指令 ANB 的学习

（1）并联电路块：两个或两个以上触点并联连接的电路。

（2）ANB：并联电路块的串联指令，用于并联电路块的串联。

应用举例：

举例 2：如图 1-4-3 所示。

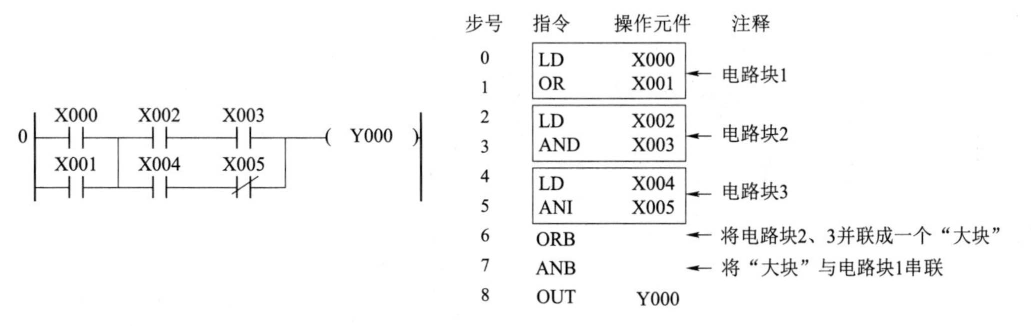

步号	指令	操作元件	注释
0	LD	X000	电路块1
1	OR	X001	
2	LD	X002	电路块2
3	AND	X003	
4	LD	X004	电路块3
5	ANI	X005	
6	ORB		将电路块2、3并联成一个“大块”
7	ANB		将“大块”与电路块1串联
8	OUT	Y000	

图 1-4-3　ANB 指令用法

指令说明：

（1）ANB 指令无操作元件。

（2）当多个并联电路块串联时，若每串联一个电路块时均使用一次 ANB 指令，则并联的电路块数没有限制。

（3）当并联电路块与前面的电路或电路块串联连接时，使用 ANB 指令，分支的起点处用 LD、LDI 指令，电路块结束后用 ANB 指令。

应用举例：

举例 3：ORB 和 ANB 指令的综合使用如图 1-4-4 所示。

学习笔记

说一说：1-4-4 梯形图的串串联关系

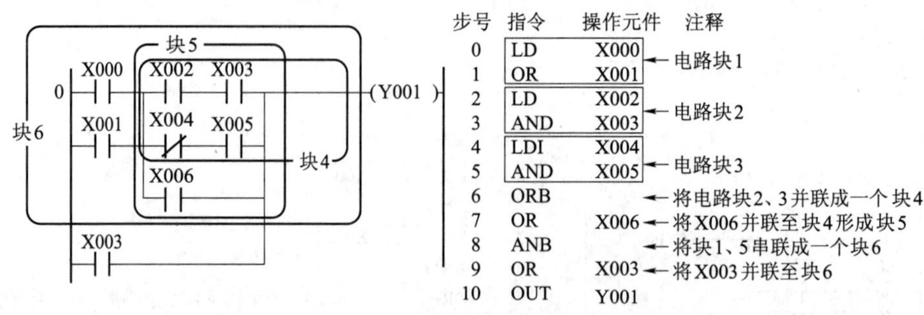

图 1-4-4　ORB 和 ANB 指令的综合使用

三、多重输出（MPS、MRD、MPP）指令的学习

[思政]：学习与栈存储有没有相似性？

（1）MPS（Push）：进栈指令，用于存储当前的运算结果，栈中原来的内容下移。

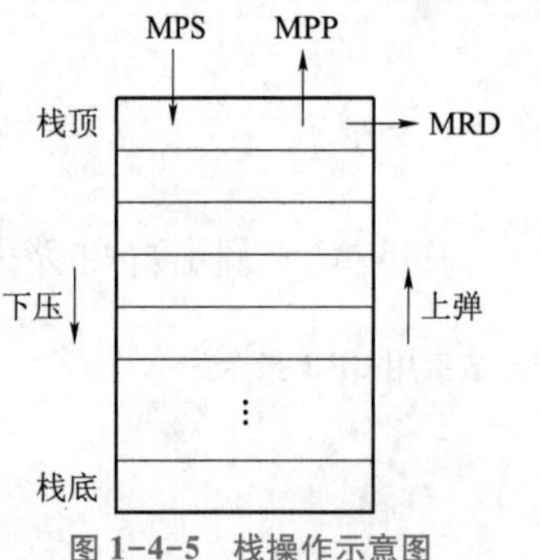

图 1-4-5　栈操作示意图

（2）MRD（Read）：读栈指令，用于读出栈顶的内容。

（3）MPP（Pop）：出栈指令，用于读出并清除栈顶的内容，栈中其余内容上移。

在三菱 FX3U 系列 PLC 中有 11 个用于存储中间运算结果的存储区域，称为栈存储器，相当于微机中的堆栈。栈操作示意图如图 1-4-5 所示。

这 3 条指令可将当前接点的运算结果保存起来，当需要该接点处的运算结果时再读出，以保证多重输出电路的正确连接。

应用举例：

举例 4：如图 1-4-6 所示。

请比较计算：X000=1 X001=1 X002=0 X003=1 X004=0 指令表中有、无栈操作指令的计算结果的差别

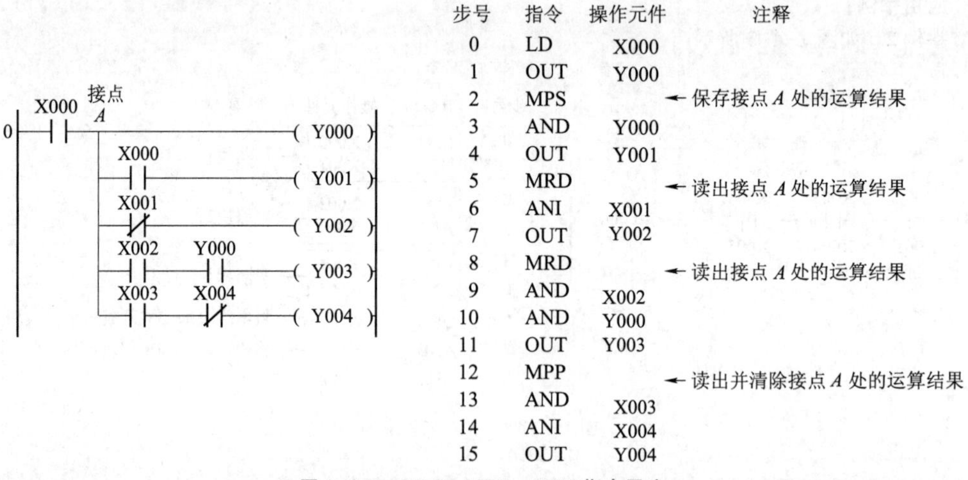

图 1-4-6　MPS、MRD、MPP 指令用法

指令说明：

（1）栈操作指令主要用于多重输出且逻辑条件不同的情况，将分支处的结果存储起来，以便后面的电路编程。如例 5（图 1-4-7）所示。

（2）MPS 指令和 MPP 指令必须成对使用。

（3）MPS、MRD、MPP 指令无操作元件。

（4）当分支仅有两个支路时，第一条支路用进栈指令 MPS，第二条支路用出栈指令 MPP；当分支有三个及三个以上支路时，第一条支路用进栈指令 MPS，最后一条支路用出栈指令 MPP，中间的支路均用读栈指令 MRD。

学习笔记

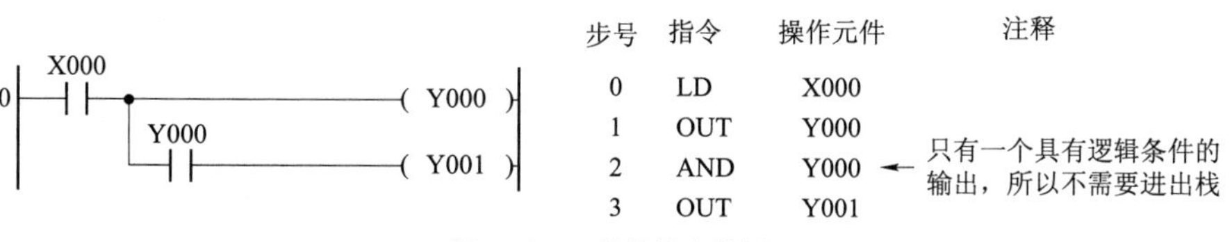

步号	指令	操作元件	注释
0	LD	X000	
1	OUT	Y000	
2	AND	Y000	只有一个具有逻辑条件的输出，所以不需要进出栈
3	OUT	Y001	

图 1-4-7　纵接输出举例

（5）栈指令可以嵌套使用，即进了一层栈后，其后的梯形图上还有分支存在。

应用举例：

举例 5：纵接输出，如图 1-4-7 所示。

知识小贴士：

使用 OUT 指令时，通过接点对其他线圈使用 OUT 指令称为纵接输出。

举例 6：一层栈编程示例。

如图 1-4-8 所示。在 *A* 点分支处，将分支 *A* 前的数据通过 MPS 指令保存在堆栈的第一个单元中，当执行完第一条分支的程序后，再通过 MPP 指令弹出堆栈第一个单元中的数据。此时堆栈中已无暂存的数据。

请写出：梯形图对应的指令语句

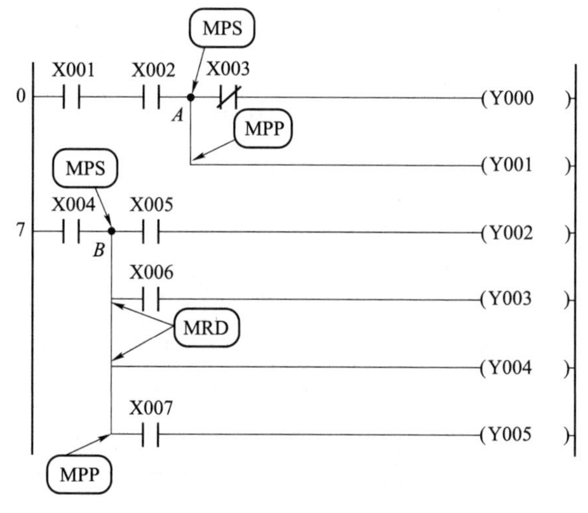

图 1-4-8　一层栈示例

在 *B* 点分支处，同样将分支 *B* 前的数据通过 MPS 指令仍保存在堆栈的第一个单元中（因为之前保存的数据已通过 MPS 弹出堆栈），当执行完第一条分支的程序后，可以通过 MRD 指令读出栈顶的数据，堆栈中的数据保持原状，在 *B* 点的最后一条分支处再通过 MPP 指令弹出堆栈第一个单元中的数据。

举例 7：二层栈编程示例。

如图 1-4-9 所示。在 *A* 点分支处，将分支 *A* 前的数据通过 MPS 指令保存在堆栈的第一个单元中，即第一次进栈；当执行至分支 *B* 点处时，需要再次保存数据，因此再通过 MPS 指令将分支 *B* 前的数据保存在堆栈的第一单元中，同时将之前保存在第一单元中的数据压至第二单元保存，即二次进栈；在 *B* 点的第二条分支处，通过 MPP 指令将保存在第一单元中的数据弹出堆栈，同时之前保存在第二单元中的数据又重新移至第一单元。后面的程序执行过程读者可自行分析。

举例 8：多层栈编程示例。

图 1-4-10 所示为一个四层栈的梯形图。

活动 2：用三菱 FX3U 系列 PLC 代替传统继电器控制电路

一、输入/输出分配表的确定

当用 PLC 实现图 1-4-1 所示的三相交流异步电动机正反转控制功能时，需要将按钮 SB1、SB2 和 SB3 分别与可编程控制器输入接口连接，并将 KM1 和 KM2 接触器的线圈接至输出接口。

学习笔记

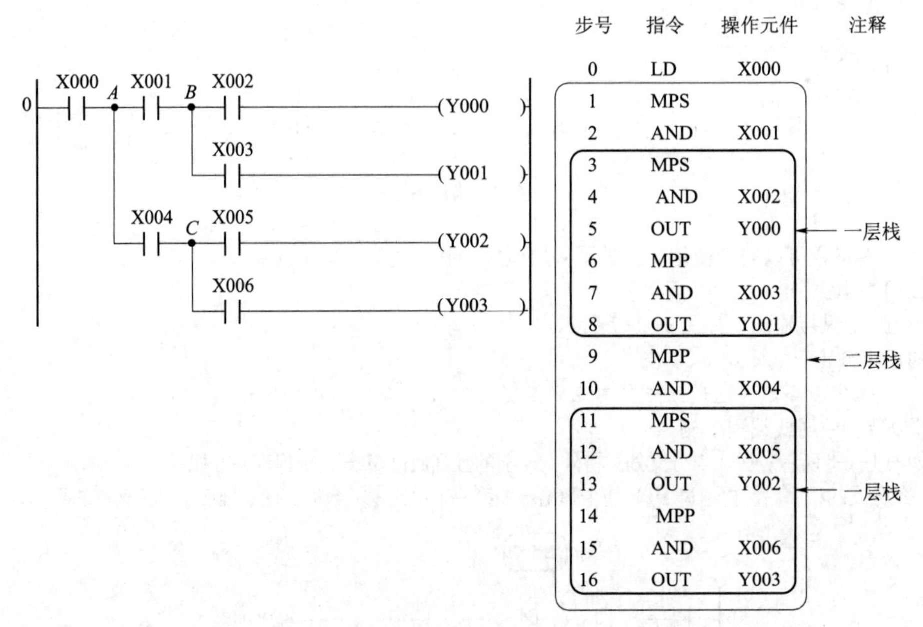

图 1-4-9 二层栈示例

练一练：将图 1-4-10 所示的梯形图转换成相应的指令语句

图 1-4-10 多层栈示例

填一填：依据图 1-4-1 及正反转控制要求完成用 PLC 实现三相异步电动机正反转控制系统的 I/O 分配表

此时，电动机的正转启动、反转启动和停止仍然由接触器控制，因此在用 PLC 控制时，主电路和图 1-4-1 完全相同，无须更改，但控制电路的功能则要通过 PLC 来实现。表 1-4-1 所示为 PLC 实现三相异步电动机正反转控制系统的输入/输出分配表。

表 1-4-1 输入/输出分配表

输入			输出		
元件	作用	输入点	元件	作用	输出点
SB1	停止	X000	KM1	电动机正转	Y000
SB2	正转启动	X001	KM2	电动机反转	Y001
SB3	反转启动	X002			
FR	过载保护（模拟）	X003			

二、电机正反转控制的 PLC 电路原理图

用三菱 FX3U-48M 型可编程控制器实现三相交流异步电动机正反转控制的电路原理如图 1-4-11 所示（省去主电路）。

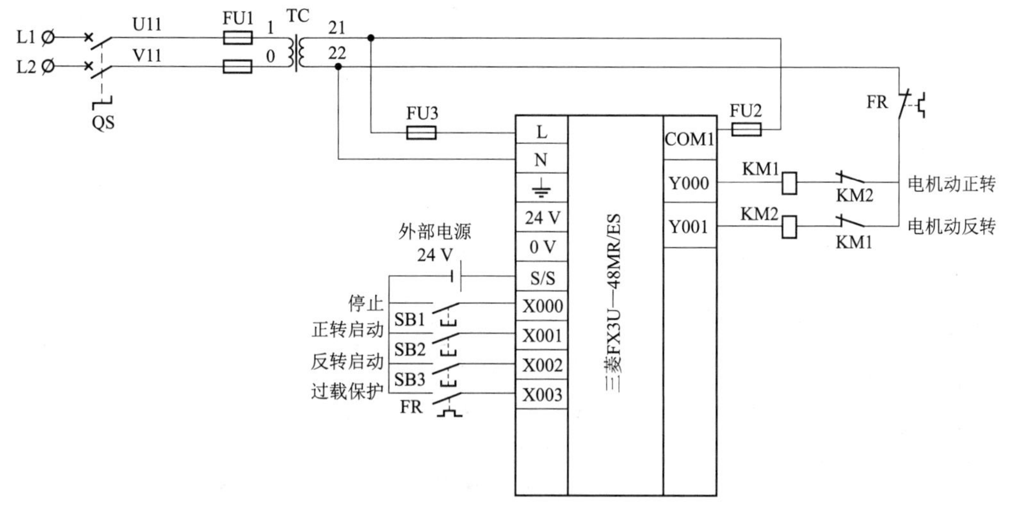

图 1-4-11　电动机正反转 PLC 控制电路原理图

活动 3：PLC 接线板的制作

一、环境设备（参照任务三，增加 1 个交流接触器）

二、元器件的检测（参照任务三）

三、元器件的布置与安装

PLC 接线板的布局如图 1-4-12 所示。

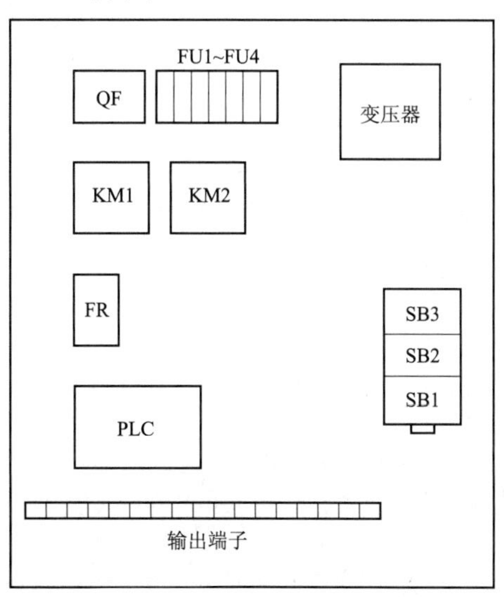

图 1-4-12　PLC 接线板的布局

四、PLC 接线板的线路连接与检测

1. 线路连接原则（参照任务三）

2. 线路连接及检测步骤

根据图 1-4-11 所示的 PLC 电路原理图以及图 1-4-12 所示的元器件分布的情况，按配线原则与工

学习笔记

艺要求进行 PLC 控制系统的安装接线（主电路的连接线路此处不再赘述）。具体可按以下步骤操作：

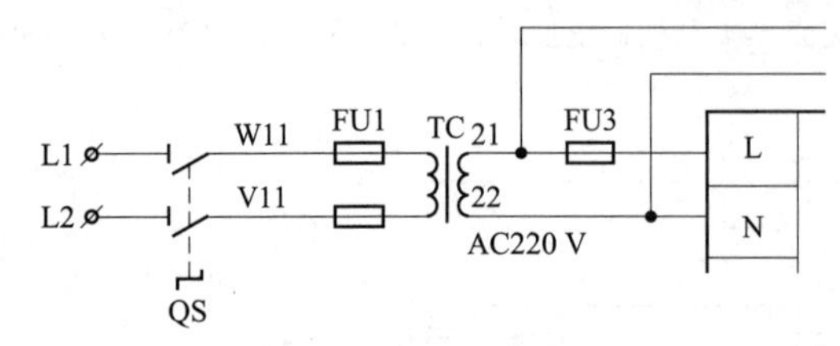

图 1-4-13　连接 PLC 电源回路

1）连接 PLC 电源部分

如图 1-4-13 所示，分析填写电路连接步骤：进端子排→从端子排出→W11、V11 分别通过熔断器 FU1→连接变压器 TC→21 号线通过连接 PLC 的端子，而 22 号线直接连接 PLC 的端子。此时 PLC 电源部分的接线完成。

2）PLC 电源部分自检

（1）检查布线。对照图 1-4-13 检查是否掉线、错线，是否漏编、错编，接线是否牢固等。

（2）用万用表检测。用万用表检测的过程见表 1-4-2，如测量阻值与正确阻值不符，则应重新检查布线。

请记录：用万用表检测电源部分时测到的阻值

表 1-4-2　用万用表检测的过程（一）

序号	检测内容	操作情况	正确阻值	测量阻值
1	检测、判别 FU 的好坏	两表棒分别搭接在 FU2、FU3 的上下接线端子上	均为 0 Ω	
2	测量 L1、L2 之间的绝缘电阻	合上断路器 QF，两表棒分别搭接在接线端子排 XT 的 L1 和 L2 上	TC 初级绕组的阻值	
3	测量 PLC 上 L、N 之间的电阻	两表棒分别搭接在 PLC 的接线端子 L 和 N 上	TC 次级绕组的阻值	

（3）通电观察 PLC 的指示灯。经过自检，确认正确和无安全隐患后，通电观察 PLC 的 LED 指示并做好记录，见表 1-4-3。

请记录：通电检测时观察到的 PLC 指示灯结果

表 1-4-3　LED 工作情况记载表（一）

步骤	操作内容	LED	正确结果	观察结果
1	先插上电源插头，再合上断路器	POWER	点亮	
2	拨动“RUN/STOP”开关，拨至“RUN”位置	RUN	点亮	
3	拨动“RUN/STOP”开关，拨至“STOP”位置	RUN	熄灭	
4	拉下断路器后，拔下电源插头	断路器 电源插头	已分断	

3）连接 PLC 输入回路部分

如图 1-4-14 所示，分析填写电路连接步骤：

（1）导线从 X0 端子→入端子排→从端子排出→（　　　）；

（2）导线从 X1 端子→入端子排→从端子排出→（　　　）；

（3）导线从 X2 端子→入端子排→从端子排出→（　　　）；

（4）导线从 X3 端子→入端子排→从端子排出→FR 常开触点的一端；

（5）将 SB1、SB2、SB3 和 FR 的四个常开触点的另一端互联→入端子排→从端子排出→（　　　）。

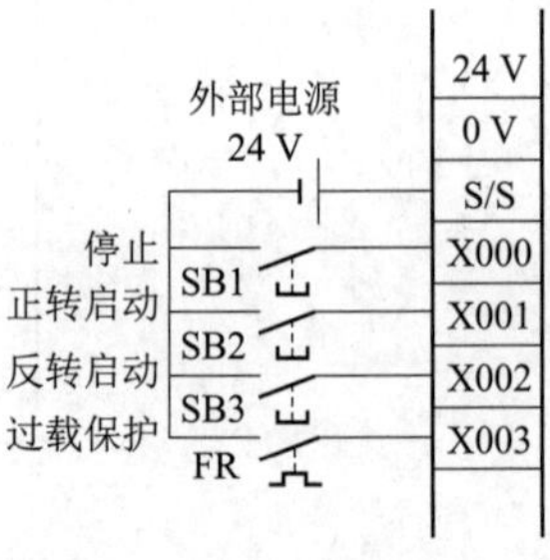

外部电源 24 V　24 V　0 V　S/S　停止 SB1 X000　正转启动 SB2 X001　反转启动 SB3 X002　过载保护 FR X003

图 1-4-14　连接 PLC 输入回路

4）PLC 输入回路部分的自检

（1）检查布线。对照图 1-4-14 检查是否掉线、错线，是否漏编、错编，接线是否牢固等。

（2）用万用表检测。用万用表检测的过程见表 1-4-4，如测量阻值与正确阻值不符，则应重新检查布线。

学习笔记

请记录：

用万用表检测输入回路时测量到的阻值

表 1-4-4　用万用表检测的过程（二）

序号	检测内容	操作情况	正确阻值	测量阻值
1	测量 PLC 的各输入端子与“COM”之间的阻值	分别动作输入设备，两表棒搭接在 PLC 各输入接线端子与“COM”上	均为 0 Ω	
2	测量 PLC 的各输入端子与电源输入端子“L”之间的阻值	两表棒分别搭接在 PLC 各输入接线端子与电源输入端子“L”上	均为∞	

（3）通电观察 PLC 的指示灯。经过自检，确认正确和无安全隐患后，通电观察 PLC 的 LED 指示并做好记录，见表 1-4-5。

请记录：

通电检测时观察到的 PLC 指示灯结果

表 1-4-5　LED 工作情况记载表（二）

步骤	操作内容	LED	正确结果	观察结果
1	先插上电源插头，再合上断路器	POWER	点亮	
2	按下 SB1	X000	点亮	
3	按下 SB2	X001	点亮	
4	按下 SB3	X002	点亮	
5	按下 FR 常开触点	X003	点亮	
6	⚠ 拉下断路器后，拔下电源插头	断路器 电源插头	已分断	

5）连接 PLC 输出回路部分

如下图 1-4-15 所示，分析填写电路连接步骤：由于在三菱 FX3U-48M PLC 中，Y0～Y3 共用 COM1，所以先将 COM1 公共端通过（　　　）接入“21 号”端子，而输出端子 Y0 直接连接（　　　），再连接至交流接触器 KM2，然后通过（　　　），接入“22 号”端子（即连接至 PLC 的“N”端子上）形成输出回路；同样，（　　　）直接连接，再连接至（　　　），然后接入“22 号”端子。

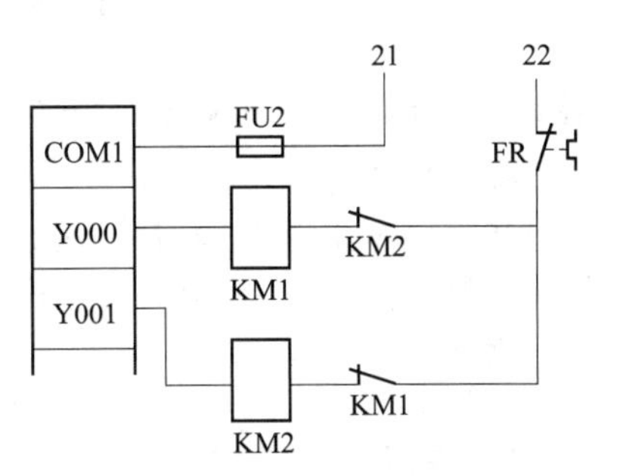

图 1-4-15　连接 PLC 输出回路

请记录：

用万用表检测输出回路时测量到的阻值

表 1-4-6　万用表的检测过程

序号	检测内容	操作情况	正确阻值	测量阻值
1	测量 PLC 的各输出端子与对应公共端子之间的阻值	两表棒分别搭接在 PLC 输出接线端子“COM1”与对应的公共端子 Y001、Y000 上	为 TC 次级绕组与 KM 线圈的阻值之和	

活动 4：PLC 控制程序的编写与调试

根据图 1-4-1，由翻译法容易得出电动机正反转控制梯形图程序，如图 1-4-16 所示。

学习笔记

写一写：

梯形图对应的

指令语句

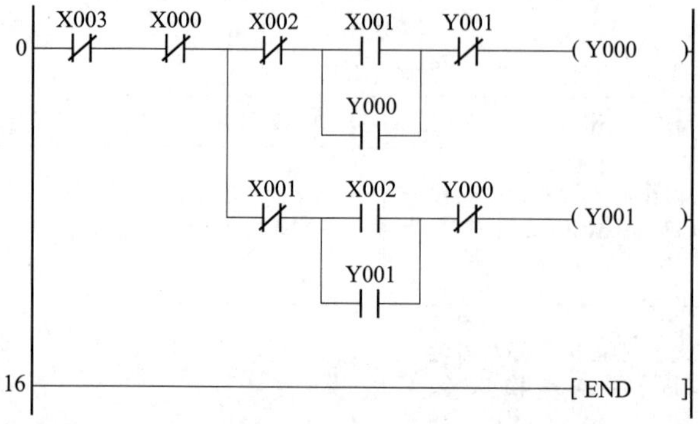

X003 X000 X002 X001 Y001 (Y000) Y000 X001 X002 Y000 (Y001) Y001 [END]

步号	指令	操作元件	注释
0	LDT	X003	
1	ANI	X000	
2	MPS		
3	ANI	X002	
4	LD	X001	
5	OR	Y000	
6	ANB		
7	ANT	Y001	
8	OUT	Y000	
9	MPP		
10	ANI	X001	
11	LD	X002	
12	OR	Y001	
13	ANB		
14	ANI	Y000	
15	OUT	Y001	
16	END		

图 1-4-16　电动机正反转控制 PLC 梯形图及指令语句

特别注意：

将图 1-4-16（a）所示梯形图稍作改进，可增强梯形图的可读性，如图 1-4-17 所示。

请说出：

梯形图改进的

依据

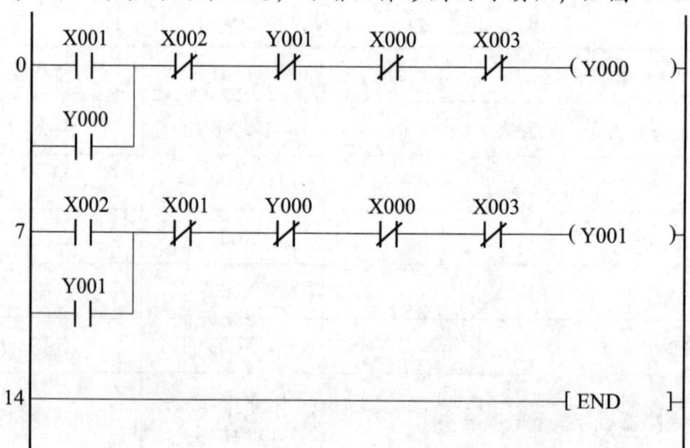

图 1-4-17　电动机正反转控制 PLC 梯形图改进

活动 5：用 GX Works2 编程软件编写、下载、调试程序

一、程序的输入

（1）打开 GX Works2 编程软件，按照前面介绍的 GX Works2 方法输入梯形图。

（2）按功能键“F4”对编辑好的梯形图进行切换，并保存。

二、程序写入 PLC

将 PLC 上的拨动开关拨至“STOP”，单击“在线”菜单中的“PLC 写入”。

三、程序的运行与调试

将 PLC 上的拨动开关拨至“RUN”，按照表 1-4-7 进行操作，观察系统的运行情况并做好记录。如出现故障，应立即切断电源，分析原因，检查电路或梯形图后重新调试，直至系统实现功能。

表 1-4-7　系统运行情况记载表

操作步骤	操作内容	观察内容						备注
		指示 LED		接触器		电动机		
		正确结果	观察结果	正确结果	观察结果	正确结果	观察结果	
1	按下 SB2	Y000 点亮		KM1 吸合		正转		
2	按下 SB3	Y000 熄灭		KM1 释放		反转		
		Y001 点亮		KM2 吸合				

学习笔记

续表

操作步骤	操作内容	观察内容						备注
		指示 LED		接触器		电动机		
		正确结果	观察结果	正确结果	观察结果	正确结果	观察结果	
3	按下 SB2	Y001 熄灭		KM2 释放		正转		
		Y000 点亮		KM1 吸合				
4	按下 SB1	Y000 熄灭		KM1 释放		停转		
5	按下 SB3	Y001 点亮		KM2 吸合		反转		
6	按下 FR	Y001 熄灭		KM2 释放		停转		

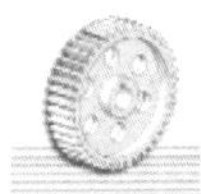

任务拓展

一、任务引入

在工业控制系统中常设置多个监控点，若发现某处异常，则进行报警处理。而在一些对容错能力要求较高的场合，报警系统并非都设计成只要有一点异常就报警的模式。现在，假设有一个三点监控系统，当监控到任意两点或两点以上存在异常时，系统才做报警处理。具体要求如下：

（1）接通监控开关使系统一直处于监控状态。

（2）在监控状态下，当监控到任意两点或两点以上存在异常时，报警指示灯亮。

（3）在监控开关接通时，系统要求故障发生处的故障指示灯亮，即：

故障 1 处发生故障，故障指示灯 1 亮；

故障 2 处发生故障，故障指示灯 2 亮；

故障 3 处发生故障，故障指示灯 3 亮。

二、任务分析与实施

1. I/O 分配表（见表 1-4-8）

填一填：根据任务要求，完成表 1-4-8 所示的 I/O 表

表 1-4-8　I/O 分配参考表

输　入		输　出	

2. 任务分析

分组活动：每组认领分任务，根据分任务控制要求，编写对应的梯形图（块）

（1）监控启动：当监控开关接通时，输入继电器 X000 保持通电状态，其常开触点闭合，即将 M0 的常开触点和 X000 的常开触点并联即完成了启动报警这部分的设计。

任务一：（2）监控报警：如果此时开关 1 和开关 2 均接通，表示这两处有异常，对应的输入继电器 X001 和 X002 的常开触点闭合，将这两个继电器的常开触点串联即可作为报警发生的条件。同理，X002 和 X003 的常开触点串联或者 X003 和 X001 的常开触点串联，也是报警发生的条件。以上所属的这三个串联支路中只要有一路处于闭合状态，就需要报警，故把三个串联支路并联起来，再跟前面的启动报警支路串联，即构成一个完整的报警支路。

任务二：（3）监控点监控：在监控开关接通时，系统要求故障发生处的指示灯亮，即当 X000 保持通电状态时，如果开关 1 接通，则驱动 Y001 线圈通电，对应的故障 1 指示灯点亮；同样，如果开关 2 或开关 3 接通，则驱动 Y002 或 Y003 线圈通电，对应的故障 2 指示灯或故障 3 指示灯点亮。这可以看成是多重输出电路结构，可以使用栈操作指令。

学习笔记

3. 梯形图编写

根据对本任务的具体分析，参照表 1-4-8 的 I/O 分配，可以编写如图 1-4-18 所示的梯形图，以及对应的指令表。

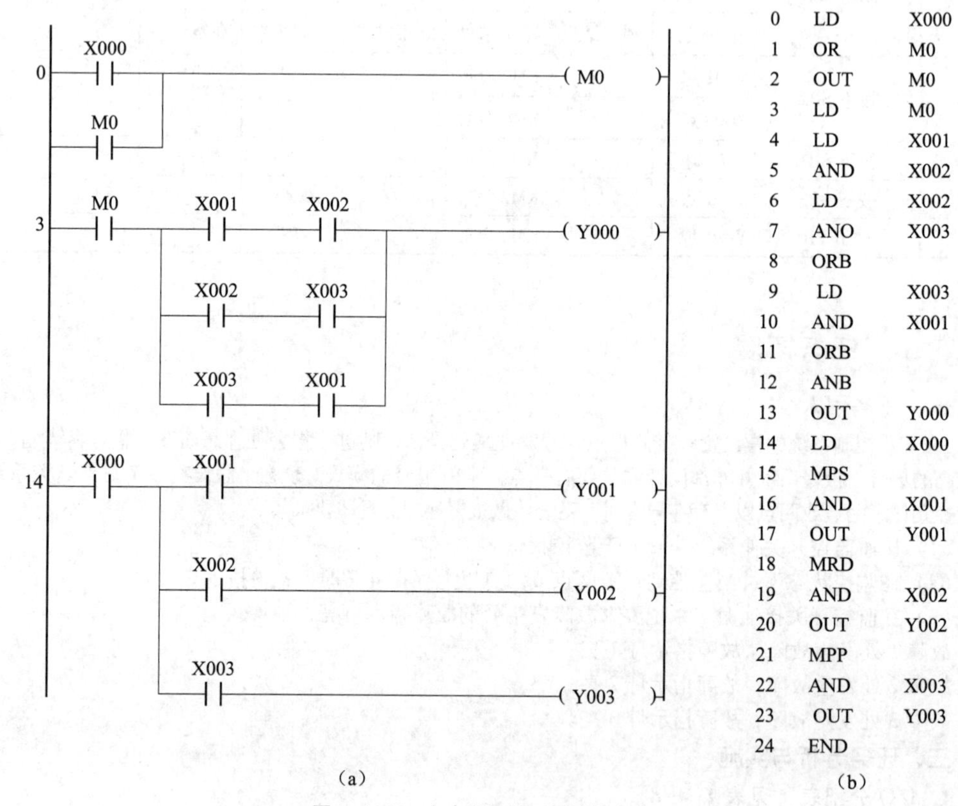

0	LD	X000
1	OR	M0
2	OUT	M0
3	LD	M0
4	LD	X001
5	AND	X002
6	LD	X002
7	ANO	X003
8	ORB	
9	LD	X003
10	AND	X001
11	ORB	
12	ANB	
13	OUT	Y000
14	LD	X000
15	MPS	
16	AND	X001
17	OUT	Y001
18	MRD	
19	AND	X002
20	OUT	Y002
21	MPP	
22	AND	X003
23	OUT	Y003
24	END	

(b)

图 1-4-18　多点监控梯形图及指令表
（a）梯形图；（b）指令表

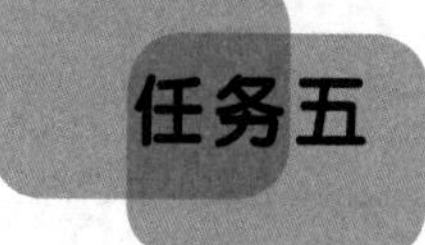

任务五　三相交流异步电动机单按钮启停的控制

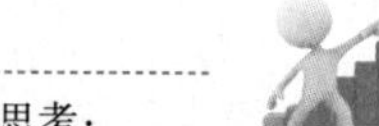

任务引入

请思考：图 1-5-1 所示单按钮启停电气控制方法有何弊端？

在传统电气控制系统中通常需要使用一个启动和一个停止按钮分别控制电动机的启动和停止，但为了降低控制系统的成本，提高经济效益，也常采用一个按钮分别控制电动机的启动和停止。图 1-5-1 所示为单按钮启停控制的电气控制原理图，利用可编程控制器实现三相异步电动机单按钮启停控制的任务，并提高经济效益。

任务分析

采用三菱 FX3U 系列 PLC 实现三相交流异步电动机单按钮启停控制，主电路部分不变，只需将控制电路部分由 PLC 来代替。通过本任务的学习和实践，需要解决下面几个问题：

（1）认识三菱 FX3U 系列 PLC 内部计数器 C 的种类。

（2）会使用计数器 C 编写相关程序并运行调试。

学习笔记

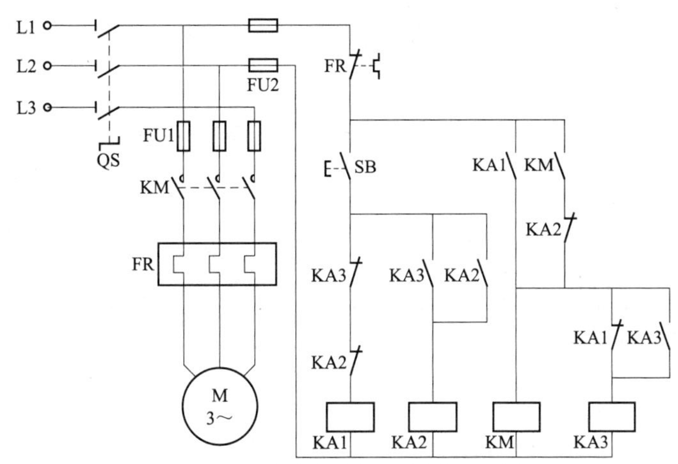

图 1-5-1　单按钮启停控制电气原理图

（3）知道 LDP、LDF、ANDP、ANDF、ORP 和 ORF 指令的用法。

（4）会利用 GX Works2 软件编写、调试、监控程序的运行。

（5）培养学生多角度、多元化地解决同一问题的发散性思维能力。

任务实施

活动 1：计数器 C 的认识

计数器在程序设计时主要用于计数控制。程序执行时，计数器对输入端脉冲信号的上升沿进行计数，当计数值达到其设定值时，计数器发生动作，即常开触点闭合、常闭触点断开。事实上计数器的工作过程和定时器基本相似，只不过定时器的定时信号是 PLC 内部产生的固定脉冲信号。

在三菱 FX3U 系列可编程控制器中，计数器可分为内部信号计数器和外部信号计数器两类。内部计数器是对内部元件（如 X、Y、M、S、T 和 C）的信号进行计数的计数器，由于其输入信号的频率低于 PLC 的扫描频率，因而是低速计数器，也称普通计数器，主要有 16 位增计数器和 32 位增/减计数器两类。用于对高于 PLC 扫描频率的外部输入信号进行计数的计数器称为高速计数器，本节暂不讨论。

一、16 位增计数器

16 位增计数器可分为通用型增计数器和断电保持型增计数器两类，以十进制编号，其编号为 C0～C199，共 200 点。

1. 通用型 16 位增计数器

通用型 16 位增计数器在工作时，其当前值以 0 开始计数，当当前值等于设定值时，计数器动作；而当 PLC 断电或从“RUN”到“OFF”时，其当前值复位为 0。通用型 16 位增计数器的编号为 C0～C99，共 100 点，其设定值范围为 1～32 767。

2. 断电保持型 16 位增计数器

断电保持型 16 位增计数器的工作方式与通用型计数器基本相同，只是当 PLC 断电或从“RUN”到“OFF”时，其当前值保持不变，要使其复位必须采用 RST 指令。断电保持型 16 位增计数器的编号为 C100～C199，共 100 点，设定值范围同样为 1～32 767。

16 位通用型增计数器应用举例如图 1-5-2 所示。

请思考：计数器为何要用复位指令复位？

```
   X000
0 ─┤├──────────────[RST   C0   ]
   X001                    K6
3 ─┤├──────────────(C0         )
   C0
7 ─┤├──────────────(Y000       )
```

步号	指令	操作元件	注释
0	LD	X000	←计数器复位信号
1	RST	C0	←计数器复位
3	LD	X001	←计数器计数输入信号
4	OUT	C0　K6	←计数器线圈，设定值为6次
7	LD	C0	
8	OUT	Y000	

图 1-5-2　16 位通用型增计数器的应用

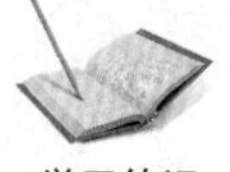

学习笔记

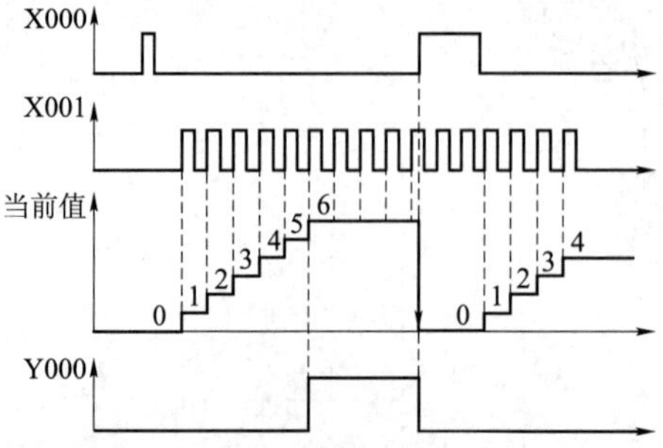

图 1-5-3　图 1-5-2 中各元件动作时序图

图 1-5-2 中计数器的初始值为 0，X001 为计数脉冲输入端，当每次 X001 上升沿到来时，计数器的当前值加 1。当计数器的当前值等于设定值十进制数 6 时，计数器 C0 的常开触点接通，Y000 接通，之后当 X001 的上升沿再次到来时，计数器 C0 的当前值始终保持不变，Y000 保持接通状态，直到计数器复位信号 X000 上升沿到来，计数器 C0 才复位，当前值复位为 0，其触点恢复常态。图 1-5-2 中各元件动作时序图如图 1-5-3 所示。

二、32 位双向计数器

32 位双向计数器既可以像 16 位增计数器一样进行增计数，也可以进行减计数。它同样可分为通用型和断电保持型两类，以十进制编号，其编号为 C200~C234，共 35 点。

1. 通用型 32 位双向计数器

通用型 32 位双向计数器以十进制编号，其编号为 C200~C219，共 20 点，设定值范围为-2 147 483 648~+2 147 483 647。

32 位双向计数器的工作过程与 16 增计数器的相同，但它可以进行减计数，因此其设定值可以为负数。计数器的计数方向由特殊辅助继电器 M8200~M8234 设定。对于计数器 C＊＊＊，当其相应的特殊辅助继电器 M8＊＊＊接通（置 1）时，为减计数器；当 M8＊＊＊断开（置 0）时，为增计数器。例如，计数器 C230 在 M8230 接通时为减计数器，在 M8230 断开时为增计数器。

2. 断电保持型 32 位双向计数器

断电保持型 32 位双向计数器和 16 位断电保持型增计数器一样，具有断电保持的功能，其编号为 C220~C234，设定值范围为-2 147 483 648~+2 147 483 647。

32 位双向计数器的应用举例如图 1-5-4 所示。

步号	指令	元件		注释
0	LD	X000		←设定计数方向
1	OUT	M8200		
3	LD	X001		←计数器复位信号
4	RST	C200		←计数器复位
6	LD	X002		←计数器计数输入信号
7	OUT	C200	K-5	←计数器线圈，设定值为-5
12	LD	C200		
13	OUT	Y000		

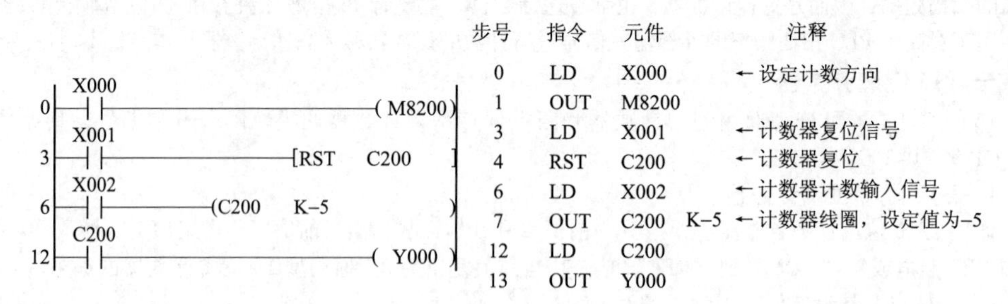

图 1-5-4　32 位通用双向计数器的应用

在图 1-5-4 中，按下复位按钮 X001 后，计数器当前值复位为 0。X000 用于计数方向的选择，当 X000 接通时，M8200 处于接通状态，计数器 C200 为减计数器，每来一个 X002 的上升沿，计数器当前值减 1；当 X000 断开时，M8200 处于断开状态，计数器 C200 为增计数器，每来一个 X200 的上升沿，计数器当前值加 1。因此 32 位通用计数器通常为增计数器。当 C200 的当前值增加至设定值（由-6 增加为-5）时，计数器线圈有输出，Y000 接通，此时再按 X002，计数器当前值继续增加，但仍保持接通状态；当 C200 的当前值减少至设定值后再继续减少 1（由-5 减少为-6）时，计数器 C200 断开，Y000 停止输出。如图 1-5-4 所示程序的时序图如图 1-5-5 所示。

学习笔记

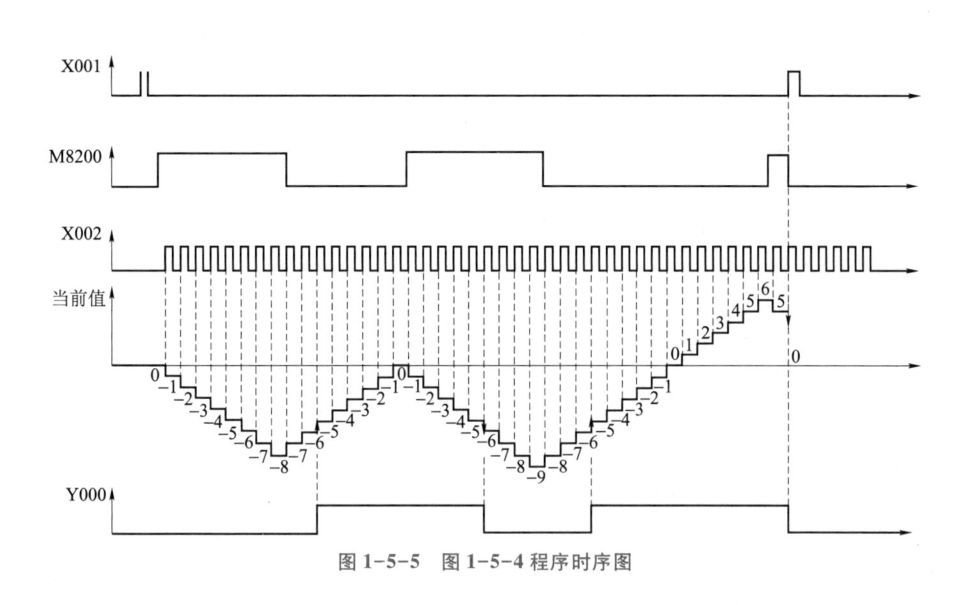

图 1-5-5　图 1-5-4 程序时序图

活动 2：边沿检测脉冲指令 LDP、LDF、ANDP、ANDF、ORP 和 ORF 的学习

比一比：边沿检测脉冲指令与 PLS、PLF 的使用区别

一、定义

(1) LDP：取脉冲上升沿指令，用于上升沿检测运算开始。
(2) LDF：取脉冲下降沿指令，用于下降沿检测运算开始。
(3) ANDP：与脉冲上升沿指令，用于上升沿检测串联连接。
(4) ANDF：与脉冲下降沿指令，用于下降沿检测串联连接。
(5) ORP：或脉冲上升沿指令，用于上升沿检测并联连接。
(6) ORF：或脉冲下降沿指令，用于下降沿检测并联连接。

二、指令说明

(1) LDP、ANDP 和 ORP 指令是用来检测触点状态变化的上升沿（由 OFF 到 ON 变化时）的指令，当上升沿到来时，其操作对象接通一个扫描周期，又称上升沿微分指令。

(2) LDF、ANDF 和 ORF 指令是用来检测触点状态变化的下降沿（由 ON 到 OFF 变化时）的指令，当下降沿到来时，其操作对象接通一个扫描周期，又称下降沿微分指令。

应用举例：

举例：如图 1-5-6 所示。

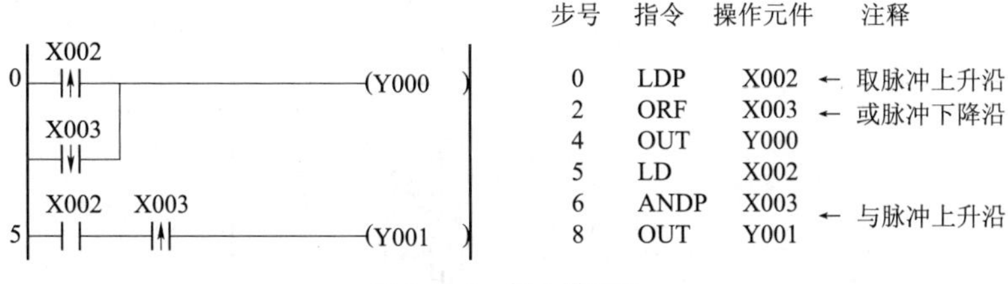

图 1-5-6　例 1 梯形图

如图 1-5-6 所示，在 X002 的上升沿或 X003 的下降沿，Y000 有输出，且接通一个扫描周期。当 X002 接通且 X003 为上升沿时，Y001 才有输出，并接通一个扫描周期。其工作波形图如 1-5-7 所示。

活动 3：交替输出指令 ALT 的学习

ALT：交替输出指令，属于方便指令。其能对输出元件状态进行取反操作（在驱动输入由“OFF”转换为“ON”时，目标元件反向输出），格式如图 1-5-8 所示。

画一画：根据图 1-5-6 所示梯形图与图 1-5-7 所示时序图，画出 Y0 与 Y1 的工作波形图

请思考：使用 ALT 指令编写一个闪烁电路并画出梯形图

指令说明：

ALT 指令的意义为，每一次触发条件（X010）从“OFF”→“ON”时，目标元件（M0）的输出状态取反。此指令在程序运行的每个周期内均有效。

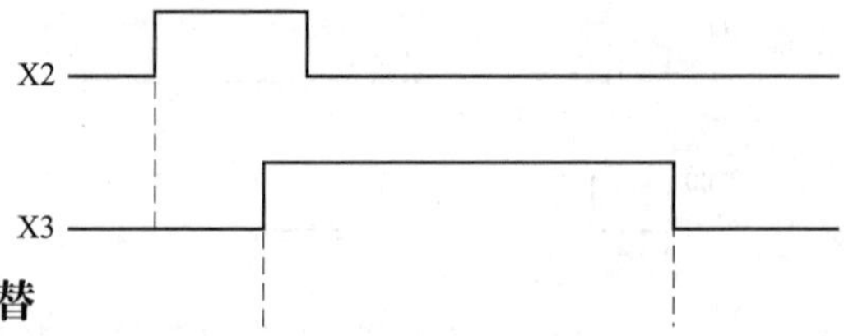

图 1-5-7　例 1 对应时序图

活动 4：用三菱 FX3U 系列 PLC 代替传统继电器控制电路

一、输入/输出分配表的确定

当用可编程控制器实现如图 1-5-1 所示的三相交流异步电动机单按钮启停控制功能时，需要将按钮 SB 与可编程控制器输入接口连接，并将 KM 接触器的线圈接至输出接口。

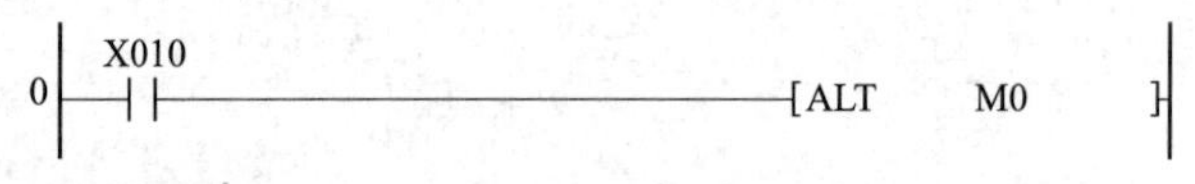

图 1-5-8　ALT 指令的应用

此时，电动机的启动和停止仍然由接触器控制，因此在用 PLC 控制时，主电路和图 1-5-1 中的主电路部分完全相同，无须更改，但控制电路的功能则要通过 PLC 来实现。表 1-5-1 所示为 PLC 实现三相异步电动机单按钮启停控制系统的输入/输出分配表。

表 1-5-1　输入/输出分配表

输　入			输　出		
元件	作用	输入点	元件	作用	输出点
SB	启动/停止	X000	KM	电动机控制	Y000
FR	过载保护	X001			

二、电机单按钮启停控制的 PLC 电路原理图

用三菱 FX3U-48M 型可编程控制器实现三相交流异步电动机单按钮启停控制的电路原理如图 1-5-9 所示。

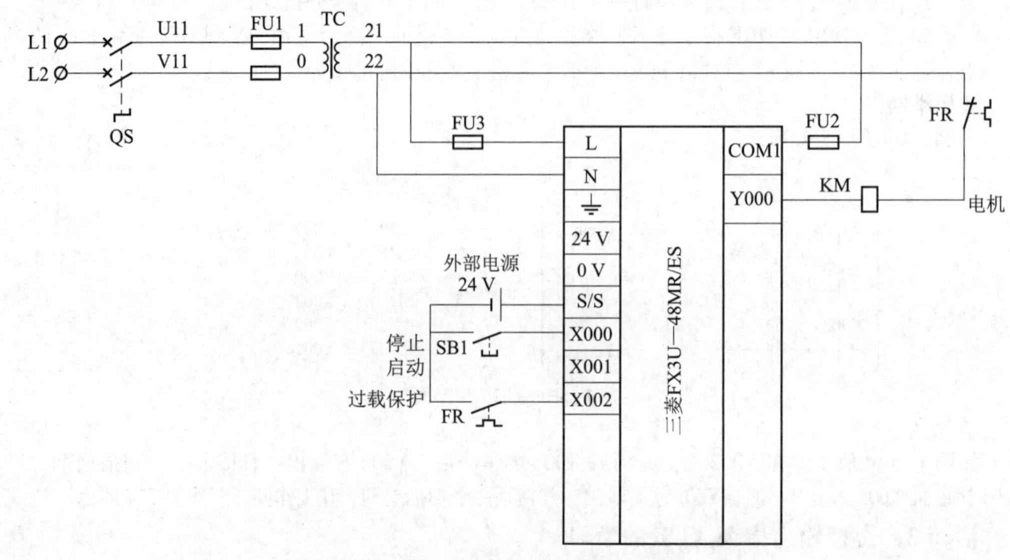

图 1-5-9　电动机单按钮启停 PLC 控制电路原理图

学习笔记

请回答：方法一中两个计数器的作用分别是什么？

活动 5：PLC 接线板的制作（参见任务四）

活动 6：PLC 控制程序的编写与调试

方法一：利用计数器实现单按钮启停控制。

通过对计数器 C 的学习可知，按下 SB 一次，电动机启动；按下 SB 二次，电动机停止。依此类推，可以用两个增计数器来完成该任务，程序及指令如图 1-5-10 所示。

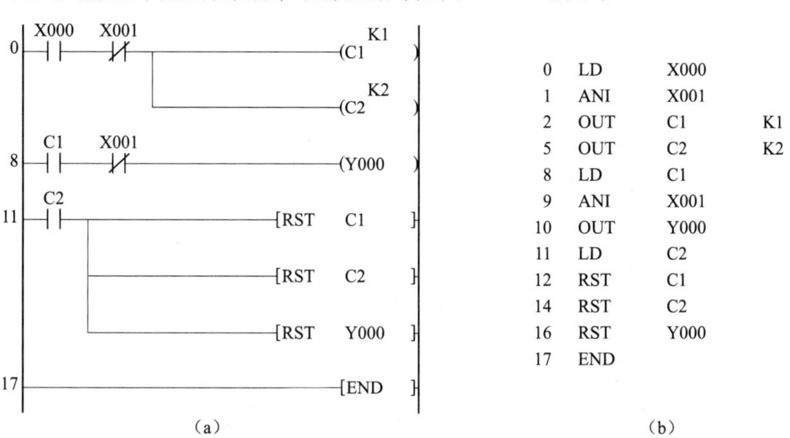

步	指令	操作数	
0	LD	X000	
1	ANI	X001	
2	OUT	C1	K1
5	OUT	C2	K2
8	LD	C1	
9	ANI	X001	
10	OUT	Y000	
11	LD	C2	
12	RST	C1	
14	RST	C2	
16	RST	Y000	
17	END		

（a）　　（b）

图 1-5-10　单按钮启停控制 1 梯形图及指令表

（a）梯形图；（b）指令表

注意：当两次计数完成后，应对计数器进行复位清零，待下次按 SB 时重新开始计数，以满足单按钮启停控制要求。

方法二：利用边沿检测脉冲指令实现单按钮启停控制。

根据控制要求可画出本控制任务的时序图，如图 1-5-11 所示。

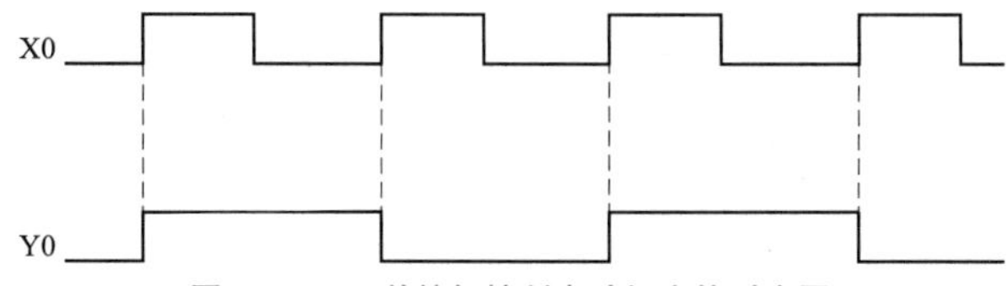

图 1-5-11　单按钮控制电动机启停时序图

结合边沿检测脉冲指令，我们也可以将辅助继电器与置位/复位指令相结合来完成该任务，如图 1-5-12 所示，当 X000 上升沿到来时，通过 M1、M2 分别将 Y000 置位和复位，由此控制电动机的运转和停止，整个程序简单明了。

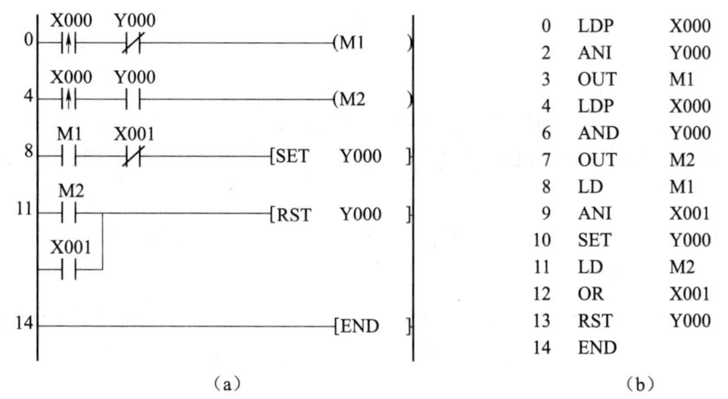

步	指令	操作数
0	LDP	X000
2	ANI	Y000
3	OUT	M1
4	LDP	X000
6	AND	Y000
7	OUT	M2
8	LD	M1
9	ANI	X001
10	SET	Y000
11	LD	M2
12	OR	X001
13	RST	Y000
14	END	

（a）　　（b）

图 1-5-12　单按钮启停控制 2 梯形图及指令表

（a）梯形图；（b）指令表

学习笔记

想一想：你还有什么办法可以完成该任务？

方法三：利用交替输出指令实现单按钮启停控制。

利用交替输出指令实现单按钮启停控制的梯形图及指令表，如图 1-5-13 所示。

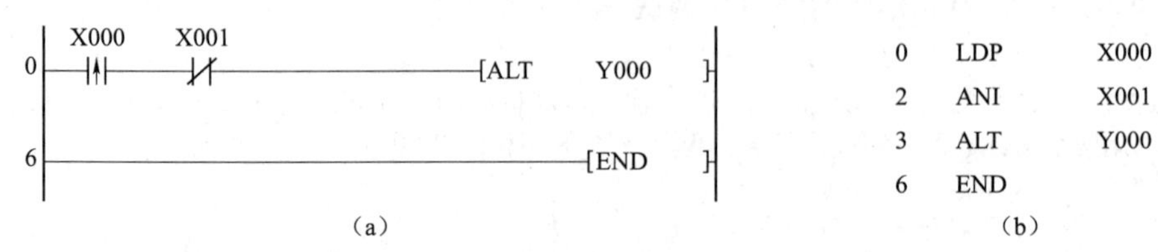

0	LDP	X000
2	ANI	X001
3	ALT	Y000
6	END	

（b）

图 1-5-13　单按钮启停控制 3 梯形图及指令表

（a）梯形图；（b）指令表

活动 7：用 GX Works2 编程软件编写、下载、调试程序

一、程序的输入

下面以方法二的输入为例，介绍相关内容。

（1）打开 GX Works2 编程软件，新建工程将光标置于起始位置，如图 1-5-14 所示。

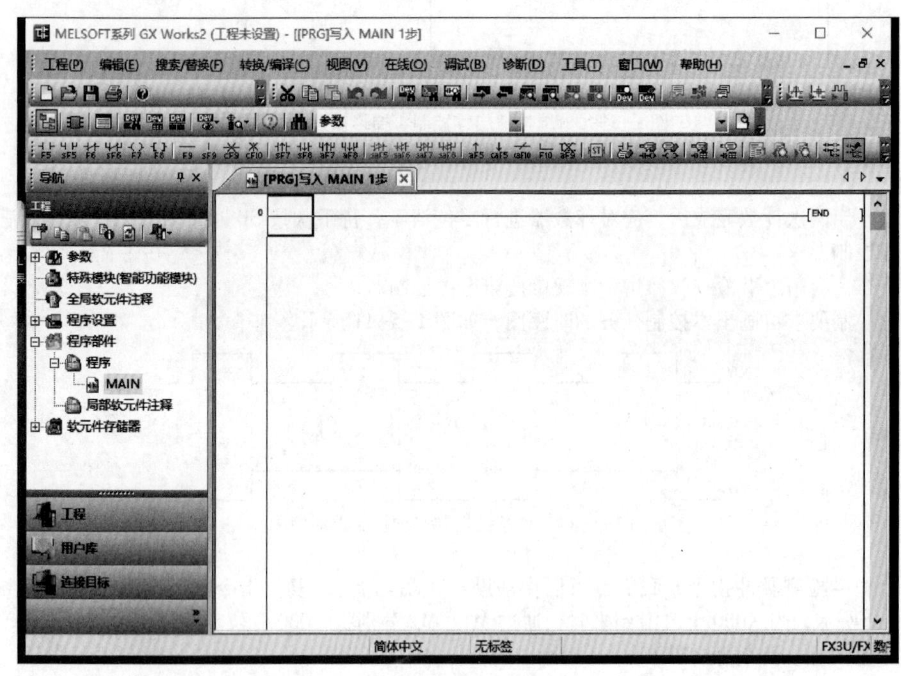

图 1-5-14　打开 GX Works2 编程软件

（2）用键盘输入“LDP X0”指令，如图 1-5-15 所示。

（3）按回车键，边沿检测脉冲触点输入如图 1-5-16 所示。

（4）依照前面所介绍的 GX Works2 软件程序输入的方法，按图 1-5-17 所示完成梯形图的输入。

二、程序写入 PLC

将 PLC 上的拨动开关拨至“STOP”，单击“在线”菜单中的“PLC 写入”。

三、程序的运行与调试

将 PLC 上的拨动开关拨至“RUN”，按照表 1-5-2 进行操作，观察系统的运行情况并做好记录。如出现故障，则应立即切断电源，分析原因，检查电路或梯形图后重新调试，直至系统实现功能。

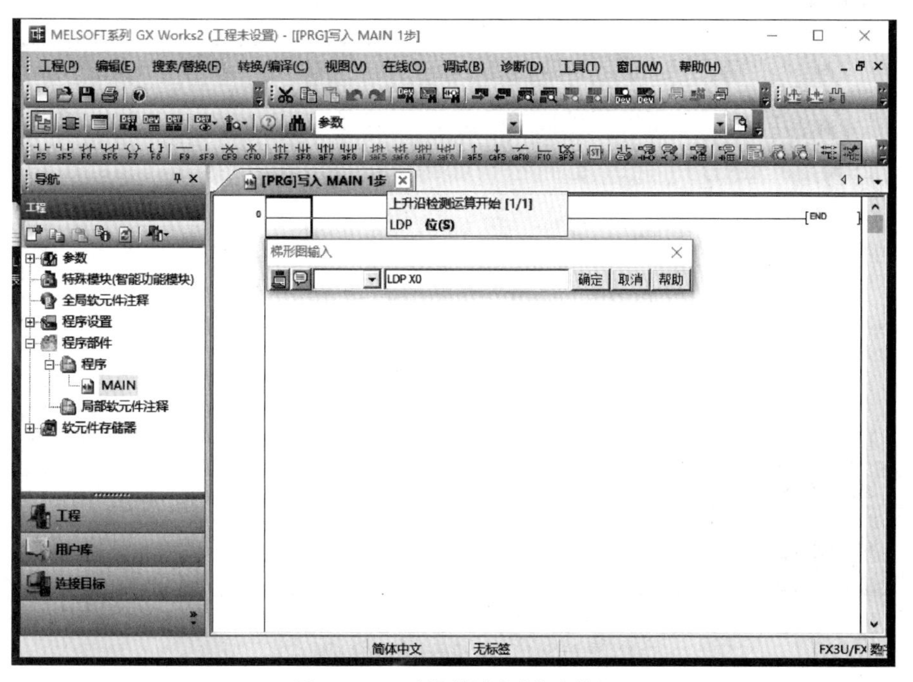

图 1-5-15　边沿检测脉冲指令输入

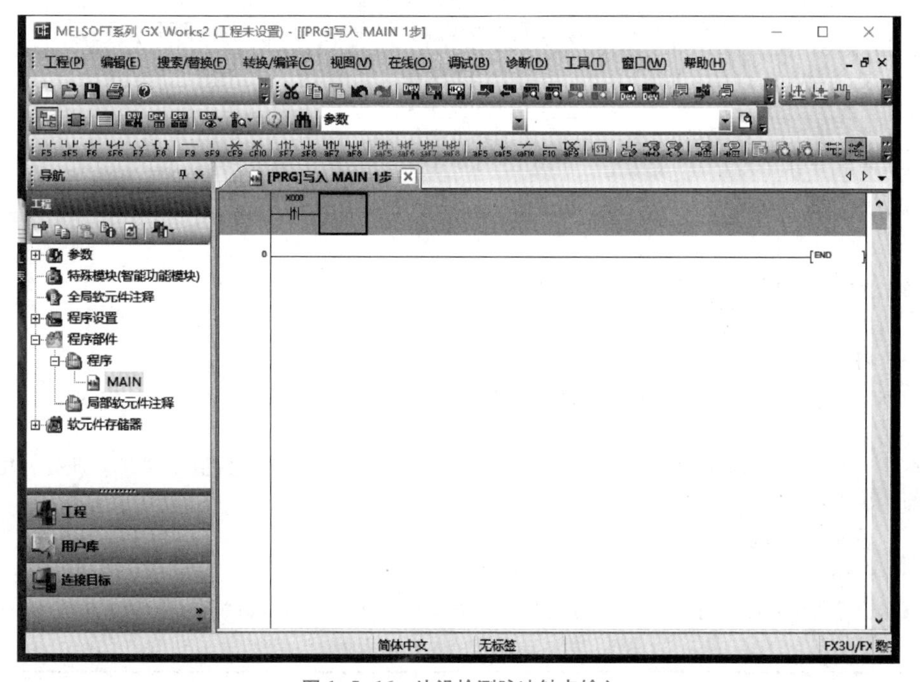

图 1-5-16　边沿检测脉冲触点输入

学习笔记

想一想：

“LDP X0”指令的输入方法有哪些？

学习笔记

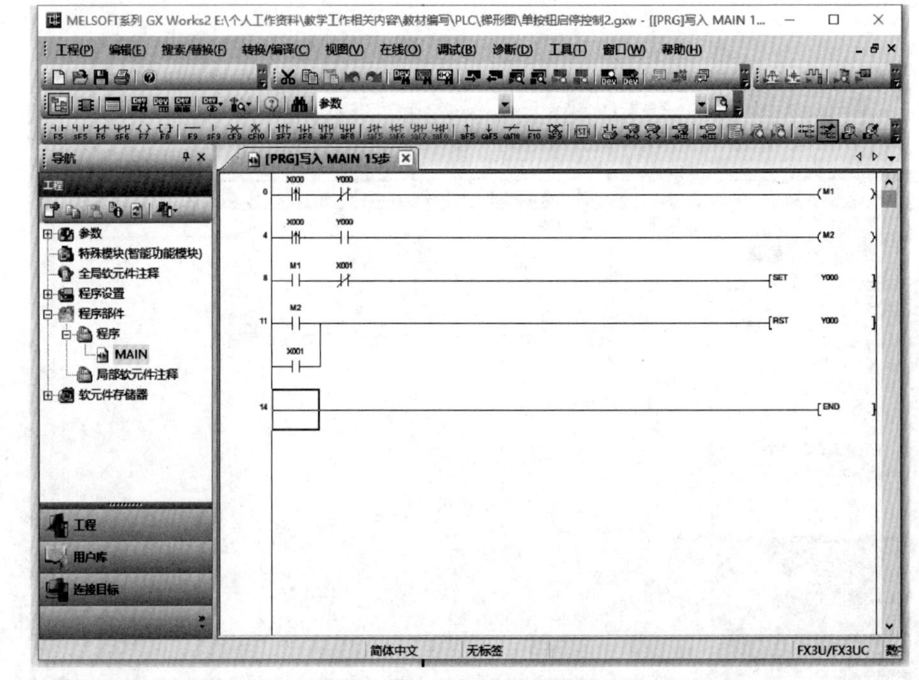

图 1-5-17　转换后的完整梯形图

请记录：

程序运行过程中系统各部分的现象

表 1-5-2　系统运行情况记载表

操作步骤	操作内容	观察内容						备注
		指示 LED		接触器		电动机		
		正确结果	观察结果	正确结果	观察结果	正确结果	观察结果	
1	按下 SB 第一次	Y000 点亮		KM 吸合		转动		
2	按下 SB 第二次	Y000 熄灭		KM 释放		停止		
3	按下 SB 第三次	Y000 点亮		KM 吸合		转动		
4	按下 SB 第四次	Y000 熄灭		KM 释放		停止		
⋮	⋮	⋮		⋮		⋮		

任务拓展

一、任务引入

一小型仓库，需要对每天存放进来的货物进行统计：当货物数量达到 100 件时，仓库监控室的绿灯亮；当货物数量达到 200 件时，仓库监控室的红灯报警，以提醒管理员注意。

本任务要求对货物进行计数，每进来一件货物，将对应控制元件的数值加“1”。此处，用 PLC 的内部计数器来实现本任务要求。

二、任务分析与实施

1. I/O 分配表

根据任务要求，可以对输入/输出元器件做如表 1-5-3 所示的 I/O 分配。

表 1-5-3　I/O 分配参考表

输　入		输　出	
货物进来检测	X000	绿灯	Y000
复位按钮	X001	红灯	Y001

学习笔记

知识小贴士：

本任务的输入条件是货物进来这一现象，可以分配给X000。X000的变化由货物进入仓库的情况决定，与一般信号不同，每来一件货物就变化一次。这种输入条件可以用传感器等元件实现。

2. 任务分析

（1）工作时，每进来一件货物，C0和C1的当前值自动加1，当第100件货物进来时，C0的当前值恰好为100，等于它的设定值，C0的触点动作，其常开触点接通，使得Y000接通，即仓库监控室的绿灯点亮。此后，C0的当前值一直保持为100，不再变化。

（2）C0计数停止后，C1继续计数。当第200件货物进来时，C1的当前值恰好为200，等于它的设定值，C1的触点动作，其常开触点接通，使得Y001接通，即仓库监控室的红灯点亮报警。此后，C1的当前值一直保持为200，不再变化。

（3）每天在任务开始前（即在货物进来之前），先要由X001对C0和C1清零，系统正常工作时，对送进仓库的货物进行计数，X001保持断开状态，不影响C0和C1的当前值随货物的增加而递增。次日，X001再接通一次，C0和C1重新从零开始计数，如此循环反复。

3. 梯形图编译

根据本任务的具体分析过程，参照表1-5-3的I/O分配，可以编写如图1-5-18所示的梯形图和相应的指令表。

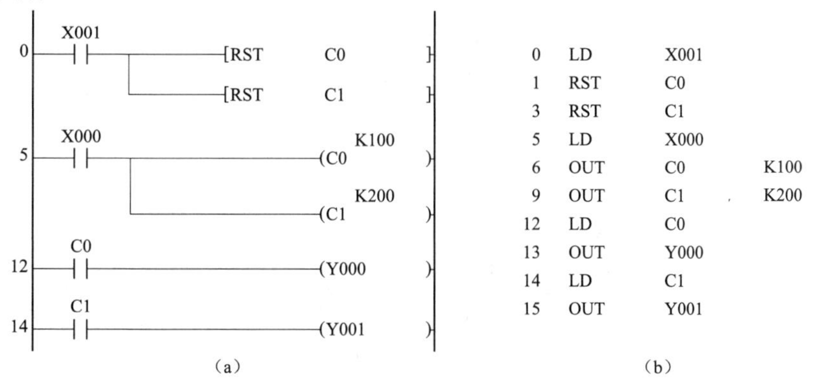

0	LD	X001	
1	RST	C0	
3	RST	C1	
5	LD	X000	
6	OUT	C0	K100
9	OUT	C1	K200
12	LD	C0	
13	OUT	Y000	
14	LD	C1	
15	OUT	Y001	

图1-5-18　仓库货物数量统计梯形图及指令表
（a）梯形图；（b）指令表

试一试：

对图1-5-18指令表进行逐句注释

三、应用拓展

想一想：若每天既有货物进库也有出库，为了实现对进、出仓库的货物都能计数统计，如何修改程序？

参考答案：梯形图如图1-5-19所示。其中X002用于区分进货与出货。

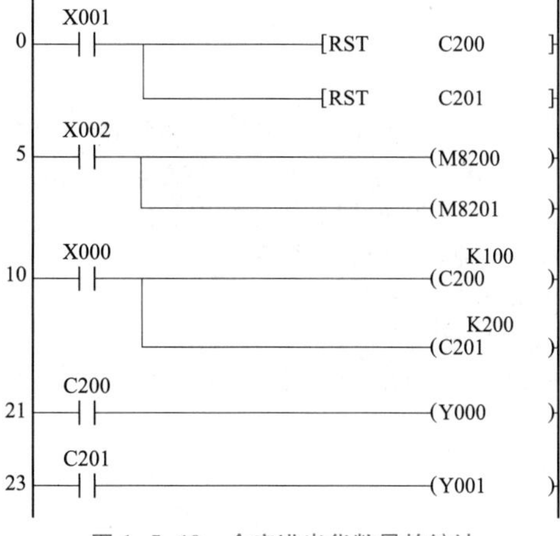

图1-5-19　仓库进出货数量的统计

请说出：

1. M8200、M8201的作用

2. 还有什么方法可以编写出不同的PLC程序？

学习笔记

任务六 三相交流异步电动机 Y-△降压启动的控制

任务引入

Y-△降压启动是指电动机启动时，把定子绕组接成Y形以降低启动电压，限制启动电流。电动机启动后，再把定子绕组接成△形，使电动机全压运行。这种启动方式的优点在于，启动过程中没有电能损耗，启动电流为三角形接法的 1/3，设备简单。

图 1-6-1 所示为Y-△降压启动的一种传统继电-接触器控制电路。

请分析：图 1-6-1 所示Y-△降压启动控制电路的工作过程：

1. 降压启动

2. 全压运行

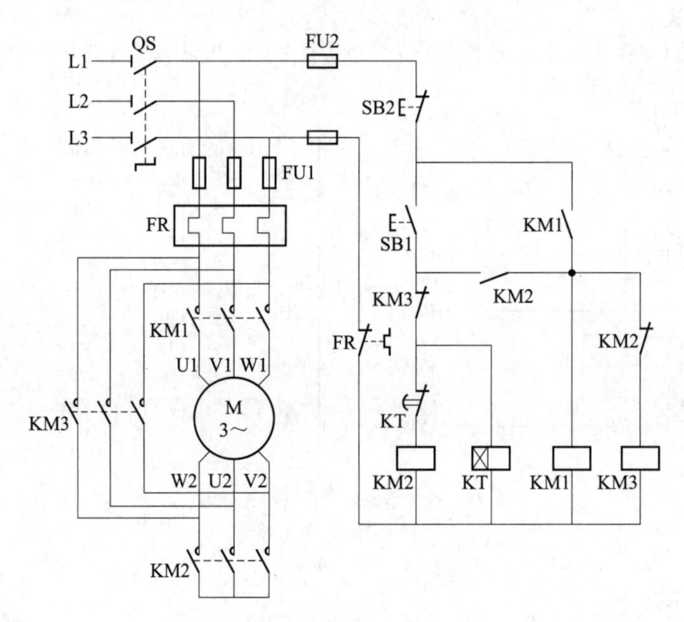

图 1-6-1　三相异步电动机的Y-△降压启动控制电气原理图

本任务以三菱 FX3U-48MR 型 PLC 为例，介绍如何利用可编程控制器实现电机Y-△降压启动的控制。

任务分析

采用三菱 FX3U 系列 PLC 实现三相交流异步电动机Y-△降压启动控制，主电路部分不变，只需将控制电路部分由 PLC 来代替。通过本任务的学习和实践，需要解决下面几个问题：

（1）认识三菱 FX3U 系列 PLC 内部定时器 T 的种类和用法。

（2）会使用计数器 T 编写相关应用程序并运行调试。

（3）知道主控指令 MC 和 MCR 的用法。

（4）知道 INV 与 NOP 指令的定义和用法。

（5）会利用 GX Works2 软件编写、调试程序并监控其运行。

任务实施

活动 1：定时器 T 的认识

定时器作为 PLC 编程软元件，主要用于定时控制，每个定时器都有线圈和无数个触点可供用户编程使用。编程时，其线圈仍由 OUT 指令驱动，但用户必须设置其设定值。三菱 FX3U 系列 PLC 的定时器为增定时器，当线圈接通时，定时器当前值由 0 开始递增，直到当前值达到设定值，定时器触点动作。与传统继电器电路不同的是，PLC 中无失电延时定时器，如需使用可以通过编程实现。定时器以十进制编号，可分为通用定时器和积算定时器两类。

一、通用定时器

通用定时器的编号为 T0~T245，共 246 点。按定时单位不同可分为 100 ms 定时器和 10 ms 定时器。

1. 100 ms 定时器

100 ms 定时器的编号为 T0~T199，共 200 点，定时单位为 0.1 s，最大设定值为 K32 767（K 表示十进制数），定时时间为 0.1~3 276.7 s。

2. 10 ms 定时器

10 ms 定时器的编号为 T200~T245，共 46 点，定时单位为 0.01 s，最大设定值为 K32 767，定时时间为 0.01~327.67 s。

应用举例：

举例 1：如图 1-6-2 所示。

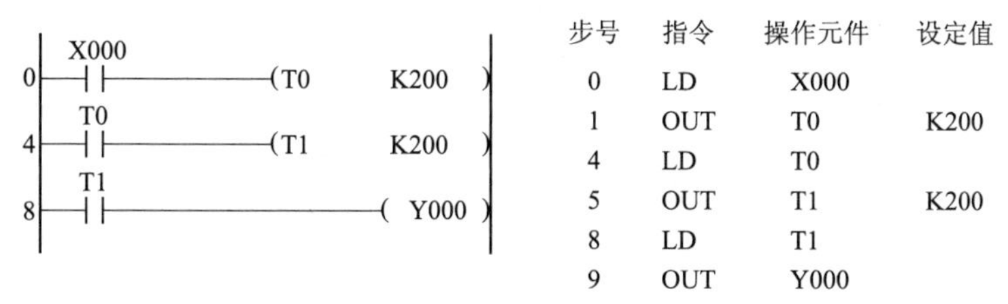

步号	指令	操作元件	设定值
0	LD	X000	
1	OUT	T0	K200
4	LD	T0	
5	OUT	T1	K200
8	LD	T1	
9	OUT	Y000	

图 1-6-2　通用定时器用法

在图 1-6-2 中，X000 闭合，T0 线圈接通，计时开始，20 s 后定时器 T0 动作，其常开触点闭合，T1 开始计时，20 s 后 Y000 接通。因此当 X0 闭合 40 s 后，输出 Y000 才接通，这也是设计长时间定时器的方法之一。用一个定时器定时的最长时间为 3 276.7 s，若定时时间超过这一值，则可以用几个定时器定时时间相加的方法来实现。另外，在图 1-6-2 中，若在定时器计时期间，X000 断开或 PLC 断电，则定时器 T0、T1 复位，其当前值恢复为 0。图 1-6-2 中各元件的动作时序图如图 1-6-3 所示。

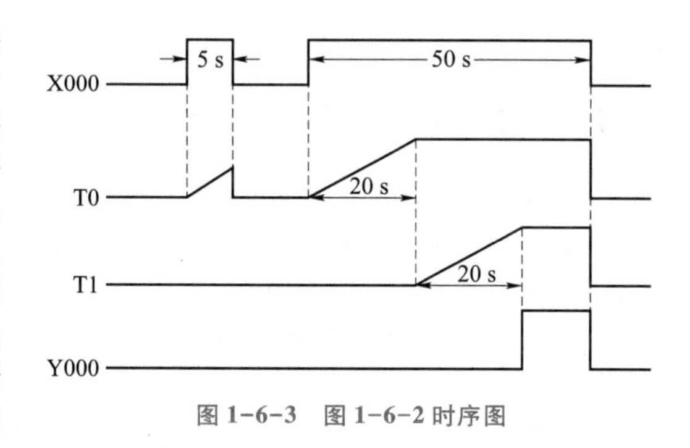

图 1-6-3　图 1-6-2 时序图

二、积算定时器

积算定时器所计时间为其线圈接通的累计时间，若在计时期间线圈断开或 PLC 断电，定时器并不复位，而是保持其当前值不变，当线圈再次接通或 PLC 上电，定时器继续计时，直到累计时间达到设定值，定时器动作。积算定时器按定时单位不同可分为 1 ms 积算定时器和 100 ms 积算定时器。

1. 1 ms 积算定时器

1 ms 定时器的编号为 T246~T249，共 4 点，定时单位为 0.001 s，最大设定值为 K32 767，定时时间为 0.001~32.767 s。

学习笔记

比一比：T 与 C 作为 PLC 两类常用的软元件，在编程时有何异同点？

想一想：能否用一个定时器一次延时 1 小时？如果不能，该怎么用 T？

比一比：积算定时器与计数器在使用时有何相似之处

学习笔记

2. 100 ms 积算定时器

100 ms 定时器的编号为 T250~T255，共 6 点，定时单位为 0.1 s，最大设定值为 K32 767，定时时间为 0.1~3 276.7 s。

应用举例：

举例 2：如图 1-6-4 所示。

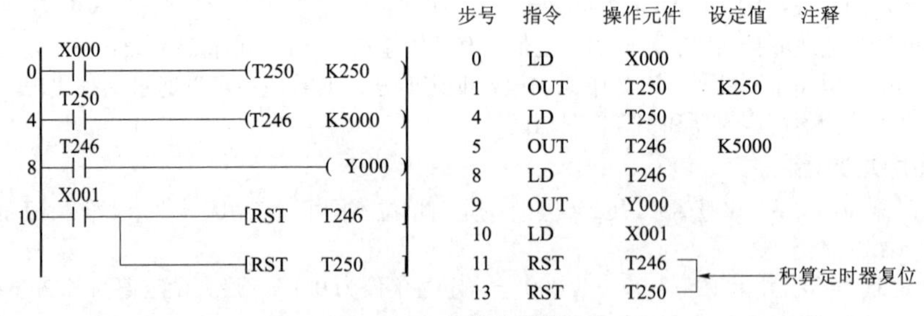

图 1-6-4　积算定时器用法

由图 1-6-4 可知，积算定时器可以用 RST 指令复位，将其当前值恢复为 0，RST 指令的用法将在后面具体介绍。图 1-6-4 中各元件的动作时序图如图 1-6-5 所示。

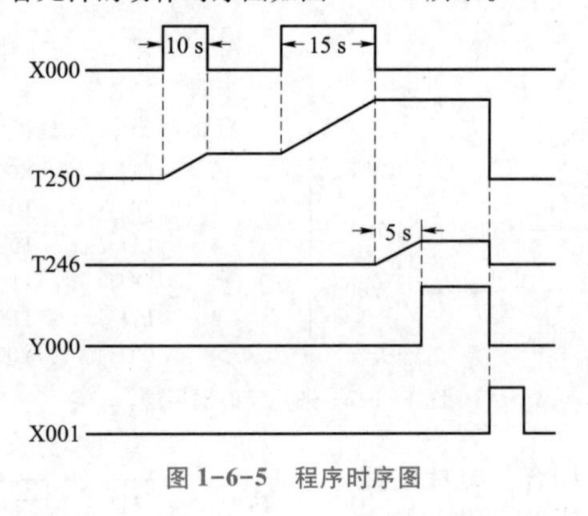

图 1-6-5　程序时序图

活动 2：定时器和计数器的结合应用

请说出：M8011-M8014 的功能

一、计数器实现定时器功能

利用特殊辅助继电器中的时钟脉冲与计数器结合可构成相应的定时器。图 1-6-6 所示为用时钟脉冲与计数器结合构成定时器的例子。PLC 上电时，初始化脉冲继电器 M8002 将 C0 复位，当 X000 为“ON”时，计数器 C0 开始对秒时钟脉冲 M8013 计数，当 C0 当前值为设定值 5 时，C0 为“ON”，其动合触头 C0 闭合，输出继电器 Y000 接通。可见在 X000 闭合 5 s 后（$T=5\times1$ s），计数器 C0 接通，实现了定时器的功能，采用不同的时钟脉冲继电器或改变计数器的设定值可改变定时时间。按下 X001，计数器复位，输出继电器 Y000 断开。

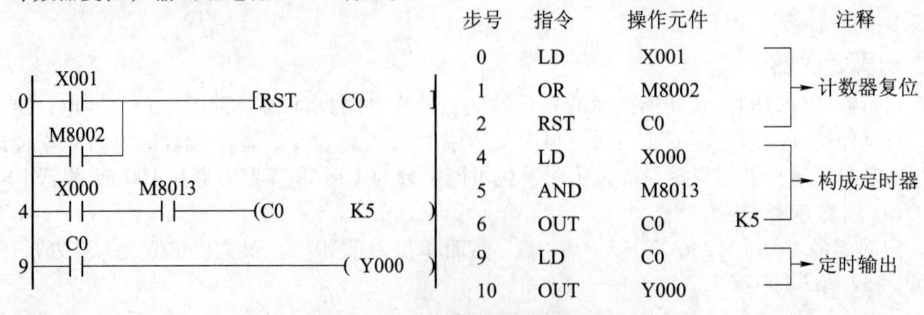

图 1-6-6　计数器实现定时器功能

二、长时间定时器

在 FX3U 系列 PLC 中，由于定时器的最大设定值为 K32 767，因此一个定时器最大的定时时间为 3 276. 7 s。若定时时间操过该数值，则可用多个定时器实现，如图 1-6-7 所示。

步号	指令	操作元件		注释
0	LD	X000		→启动定时器
1	OR	M0		
2	ANI	X001		→停止
3	OUT	M0		
4	LD	M0		
5	OUT	T0	K30000	
8	LD	T0		
9	OUT	T1	K30000	
12	LD	T1		
13	OUT	T2	K30000	
16	LD	T2		
17	OUT	T3	K30000	
20	LD	T3		
21	OUT	T4	K30000	
24	LD	T4		
25	OUT	T5	K30000	
28	LD	T5		
29	OUT	Y000		→定时时间到，驱动输出

图 1-6-7　多个定时器实现长时间定时

请思考：定时与小时最少需要几个定时器呢？

如图 1-6-7 所示，长时间定时器的定时时间为 $T=3\ 000\times6\ \text{s}=5\ \text{h}$，由六个定时器组成，程序看起来比较烦琐，事实上，长时间定时器也可以结合计数器实现，能使程序更为简洁、明了，如图 1-6-8 所示。

请思考：还有其他编程方法可以解决长时间定时的问题吗？

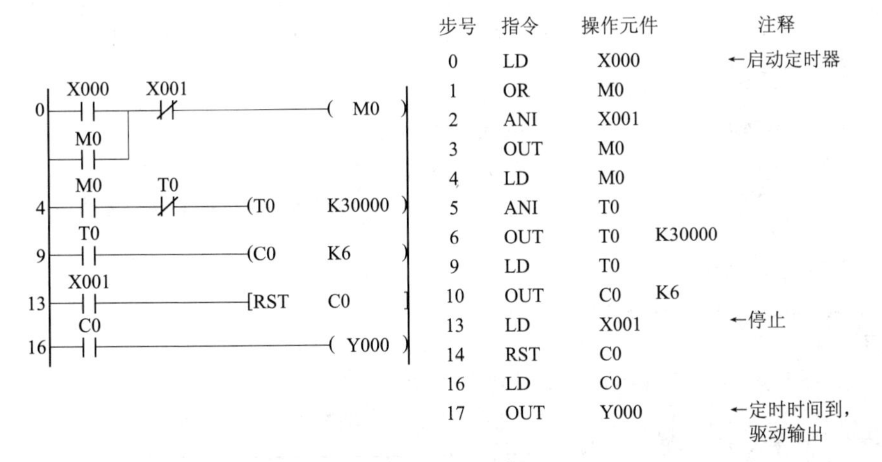

步号	指令	操作元件		注释
0	LD	X000		←启动定时器
1	OR	M0		
2	ANI	X001		
3	OUT	M0		
4	LD	M0		
5	ANI	T0		
6	OUT	T0	K30000	
9	LD	T0		
10	OUT	C0	K6	
13	LD	X001		←停止
14	RST	C0		
16	LD	C0		
17	OUT	Y000		←定时时间到，驱动输出

图 1-6-8　结合计数器实现长时间定时

在图 1-6-8 中，计数器 C0 的输入脉冲由 T0 构成的振荡电路提供，定时时间同样为 $T=3\ 000\times6\ \text{s}=5\ \text{h}$，但程序步数却大大减少了。

比一比：图 1-6-7 与图 1-6-8 两个梯形图实现功能相同，步数差异较大，有什么影响？

活动 3：相关指令学习

一、学习主控（MC、MCR）指令

在编程过程中，当多个线圈受控于同一个或一组触点时，若每个线圈都串入相同触点作为控制条件，则将会占用较多的存储单元。若使用主控指令，则可使程序得到优化。其中：

学习笔记

（1）MC：主控指令，用于公共串联触点的连接，将左母线移至主控触点之后。

（2）MCR：主控复位指令，使左母线回到使用主控指令前的位置。

应用举例：

举例 3：如图 1-6-9 所示。

指令语句：

步	指令	元件	
0	LD	X000	
1	OR	M100	
2	ANI	X001	
3	MC	N0	M100
6	LD	X002	
7	OR	Y000	
8	OUT	Y000	
9	OUT	T0	K100
12	LD	T0	
13	OUT	Y001	
14	MCR	N0	
16	LD	X003	
17	OUT	Y002	

（步 3～14：主控电路块）

图 1-6-9　主控指令用法

图 1-6-10　等效梯形图

在图 1-6-9 中，按 X000，M100 接通，执行主控电路块内的程序。此时按 X002，Y000 线圈接通自锁，定时器 T0 开始计时，10 s 后 T0 动作，Y1 线圈接通；若按 X001，M100 断开，不执行主控电路块内的程序，此时即使按下 X002，输出 Y000 线圈也不接通，但 PLC 仍扫描这段程序。由于使用主控（MC）指令后，左母线移至主控触点之后，所以程序第 6、12 步的 X002、T0 常开触点仍用 LD 指令；在使用主控复位（MCR）指令后，左母线已恢复原位，所以程序第 16 步 X003 常开触点也使用 LD 指令。图 1-6-9 所示的等效梯形图如图 1-6-10 所示。

写一写：图 1-6-10 的指令表，相比较图 1-6-9 步数差别有多少？哪种编程方法更优？

指令说明：

（1）主控指令的操作元件为 Y、M（特殊辅助继电器除外）。

（2）主控指令可嵌套使用，嵌套级的编号为 0~7，最多不能超过 8 级。

（3）主控指令嵌套使用时，嵌套级的编号应从 0 开始顺次递增，返回时从编号大的嵌套级开始逐级返回。

二、取反指令 INV

INV：取反指令，用于对逻辑运算结果取反。

应用举例：

举例 4：图 1-6-11 所示为 INV 应用的梯形图及相应的波形图。

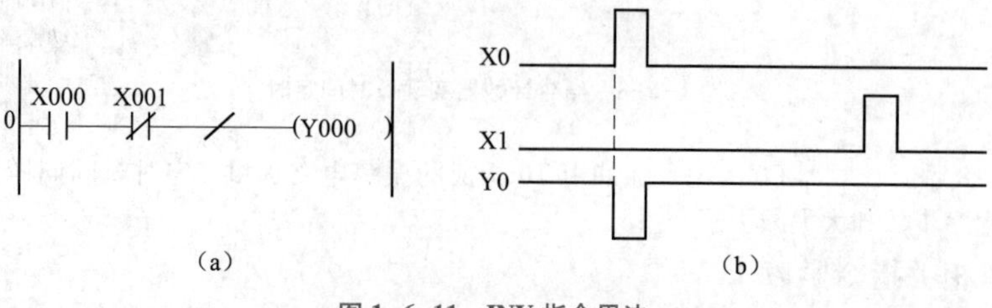

图 1-6-11　INV 指令用法

（a）梯形图；（b）波形图

指令说明：

（1）INV 指令用在由触点连接成的电路之后，该指令的功能是把 INV 指令之前的逻辑运算结果取反，即运算结果如为 0，则将它变为 1；运算结果为 1，则变成 0。

（2）INV 指令不能单独占用一条电路支路，也不能直接和左母线相连。通过 INV 指令取反后的结果仍继续运算。

（3）INV 指令也可用于 LDP、LDF、ANDP 等触点状态变化边沿检测脉冲指令后。

三、空操作指令 NOP

NOP：空操作指令，无操作数。

指令说明：

（1）NOP 为空操作指令，目的是使本步作空操作。

（2）如图 1-6-12 所示，若将 AND、ANI 指令改为 NOP 指令，则会使相关触点（X002 触点）短路；若将 OR 指令改为 NOP 指令，则会使相关触点（X002 触点）切断。

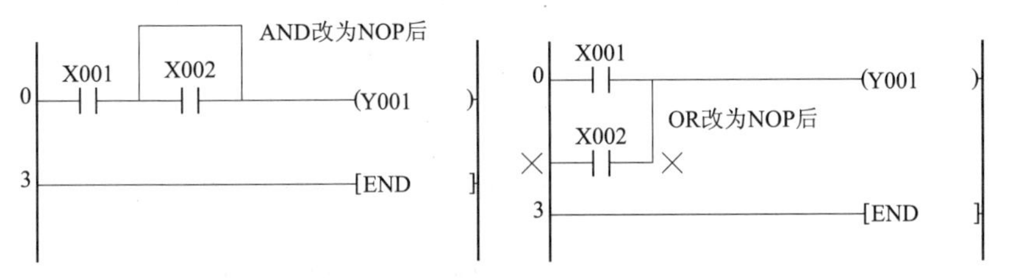

图 1-6-12　AND 或 OR 指令用 NOP 指令代替

（3）当执行完清除用户存储器的操作后，用户储存器的内容将全部变为空操作指令。

活动 4：用三菱 FX3U 系列 PLC 代替传统继电器控制电路

一、输入/输出分配表的确定

当用可编程控制器实现如图 1-6-1 所示的三相交流异步电动机Y-△降压启动控制功能时，需要将按钮 SB1、SB2 与可编程控制器输入接口连接，并将 KM1、KM2 和 KM3 接触器的线圈接至输出接口。

此时，电动机的启动和停止仍然由接触器控制，因此在用 PLC 控制时，主电路和图 1-6-1 完全相同，无须更改，但控制电路的功能则要通过 PLC 来实现。表 1-6-1 所示为 PLC 实现三相异步电动机Y-△降压启动控制系统的输入/输出分配表。

表 1-6-1　输入/输出分配表

输　入			输　出		
元件	作用	输入点	元件	作用	输出点

二、电机Y-△降压启动控制的 PLC 电路原理图

用三菱 FX3U-48M 型可编程序控制器实现三相交流异步电动机Y-△降压启动控制的电路原理如图 1-6-13 所示。

活动 5：PLC 接线板的制作（参考任务四）

活动 6：PLC 控制程序的编写与调试

在本任务中，电动机正常启动运行的条件是：按下启动按钮，停止按钮和过载保护并不动作。所以可以用主控指令解决由一个主控触点（这里对应电动机启动条件）实现对一片受控梯形图区域（这里对应电动机正常运行的梯形图区域）的总控制。

学习笔记

填一填：请根据本任务控制要求及图 1-6-1，完成表 1-6-1 的 I/O 分配表

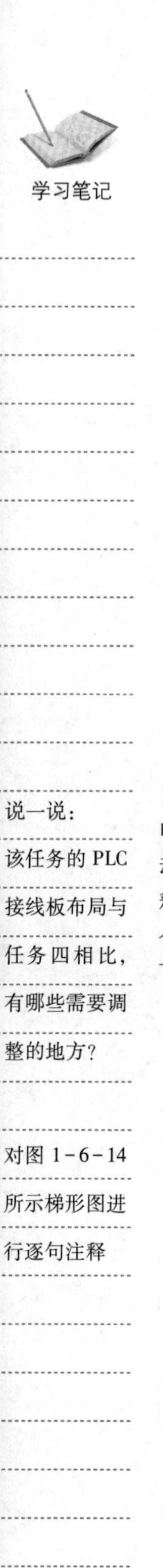

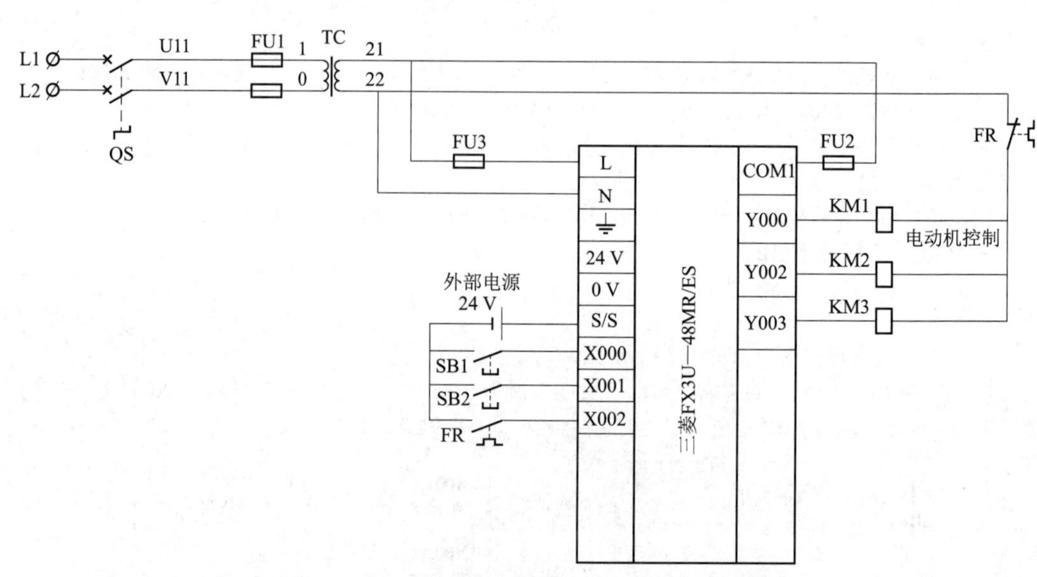

图 1-6-13　电动机Y-△降压启动 PLC 控制电路原理图

按下启动按钮 SB1 时，输入继电器 X000 的常开触点闭合，并通过主控触点（M100 的常开触点）自锁，输出继电器 Y002 接通，Y形交流接触器 KM2 得电吸合，Y002 通电，主交流接触器 KM1 也得电吸合，电动机在Y形连接的方式下启动；同时定时器 T0 开始计时，到达设定时间（即 5 s）后 T0 动作，T0 的常闭触点断开，Y002 线圈失电，Y002 常开触点断开，相应的Y形交流接触器 KM2 失电释放，这样，Y002 的常开触点取反后即可驱动输出继电器 Y003 接通，△形交流接触器 KM3 得电吸合，由于 Y003 常开触点闭合，Y001 通电，主交流接触器 KM1 得电吸合，电动机便在△形连接方式下运行。由此完成了三相异步电动机的 Y-△降压启动控制过程。

完整的梯形图和指令语句如图 1-6-14 所示。

说一说：

该任务的 PLC 接线板布局与任务四相比，有哪些需要调整的地方？

对图 1-6-14 所示梯形图进行逐句注释

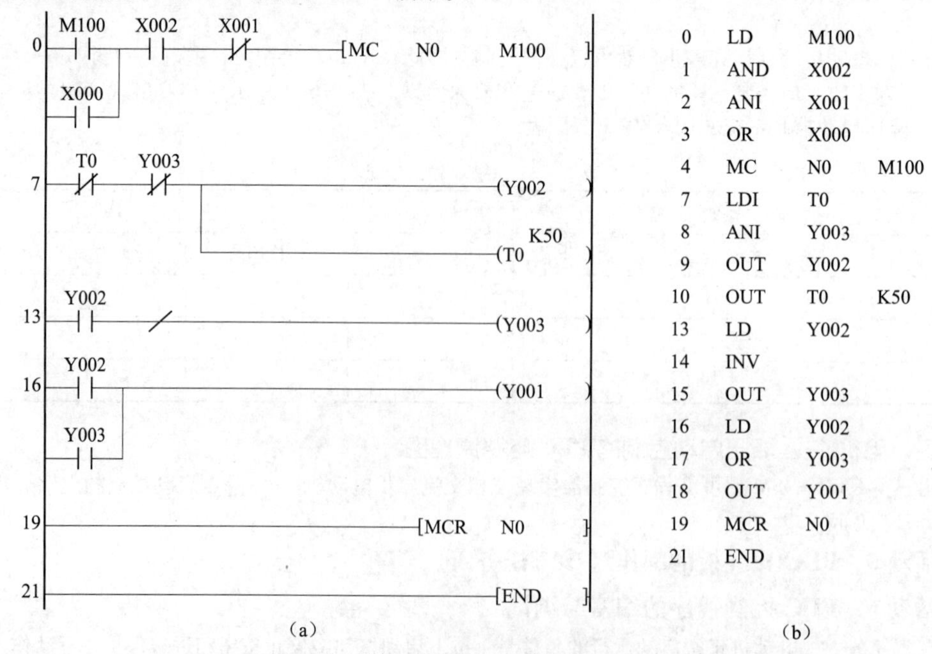

图 1-6-14　Y-△降压启动控制梯形图及指令表

（a）梯形图；（b）指令语句

技能小贴士：

（1）把 X001 的常闭触点和 X002 的常开触点串联于主控电路块的起点是为了确保按下停止按钮或过载保护动作时，无论是Y形启动还是在△形运行状态下，都可使主控接点断开，电动机停止运行。

（2）将输出继电器 Y003（△形连接）的常闭触点串联于驱动 Y001（Y形连接）线圈的支路中是为了实现软互锁。此外，在 PLC 的输出端也可建立Y形和△形交流接触器线圈的硬件互锁环节。

活动 7：用 GX Works2 编程软件编写、下载、调试程序

一、程序的输入

（1）打开 GX Works2 编程软件，按照前面介绍的 GX Works2 方法输入梯形图。

（2）按功能键“F4”对编辑好的梯形图进行切换，并保存。

二、将程序写入 PLC

将 PLC 上的拨动开关拨至“STOP”，单击“在线”菜单中的“PLC 写入”。

三、程序的运行与调试

将 PLC 上的拨动开关拨至“RUN”，按照表 1-6-2 进行操作，观察系统的运行情况并做好记录。如出现故障，则应立即切断电源，分析原因，检查电路或梯形图后重新调试，直至系统实现功能。

请描述：
1. 梯形图中横线、竖线的绘制方法
2. 梯形图中取反指令的绘制方法

表 1-6-2　系统运行情况记载表

操作步骤	操作内容	观察内容						备注
		指示 LED		输出设备				
		正确结果	观察结果	正确结果	观察结果	正确结果	观察结果	
1	按下 SB1	Y001 点亮		KM1 吸合		Y形启动		
		Y002 点亮		KM2 吸合				
2	5 s 到	Y001 熄灭		KM1 释放		△形运行		
		Y002 点亮		KM2 吸合				
		Y002 点亮		KM3 吸合				
3	按下 SB2	Y002 熄灭		KM1 释放		停转		
		Y003 熄灭		KM3 释放				

任务拓展

一、任务引入

某控制系统有三台电动机 M1～M3，分别受 Y001～Y003 控制，其控制要求是：按下启动按钮 SB1（对应于输入继电器 X1），电动机 M1 启动；按下启动按钮 SB2（对应于输入继电器 X2），同时保证电动机 M1 正处于运行状态，电动机 M2 启动；而电动机 M3 的启动条件是按下启动按钮 SB3（对应于输入继电器 X3）并且电动机 M1 和 M2 都正处于运行状态。

顺序控制的应用

二、任务分析

根据任务要求可知，X001 可作为主控触点实现对 Y001、Y002 和 Y003 的总控制；X002 也可作为主控触点实现对 Y002 和 Y003 的总控制；X003 再对 Y003 作独立控制，因此该控制系统可以利用三级嵌套的主控指令进行设计。

三、任务实施

根据本任务控制要求，参考图 1-6-15 所示梯形图和指令表完成程序的运行和调试。

学习笔记

请思考：除了用主控指令，还有其他编程方法吗？

```
0   X000 ─┤├──────────[MC   N0   M0 ]
4   M8000 ─┤├─────────(Y000 )
6   X001 ─┤├──────────[MC   N1   M1 ]
10  M8000 ─┤├─────────(Y001 )
12  X002 ─┤├──────────[MC   N2   M2 ]
16  M8000 ─┤├─────────(Y002 )
18  ──────────────────[MCR  M2 ]
20  ──────────────────[MCR  N1 ]
22  ──────────────────[MCR  N0 ]
24  ──────────────────[MCR ]
```

（a）

0	LD	X000	
1	MC	N0	M0
4	LD	M8000	
5	OUT	Y000	
6	LD	X001	
7	MC	N1	M1
10	LD	M8000	
11	OUT	Y001	
12	LD	X002	
13	MC	N2	M2
16	LD	M8000	
17	OUT	Y002	
18	MCR	N2	
20	MCR	N1	
22	MCR	N0	
24	END		

（b）

图 1-6-15　顺序启动电路的梯形图及指令表

（a）梯形图；（b）指令语句

任务拓展

一、任务引入

在实际应用中，经常会碰到灯的闪烁问题。由于灯亮灭时间的不同和亮灭方式的不同，可构成多种形式的闪烁电路。要完成这种控制要求，经常要用到定时器 T，也可借助相应的特殊辅助继电器来实现。

现在来设计一个亮 3 s 后灭 2 s 的闪烁电路。

二、任务分析与实施

完成本任务可以用两个定时器，灯 Y000 的接通与断开分别由定时器 T0 和 T1 决定。参考图 1-6-16 所示梯形图与指令表完成程序的运行和调试。

写一写：根据任务要求，完成 I/O 分配表

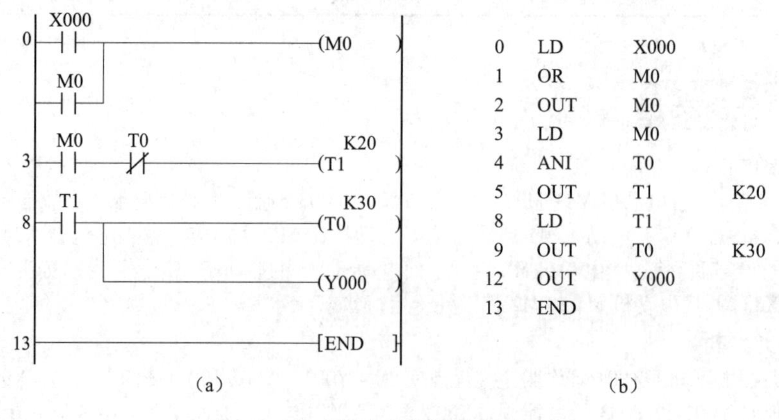

0	LD	X000	
1	OR	M0	
2	OUT	M0	
3	LD	M0	
4	ANI	T0	
5	OUT	T1	K20
8	LD	T1	
9	OUT	T0	K30
12	OUT	Y000	
13	END		

图 1-6-16　闪烁电路的梯形图及指令表

（a）梯形图；（b）指令语句

请注释：

技能小贴士：

（1）由于定时器的线圈需要延时一段时间后，其触点才能动作，所以要使定时器的线圈长时间得电，必须使其自锁。由于定时器不能用自身的常开触点并联实现自锁，因此需要借助辅助继电器来

学习笔记

达到自锁的目的。

（2）闪烁电路要求不断地实现灯亮和灯灭，因此需要自动循环亮 3 s、灭 2 s 的过程，此处将 T0 的常闭触点串联在 T1 线圈电路中实现循环，当 Y000 亮 3 s 后，T0 的常闭触点断开，T1 的线圈断电，T1 的常开触点断开，T0 和 Y0 均断电，即灯灭；T0 线圈断电的同时，其常闭触点恢复闭合，T1 线圈重新得电开始计数，以实现循环。

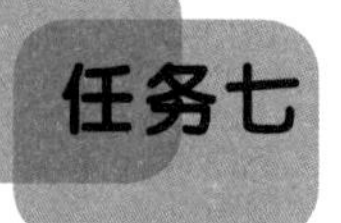

任务七 三相交流异步电动机顺序启动、逆序停止的控制

任务引入

对于多台电动机拖动的机床装置或其他生产机械，常常需要按照一定的顺序来控制电动机的启停。如在铣床控制中，只有主轴转动后工作台才可移动，这种具有先后次序要求的控制称为顺序控制。图 1-7-1 所示为电动机顺序启动、逆序停止的电气控制原理图。由图分析可知：当 SB2 按钮闭合时 M1 先启动，然后当 SB4 按钮闭合时，M2 才能启动（顺序控制）；当按下 SB3 按钮时 M2 先停止，然后当按下 SB1 按钮时 M1 才能停止（逆序停止）。

本任务以三菱 FX3U-48MR 型 PLC 为例，介绍如何利用可编程控制器来实现对电动机顺序启动、逆序停止进行控制。

请举例：顺序启动、逆序停止的控制系统在实际生活中的情境

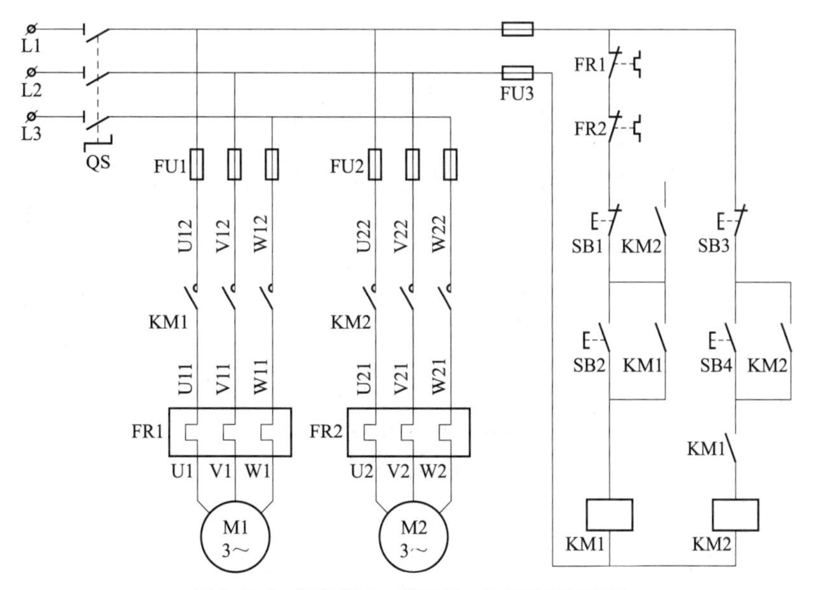

图 1-7-1 顺序启动、逆序停止电气控制原理图

请阐述：图 1-7-1 的工作原理：顺序启动

任务分析

采用三菱 FX3U 系列 PLC 实现对三相交流异步电动机顺序启动、逆序停止的控制。主电路部分不变，只需将控制电路部分用 PLC 来代替。通过本任务的学习和实践，需要解决下面几个问题：

（1）知道三菱 PLC 梯形图的设计原则。

（2）知道行程开关的检测方法和用途。

（3）会根据梯形图设计规则，设计合理的 PLC 控制程序实现顺序启动、逆序停止的控制。

（4）完成 PLC 接线板的制作，利用 GX Works2 软件编写、调试和监控程序的运行。

学习笔记

任务实施

活动 1：梯形图设计

一、梯形图设计原则

（1）PLC 梯形图的编写都是起始于左母线，终止于右母线。所有软元件的触点均起始于左母线，而线圈终止于右母线。例如图 1-7-2（a）应改画为图 1-7-2（b）。

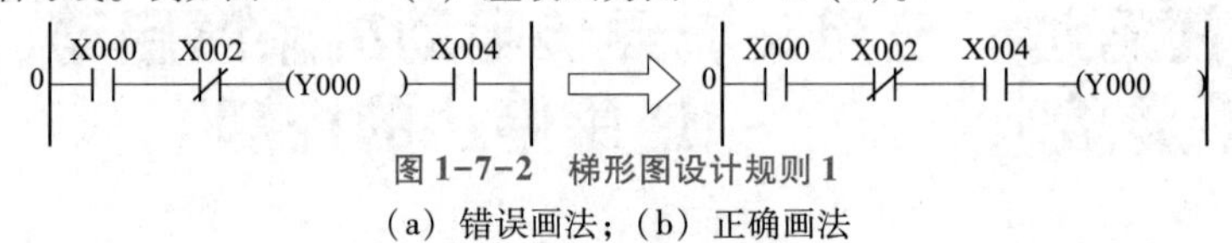

图 1-7-2　梯形图设计规则 1
（a）错误画法；（b）正确画法

（2）所有软元件的触点应画在同一水平线上，不能画在垂直线上。如图 1-7-3（a）中触点 X005 与其他触点之间的逻辑关系不能被识别，因此可按从左至右、从上到下的单向性原则，将图 1-7-3（a）改画为图 1-7-3（b）。

请讨论：图 1-7-3（a）错误原因

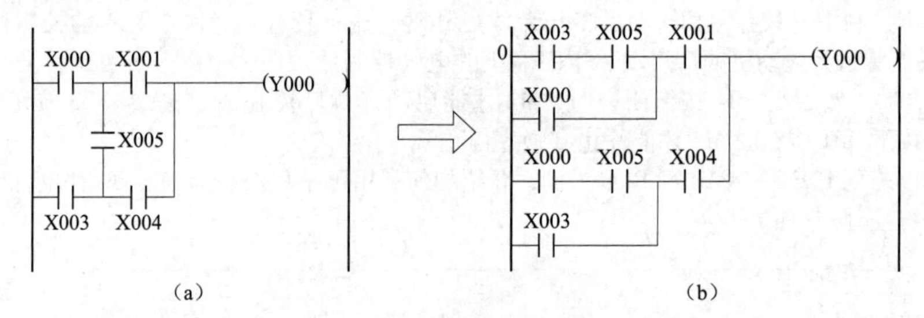

图 1-7-3　梯形图设计规则 2
（a）错误画法；（b）正确画法

（3）串联块并联时，应将触点多的并联支路放在梯形图的上方；并联块串联时，应将触点多的支路放在梯形图的左方。这样安排可使程序简洁，指令更少。如图 1-7-4 和图 1-7-5 所示。

请思考：图 1-7-4（b）和图 1-7-5（b）优于图 1-7-4（a）和图 1-7-5（a）的原因

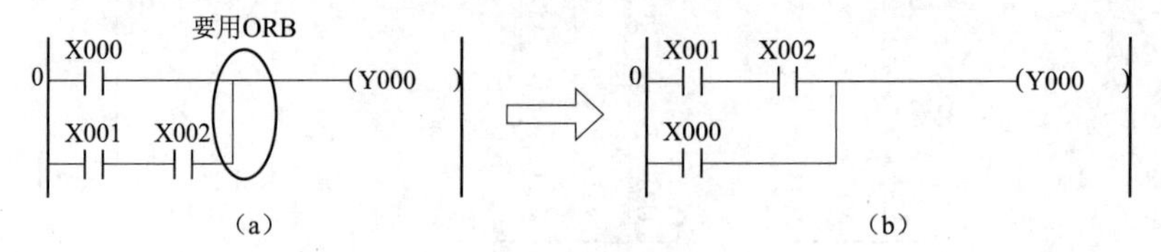

图 1-7-4　上重下轻原则
（a）错误画法；（b）正确画法

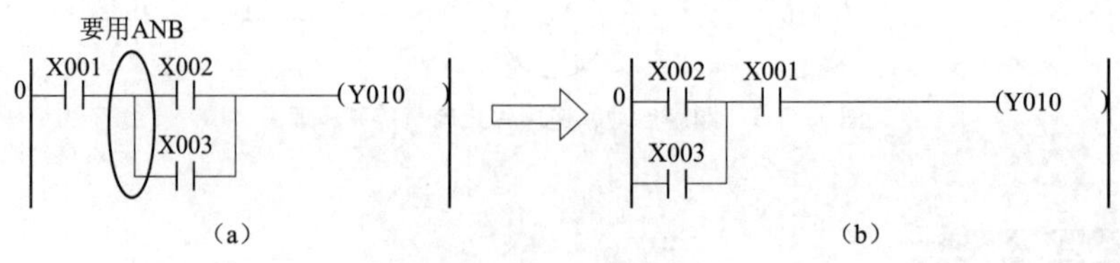

图 1-7-5　左重右轻原则
（a）错误画法；（b）正确画法

（4）不宜使用双线圈输出。

在梯形图中，相同线圈输出两次或两次以上，称为双线圈输出。如图 1-7-6 所示，Y003 为双线圈输出。PLC 以循环扫描的工作方式运行，当输入采样 X001＝ON，X002＝OFF 时，由于最后驱动 Y003 线圈的触发条件是 X002＝OFF，因此输出刷新后，Y003 线圈的状态为“OFF”。

应用举例：

举例 1：将图 1-7-7（a）转换为合理的梯形图。

在图 1-7-7（a）梯形图中，线圈应终止于右母线，将梯形图转换为如图 1-7-7（b）所示。

举例 2：优化图 1-7-8 所示梯形图。

方法 1：双线圈输出时，只有最后一次线圈输出是有效的。因此，图 1-7-8（a）虚线框中的梯形图可忽略，剩下的梯形图与原梯形图的功能是等效的。

方法 2：将如图 1-7-8（a）所示的梯形图作相应变换，得到单线圈的梯形图，如图 1-7-8（b）所示。图 1-7-8（b）中的梯形图对 Y000 的逻辑控制关系与原梯形图的功能是等效的。

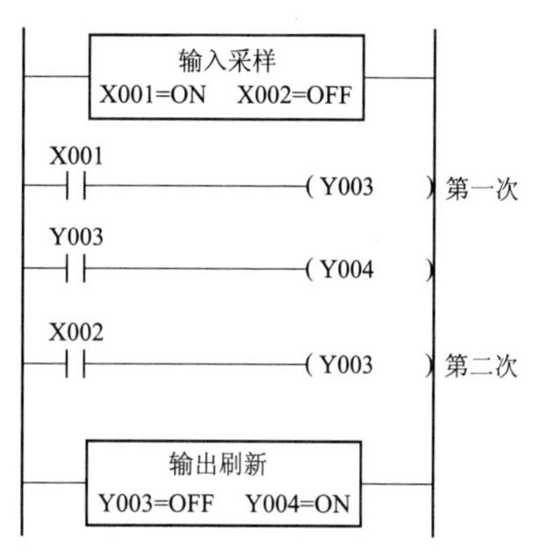

图 1-7-6　双线圈问题

图 1-7-7　梯形图转换

（a）转换前梯形图；（b）转换后梯形图

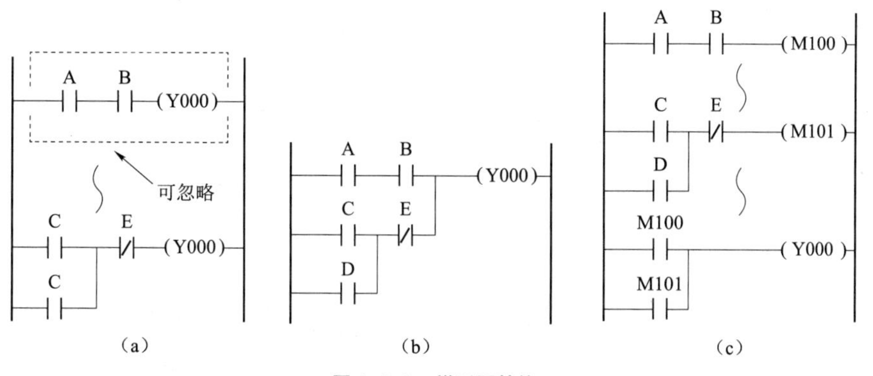

图 1-7-8　梯形图转换

（a）原始梯形图和改进方法 1；（b）改进方法 2；（c）改进方法 3

方法 3：引入辅助继电器 M 解决双线圈问题。在图 1-7-8（c）中，A 和 B 软元件的触点驱动为 M100，C、E 和 D 软元件的触点驱动为 M101，M100 和 M101 两个辅助继电器相互配合，控制线圈 Y000 的输出。

二、梯形图推荐画法

梯形图推荐画法如图 1-7-9 所示。

请概括：图 1-7-9 的梯形图画法遵循了哪些梯形图设计原则？

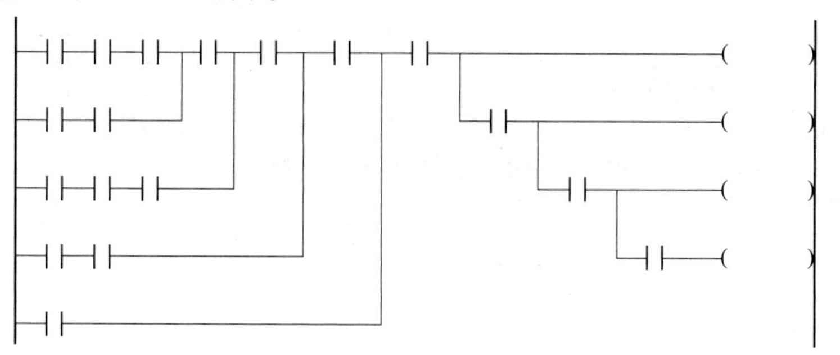

图 1-7-9　梯形图推荐画法

学习笔记

活动 2：用三菱 FX3U 系列 PLC 代替传统继电器控制电路

一、输入/输出分配表的确定

当用 PLC 实现图 1-7-1 所示电动机顺序启动、逆序停止控制功能时，需要将按钮 SB1、SB2、SB3 和 SB4 与可编程控制器的输入接口连接，并将 KM1 和 KM2 接触器的线圈接至输出接口。

此时，两个电动机的启动和停止仍然由接触器控制，因此在用 PLC 控制时，主电路和图 1-7-1 完全相同，无须更改，但控制电路的功能则要通过 PLC 来实现。表 1-7-1 所示为系统的输入/输出分配表。

填一填：根据任务要求及图 1-7-1，完成系统的 I/O 分配表

表 1-7-1　输入/输出分配表

输　入			输　出		
元件	作用	输入点	元件	作用	输出点
SB1	M1 停止	X001	KM1	控制 M1	Y001
SB2	M1 启动	X002	KM2	控制 M2	Y002
SB3	M2 停止	X003			
SB4	M2 启动	X004			

二、用 PLC 实现电动机顺序启动、逆序停止控制的电路原理图

用三菱 FX3U-48M 型可编程控制器实现三相交流异步电动机顺序启动、逆序停止控制的电路原理如图 1-7-10 所示。

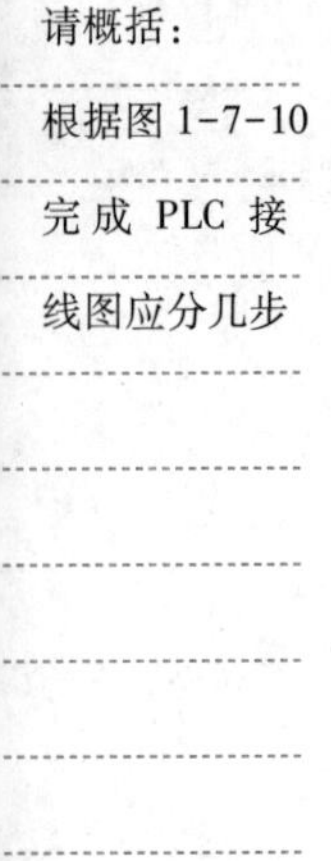

请概括：根据图 1-7-10 完成 PLC 接线图应分几步

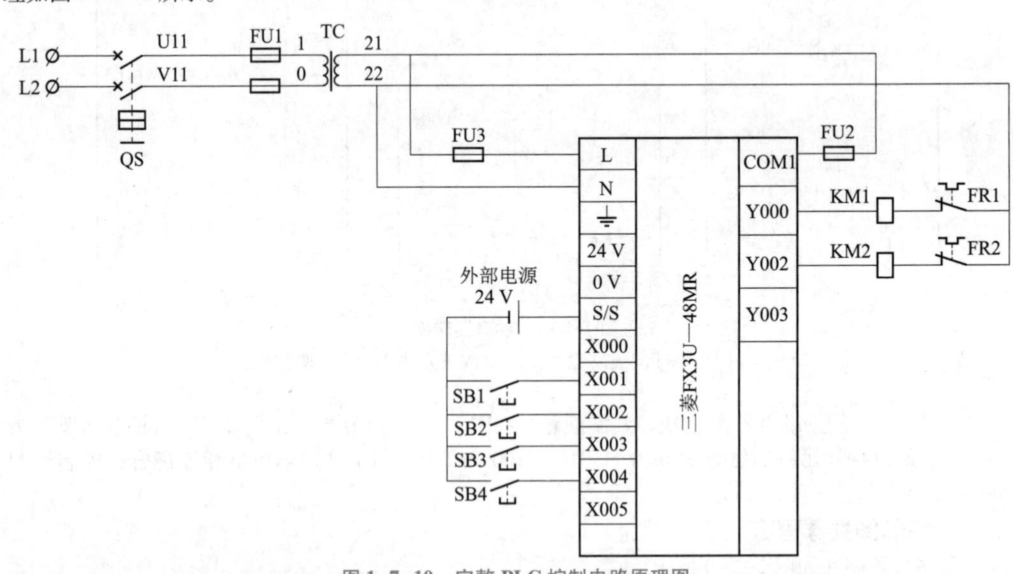

图 1-7-10　完整 PLC 控制电路原理图

活动 3：PLC 接线板的制作

一、环境设备

参照任务四，本任务中用行程开关 SQ1~SQ4 代替 SB1~SB4 按钮。

二、元器件的检测

（1）参照任务四，完成各元器件的检测。

（2）根据表 1-7-2，用万用表对每个工位上的行程开关（图 1-7-11）进行检测，并将检测的结果填入表中。

学习笔记

行程开关的基本知识图表

图 1-7-11　LX19 系列行程开关

表 1-7-2　行程开关的检测过程

序号	识别任务	参考值	识别值	识别方法及操作要点
1	读行程开关的型号	LX19-111		型号标在行程开关的盖板上
2	读额定电压、电流	AC 380 V、 DC 220 V 5 A		
3	观察常闭触头	桥式动触头闭合在静触头上		接线端子是中间的两个
4	观察常开触头	桥式静触头与动触头处于分离状态		接线端子是外侧的两个
5	检测、判别常闭触头的好坏	阻值为 0 Ω		选万用表 $R\times1$ Ω 挡，调零后，两表棒分别搭接在两个接线端子上 若阻值为∞，则说明触头损坏或接触不良
6	动作行程开关，检测、判别常开触头的好坏	阻值为 0 Ω		选万用表 $R\times1$ Ω 挡，调零后，两表棒分别搭接在两个接线端子上 若阻值为∞，则说明触头损坏或接触不良

请记录：用万用表检测行程开关的结果

三、元器件的布置与安装

根据表 1-7-2 检测元器件的好坏，完成后将符合要求的元器件按图 1-7-12 安装在网孔板上并固定。

四、PLC 接线板的线路连接与检测（参照任务四）

活动 4：PLC 控制程序的编写与调试

根据图 1-7-1，由翻译法容易得出电动机顺序启动、逆序停止控制的梯形图程序，如图 1-7-13 所示。

根据梯形图设计原则，对图 1-7-13 中的梯形图进行优化，如图 1-7-14 所示。

QF　FU1～FU4　变压器

KM1　KM2　SQ1

SQ2

FR　SQ3

SQ4

PLC

输出端子

图 1-7-12　完整 PLC 接线板的布局图

(a) 梯形图：

```
0   X001(常闭) ─┬─ X002 ─┬─────────────(Y001)
    Y002 ───────┘  Y001 ─┘
6   X003(常闭) ─┬─ X004 ─┬─ Y001 ──────(Y002)
                └─ Y002 ─┘
12  ──────────────────────────────────[END]
```

(b) 指令语句：

步	指令	元件
0	LDI	X001
1	OR	Y002
2	LD	X002
3	OR	Y001
4	ANB	
5	OUT	Y001
6	LDI	X003
7	LD	X004
8	OR	Y002
9	ANB	
10	AND	Y001
11	OUT	Y002
12	END	

图 1-7-13　顺序启动逆序停止控制梯形图及指令语句

（a）梯形图；（b）指令语句

(a) 梯形图：

```
0   X001(常闭) ─┬─ X002 ─┬─────────────(Y001)
    Y002 ───────┘  Y001 ─┘
6   X004 ─┬─ X003(常闭) ── Y001 ───────(Y002)
    Y002 ─┘
11  ──────────────────────────────────[END]
```

(b) 指令语句：

步	指令	元件
0	LDI	X001
1	OR	Y002
2	LD	X002
3	OR	Y001
4	ANB	
5	OUT	Y001
6	LD	X004
7	OR	Y002
8	ANI	X003
9	AND	Y001
10	OUT	Y002
11	END	

图 1-7-14　顺序启动逆序停止控制优化梯形图及指令表

（a）梯形图；（b）指令语句

活动 5：用 GX Works2 编程软件编写、下载、调试程序

一、程序的输入

（1）打开 GX Works2 编程软件，编写梯形图程序。

（2）按功能键“F4”对编辑好的梯形图进行转换，并保存。

二、将程序写入 PLC

将 PLC 上的拨动开关拨至“STOP”，单击“在线”菜单中的“PLC 写入”。

三、程序的运行与调试

将 PLC 上的拨动开关拨至“RUN”，按照表 1-7-3 进行操作，观察系统的运行情况并做好记录。如出现故障，则应立即切断电源、分析原因、检查电路或梯形图后重新调试，直至系统实现功能。

请记录：PLC 调试过程中系统各部分运行结果

表 1-7-3　系统运行情况记载表

操作步骤	操作内容	观察内容						备注
		指示 LED		输出设备				
		正确结果	观察结果	正确结果	观察结果	正确结果	观察结果	
1	按下 SB2	Y001 点亮		KM1 吸合		M1 启动		
2	按下 SB4	Y002 点亮		KM2 吸合		M2 启动		
3	按下 SB3	Y002 熄灭		KM2 释放		M2 停转		
4	按下 SB1	Y001 熄灭		KM1 释放		M1 停转		

任务拓展

自动往返控制的应用

一、任务引入

在小车运料控制中，有时会对小车的自动往返控制有特殊的要求。例如，小车在同一地点装料后，可以按顺序向几个不同地点送料。

如图 1-7-15 所示，一运料小车向 *A*、*B* 两处运料，工作要求如下：

（1）小车必须在原位 SQ1 才能启动，按下启动按钮 SB1，小车第一次前进，碰到限位开关 SQ2 后停于 *A* 点。延时 5 s 卸料后，小车自动后退，碰到限位开关 SQ1 后停于原位装料。

（2）延时 5 s 装料后小车第二次前进，此次碰到限位开关 SQ2 时不停，直到碰到限位开关 SQ3 时小车才停于 *B* 点。延时 5 s 卸料后小车自动后退，碰到限位开关 SQ1 后小车停于原位，完成一个工作循环。

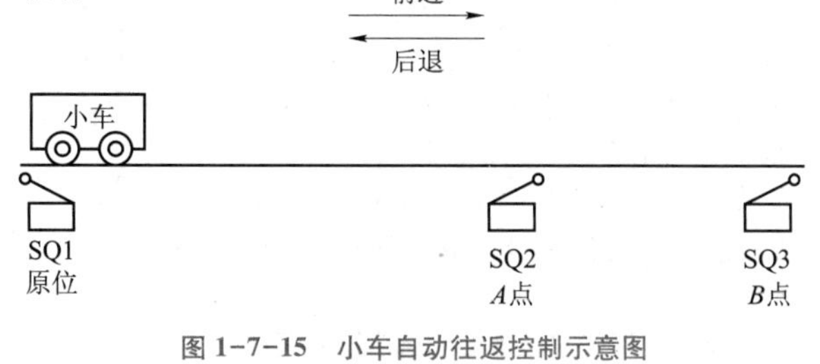

图 1-7-15　小车自动往返控制示意图

（3）小车完成三个工作循环后自动停于原位，等待下一个工作周期的开始。

二、任务分析

根据控制要求，小车在装料和卸料时应延时一段时间，这在传统继电器控制系统中可以通过时间继电器方便地实现。但在一个工作循环中，要求小车第一次到达 *A* 点时停车卸料，而第二次经过 *A* 点时不停，这用传统的继电器电路实现起来有一定的困难。但用 PLC 实现起来则比较简单，因为在 PLC 中有足够数量的计数器软元件可供编程使用，可方便地解决。

学习笔记

填一填：

请分析填写设计思路

在实现本任务时，可以将计数器的常开或常闭触点作为部分电路开启或关断的约束条件，实现对小车的控制。在设计程序时，可用计数器对其进行计数，并用其常开触点将与 SQ1 相连的输入点（X）屏蔽，使小车第二次到达 *A* 点时继续前进，小车碰到 SQ1 后的运动方向决定于计数器的计数值。大循环的次数同样可以控制，当大循环的次数达到时，用其控制小车前进回路，使小车回到原位后不再继续前进，而是停止运行。

三、任务实施

1. 制作并检测 PLC 接线板（参照活动 3）

2. 程序编写与调试

（1）输入/输出分配。

输入/输出分配见表 1-7-4。

表 1-7-4　输入/输出分配表

输入			输出		
元件	作用	输入点	元件	作用	输出点
SB1	启动	X001	KM1	小车前进	Y001
SQ1	原点位置	X011	KM2	小车后退	Y002
SQ2	*A* 点位置	X012			
SQ3	*B* 点位置	X013			

（2）程序编写。

参考梯形图如图 1-7-16 所示。

（3）程序调试：参考活动 5。

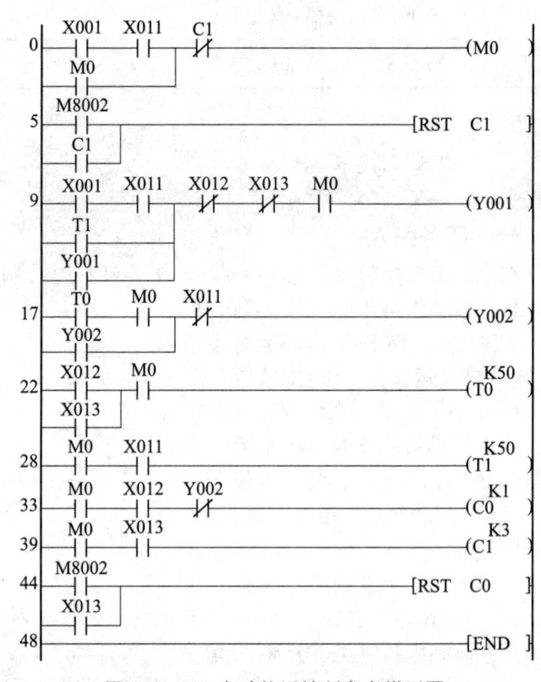

图 1-7-16　自动往返控制参考梯形图

知识拓展

一、时序图设计法

当输入与输出间有对应的时间顺序关系，且各自的变化是按时间顺序展开时，可用时序图设计法进行设计。

设计步骤如下：

步骤 1：画时序图，根据要求画输入、输出信号的时序图，建立时间对应关系。

步骤 2：确定时间区域，找出时间变化的临界点，把时间段划分为若干时间区间。常用的区间划分方法有等间隔划分和不等间隔划分。

步骤 3：设定时间逻辑，利用多个定时器建立各时间区间。

步骤 4：确定动作关系，根据各动作与时间区间的对应关系，建立相应的动作逻辑，列出各输出变量的逻辑表达式。

步骤 5：画梯形图，依据各个定时逻辑和输出逻辑的表达式绘制梯形图。

二、经验设计法

经验法就是使用设计继电器电路图的方法来设计比较简单的开关量控制系统的梯形图。这种方法没有规律可以遵循，具有很大的试探性和随意性，最后的结果不是唯一的，设计所用的时间、设计的质量与设计者的经验有很大的关系，一般用于较简单的梯形图的设计。经验法是在一些典型电路的基础上，根据控制系统的具体要求，经过反复地调试、修改和完善，最后得到一个较为满意的

学习笔记

结果。用经验法设计时，可以参考一些基本电路的梯形图或以往一些编程经验。

设计步骤如下：

步骤1：在准确了解控制要求后，合理地为控制系统分配I/O点，并画出I/O分配图。

步骤2：对于一些控制要求比较简单的输出信号，可直接写出它们的控制条件，完成相应输出信号的编程。

步骤3：对于控制条件较复杂的输出信号，可借助辅助继电器来编程；对于较复杂的控制要求，需确定各输出信号的关键控制点；在以空间位置为主的控制中，关键点是引起输出信号状态改变的位置点；在以时间为主的控制中，关键点是引起输出信号状态改变的时间点。

步骤4：确定了关键点后，可用PLC基本编程方法画出各输出信号的梯形图。

步骤5：在完成关键点梯形图的基础上，针对系统的控制要求，画出其他输出信号的梯形图。

步骤6：在此基础上，检查梯形图，更正错误，补充、优化程序的功能。

项目评价

项目评价表见表1-7-5。

表1-7-5　项目评价表

考核项目		考核内容		项目分值	自我评价	小组评价	教师评价
考核项目	专业能力60%	工作准备的质量评估	（1）常用电工工具、三菱FX3U PLC、计算机、GX软件、万用表、数据线能正常使用	5			
			（2）工作台环境布置合理、符合安全操作规范	5			
		工作过程各个环节的质量评估	（1）三相交流异步电动机点动控制系统的实现	2			
			（2）三相交流异步电动机长动控制系统的实现	4			
			（3）三相交流异步电动机正反转控制系统的实现	2			
			（4）三相交流异步电动机单按钮启停控制系统的实现	2			
			（5）三相交流异步电动机Y-△降压启动控制系统的实现	2			
			（6）三相交流异步电动机正序启动、逆序停止控制系统的实现	4			
			（7）拓展功能的实现	4			
		工作成果的质量评估	（1）三菱PLC接线板搭建美观、合理、规范	5			
			（2）会用万用表检测并排除PLC系统中电源部分、输入回路以及输出回路部分的故障	5			
			（3）能熟练使用GX Works2编程软件实现PLC程序的编写、调试、监控	10			
			（4）项目实验报告过程清晰、内容翔实、体验深刻	10			
		信息收集能力	收集三相交流异步电动机控制系统实施过程中程序设计以及元器件选择的相关信息	10			
		交流沟通能力	通过组内交流、小组沟通、师生对话解决软件、硬件设计过程中的困难，及时总结	10			
		分析问题能力	了解PLC电路原理图的分析过程、正确的接线方式，采用联机调试基本思路与基本方法顺利完成本项目的软、硬件设计	10			
	综合能力40%	团结协作能力	项目实施过程中，团队能分工协作、共同讨论，及时解决项目实施中的问题	10			

项目总结

可编程控制技术最初主要用于代替传统继电器控制系统，以克服系统设备大、触点寿命短、可靠性差、维修不便以及排故困难等缺点。本项目以各种三相交流异步电动机的 PLC 控制为主线，采用类似继电器控制线路的梯形图编程方式，学习基本指令语句、GX 编程软件的应用，并结合 PLC 接线板的制作等由浅入深地介绍了三菱 FX3U-48MR 可编程控制器软、硬件基本知识和工作原理；通过理论与实践相结合，体会用 PLC 解决电动机不同控制方式的优点；在提升学生编程应用能力的同时，为后续项目的学习打下扎实的基础。

练习与操作

1. PLC 硬件由哪几部分组成？各有什么作用？
2. PLC 软件由哪几部分组成？各有什么作用？
3. PLC 的工作原理是什么？其工作过程分为哪几个阶段？
4. FX3U 系列 PLC 型号命名格式中各符号代表什么？
5. FX3U-48MR 型 PLC 的输入/输出点各有多少？
6. FX3U-48MR 型 PLC 面板上有哪些接线端子？
7. 利用 GX Works2 软件输入如图 1-1 所示程序，并保存在 E 盘，命名为“练习 1”。

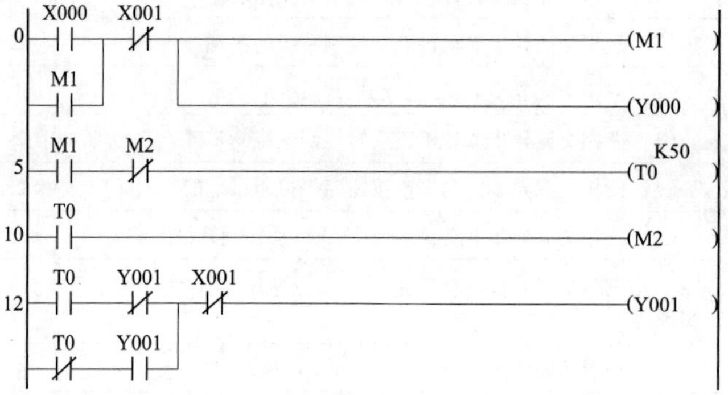

图 1-1　题 7 图

8. 将如图 1-1-44 所示的程序通过编辑，修改成如图 1-2 所示的程序，并另存在 E 盘，命名为“练习 2”。

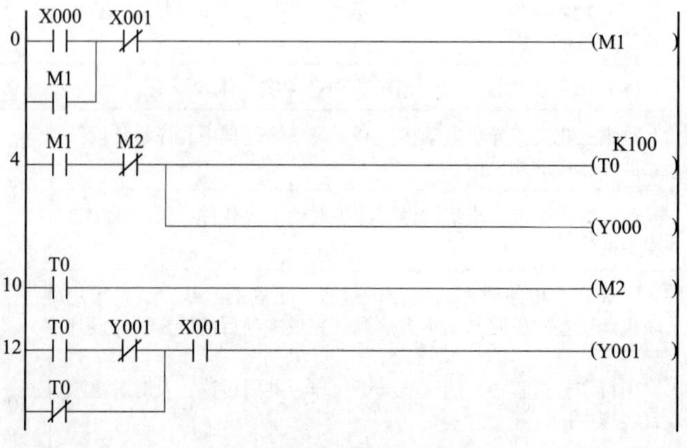

图 1-2　题 8 图

学习笔记

9. 判断下列说法是否正确，并说明理由。

(1) 输入继电器只可以表示程序的运行条件，输出继电器只可以表示程序的运行结果。

(2) 输入继电器只有触点，没有驱动线圈。

(3) 输出继电器与输入继电器一样，都可以直接与左母线相连。

(4) FX3U-32MR 型号的 PLC 中有 16 个输入继电器，可以分别用 X0~X15 来表示。

10. 请指出图 1-3 中的错误。

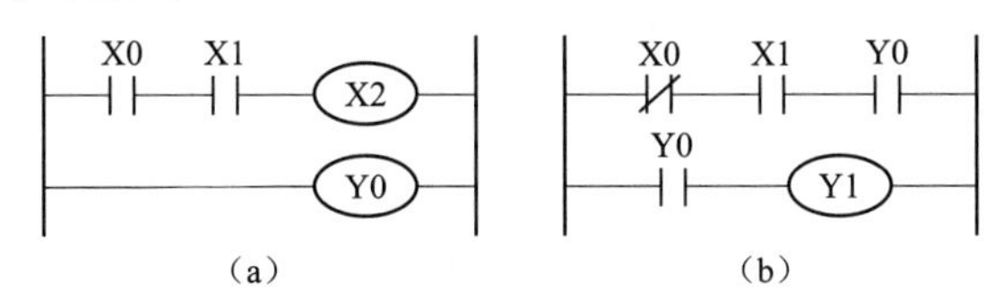

图 1-3　题 10 图

11. 试归纳输入继电器和输出继电器之间的异同点。

12. 修改已完成的任务二，使 I/O 分配满足表 1-1 所示要求，并记录下修改的地方。

表 1-1　I/O 分配表

输　入			输　出		
元件	作用	输入点	元件	作用	输出点
SB1	启动	X010	KM	电机控制	Y010

13. 试说出图 1-4 中 X 与 Y 之间的关系，并体会两图中各个 M 的作用。

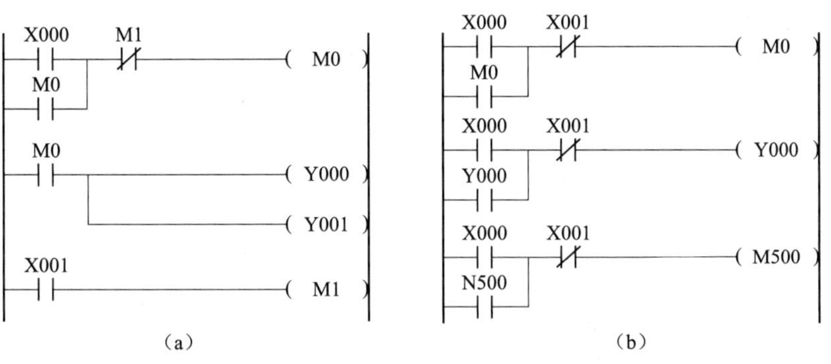

图 1-4　题 13 图

14. 完成一个 4 路信号的优先电路，要求用“X0”作为电路的总停开关。(要求用四个辅助继电器来实现)

15. 根据所学知识将图 1-5 所示指令语句转换成对应的梯形图，用 GX Works2 软件输入程序并写入 PLC 中运行调试（可通过启动监视功能观察运行现象）。

16. 根据图 1-6 (a) 所示梯形图，补充完善时序图 1-6 (b)。

17. 试简单阐述电路块的串、并联指令与触点串、并联指令的区别。

18. 请说出多重输出电路与纵接输出电路的特点。

19. 试写出与图 1-7 所示梯形图对应的指令表。

20. 画出如图 1-8 所示指令表所对应的梯形图。

21. 在图 1-9 所示梯形图中，X000 接通 10 次之后，Y000 能否有输出？若不能，程序又将如何处理？

0	LD	X000	
1	SET	Y001	
2	LD	X001	
3	RST	Y001	
4	LD	Y001	
5	OUT	T0	K100
8	LD	Y002	
9	ANI	Y001	
10	OUT	T1	K50
13	LD	T0	
14	OR	Y002	
15	ANI	T1	
16	OUT	Y002	

图 1-5　题 14 图

学习笔记

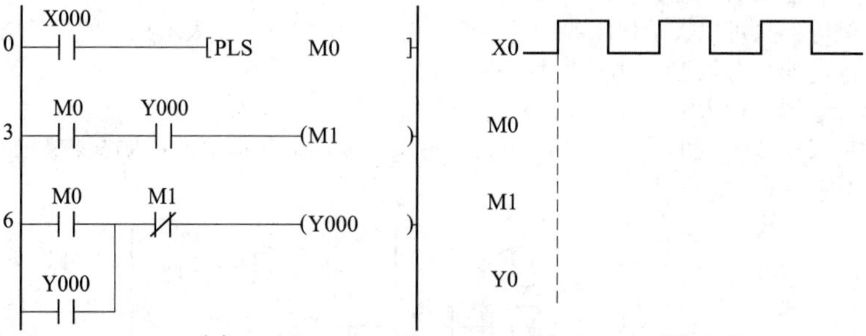

（a）　　　　　　　　　　　　（b）

图1-6　题15图
（a）梯形图；（b）时序图

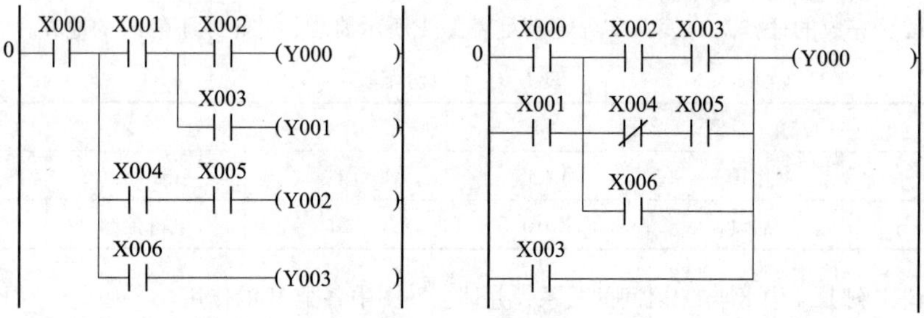

（a）　　　　　　　　　　　　（b）

图1-7　题18图

```
0   LD    X001
1   MPS
2   ANI   M2
3   MPS
4   AND   X003
5   OUT   Y000
6   MPP
7   ANI   X004
8   OUT   Y001
9   MPP
10  AND   X005
11  LDI   X006
12  OR    X007
13  ANB
14  OUT   Y002
```

（a）

```
0   LD    X002
1   ANI   X003
2   OR    X001
3   AND   X000
4   LDI   X004
5   AND   X005
6   ORB
7   LDI   X006
8   AND   X007
9   ORB
10  OUT   Y000
```

（b）

图1-8　题19图

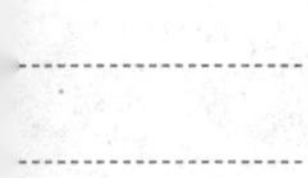

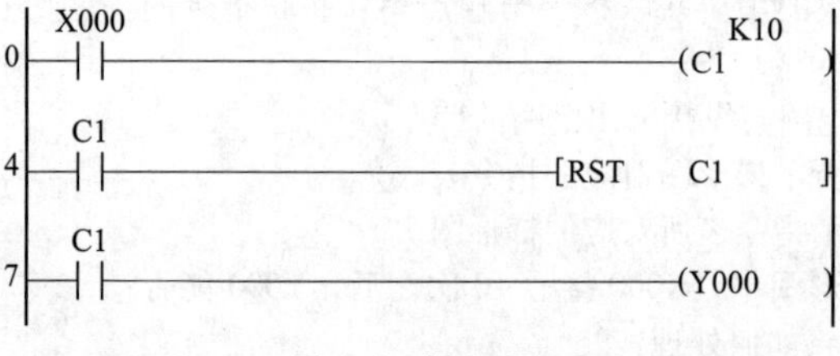

图1-9　题20图

22. 设计进库物品的统计监控系统。当存放进仓库的物品达到 30 件时，仓库监控系统室的黄灯亮；当物品达到 50 件时，监控系统室的红灯以 1 Hz 的频率闪烁。

23. 分析图 1-10，当 PLC 开始运行后，Y000 何时接通？为什么？

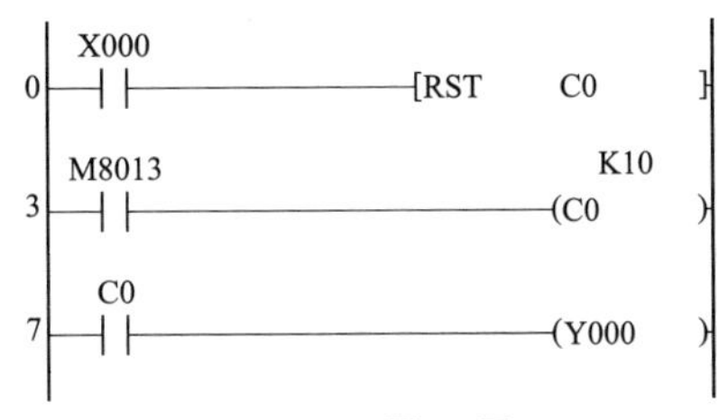

图 1-10　题 22 图

24. 有的生产机械除需要正常的连续运行即长动外，进行调整工作时还需要进行点动控制，这就要求控制线路既能实现长动，也能实现点动。图 1-11 所示为电动机点动加长动控制的电气控制原理图，请利用三菱 FX3U-48MR PLC 实现上述控制要求。

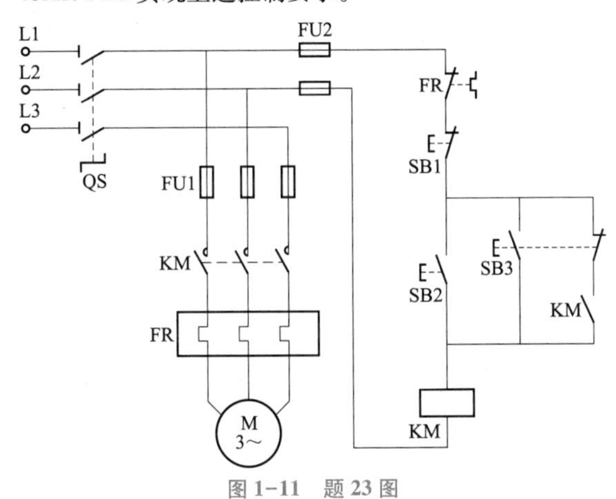

图 1-11　题 23 图

25. 简述定时器 T 的用途和工作原理。

26. 假设在某一梯形图中，定时器 T0 和计数器 C0 的工作条件均为 X0，且这两个元件的设定值均为 K10，请问此处“K10”对 T0 和 C0 的意义是否相同？试说明原因。

27. 在图 1-12 中，已知 X0、X1 的波形，请画出 Y0 的波形。

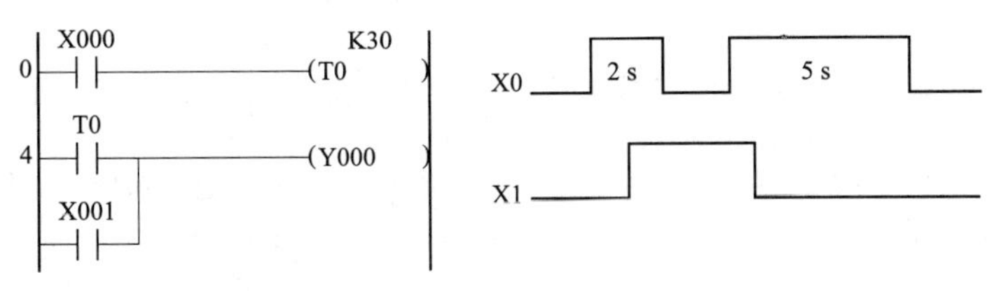

图 1-12　题 26 图

28. 在图 1-13 中，已知 X0、X1 和 X2 的波形，请画出 Y0 的波形。

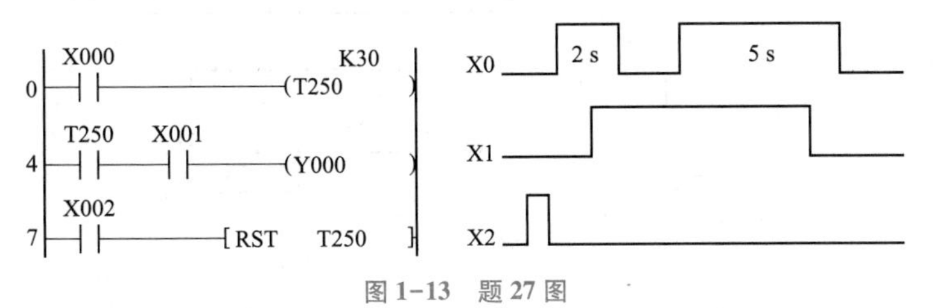

图 1-13　题 27 图

学习笔记

29. 用主令指令画出图 1-14 所示梯形图的等效梯形图，并写出指令表。

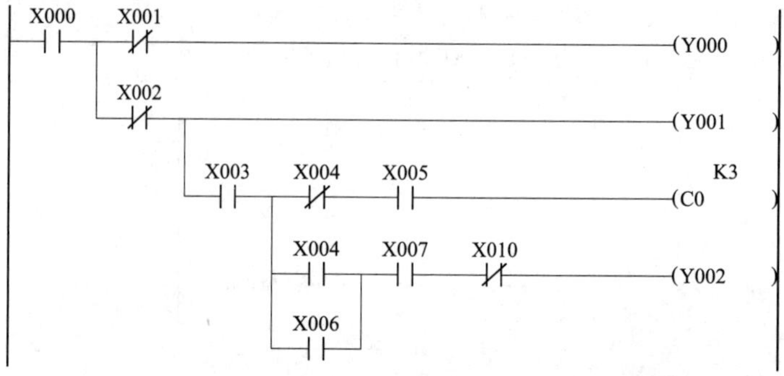

图 1-14　题 28 图

30. 试编写一个亮 1 s、灭 2 s 的闪烁电路，并通过 PLC 运行、调试，观察现象。

31. 现有一洗手间冲水控制系统，当有人小便时，X0 为“ON”，系统在 3 s 后开始冲水，时间为 2 s，使用者离开后，再一次冲水，时间为 3 s，请设计符合本任务要求的梯形图，并通过 PLC 运行演示其效果。

32. 试归纳梯形图设计的原则。

33. 请优化图 1-15 所示梯形图。

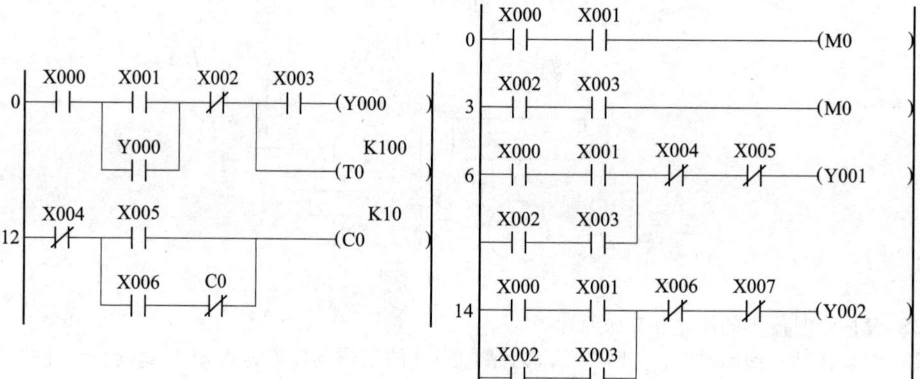

（a）　　（b）

图 1-15　题 32 图

34. 设计一个控制两台电动机 M1 和 M2 的梯形图，要求 M1 先启动运行，3 s 后 M2 才启动运行；停止时 M2 先停，M1 延迟 2 s 后停止。

35. 锅炉鼓风机和引风机有关控制信号的时序图如图 1-16 所示，启动时要求鼓风机比引风机晚 12 s 启动，停机时要求引风机比鼓风机晚 12 s 停止。试编写梯形图控制程序。

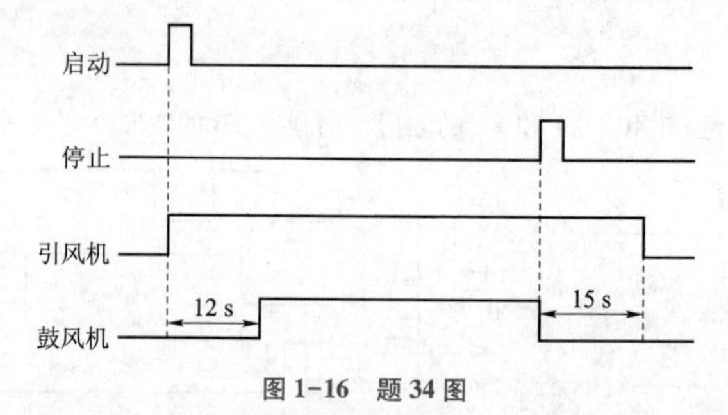

图 1-16　题 34 图

36. 编写灯的循环控制程序。按下启动按钮时，三只灯每隔 1 s 轮流闪亮，并循环。按下停止按钮 SB1 时，三只灯都灭。

37. 用 PLC 控制电动机 M，要求按下启动按钮 SB1 后，电动机 M 正向转 1 min，然后反向转 1 min，重复 5 次后停止。设计梯形图程序。

项目二 液体自动混合控制系统

在炼油、化工、制药等行业中，多种液体自动混合是必不可少的工序，也是生产过程中十分重要的组成部分。常见的液体自动混合控制系统如图 2-0-1 所示，为了提高产品质量、缩短生产周期、降低成本，在工业生产过程中，可采用可编程控制器来实现对多种液体的自动混合控制。该控制系统具有配料精确、控制可靠以及高稳定性等特点，大大提高了自动化控制的程度，能够满足工业生产的需要。

图 2-0-1 液体自动混合控制系统示意图

本项目主要通过“电源模块”“三菱 FX3U 系列 PLC 模块”以及“液体自动混合控制系统模块”来模拟、仿真工业生产中液体自动混合控制系统，然后通过拓展训练 1“自动洗衣机控制”和拓展训练 2“机械手控制系统”等，对所学 PLC 知识与技能进行巩固。通过本项目的学习和实践，应努力达到以下目标：

知识目标

（1）知道步进顺控程序的使用场合；

（2）熟悉状态元件 S 在步进顺控程序中的作用，明确状态三要素；

（3）能绘制状态转移图（SFC 图）实现顺序控制要求；

学习笔记

（4）会使用步进节点指令（STL）和步进返回指令（RET）来完成 SFC 图到梯形图的转换。

技能目标

（1）完成液体自动混合控制系统的安装、调试和监控，体会步进控制程序的执行特点；

（2）会分析“洗衣机自动控制系统”“机械手控制系统”的控制要求，编写 PLC 步进顺控程序，实现系统的正确运行。

素养目标

（1）形成多种方式解决问题的思维方式，创新实践的工程意识；

（2）养成严谨、细致、乐于探索实践的职业习惯；

（3）培养应用技能服务生活，科技创造美好的职业情怀。

请查阅并思考：状态编程法和项目一种学习的以时序为主的编程方法有什么区别？

任务一　学习状态编程的基本方法

任务引入

状态编程法是指，将一个复杂的控制过程分解为若干个工作状态，然后分步骤实施。当各个工作状态均按顺序完成时，逐步达到整个系统的控制要求。类似于某生产车间有一自动流水线装置，每条流水线都分为若干个工位，每个工位都需要完成产品的一个加工步骤，到流水线的结束工位时，整个产品也就成型了。

任务引入视频

用状态编程法编写程序时，需要明确各个状态本身所需完成的功能、状态与状态之间的转移条件以及状态的转移方向这三个基本的要素，然后依据系统控制要求，正确地建立各个状态之间的联系，形成步进顺控程序。用状态编程法来编写 PLC 程序，可使编程工作程式化、规范化，而且思路清晰。下面就具体来学习状态编程的基本方法。

任务分析

请判断：完成本任务后，结合自身实际情况，给这 3 个需解决的问题进行执行难度星级判定。
①
②
③

通过本任务的学习和实践，需要解决下面几个问题：

（1）什么是状态元件 S？它的特点是什么？

（2）如何利用状态元件 S 来绘制状态转移图（SFC）？

（3）如何在状态编程法中熟练地应用步进节点指令 STL 与步进返回指令 RET 编写步进顺控程序？

知识点微课讲解

活动 1：状态元件基本概念和状态转移图的学习

一、状态元件

请回答：学完本任务后，说说状态元件最常用是哪三种类型？

状态元件（S）不仅是三菱 FX3U 系列 PLC 中重要的软元件之一，也是 PLC 利用状态编程法编写 PLC 步进顺控程序时必不可少的编程要素，同时也是绘制状态转移图（SFC）的最基本的元素。因此理解状态元件（S）的基本概念尤为重要。

每一个状态元件（S）都代表着步进顺控程序中的一个步骤。三菱 FX3U 系列 PLC 的状态元件（S）按用途主要可分为初始状态、回原点状态、通用状态、断电保持状态和信号报警状态五大类，见表 2-1-1。

表 2-1-1　状态元件分类

序号	分　　类	编　号	说　　明
1	初始状态	S0～S9	步进程序开始时使用
2	回原点状态	S10～S19	在多运行模式控制中，用做返回原点状态
3	通用状态	S20～S499	实现顺序控制的各个步骤时使用
4	断电保持状态	S500～S899	具有断电保持功能
5	信号报警状态	S900～S999	用作报警元件使用

注意：

（1）状态元件（S）具有自动复位的特点，即当步进程序执行到某一状态时，该状态后的程序执行；当步进程序转移到下一个状态时，前一个状态自动复位，该状态后的程序不再执行。

（2）状态元件（S）不用于步进程序时，也可作为一般的辅助继电器在程序中使用，其功能和通用辅助继电器相同。

（3）通过 GX 软件对状态元件（S）的参数进行设置，可改变通用状态元件和断电保持状态元件的地址分配。

状态元件地址分配如图 2-1-1 所示。

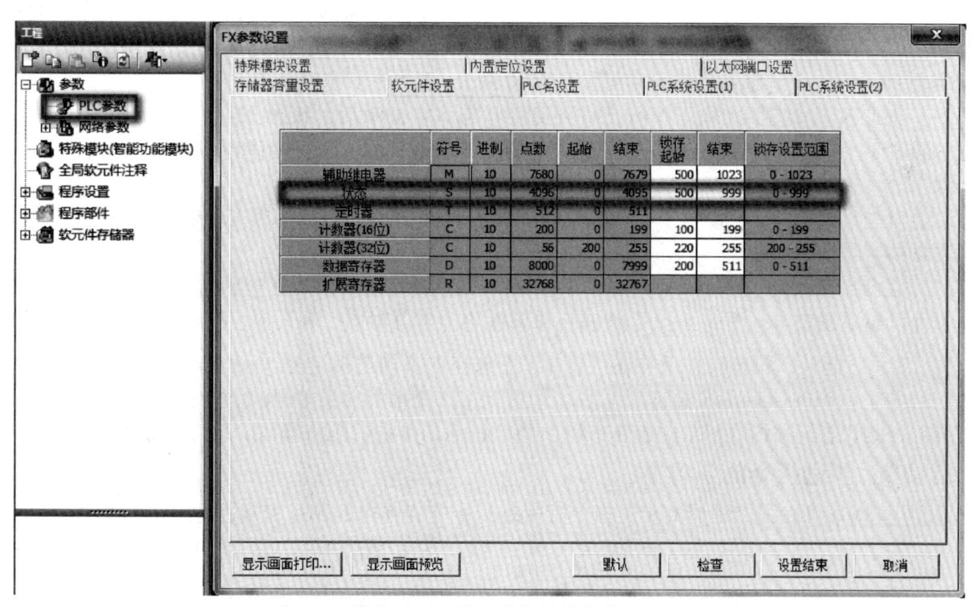

图 2-1-1　状态元件地址分配

二、状态转移图

状态编程法是步进顺控程序设计的主要方法，而状态转移图（SFC）是状态编程的重要工具。状态转移图首先将整个系统的控制过程分成若干个工作状态（S*n*），然后确定各个工作状态的三个要素，即控制功能、转移条件和转移方向，再按系统控制要求的顺序连成一个整体，以实现对系统的正确控制。

状态转移图（SFC）按其结构特点主要分为单流程结构、选择性分支结构和并行分支结构。即使是较复杂的步进顺控程序，往往也是由这三种结构的状态转移图按不同组合方式所形成的。因此，对于编程人员而言，首先要学会分析系统的控制要求。例如系统只要求对单纯动作进行顺序控制，用单流程就足够了；在多种输入条件和操作模式的情况下，可通过选择性分支和并行分支相结合的方式，形成多分支结构来实现复杂程序的编写。本节只讨论单流程状态转移图的编写方法。

单流程状态转移图（SFC）的一般形式如图 2-1-2 所示。通过对此图的分析可知：

学习笔记

请思考：从左侧状态元件的注意事项来看，是否可以认为状态元件就是带有特殊功能的辅助继电器？说说你的看法。

请回答：状态三要素是：

请回答：状态转移图（SFC）最常用的三种结构是：

学习笔记

请说明：触点型特殊辅助继电器 M8002 在 SFC 图 2-1-2 中的作用？

请思考：如图 2-1-2 中的 SFC 图，如何从单循环控制变成自动循环控制？

请思考：在实际应用过程中，流水控制使用如图 2-1-2 状态编程法实现还是项目一中介绍的编程方法实现更为合适？

请判断：步进指令的主要作用是将 SFC 图编程方法转换成梯形图编程方法？

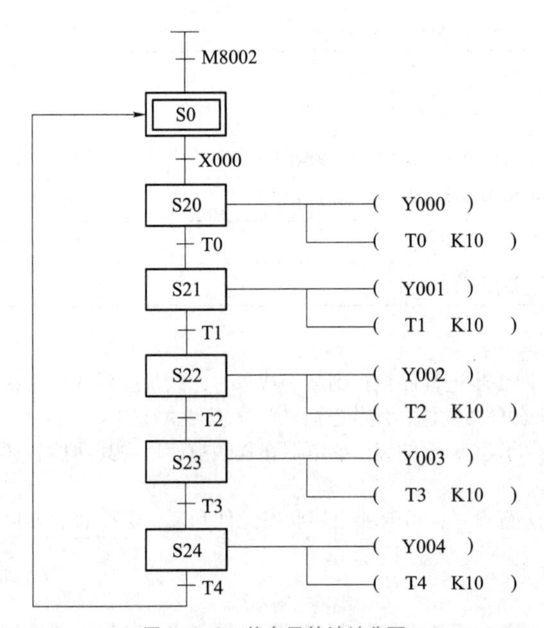

图 2-1-2　状态元件地址分配

（1）当 PLC 上电，转换开关切换至“RUN”运行模式时，M8002 特殊辅助继电器的常开触点立刻接通一个扫描周期的脉冲，使步进顺控程序进入初始状态 S0，并激活。由于初始状态 S0 本身没有与其他程序所对应的功能，因此它处于系统等待状态，等待系统的启动。

（2）当按下 X000 启动按钮后，初始状态 S0 与通用状态 S20 之间的转移条件 X000（常开触点 X000）接通，步进顺控程序即从初始状态 S0 转移到了通用状态 S20，并激活 S20。此时状态 S20 之后的程序运行，输出元件 Y000 接通，同时定时器 T0 开始计时，前一个状态 S0 自动复位。

（3）当 Y000 接通并延时 1 s 后，通用状态 S20 与 S21 之间的转移条件 T0 的常开触点接通，步进顺控程序即从状态 S20 转移到了 S21，并激活 S21。此时，通用状态 S21 之后的程序运行，输出元件 Y001 接通，同时定时器 T1 开始计时。前一个状态 S20 被自动复位，Y000 断开，T0 被自动复位。

（4）如此各个状态依次往下执行，直到通用状态 S24 被激活，状态 S24 之后的程序运行，Y004 接通，同时 T4 延时 1 s，达到延时时间后，T4 的常开触点闭合，S24 转移到初始状态 S0，等待下一次启动。

综上所述，该状态转移图（SFC）实现了 Y000~Y004 流水得电的单循环控制。

注意：

（1）在状态转移图（SFC）中，初始状态 S0~S9 用双线框表示，其他状态用单线框表示；状态转移条件以短横线表示；图 2-1-2 中状态转移条件均为常开触点“X”，也可采用常闭触点，用逻辑非“$\overline{X}$”表示。此外，状态转移条件还可以是多个触点的不同逻辑组合。

（2）每个状态的控制要求所起的作用以及整个控制流程都需要表达的通俗易懂、逻辑清晰、易于扩展。因此状态转移图（SFC）十分有利于 PLC 程序的维护、规格修改、故障排除等。

活动 2：步进指令的学习

FX3U-48MR 可编程控制器的步进指令有两条：步进节点指令 STL 和步进返回指令 RET。

（1）步进节点指令（STL）：用于激活某个状态，即步进节点的驱动，并将母线移至步进节点之后。

（2）步进返回指令（RET）：用于步进控制程序结束返回，将母线恢复至原位。

注意：

（1）在每一个步进顺控程序结束时，都必须加上 RET 返回指令，否则 PLC 会报警，显示出错。

（2）三菱 FX3U 系列 PLC 的步进指令虽只有上述两条，但在步进顺控程序中，连续状态的转移都需要由 SET 指令来完成，因此 SET 指令在步进程序中也是必不可少的。SET 指令可以理解为，当满足某个转移条件时，系统从一个状态顺利转移到另一个状态，强调进入当前状态；而真正要去执行状态对应的程序时，必须先激活本状态，这就是 STL 指令的功能。

（3）在将状态转移图（SFC）变换至梯形图程序时，要注意转换的原则：具体过程可概括为：进入当前状态（SET 指令实现）→激活当前状态（STL 指令实现）→执行程序→添加转移条件→进入至下一个状态、再激活、执行程序……依此类推，如图 2-1-3 所示。

分析图 2-1-3 所示某一小车往返控制的梯形图程序，当 PLC 上电运行时，M8002 接通一个扫描周期的脉冲，步进程序通过 SET 指令进入初始状态 S0。S0 状态被 STL 指令激活后，母线已被移至步进节点之后，因此其后的触点用指令语句编写时，可直接用 LD、LDI 指令。

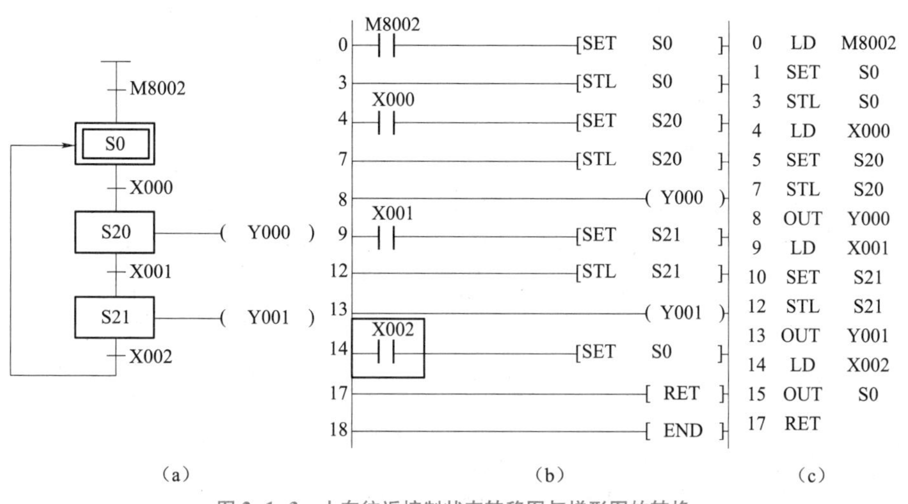

（a）　　（b）　　（c）

图 2-1-3　小车往返控制状态转移图与梯形图的转换

（a）状态转移图；（b）梯形图；（c）指令语句

请验证并说明：如图 2-1-3（b）所示，在使用梯形图编程方法录入程序，缺少第 17 行 RET 指令的情况下程序写入 PLC，PLC 会出现说明现象？

当转移条件 X000 为 ON 时，步进程序转入状态 S20 执行……依此类推，当程序执行至状态 S21 时，梯形图通过 SET 指令实现了向状态 S0 的跳转，而指令语句通过 OUT 指令实现了向状态 S0 的跳转，实际应用中两者皆可。

在步进程序结束时，必须加上步进返回指令 RET，将母线恢复至原位。

指令说明：

（1）在编写步进顺控程序时，必须使用步进节点指令 STL 激活当前状态，程序最后必须使用步进返回指令 RET。

（2）三菱 FX3U 系列 PLC 在步进顺控程序中支持双线圈输出，即在不同状态中可以驱动同一编号的软元件的线圈（例如 Y、M、S、T、C），但在相邻的状态中，最好不要使用相同的定时器或计数器的线圈，以确保程序的可靠性。

请思考：利用步进指令进行梯形图编程时，在 RET 指令后是否还能继续写程序？为什么？

指令说明如图 2-1-4 所示。

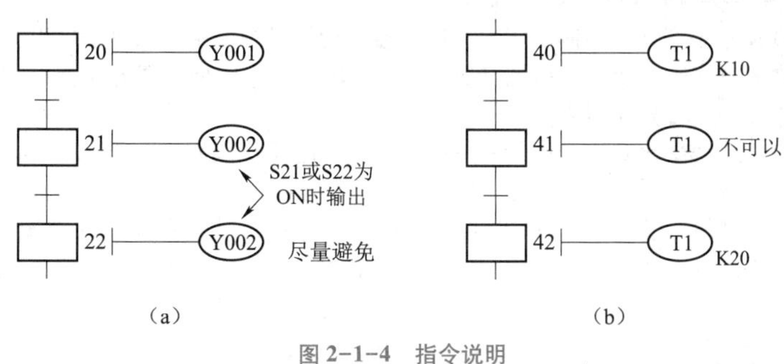

（a）　　（b）

图 2-1-4　指令说明

（a）状态的动作和输出的重复使用；（b）定时器的重复使用

（3）当前状态被激活后，先编写可直接输出的线圈，然后编写有条件触点才能输出的线圈，如图 2-1-5 所示。

（4）在 STL 和 RET 指令之间不能使用主控 MC、MCR 指令。

（5）用步进指令设计系统时，一般以系统的初始条件作为初始状态的转移条件，但若系统无初始条件，则可用初始化脉冲 M8002 驱动转移。

（6）为了有效编写步进程序，经常需要采用其他几种特殊辅助继电器，其主要元件编号、名称、功能和用途详见表 2-1-2。

学习笔记

请回答：

状态编程法支持双线圈输出是利用了状态元件（S）的什么特点？

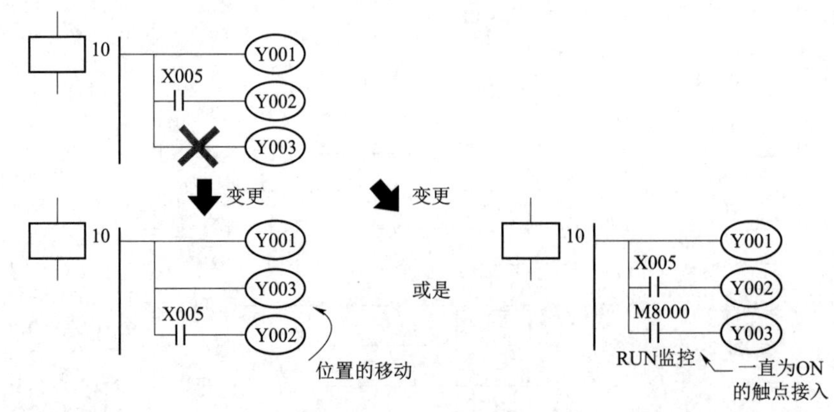

图 2-1-5 状态内的线圈驱动顺序

请记录：

在步进程序使用过程中除表 2-1-2 外，还需用到哪些特殊的辅助继电器和特殊的数据寄存器，可整理记录在下方：

表 2-1-2 常用特殊辅助继电器使用说明

软元件号	名 称	功能和用途
M8000	RUN 监视	可编程控制器运行过程中，需要一直接通的特殊辅助继电器。可作为驱动程序的输入条件使用，或用来显示可编程控制器的运行状态
M8002	初始脉冲	在可编程控制器由 STOP 变为“RUN”时，仅在瞬间（一个扫描周期）接通的继电器。用于程序的初始设定或初始状态的置位
M8034	禁止输出	驱动该继电器，则将外部输出全部置于“OFF”状态
M8040	禁止转移	驱动该继电器，则禁止所有状态之间的转移。然而，即使在禁止转移状态下，由于当前状态内的程序仍然动作，因此输出线圈等不会自动断开
M8046	STL 动作	在任意状态接通时，M8046 自动接通，用于避免与其他流程同时启动或作为工序的动作标志
M8047	STL 监视有效	驱动该继电器，则编程功能可自动读出正在动作的状态并加以显示

活动 3：SFC 的编辑及梯形图的转换

程序编辑

上述图 2-1-3 所示小车往返控制的程序可以直接进行梯形图编辑，同时也可以应用 GX Works2 软件先直接进行状态转移图（SFC）的编辑，后进行梯形图的转换。如图 2-1-6 所示，SFC 的编辑分为两块：

（1）梯形图块，这是在 SFC 程序中与主母线相连的程序段。例如，在程序开始时用于激活初始状态的程序段，其编辑方法与普通梯形图编辑相同。

（2）SFC 块，如图 2-1-7 所示，SFC 程序可用方框、连线、横线和箭头等图像表示。在 SFC 程序中，一个 SFC 块表示一个 SFC 流程，一般以其初始状态的状态元件命名。一个 SFC 程序最多只能有 24 个 SFC 块。

请回答：

在编写 SFC 内置梯形图时，状态三要素（控制功能、转移条件和转移方向）应该先写哪些要素，后写哪些要素？

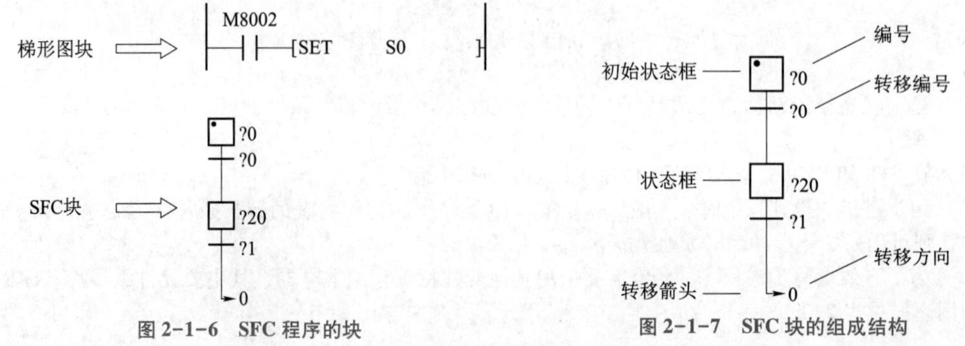

图 2-1-6 SFC 程序的块　　图 2-1-7 SFC 块的组成结构

在 SFC 块上看不到与状态母线相连的有关驱动输出、转移条件和转移方向等梯形图块，把这些看不到的梯形图程序成为 SFC 内置梯形图，现以图 2-1-8 所示小车往返控制的程序介绍单序列结构 SFC 程序的编辑。

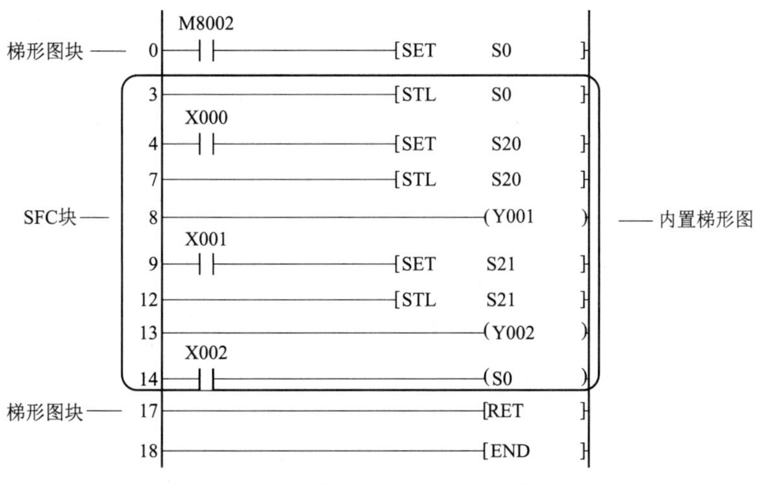

图 2-1-8　小车往返控制 STL 指令梯形图

一、启动 SFC 编程窗口

启动 GX Works2 编程软件，单击“工程（P）”，再单击“新建（N）”，出现如图 2-1-9 所示对话框。在“系列（S）”下拉框中选择“FXCPU”，在“机型（T）”下拉框中选择“FX3U/FX3UC”，在“工程类型（P）”下拉框中选择“简单工程”，在“程序语言（G）”下拉框中选择“SFC”。单击“确定”后出现如图 2-1-10 所示“块信息设置”窗口。

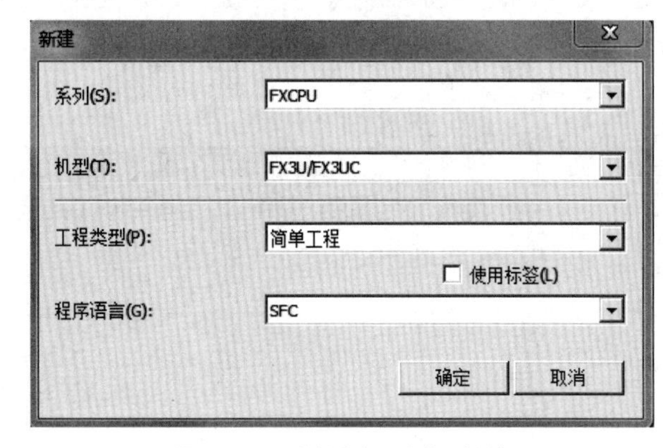

图 2-1-9　“创建新工程”对话框

二、梯形图块编辑

双击第 0 块后弹出如图 2-1-10 所示的“块信息设置”对话框。

首先建立初始状态 S0 的程序行。按图中 1~2 顺序进行选择或填写，再单击“执行”后，出现 SFC 编辑窗口，如图 2-1-11 所示。

SFC 编辑窗口有 SFC 编辑区和梯形图编辑区两个区。SFC 编辑区是编辑 SFC 程序的，梯形图编辑区是编辑梯形图的。不管是主母线相连的梯形图块还是 SFC 程序的内置梯形图，都是在这里进行编辑。

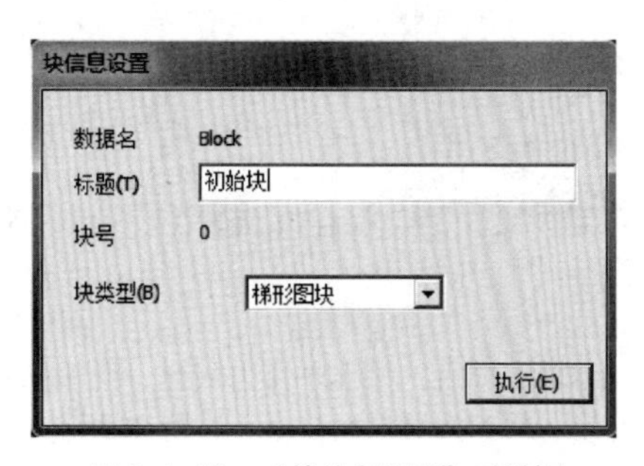

图 2-1-10　“块信息设置”对话框

提醒：在使用 SFC 图进行程序编写时，软件会自动生成状态元件编号，状态元件编号不用刻意去修改，满足元件类型和流程顺序即可。

请操作并回答：在任务实施过程中，若发现 PLC 系列和 PLC 机型选择错误，通过 GX Works2 软件该如何操作？

请核对：在所使用的 PLC 实物上找到对应的型号，核对所使用的 PLC 与软件设置的 PLC 系列和机型是否一致。所使用的 PLC 型号是：

请回答：如图 2-1-10 所示，标标题中，第 0 块的

学习笔记

类型和第 1 块的块类型分别是什么？

提醒：

请正确选择块类型！

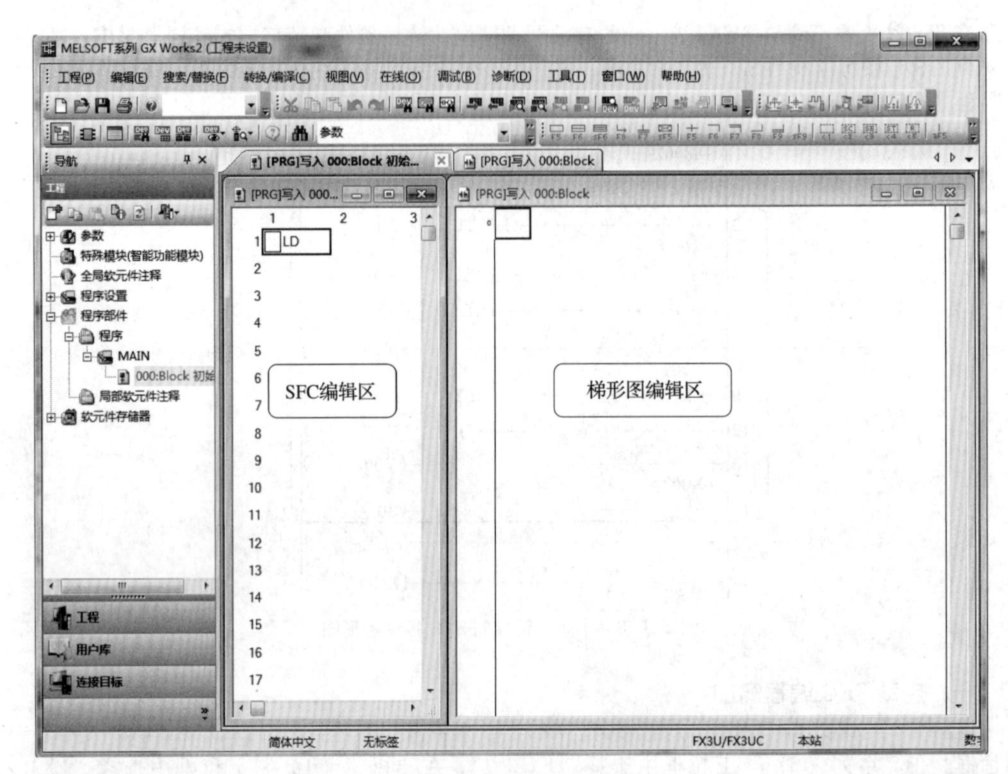

图 2-1-11　SFC 编辑窗口

提醒：

编写程序时合理使用快捷键可提高程序录入的快速性和准确性。

将光标移入梯形图编辑区，编辑建立初始状态程序块，如图 2-1-12 所示。

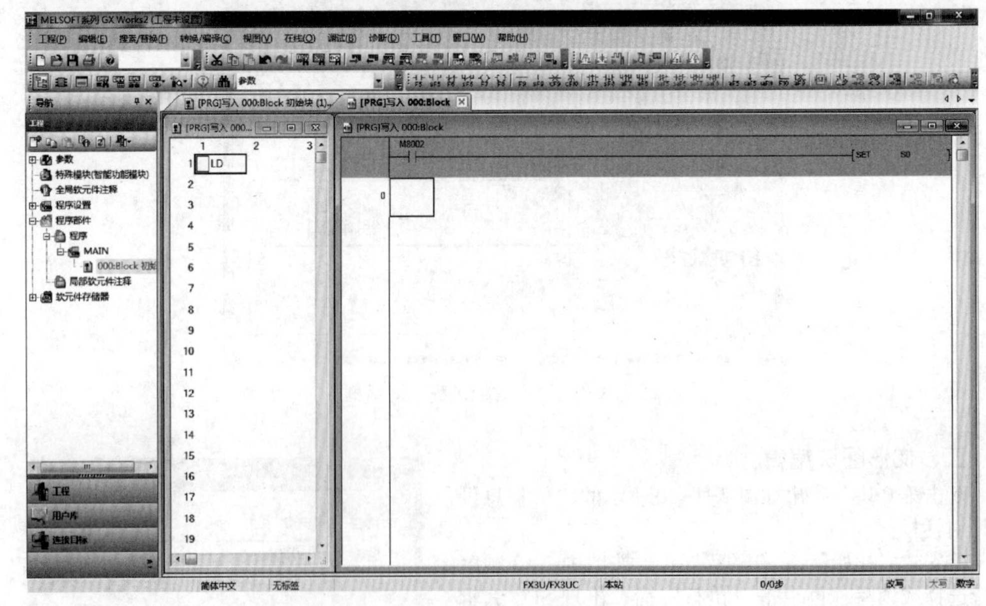

图 2-1-12　编辑激活初始状态程序块

请记录：

软件操作过程中的注意事项：

编辑完成后，该程序块为灰色，说明该段程序还未编译。直接按键盘上的“F4”键，进行程序块变换，程序编辑界面白色显示则说明程序编译完成。在以后的梯形图区中编辑的程序块在编辑完成后都要进行“变换”操作。

三、SFC 块编辑

SFC 块编辑包括驱动输出程序编辑、转移条件编辑和程序转移编辑。

步骤 1：SFC 块信息设置。

在图 2-1-13 中依次单击“000：Block 初始块”→“视图”→“打开 SFC 图块列表”，出现“块列表”窗口，如图 2-1-14 所示。

图 2-1-13　跳出“块列表”窗口流程

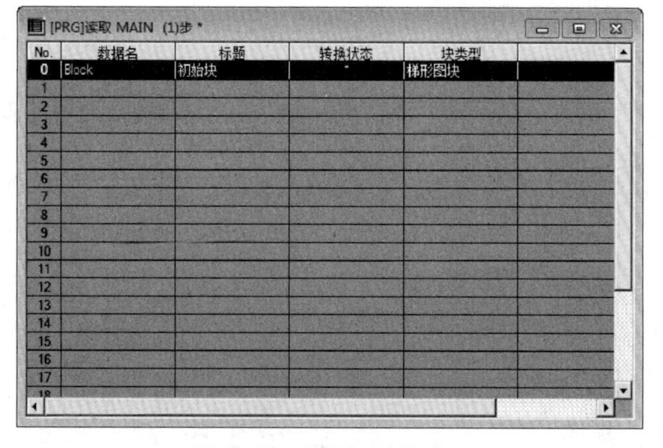

图 2-1-14　“块列表”窗口

请记录：软件操作过程中碰到的问题及解决方法：

请记录：软件操作过程中的注意事项：

双击第 1 块，弹出“块信息设置”对话框，如图 2-1-15 所示。

在块标题中填入“S0”，表示这个 SFC 控制流程是以 S0 为初始状态的。在 SFC 编辑中，一个流程一个块，以初始状态编号为块标题，因此，块标题只能填入 S0~S9。

按图中 1~2 顺序进行选择或填写，再单击“执行”后，出现 SFC 编辑窗口，如图 2-1-16 所示。

学习笔记

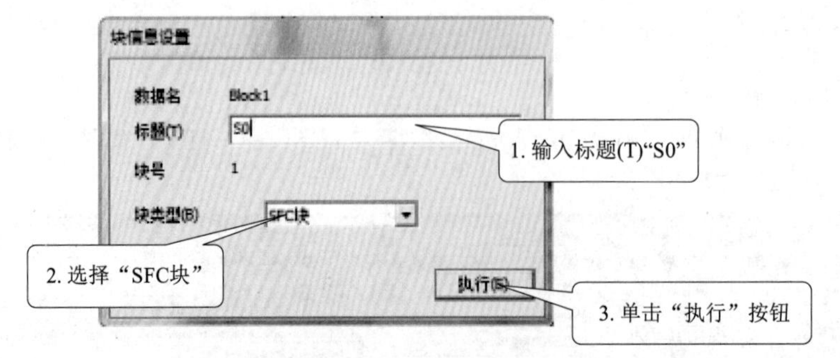

图 2-1-15 “块信息设置”对话框

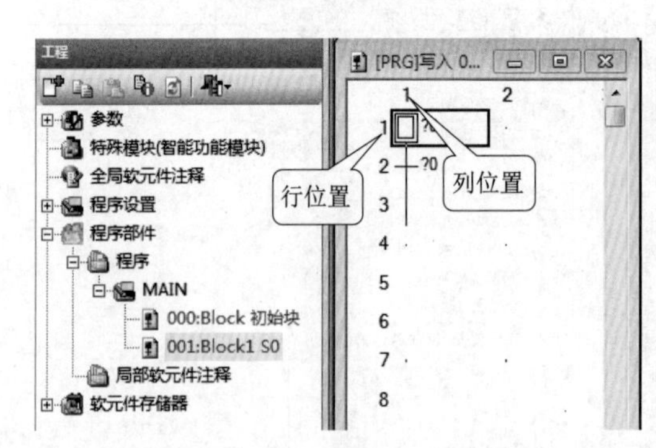

图 2-1-16 SFC 编辑窗口

请记录：
软件操作过程中碰到的问题及解决方法：

在 SFC 编辑区出现了表示初始状态的双线框及表示状态相连的有向连线和表示转换条件的横线，如果方框和横线旁有两个“？0”，则表示初始状态 S0 内还没有驱动输出梯形图。图标的上面有一行数字，表示图标所在列位置编号；图标左边的一行数字，表示图标所在行位置编号。例如图 2-1-16 中双线方框的位置为 1×1（行×列）。

从图 2-1-16 中可看出，S0 状态为空操作，即无内置梯形图，则无须输入内置梯形图，仍然保留“？”号，继续往下编辑，并不影响 SFC 程序的整体转换。

步骤 2：初始状态 S0 的转移条件编辑。

双击“横线”，光标所处位置如图 2-1-17 所示，弹出“SFC 符号输入”对话框，如图 2-1-18 所示。该对话框是对转移条件（横线）进行编号。“TR”表示对转移条件进行编号，如“0、1、2，…”，“0”表示第 0 个转移条件。单击“确定”按钮，进行转移条件梯形图编辑。

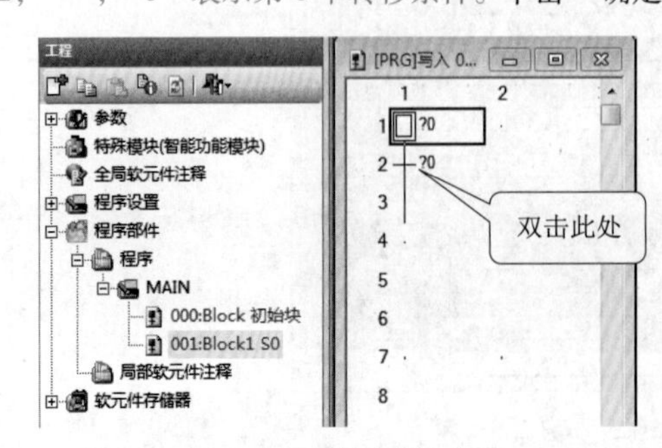

图 2-1-17 转移条件编号

单击横线“？0”，将鼠标移入梯形图编辑区并单击，输入“LD_X0”→“确定”→“TRAN”→“确定”，并进行“程序变换”，如图 2-1-19 所示。这时横线旁边“?”已经消失，说明已经完成转移条件的输入。

在 GX Works2 编辑软件中，是用“TRAN”代替“SET S20”进行编辑的，可以把“TRAN”看成是一个编辑软件转移指令，转移方向由软件自动完成。

步骤 3：状态 S20 的内置梯形图编辑。

将鼠标移到 SFC 编辑区位置 4×1 处，双击此处；或者在位置 4×1 处单击鼠标左键，出现光标后再单击状态图标“F5”，弹出 STEP“SFC 符号输入”对话框，如图 2-1-20 所示，填入编号“20”。单击“确定”按钮后，在位置 4×1 处，出现状态 S20 方框及“？20”。

学习笔记

图 2-1-18　“SFC 符号输入”对话框

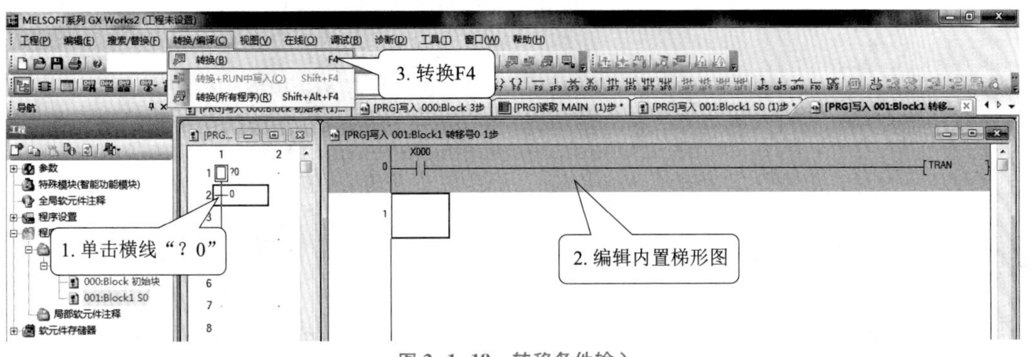

图 2-1-19　转移条件输入

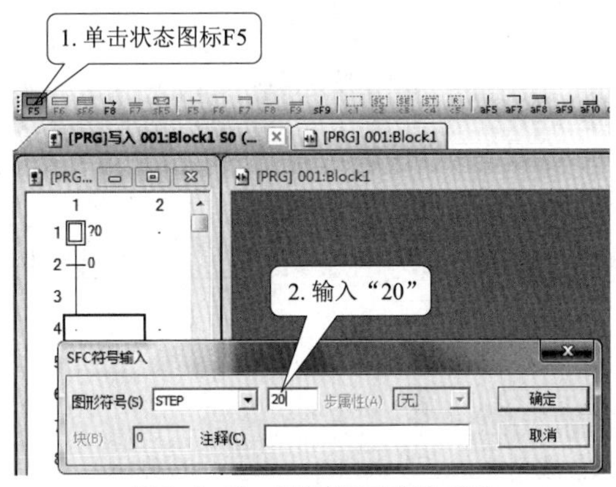

图 2-1-20　状态 S20 方框生成图

请记录：软件操作过程中的注意事项：

请记录：软件操作过程中碰到的问题及解决方法：

单击状态“？20”方框，将鼠标移入梯形图编辑区单击，编辑状态 S20 的内置驱动输出梯形图，并单击“转换”进行程序变换，如图 2-1-21 所示。

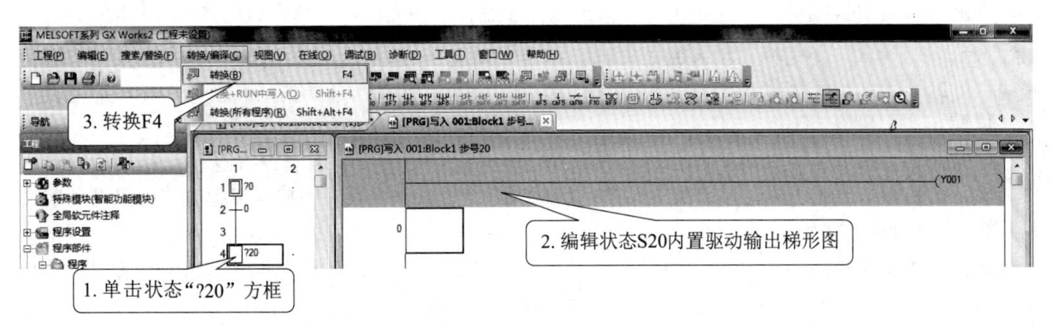

图 2-1-21　状态 S20 的内置驱动输出梯形图编辑

请记录：软件操作过程中的注意事项：

步骤 4：状态 S20 的转移条件编辑。

将鼠标移到 SFC 编辑区位置 5×1 处，双击此处；或者在位置 5×1 处单击鼠标左键，出现光标后

学习笔记

再单击状态图标“F5”，弹出 STEP“SFC 符号输入”对话框，如图 2-1-22 所示，填入编号“1”。单击“确定”按钮后，在位置 5×1 处出现转移条件横线“？1”。

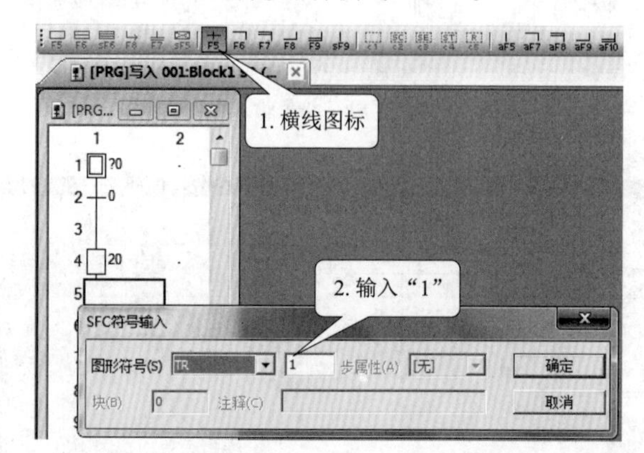

图 2-1-22　状态 S20 转换横线生成图

单击位置横线 1 处，编辑转移条件内置梯形图，并单击“转换”按钮进行程序变换，如图 2-1-23 所示。

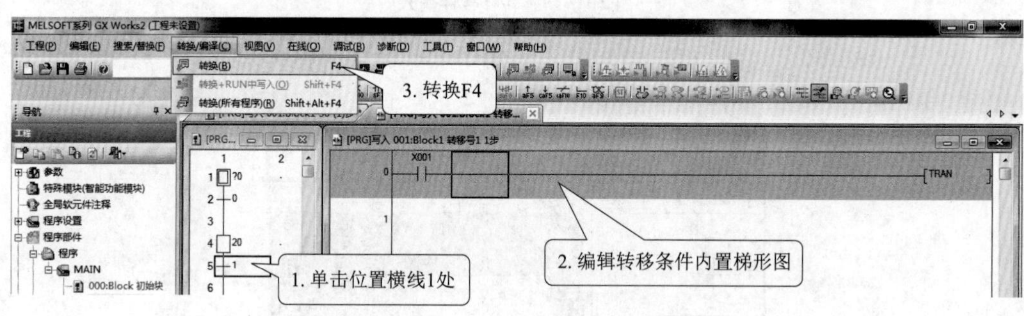

图 2-1-23　状态 S20 的转移条件内置梯形图编辑

请记录：软件操作过程中碰到的问题及解决方法：

步骤 5：状态 S21 的内置梯形图及转移条件编辑。

将鼠标移到 SFC 编辑区位置 7×1 处，单击鼠标左键，出现光标后再单击状态图标“F5”，弹出 STEP“SFC 符号输入”对话框，填入编号“21”。单击“确定”按钮后，在位置 7×1 处，出现状态 S21 方框及“？21”。单击状态“？21”方框，将鼠标移入梯形图编辑区单击，编辑状态 S21 的内置驱动输出梯形图，并单击“转换”进行程序变换。

请记录：软件操作过程中的注意事项：

将鼠标移到 SFC 编辑区位置 8×1 处，单击鼠标左键，出现光标后再单击状态图标“F5”，弹出 TR“SFC 符号输入”对话框，填入编号“2”。单击“确定”按钮后，在位置 8×1 处，出现转移条件横线“？2”。单击位置横线“？2”处，编辑转移条件内置梯形图，并单击“转换”进行程序变换。

步骤 6：循环跳转编辑。

为保证 SFC 控制流程构成 PLC 程序的循环工作，应在最后一个状态里设置返回到初始状态或工作周期开始状态的循环跳转转移。在本例中，状态 S21 已完成一个周期的控制流程，应编辑循环跳转到状态 S0 的 SFC 工作环节。

将鼠标移到 SFC 编辑区位置 10×1 处，单击鼠标左键，出现光标后再单击状态图标“F8”，弹出 JUMP“SFC 符号输入”对话框，填入编号“0”，如图 2-1-24 所示。

请记录：软件操作过程中碰到的问题及解决方法：

图标号“JUMP”表示跳转，其编号应填入跳转转移到所在状态的标号。本例中跳转到状态 S0，其编号为“0”，注意应填入“0”，而不是“S0”。单击“确定”按钮，这时会看到位置 10×1 处有一转向箭头指向 0。同时，在初始状态 S0 的方框中多了一个小黑点，这说明该状态为跳转的目标状态，这也为阅读 SFC 程序流程提供了方便。至此，SFC 程序编辑完成。

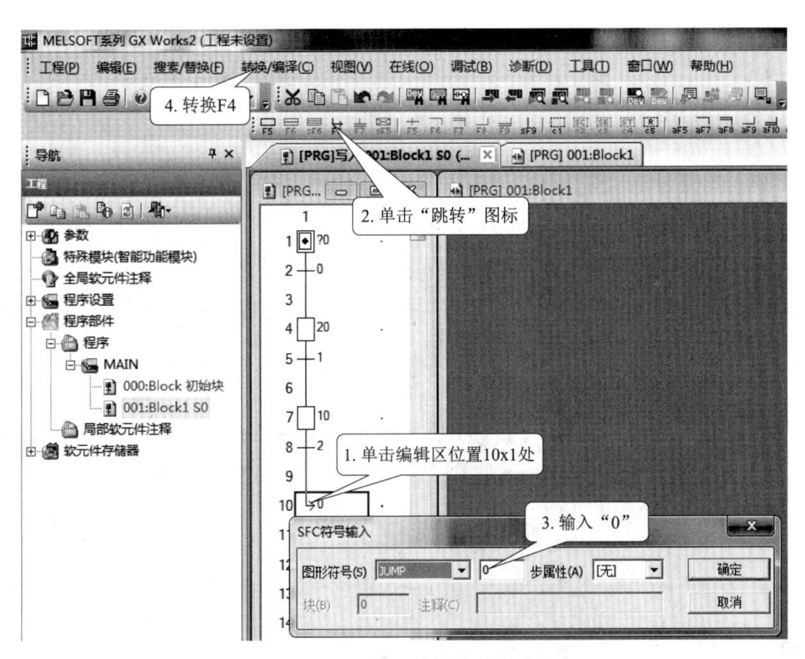

图 2-1-24　循环跳转箭头生成图

步骤 7：SFC 程序整体转换。

上面完成的梯形图块和 SFC 块的程序是分别编制的，整体 SFC 及其内置梯形图块并未串联在一起。因此，需要在 SFC 中进行 SFC 程序整体转换操作。

具体操作：按下键盘上的“F4”键或者单击“转换”菜单后单击“变换（编辑中所有程序）”，这样 SFC 的 GX Works2 软件编程才算全部完成。

注意：如果 SFC 程序编辑完成后并未进行整体转换，一旦离开 SFC 编辑窗口后，先前编辑完成的 SFC 及其内置梯形图则前功尽弃。

步骤 8：SFC 与梯形图程序之间的转换。

PLC 可以执行编辑好的 SFC 程序。在编写程序时，可以使用 SFC 进行程序编写，也可以使用梯形图进行程序编写。编写 SFC 好的 SFC 程序可以直接转换成梯形图程序，其操作顺序如图 2-1-25 所示。

请记录：

软件操作过程中的注意事项：

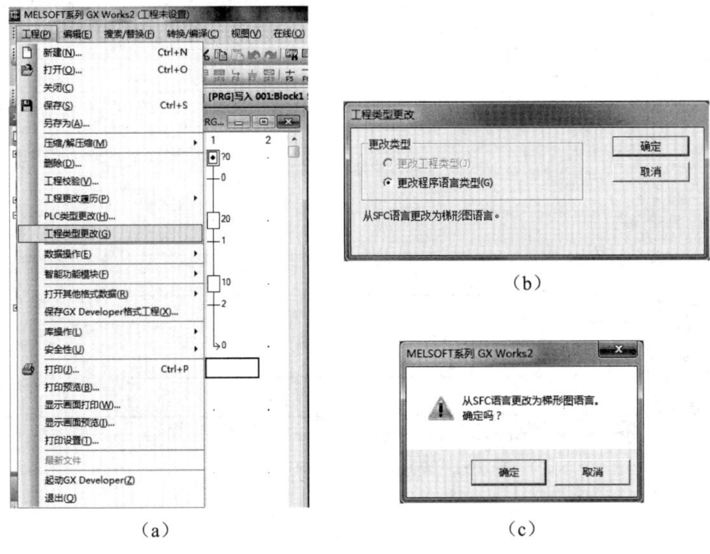

图 2-1-25　SFC 程序转换为梯形图程序操作

学习笔记

转换后界面为灰色，如图 2-1-26 所示。在工程栏内双击程序“MAIN”，出现转换后的梯形图程序，虽然没有编辑 RET，END 指令，但 GX Works2 软件自动生成 RET，END 指令，如图 2-1-27 所示。如果想从梯形图转换成 SFC 程序，则操作方法一样。

请记录：

软件操作过程中碰到的问题及解决方法：

图 2-1-26　SFC 程序转换为梯形图程序操作图示

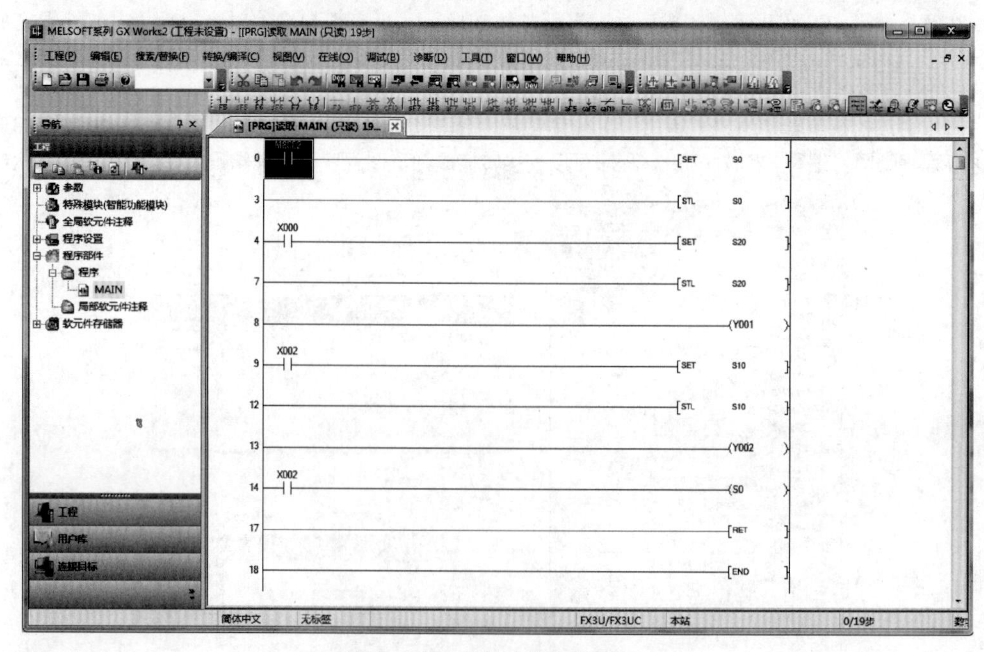

图 2-1-27　转换后的梯形图程序

任务二 液体自动混合控制系统的实现

任务引入

理解了状态元件 S 的基本概念、明白了状态编程法、学会了步进指令的使用，就可以实现液体自动混合控制系统。

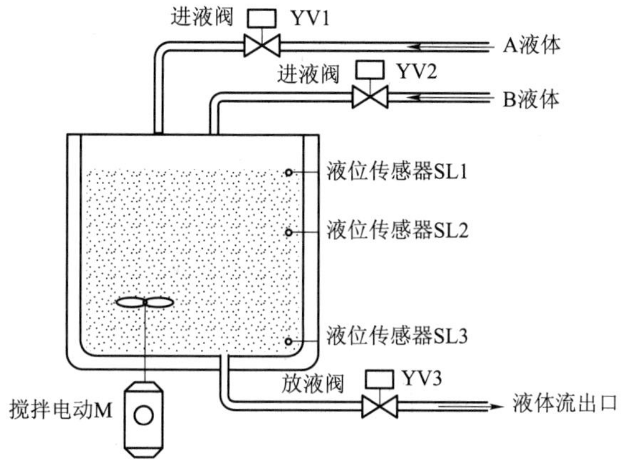

图 2-2-1 液体自动混合控制系统

如图 2-2-1 所示，通过进液阀 YV1、YV2 控制 A 液体与 B 液体流入液体腔。搅拌电动机 M 主要用于将两种液体进行均匀混合。搅拌均匀后的液体可以通过放液阀 YV3 流出。系统中液位传感器 SL1、SL2 和 SL3 主要用于液体腔内液位高度的检测。

（1）初始状态：当装置投入运行时，进液阀 YV1、YV2 关闭，出液阀 YV3 打开 20 s，在容器中的残存液体放空后关闭。

（2）启动操作：按下启动按钮 SB1，液体混合装置开始按以下顺序工作：

① 进液阀 YV1 打开，A 液体流入容器，液位上升。

② 当液位上升到 SL2 处时，进液阀 YV1 关闭，A 液体停止进液，同时进液阀 YV2 打开，B 液体开始流入容器。

③ 当液位上升到 SL1 处时，进液阀 YV2 关闭，B 液体停止流入，同时搅拌电动机开始工作。

④ 搅拌 1 min 后，停止搅拌，放液阀 YV3 打开，开始放液，液位开始下降。

⑤ 当液位下降到 SL3 处时，装置继续放液 20 s，在容器放空后，关闭放液阀 YV3，自动开始下一个循环。

（3）停止操作：在工作过程中，按下停止按钮 SB2，系统完成当前工作循环后自动停止。

任务分析

通过对本任务的分析可知，系统需要完成的控制要求并不是按照时间的推移（时序）来进行的，而是按照动作的先后（顺序）来进行，即具有一步一步顺序执行的特点。因此可采用三菱 FX3U 系列 PLC 中的步进程序来实现系统的正确控制。其可分为五个步骤来分别实施，即初始准备、A 液体流入、B 液体流入、搅拌电动机工作和混合液体流出，并且这五个步骤是按照顺序控制一步一步执行的，在相应的转换信号接通后，指令从一个状态向下一个状态转换，其工作流程如图 2-2-2 所示。

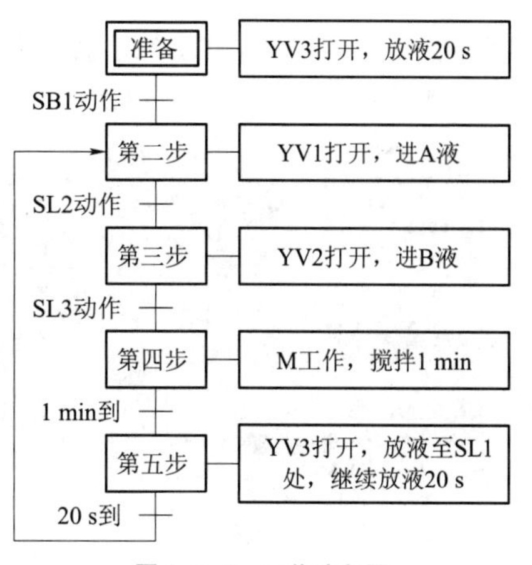

图 2-2-2 工作流程图

通过本任务的实施，需要解决下面几个问题：

（1）会自定 I/O 分配表，能画出液体自动混合控制系统的 PLC 电路原理图。

（2）能根据 PLC 电路原理图，完成 PLC 实验模块

学习笔记

请判断：完成本任务后，结合自身实际情况，给这 3 个需解决的问题进行执行难度星级判定。
① ________
② ________
③ ________

提醒：请结合任务要求和任务分析，填写输入/输出分配表相对应的元件、功能、输入/输出点。

请记录：PLC 电源部分连接过程中的注意事项及问题：

请简述：液体自动混合控制系统 PLC 电路原理图绘制注意事项：

的连接与检测。

（3）通过 GX Works2 编程软件，编写调试 PLC 步进程序，完成任务控制要求。

活动 1：输入与输出点的分配

液体自动混合控制系统的输入/输出分配见表 2-2-1。

表 2-2-1　系统输入与输出分配表

输　入			输　出		
元件代号	功能	输入点	元件代号	功能	输出点
SB1		X0	KM		Y0
SB2		X1	YV1		Y4
SL1		X2	YV2		Y5
SL2		X3	YV3		Y6
SL3		X4			

活动 2：画 PLC 系统电路原理图

用三菱 FX3U-48MR 型可编程序控制器实现液体自动混合控制系统的电路原理，如图 2-2-3 所示。

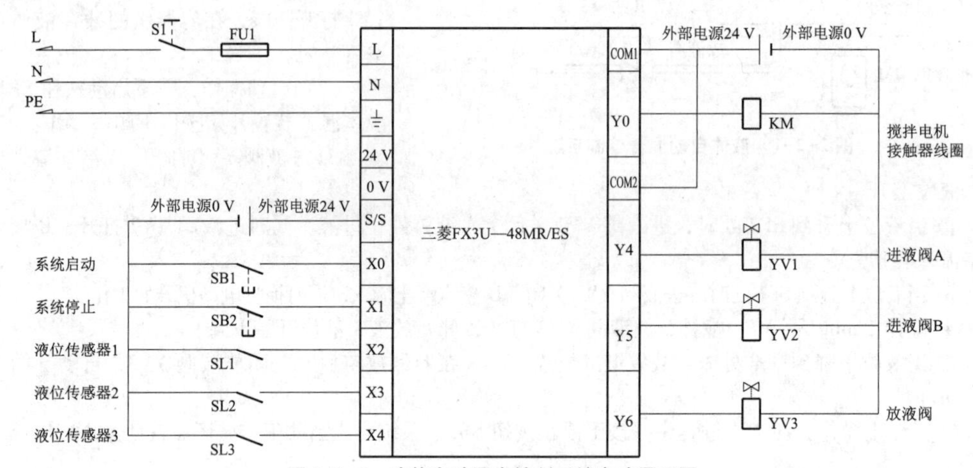

图 2-2-3　液体自动混合控制系统电路原理图

活动 3：PLC 实验模块的连接与检测

实施本任务主要用到图 2-2-4 所示 3 个模块。

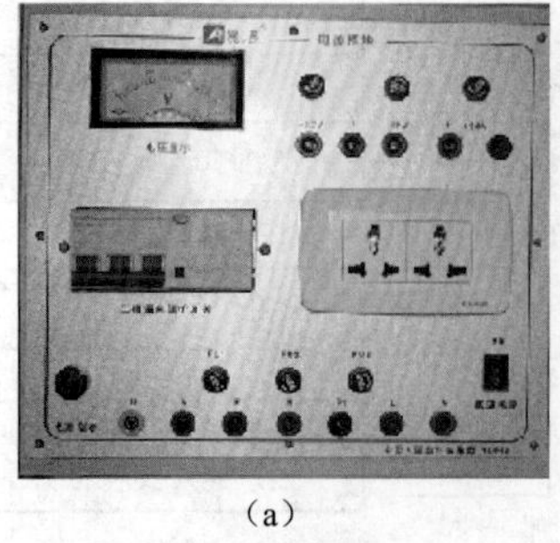
（a）

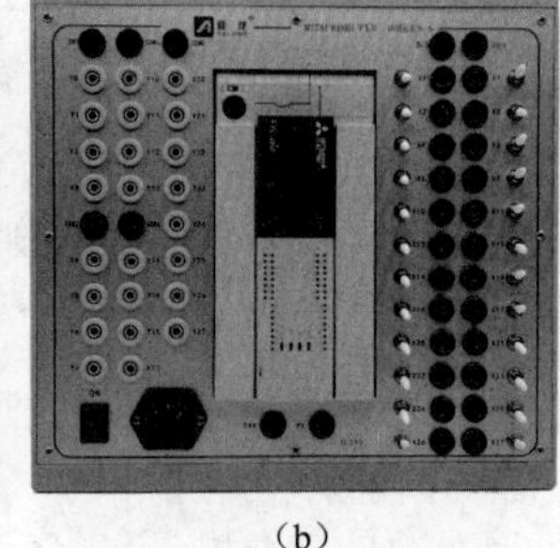
（b）

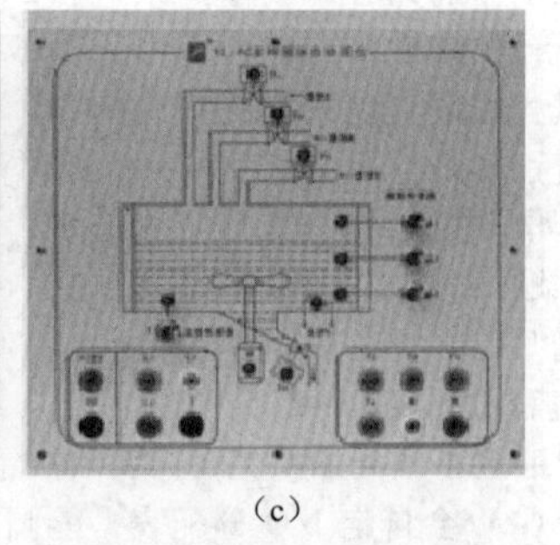
（c）

图 2-2-4　PLC 实验模块

（a）电源模块；（b）PLC 模块；（c）液体自动混合模块

学习笔记

PLC 各实验模块的连接可参照图 2-2-3 所示的 PLC 电路原理图，分三部分连接完成，即电源部分、输入回路部分和输出回路部分。

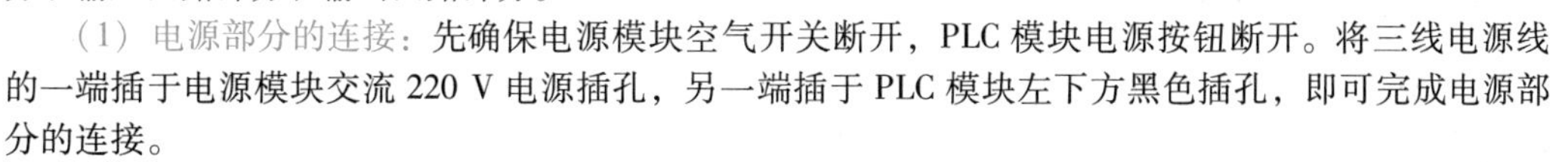

（1）电源部分的连接：先确保电源模块空气开关断开，PLC 模块电源按钮断开。将三线电源线的一端插于电源模块交流 220 V 电源插孔，另一端插于 PLC 模块左下方黑色插孔，即可完成电源部分的连接。

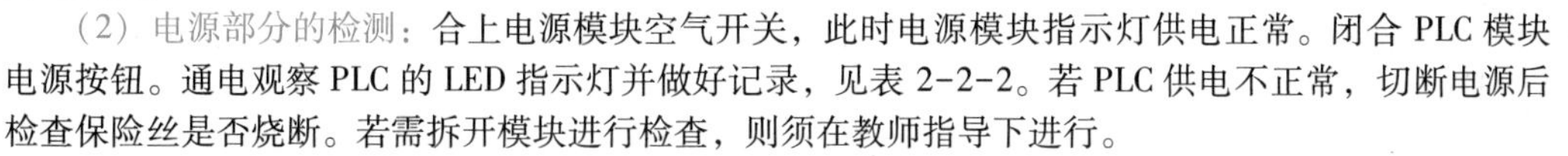

（2）电源部分的检测：合上电源模块空气开关，此时电源模块指示灯供电正常。闭合 PLC 模块电源按钮。通电观察 PLC 的 LED 指示灯并做好记录，见表 2-2-2。若 PLC 供电不正常，切断电源后检查保险丝是否烧断。若需拆开模块进行检查，则须在教师指导下进行。

通电检测过程中的安全注意事项：

表 2-2-2　电源部分记录

步骤	操作内容	LED	正确结果	观察结果
1	先插上电源插头，再合上断路器	POWER	点亮	
2	拨动 RUN/STOP 开关，拨至“RUN”位置	RUN	点亮	
3	拨动 RUN/STOP 开关，拨至“STOP”位置	RUN	熄灭	
4	⚠ 拉下断路器后，拔下电源插头	断路器 电源插头	已分断	

（3）输入回路部分的连接。

① 用接插线将电源模块的“外部电源 24 V”接至 PLC 模块右边输入部分的“S/S 端”，“外部电源 0 V”接至 PLC 模块右边输入部分的“COM 端”。

② 用接插线将 PLC 模块右边输入部分的“COM”端接至液体自动混合控制模块的输入部分“COM”（黑色插孔）端，输入器件一端在相应模块内部已完成连接。

③ 将液体自动混合控制系统模块输入器件另一端（绿色插孔）按照 I/O 分配表分别接入 PLC 模块输入部分对应的输入端。

请记录：PLC 输入回路部分连接与检测过程的注意事项及问题：

（4）输入回路部分的检测：

① 检查插接线无误后，用万用表进行检测，填写表 2-2-3。

表 2-2-3　输入回路部分检测

序号	检测内容	操作情况	正确阻值	测量阻值
1	测量 PLC 的各输入端子与“外部电源 0V”之间的阻值	分别动作输入设备，两表棒搭接在 PLC 各输入接线端子与“外部电源 0V”上	均为 0 Ω	

② 经过自检，确认正确和无安全隐患后，通电观察 PLC 的 LED 指示，填写表 2-2-4。

通电测试过程中的安全注意事项：

表 2-2-4　输入回路通电检测

步骤	操作内容	LED	正确结果	观察结果
1	先插上电源插头，再合上断路器	POWER	点亮	
2	按下 SB1	X000	点亮	
3	按下 SB2	X001	点亮	
4	拨动 SA1	X002	点亮	
5	拨动 SA2	X003	点亮	
6	拨动 SA3	X004	点亮	
7	⚠ 拉下断路器后，拔下电源插头	断路器 电源插头	已分断	

学习笔记

请记录：PLC 输出回路部分连接与检测过程的注意事项及问题：

请回答：液体自动混合控制系统 SFC 图，如图 2-2-5 所示，哪些状态属于正常工作状态，哪些属于为正常工作状态做准备的初始状态？

请回答：根据图 2-2-5 中的 SFC 图，并结合图 2-2-1，本液体自动混合控制系统中 A 液体较多，还是 B 液体较多？

（5）输出回路部分接线。

① 电源模块“外部电源 24 V”端接至 PLC 模块输出公共端“COM1”。

② 输出公共端“COM1”和“COM2”用接插线连接。

③ 将液体自动混合控制系统模块输出器件一端（黄色插孔）按照 I/O 分配表分别接至 PLC 模块输出部分对应的输出信号。

④ 将液体自动混合控制系统模块输出器件的“COM”端接至电源模块“外部电源”0V 端，构成回路。

（6）输出回路部分检测。

检查插接线无误后，用万用表进行检测，填写表 2-2-5。

表 2-2-5　输出回路部分检测

序号	检测内容	操作情况	测量阻值
1	测量 PLC 的各输出端子和对应公共端子之间的阻值	两表棒分别搭接在 PLC 各输出接线端子和对应的公共端子上	

活动 4：编写 PLC 步进程序

设计步进顺控程序时，一般应根据系统控制要求，先画出状态转移图 SFC，再将状态转移图转换成梯形图程序或指令语句。

1. 绘制状态转移图 SFC

状态转移图反映了整个系统的控制流程，对于初学者而言，可先按系统的控制流程（见图 2-2-2），画出如图 2-2-5 所示的液体自动混合控制系统的状态转移图。

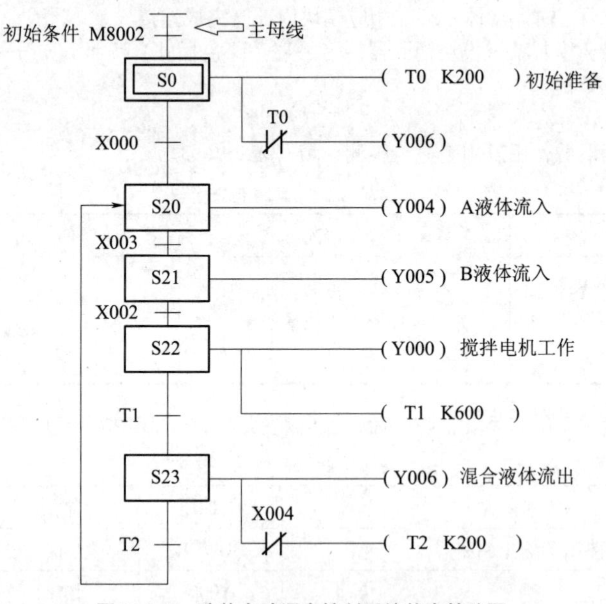

图 2-2-5　液体自动混合控制系统状态转移图

2. 状态转移图 SFC 说明

（1）S0 状态。在 PLC 运行的第一个扫描周期内，M8002 接通（转移条件成立），转移并激活 S0 状态，此时定时器 T0 开始计时 20 s，Y006 动作放液。时间到后，T0 常闭触点断开，Y006 断开，停止放液。若 X000 动作，则系统自动向 S20 状态转移。

（2）S20 状态。当 S20 状态被激活后，Y004 动作，即 A 液体流入容器。待液位上升至 SL2 处时，X003 动作，系统自动向 S21 状态转移。

（3）S21 状态。当 S21 状态被激活后，Y005 动作，即 B 液体流入容器。待液位上升至 SL3 处时，

学习笔记

X002 动作，系统向 S22 状态转移。

（4）S22 状态。当 S22 状态被激活后，定时器 T1 开始计时，同时 Y000 动作，搅拌混合液体。当达到 60 s 时间后，T1 的常开触点闭合，转移条件闭合，系统自动向 S23 状态转移。

（5）S23 状态。当 S23 状态被激活后，Y006 动作，释放液体。当液位下降至 SL1 处时，X004 复位，开始计时（20 s），20 s 时间到后，系统自动向 S20 状态转移，进入下一个循环，循环开始。

3. 编写梯形图程序

根据图 2-2-5 所示状态转移图可以方便地画出液体自动混合控制系统的梯形图程序和指令语句，如图 2-2-6 所示。

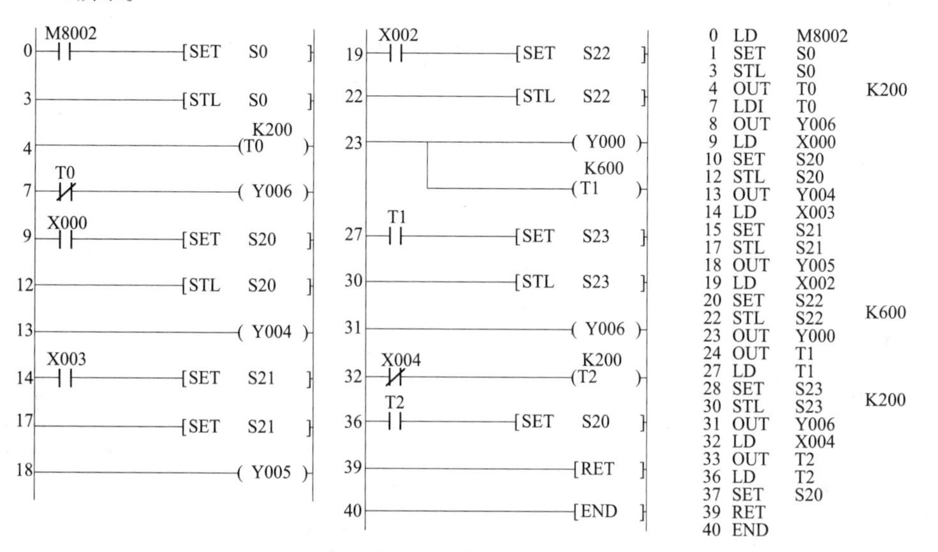

图 2-2-6　液体自动混合控制系统梯形图及指令语句

试一试：结合任务，不使用状态编程法，而使用一般逻辑进行程序编写。

活动 5：用 GX Works2 编程软件编写、下载、调试程序

1. 程序输入

打开 GX Works2 编程软件，新建“液体自动混合控制系统”文件，输入液体自动混合控制系统的 PLC 程序，如图 2-2-7 所示。

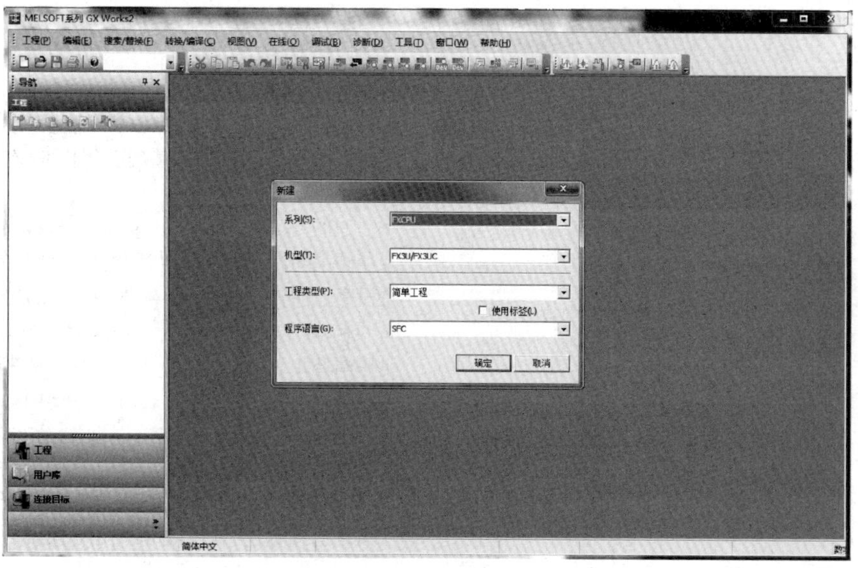

图 2-2-7　新建 PLC 文件

请记录：液体自动混合控制系统程序调试步骤：

学习笔记

请说明：使用状态编程法和使用逻辑编程完成此任务后，两种方法的感受和区别是什么？完成后两种方法的感受和区别是什么？

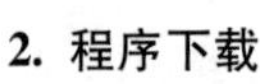

2. 程序下载

单击“在线”图标，再选择“写入”，将 PLC 程序下载至 PLC，如图 2-2-8 所示。

注意：此时可让三菱 FX3U PLC 的运行按钮切换至“STOP”。

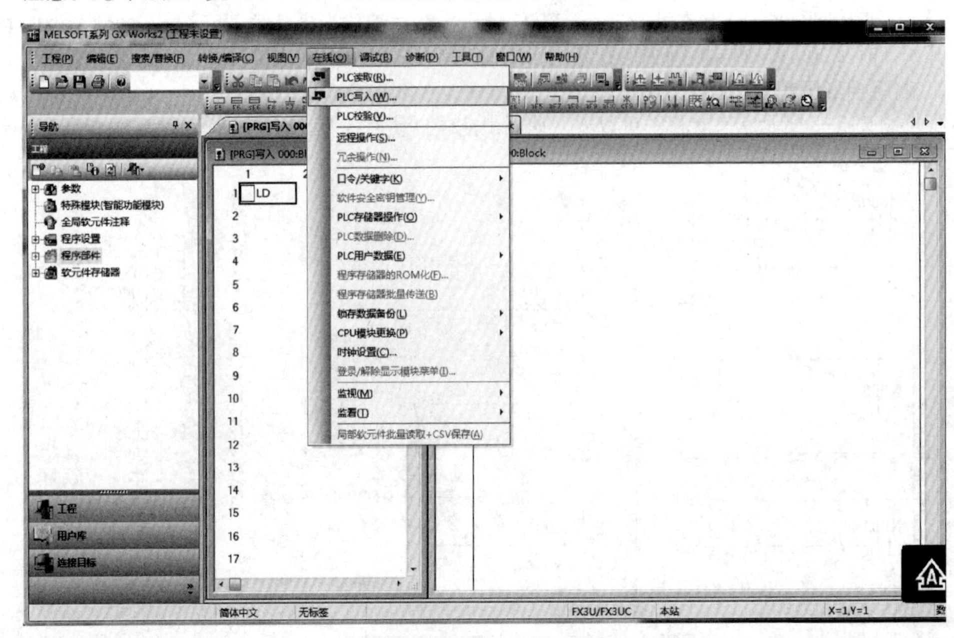

图 2-2-8　程序下载至 PLC

3. 系统调试

（1）在教师现场监护下进行通电调试，验证系统控制功能是否符合要求。

（2）如出现故障，学生应独立检修。根据出现的故障现象，检修相关线路或修改梯形图。

（3）系统检修完毕后，应重新通电调试，直至系统正常工作。

想一想：

控制要求中明确提出，在系统工作的过程中，若按下停止按钮 SB2，则完成当前工作循环后自动停止。显然上述程序无法实现此功能。因此必须在以上程序的基础上稍作完善。

参考答案：

如图 2-2-9 所示，因辅助继电器 M 可以作为存储中间状态的软元件来使用，所以在步进顺控程序之前，利用 M0 启停程序记忆启停状态。

启动时，M0 开始动作并保持，系统正常启动并循环工作。停止时，M0 复位，保持断开状态，当程序执行至 S0 状态时，从 S0 状态向 S20 状态转移的条件就不成立，不能执行并激活 S20 状态，系统便停止工作。由于初始准备动作受 M0 常闭触点的控制，故系统启动后初始准备动作停止，系统停止后又可进行初始准备动作。图 2-2-10 所示为系统的梯形图程序。

请记录：液体自动混合控制系统程序调试存在的问题及解决方法：

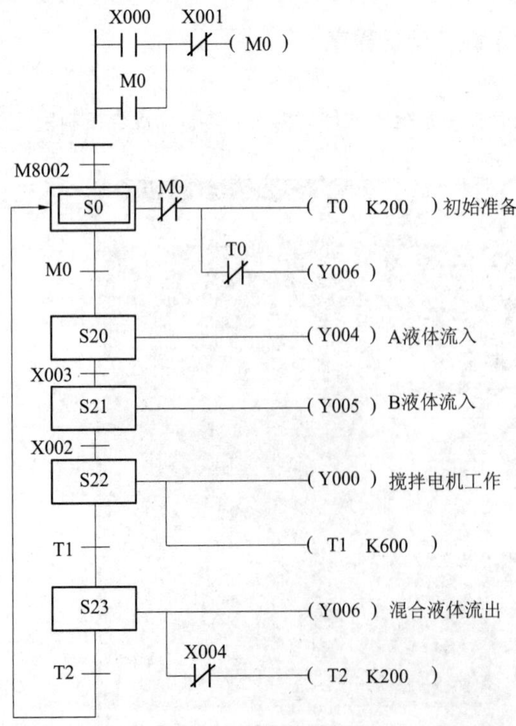

图 2-2-9　液体自动混合控制系统状态转移图

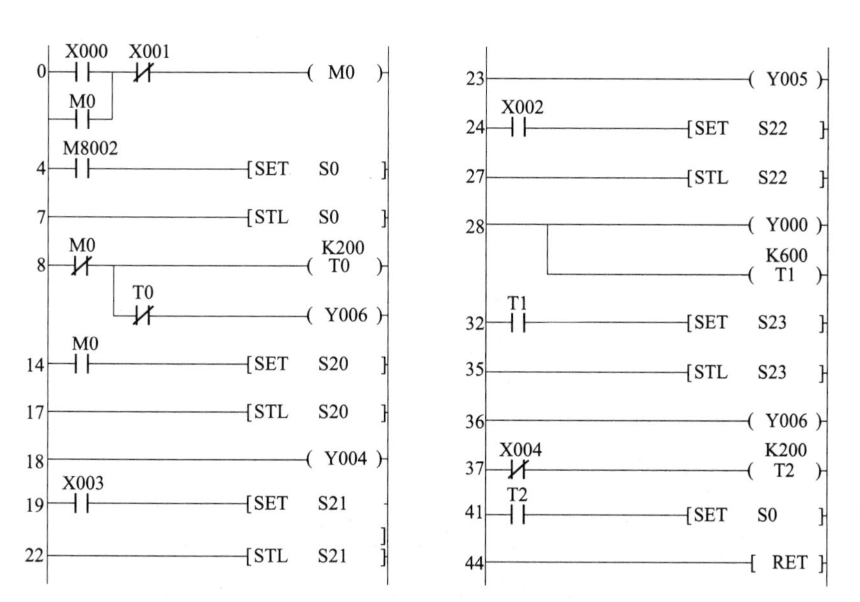

图 2-2-10　液体自动混合控制系统梯形图

学习笔记

请思考：

使用 SFC 图进行程序编写时，哪些程序应该放在梯形图块内编写？哪些程序应该放在 SFC 图块内编写？

拓展训练 1　全自动洗衣机控制系统的实现

任务引入

全自动洗衣机通过机械开关或电脑板来控制洗衣机按预定动作进行洗涤。本任务通过三菱 FX3U 系列 PLC 模拟全自动洗衣机的动作过程。控制要求如下：

（1）按下启动按钮后，进水电磁阀打开开始进水，达到高水位时停止进水，进入洗涤状态。

（2）洗涤时内桶正转洗涤 15 s，暂停 3 s；再反转洗涤 15 s，暂停 3 s；又正转洗涤 15 s，暂停 3 s……如此循环 30 次。

（3）洗涤结束后，排水电磁阀打开，进入排水状态。当水位下降到低水位时，进入脱水状态（同时排水），脱水时间为 10 s。这样就完成从进水到脱水的一个大循环。

（4）经过 3 次上述大循环后，洗衣机自动报警，报警 10 s 后，自动停机结束全过程。

任务分析

全自动洗衣机的控制动作主要有进水、洗涤、排水、脱水、报警和自动停止，控制要求属于步进顺序控制。其可用基本逻辑指令实现，但用步进指令实现更为简单。

全自动洗衣机示意图如图 2-2-11 所示，洗衣桶（外桶）和脱水桶（内桶）以同一中心安放。外桶固定，作盛水用；内桶可以旋转，作脱水（甩水）用。

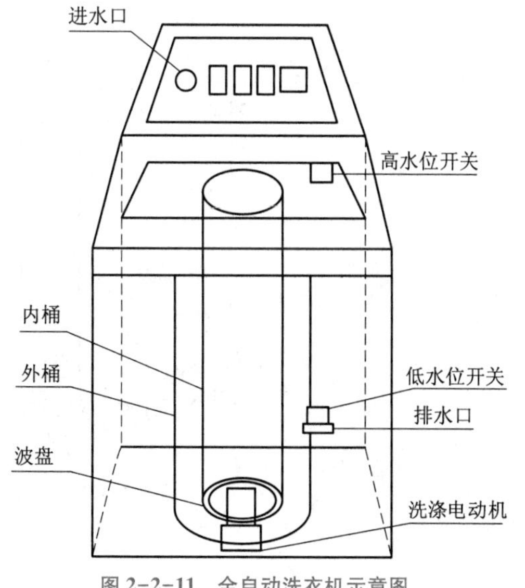

图 2-2-11　全自动洗衣机示意图

请分析：

本控制任务需要用到　　个 PLC 输入信号，　　个 PLC 输出信号。

学习笔记

洗衣机的进水和排水分别由进水电磁阀和排水电磁阀来控制。进水时，电控系统使进水阀打开，经进水管将水注入外桶；排水时，电控系统使排水阀打开，将水由外桶排到机外。水位开关用来检测高、低水位。

洗涤过程中的正转、反转由洗涤电动机驱动波盘的正、反转来实现，此时脱水桶并不旋转。脱水时，电控系统将离合器合上，由洗涤电动机带动内桶正转进行甩干。

任务实施

活动 1：输入与输出点分配

分析控制要求，本系统需有 3 个输入设备：启动按钮、高水位检测开关和低水位检测开关。按照顺序控制流程逐一确定输出设备，其中，进水：进水电磁阀；洗涤：洗涤电动机（正/反转）；排水：排水电磁阀；脱水：脱水离合器、洗涤电动机（正转）；报警：报警蜂鸣器；自动停止：无。

根据确定的输入/输出设备分配 I/O 点，见表 2-2-6。

表 2-2-6　全自动洗衣机 I/O 分配

输　入			输　出		
元件代号	功能	输入点	元件代号	功能	输出点
SB1		X000	KA1		Y000
SQ1		X001	KM1		Y001
SQ2		X002	KM2		Y002
			KA2		Y003
			KA3		Y004
			KA4		Y005

提醒：请结合任务要求和任务分析，填写输入/输出分配表相对应的元件、功能、输入/输出点。

活动 2：画出 PLC 电路原理图

全自动洗衣机的电路原理图如图 2-2-12 所示。

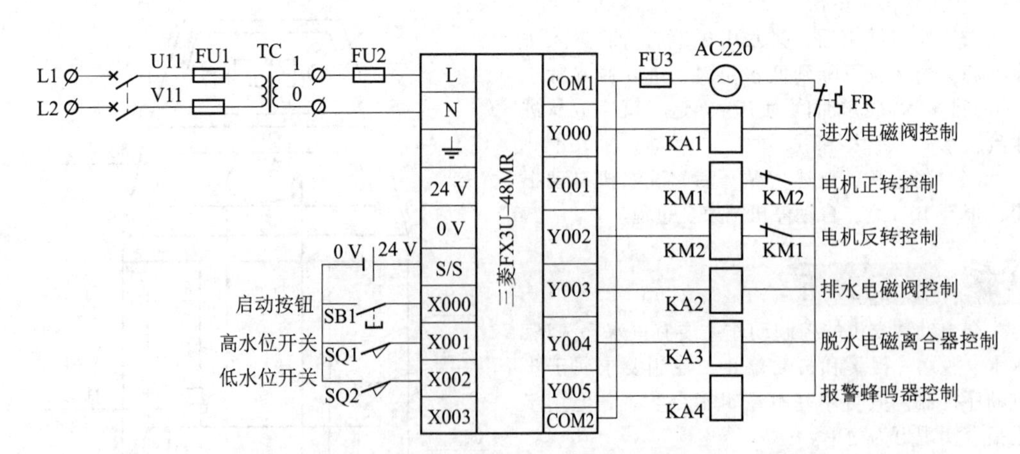

图 2-2-12　全自动洗衣机 PLC 电路原理图

请简述：全自动洗衣机控制系统 PLC 电路原理图绘制注意事项：

学习笔记

请记录：全自动洗衣机控制系统电路连接与检测过程中的注意事项：

请记录：全自动洗衣机控制系统编写PLC程序过程中遇到的问题及解决方法：

活动 3：PLC 实训模块的连接与检测（参照任务一实施）

全自动洗衣机训练功能模块图如图 2-2-13 所示。

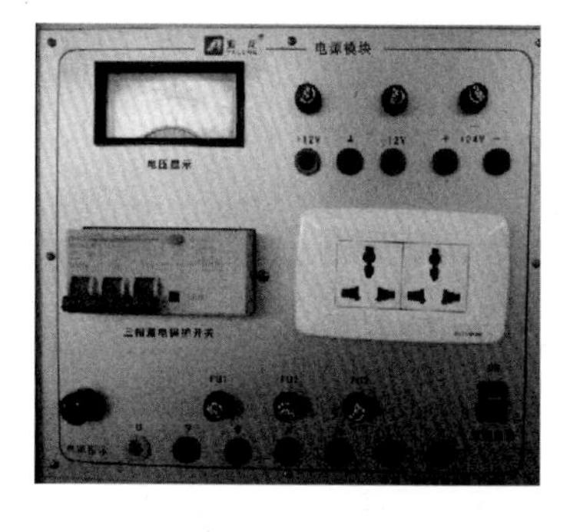

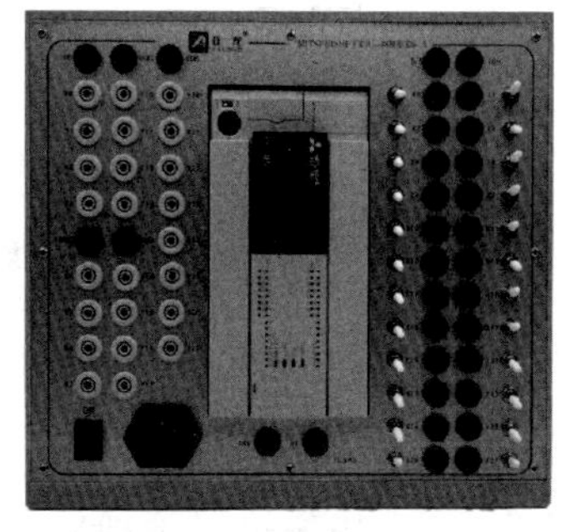

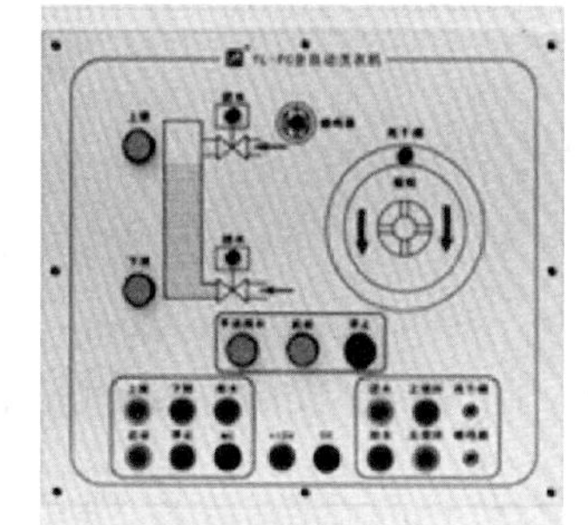

图 2-2-13　PLC 实验模块

活动 4：编写 PLC 程序

1. 绘制状态转移图

根据图 2-2-14 所示的控制流程图绘制如图 2-2-15 所示的控制状态转移图。

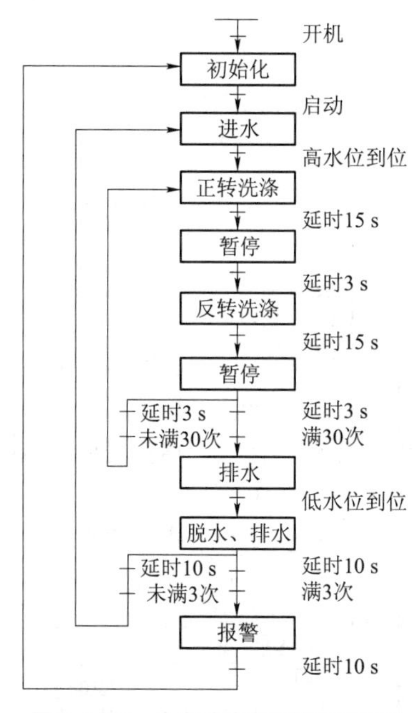

图 2-2-14　全自动洗衣机控制流程图

学习笔记

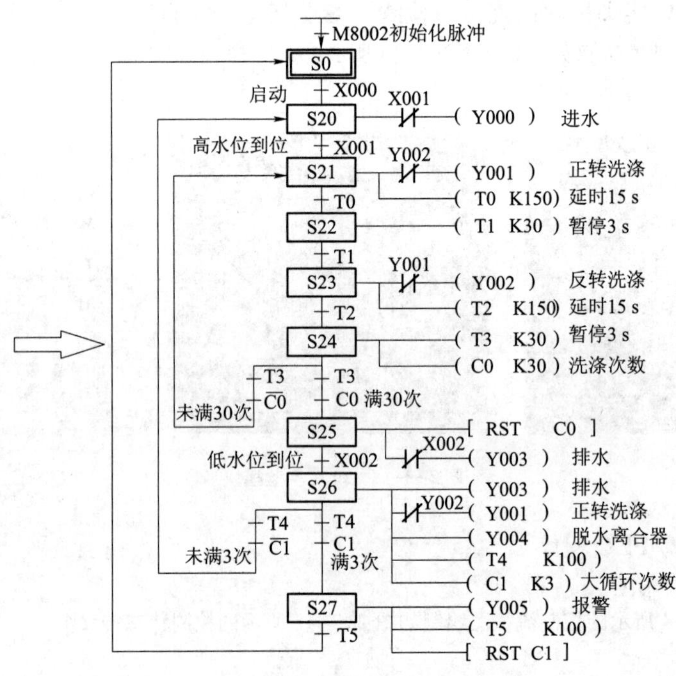

图 2-2-15　全自动洗衣机控制状态转移图

请记录：全自动洗衣机控制系统编写 PLC 程序过程中遇到的问题及解决方法：

2. 编写梯形图程序

全自动洗衣机控制的梯形图和指令语句如图 2-2-16 和图 2-2-17 所示。

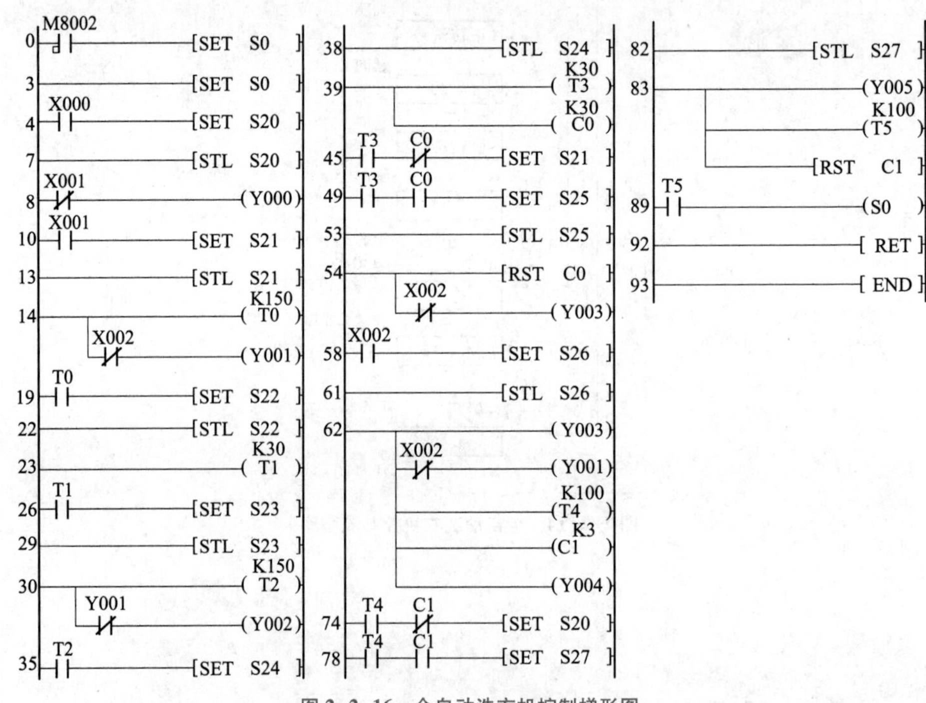

图 2-2-16　全自动洗衣机控制梯形图

```
 0  LD    M8002          47  SET   S21
 1  SET   S0             49  LD    T3
 3  STL   S0             50  AND   C0
 4  LD    X000           51  SET   S25
 5  SET   S20            53  STL   S25
 7  STL   S20            54  RST   C0
 8  LDI   X001           56  LDI   X002
 9  OUT   Y000           57  OUT   Y003
10  LD    X001           58  LD    X002
11  SET   S21            59  SET   S26
13  STL   S21            61  STL   S26
14  OUT   T0     K150    62  OUT   Y003
17  ANI   Y002           63  OUT   Y004
18  OUT   Y001           64  OUT   T4     K100
19  LD    T0             67  OUT   C1     K3
20  SET   S22            70  ANI   Y002
22  STL   S22            71  OUT   Y001
23  OUT   T1     K30     72  LD    T4
26  LD    T1             73  ANI   C1
27  SET   S23            74  SET   S20
29  STL   S23            76  LD    T4
30  OUT   T2     K150    77  AND   C1
33  LDI   Y001           78  SET   S27
34  OUT   Y002           80  STL   S27
35  LD    T2             81  OUT   Y005
36  SET   S24            82  OUT   T5     K100
38  STL   S24            85  RST   C1
39  OUT   T3     K30     87  LD    X005
42  OUT   C0     K30     88  SET   S0
45  LD    T3             90  RET
46  ANI   C0             91  END
```

图 2-2-17　全自动洗衣机控制指令语句

活动 5：用 GX Works2 编程软件编写、下载、调试程序

1. 程序输入

打开 GX Works2 编程软件，新建“全自动洗衣机控制”文件，输入 PLC 程序。

2. 程序下载

单击“在线”图标，再选择“写入”选项，将 PLC 程序下载至 PLC。注意：此时可让三菱 FX3U PLC 的运行按钮切换至“STOP”上。

3. 系统调试

（1）在教师现场监护下进行通电调试，验证系统控制功能是否符合要求。

（2）如果出现故障，学生应独立检修，根据出现的故障现象检修相关线路或修改梯形图。

（3）系统检修完毕应重新通电调试，直至系统正常工作。

拓展训练 2　机械手控制系统的实现

任务引入

目前，工业自动化控制已经成为现代企业的重要支柱。无人车间、无人生产流水线等已随处可见，机械手控制技术也越来越重要。在工业自动化控制中，一些有害、繁重和重复性强的工作都可以由机械手来完成。

图 2-2-18 所示为常见的机械手实物图，本图中的机械手可进行左摆、右摆、伸出、缩回、上升、下降、手爪夹紧和放松这 8 个自由动作。每个动作能否动作到位，都由相应的限位开关来判断，分别是左限位开关、右限位开关、伸出限位开关、缩回限位开关、上升限位开关、下降限位开关和手爪加紧限位开关。一般机械手控制要求如下。

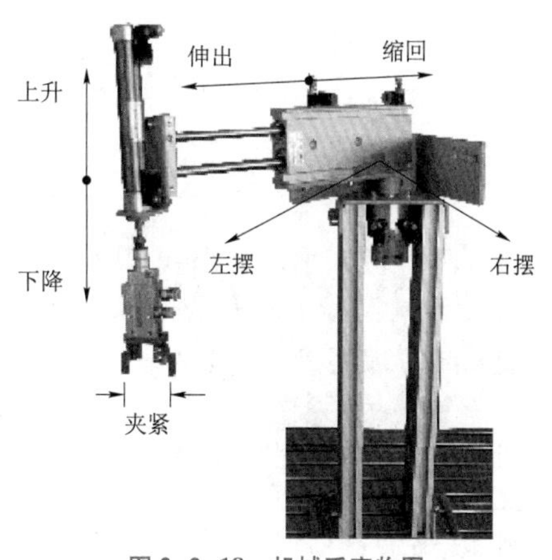

图 2-2-18　机械手实物图

学习笔记

请记录：全自动洗衣机控制系统程序调试步骤注意事项：

请记录：全自动洗衣机控制系统程序调试存在的问题及解决方法：

请分析：本控制任务需要用到　　个 PLC 输入信号，　　个 PLC 输出信号。

学习笔记

（1）机械手初始位置应处于手爪放松、上升、缩回、左摆状态。若机械手不在初始位置，则系统不能开始工作，需手动复位机械手。

（2）当按下启动按钮后，机械手需从左下前方的位置 A 处夹取货物至右下前方的位置 B 处。在机械手运行过程中，考虑到安全规范，按下列步骤进行动作：悬臂伸出→手臂下降→气爪将位置 A 处的货物夹紧，夹紧 1 s 后，手臂上升→悬臂缩回→转动至右侧极限位置→然后悬臂伸出→手臂下降→气爪放松，将货物放到位置 B 处，机械手放下夹持的工件，1 s 后，自行回到初始位置。

（3）按下停止按钮后，机械手完成此次货物搬运并停于初始位置。考虑到机械手运行过程中的突发情况，特设定一急停按钮。在任何情况下拍下急停按钮，机械手停止动作。松开急停按钮后，系统接着急停前的动作继续进行。

任务分析

分析控制要求可知，机械手按任务要求顺序执行动作并不复杂，但在完成过程中需思路清楚。需注意初始状态中初始位置的条件的设定及停止时如何完成当前循环后停止以及急停的处理。

任务实施

活动 1：输入与输出点分配

根据机械手控制要求和结构组成可知，有三个输入设备涉及整个系统的启动、停止与急停。此外，机械手的 8 个动作对应 7 个限位开关，共 11 个输入点。整个机械手的 8 个动作（左摆、右摆、伸出、缩回、上升、下降、手爪加紧和放松）分别由 8 个电磁阀来进行控制。确定的输入/输出分配见表 2-2-7。

提醒：

请结合任务要求和任务分析，填写输入/输出分配表相对应的元件、功能、输入/输出点。

表 2-2-7　输入/输出分配表

输　入			输　出		
元件代号	功能	输入点	元件代号	功能	输出点
SB1		X0	YV1		Y1
SB2		X1	YV2		Y2
S1		X2	YV3		Y3
S2		X3	YV4		Y4
S3		X4	YV5		Y5
S4		X5	YV6		Y6
S5		X6	YV7		Y7
S6		X7	YV8		Y10
Q7		X10			
QS		X27			

活动 2：机械手控制系统 PLC 电路原理图

机械手控制系统 PLC 电路原理图如图 2-2-19 所示。

活动 3：编写 PLC 程序

1. 绘制状态转移图

机械手控制系统的状态转移图如图 2-2-20 所示。

2. 编写梯形图

机械手控制系统的梯形图和指令语句如图 2-2-21 和图 2-2-22 所示。

学习笔记

请简述：

机械手送控制系统 PLC 电路原理图绘制注意事项：

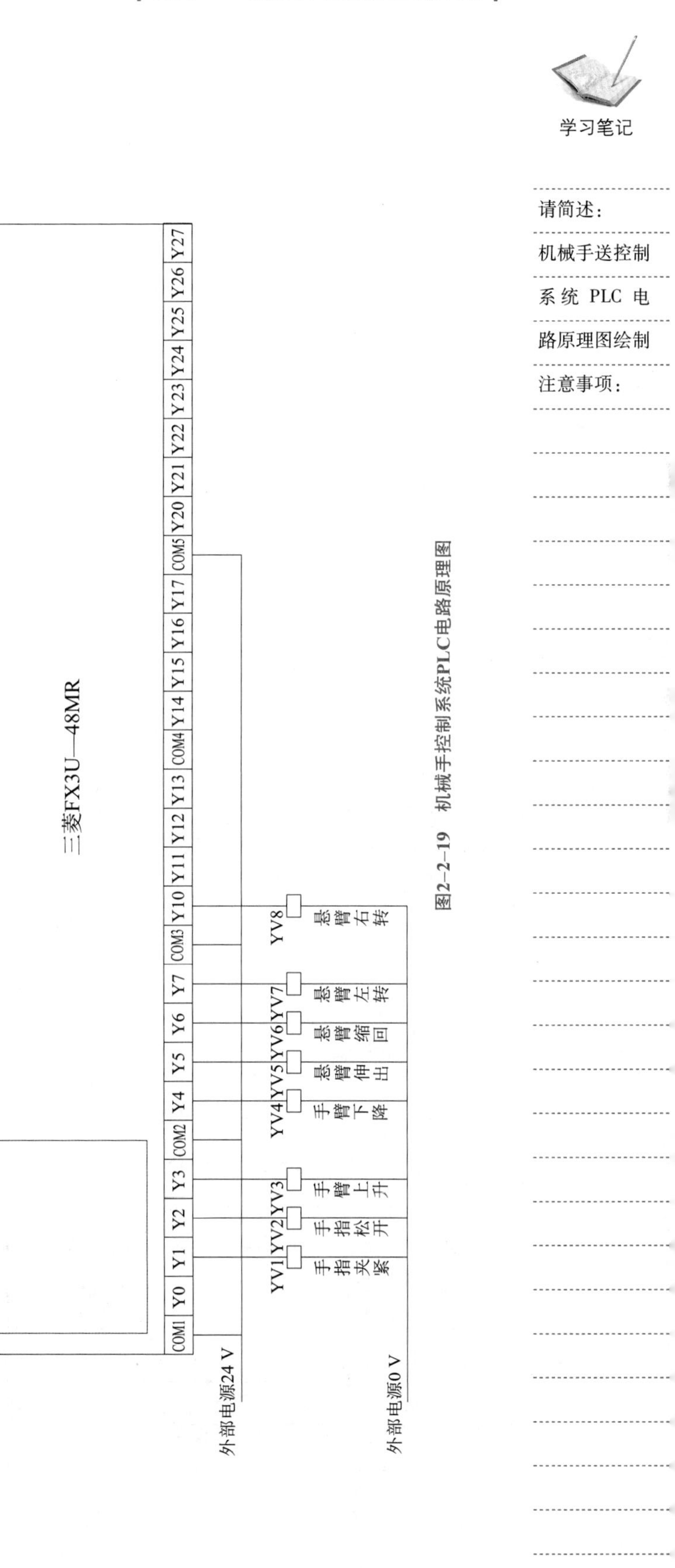

图2-2-19　机械手控制系统PLC电路原理图

学习笔记

请记录：机械手控制系统编写 PLC 程序过程中遇到的问题及解决方法：

```
0   X000  X001(常闭)  M1 ----------------( M0 )
    M0 (并联X000)
5   X002(常闭)  X003  X006  X007 --------( M1 )
0   X027(常闭) --------------------------( M8034 )
                 ------------------------( M8040 )
5   M8000 -------------------------------( M8047 )
```

不处于初始状态无法启动

初始状态的条件

特殊辅助继电器处理急停

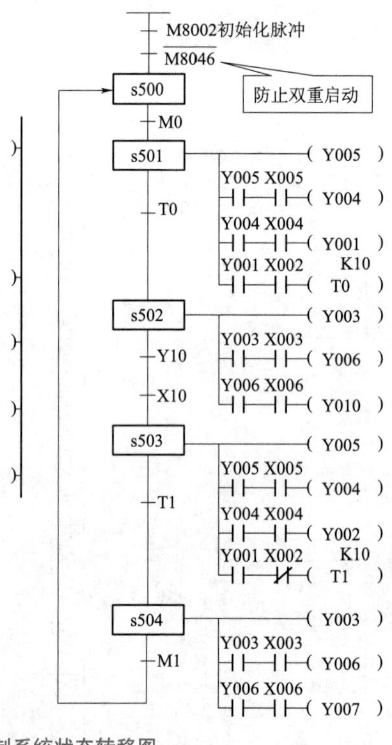

图 2-2-20　机械手控制系统状态转移图

```
0   X000  X001(常闭)  M1 ------------------(M0)
    M0 (并联X000)
5   X002(常闭)  X003  X006  X007 ----------( M1 )
10  X027(常闭) ----------------------------(M8034)
                 --------------------------(M8040)
15  M5000 ---------------------------------(M8047)
18  M5002  M8048(常闭) --------------------[SET  S500 ]
22  ---------------------------------------[STL  S500 ]
23  M0 ------------------------------------(SET  S501 )
26  ---------------------------------------[STL  S501 ]
27  ---------------------------------------( Y005 )
28  Y005  X005 ----------------------------( Y004 )
31  Y004  X004 ----------------------------( Y001 )
34  Y001  X002 ----------------------------( T0  K10 )
39  T0 ------------------------------------[SET  S502 ]
42  ---------------------------------------[STL  S502 ]
43  ---------------------------------------( Y003 )
44  Y003  X003 ----------------------------( Y006 )
47  Y006  X006 ----------------------------( Y010 )
50  Y010  X010 ----------------------------[SET  S503 ]
54  ---------------------------------------[STL  S503 ]
55  ---------------------------------------( Y005 )
56  Y005  X005 ----------------------------( Y004 )
59  Y004  X004 ----------------------------( Y002 )
62  Y002  X002(常闭) ----------------------( T1  K10 )
67  T1 ------------------------------------[SET  S504 ]
70  ---------------------------------------[STL  S504 ]
71  ---------------------------------------( Y003 )
72  Y003  X003 ----------------------------( Y006 )
75  Y006  X006 ----------------------------( Y007 )
78  Y007  M1 ------------------------------[SET  S500 ]
82  ---------------------------------------[ RET ]
83  ---------------------------------------[ END ]
```

图 2-2-21　机械手控制系统梯形图

学习笔记

```
0  LD   X000       36 OUT  T0    K10   74 OUT  Y006
1  OR   M0         39 LD   T0          75 LD   Y006
2  ANI  X001       40 SET  S502        76 AND  X006
3  AND  M1         42 STL  S502        77 OUT  Y007
4  OUT  M0         43 OUT  Y003        78 LD   Y007
5  LDI  X002       44 LD   Y003        79 AND  M1
6  AND  X003       45 AND  X003        80 SET  S500
7  AND  X006       46 OUT  Y006        82 RET
8  AND  X007       47 LD   Y006        83 END
9  OUT  M1         48 AND  X006
10 LDI  X027       49 OUT  Y010
11 OUT  M8034      50 LD   Y010
13 OUT  M8040      51 AND  X010
15 LD   M8000      52 SET  S503
16 OUT  M8047      54 STL  S503
18 LD   M8002      55 OUT  Y005
19 ANI  M8046      56 LD   Y005
20 SET  S500       57 AND  X005
22 STL  S500       58 OUT  Y004
23 LD   M0         59 LD   Y004
24 SET  S501       60 AND  X004
26 STL  S501       61 OUT  Y002
27 OUT  Y005       62 LD   Y002
28 LD   Y005       63 ANI  X002
29 AND  X005       64 OUT  T1    K10
30 OUT  Y004       67 LD   T1
31 LD   Y004       68 SET  S504
32 AND  X004       70 STL  S504
33 OUT  Y001       71 OUT  Y003
34 LD   Y001       72 LD   Y003
35 AND  X002       73 AND  X003
```

图 2-2-22　机械手控制系统指令语句

请记录：机械手控制系统程序调试步骤注意事项：

活动 4：用 GX Works2 编程软件编写、下载、调试程序

1. 程序输入

打开 GX Works2 编程软件，新建“机械手控制系统”文件，输入 PLC 程序。

2. 程序下载

单击“在线”图标，再单击“写入”，将 PLC 程序下载至 PLC。注意：此时可让三菱 FX3U PLC 的运行按钮切换至“STOP”上。

3. 系统调试

（1）在教师现场监护下进行通电调试，验证系统控制功能是否符合要求。

（2）如果出现故障，学生应独立检修，根据出现的故障现象检修相关线路或修改梯形图。

（3）系统检修完毕应重新通电调试，直至系统正常工作。

请记录：机械手控制系统程序调试存在的问题及解决方法：

项目评价

项目评价表见表 2-2-8。

表 2-2-8　项目评价表

考核项目			考核内容	项目分值	自我评价	小组评价	教师评价
	专业能力 60%	1. 工作准备的质量评估	（1）常用电工工具、三菱 FX3U PLC、计算机、GX 软件、万用表和数据线能正常使用	5			
			（2）工作台环境布置合理，符合安全操作规范	5			
		2. 工作过程各个环节的质量评估	（1）能根据液体自动混合系统的控制要求，合理分配输入与输出点	2			
			（2）画出由三菱 FX3U 系列 PLC 控制的系统运行的电路原理图	4			

学习笔记

请分析：完成项目评分表后，对本项目进行小结：

续表

考核项目		考核内容		项目分值	自我评价	小组评价	教师评价
考核项目	专业能力60%	2. 工作过程各个环节的质量评估	（3）能够进行电源模块、PLC模块、系统模块之间的接线操作	6			
			（4）能说出状态元件S的基本概念，并能利用状态编程法实现步进程序的编程	4			
			（5）能将功能转移图SFC转换成梯形图和指令语句的形式	4			
		3. 工作成果的质量评估	（1）PLC实验模块的接线美观、合理、规范	5			
			（2）会用万用表检测并排除PLC系统中电源部分、输入回路以及输出回路部分的故障	5			
			（3）能熟练使用GX Works2编程软件实现PLC程序的编写、调试和监控	10			
			（4）项目实验报告过程清晰、内容翔实、体验深刻	10			
	综合能力40%	信息收集能力	液体自动混合运行系统实施过程中程序设计以及元器件选择的相关信息收集	10			
		交流沟通能力	会通过组内交流、小组沟通、师生对话解决软件、硬件设计过程中的困难，及时总结	10			
		分析问题能力	了解PLC电路原理图的分析过程、正确的接线方式，采用联机调试基本思路与基本方法顺利完成本项目的软、硬件设计	10			
		团结协作能力	项目实施过程中，团队能分工协作、共同讨论，及时解决项目实施中的问题	10			

项目总结

本项目以工业生产过程中液体自动混合控制系统为例，向大家系统地介绍了状态元件S、状态编程法、状态转移图SFC以及单流程步进顺序控制程序的编写过程。在本项目的实践操作过程中，应仔细体会状态转移图SFC的编程技巧，并熟练掌握将状态转移图转换成梯形图或指令语句的方法。两个拓展项目也是实际生产过程中典型的单流程顺序控制的案例，请认真分析并予以实践，为后续选择性分支及并行分支的步进顺控程序的学习打下扎实的基础。

练习与操作

1. 状态编程的三要素是什么？状态转移图有哪几种基本结构？

2. 三菱FX3U系列PLC的状态元件可分哪几类？各有什么用途？

3. 步进节点指令用什么符号来表示？它具体表示什么含义？

4. 有一制作奶茶的物料混合装置，制作一杯奶茶需要加入四种成分。按下启动按钮后，按以下顺序自动进行混合：

（1）热水阀打开，加热水2 s；

（2）加糖阀打开，加糖 1 s，同时混合电动机启动；

（3）牛奶阀打开，加牛奶 2 s；

（4）咖啡阀打开，加咖啡 1 s；

（5）混合电动机再混合 2 s 后结束。

在混合过程中按下启动按钮不起作用，要重新混合一杯奶茶必须在一个循环结束后。试设计其步进控制程序，并画出状态转移图。

5. 某皮带运输机如图 2-1 所示，原料从料斗经过三台皮带运输机送出，料斗供料由电磁阀 YV 控制，三台皮带运输机分别由电动机 M1～M3 驱动，控制要求如下。

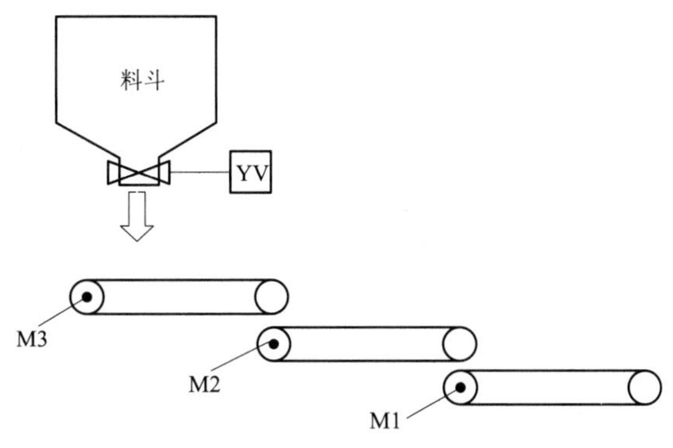

图 2-1　题 5 图

（1）启动时为了避免在前段运输皮带上造成物料堆积，要求逆物料流动方向以 5 s 的时间间隔顺序启动，启动顺序为 M1→M2→M3→YV；

（2）停止时为了使运输皮带上不残留物料，要求顺物料流动方向以 5 s 的时间间隔顺序停止，停止顺序为 YV→M3→M2→M1；

（3）在运行过程中，若 M1 过载，则 M1、M2、M3、YV 同时停止；若 M2 过载，则 M2、M3、YV 同时停止，M1 延时 10 s 后停止；若 M3 过载，则 M3、YV 同时停止，M2 延时 10 s 后停止，M1 在 M2 停止后再延时 10 s 停止。

试设计其步进控制程序，并画出状态转移图。

6. 自动运料车控制系统如图 2-2 所示，其控制要求如下：

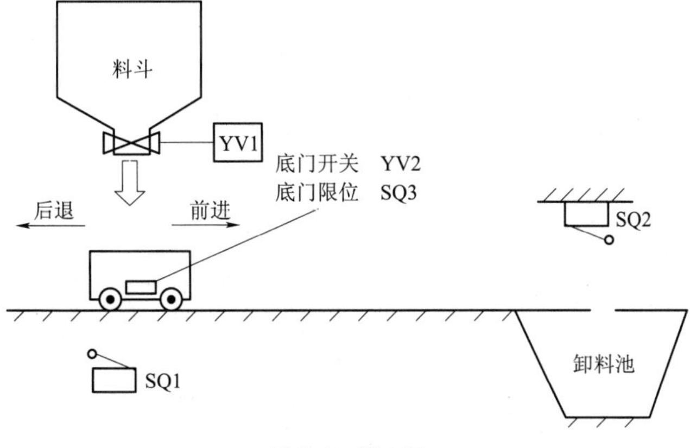

图 2-2　题 6 图

（1）小车由电动机驱动，电动机正转，小车前进，反转则后退。初始时小车停于左端，左限位开关 SQ1 压合。

（2）按下启动按钮，小车开始装料（电磁阀 YV1 得电），5 s 后装料结束（电磁阀 YV1 失电），

小车前进至右端，压合右限位开关 SQ2，开始卸料（电磁阀 YV2 得电）。

（3）5 s 后卸料结束（电磁阀 YV2 失电），底门在弹簧作用下自动复位，底门限位 SQ3 压合后，小车后退至左端，压合 SQ1 再次开始装料……如此循环。

（4）设置预停按钮。在小车工作中若按下预停按钮，则小车完成一次循环后，停于初始位置。

试设计其步进控制程序，并画出状态转移图。

项目三 物料分拣控制系统

物料分拣控制系统在先进制造领域的工业生产中扮演着极其重要的角色。它可以代替人实现物料的自动搬运、传送以及不同类型物料的分拣控制，从而实现生产的机械化和自动化。该系统能在有害环境下工作，以保护工人的人身安全，因此被广泛应用于机械制造、冶金、电子、轻工等部门。图 3-0-1 所示为常见的物料分拣控制系统的模拟实验装置。

图 3-0-1　常见物料分拣设备示意图

为了能深入理解物料分拣控制系统的基本原理，本项目首先通过一个最简单的控制实例"大小铁球分类传送控制"，结合三菱 FX3U-48M 可编程控制器以及 PLC 接线板的制作，来学习选择性分支状态转移图（SFC）的编程原则和方法，然后通过紧贴生产实际的 YL-235A 型物料传送分拣仿真设备，进一步加强编写选择性分支步进顺控程序的能力。通过本项目的学习和实践，应努力达到如下目标：

知识目标

（1）理解选择性分支状态转移图的基本概念，知道选择性分支的特点；

（2）熟悉选择性分支状态转移图的编程原则和方法。

技能目标

（1）学会分析大小铁球分类传送控制的基本要求，熟练绘制状态转移图（SFC），结合 PLC 接线板的制作，完成系统的安装、调试与监控；

（2）理解物料分拣系统的工作原理，会利用选择性分支结构的状态转移图编写金属、白色塑料与黑色塑料三种不同物料的分拣控制程序。

学习笔记

素养目标

（1）形成多种方式解决问题的思维方式，创新实践的工程意识；

（2）养成严谨、细致、乐于探索实践的职业习惯；

（3）培养应用技能服务生活、科技创造美好的职业情怀。

任务一　学习状态转移图（SFC）的选择性分支结构

任务引入

由前面学习可知，状态转移图（SFC）按其结构特点可分为单流程结构、选择性分支结构以及并行分支结构三种。其中单流程结构的步进程序较为简单，只需按照基本步骤顺序执行即可。在选择性分支结构的步进程序中，从一个状态跳转至其他状态时，会出现多个不同的转移条件，这些不同的转移条件对应了不同的跳转状态。在步进程序执行的过程中，首先要判断转移条件是否满足，然后跳转至对应的状态并执行。

任务引入视频

请判断：完成本任务后，结合自身实际情况，给这 3 个需解决的问题进行执行难度星级判定。

①

②

③

任务分析

通过本任务的学习和实践，需要解决下面几个问题：

（1）什么是选择性分支？选择性分支的特点有哪些？

（2）选择性分支状态转移图（SFC）的编程原则是什么？

（3）选择性分支状态以及汇合状态该如何处理？

知识点讲解

活动 1：学习选择性分支基本概念

1. 选择性分支的定义

所谓选择性分支，是指步进程序能够对多个状态转移条件进行判断，然后从多个分支流程中选择某一个分支执行，这种状态转移图的分支结构称为选择性分支。

请实践并思考：选择性分支 SFC 图中，进入两个不同的分支条件能否一样？若一样会出现何种现象？

2. 选择性分支的特点

图 3-1-1 所示为选择性分支状态转移图。从图中可知，该选择性分支结构共有 3 个分支，分别是第一分支 S21～S22、第二分支 S31～S32 和第三分支 S41～S42，分析其特点如下：

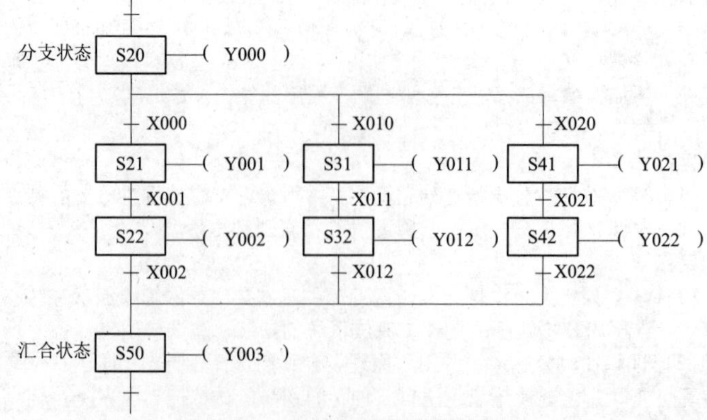

图 3-1-1　选择性分支状态转移图

（1）从 3 个分支中具体选择、执行哪一个流程完全由转移条件 X000、X010 和 X020 的通断决定。

（2）选择性分支转移条件 X000、X010 和 X020 不能同时接通，哪个先接通，就执行哪条分支。

（3）当 S20 状态被激活后，若 X000 接通，程序就向 S21 转移，则 S20 自动复位。因此，即使之后 X010 或 X020 接通，S31 或 S41 也不会动作，因为步进程序已跳转至 S21。

（4）汇合状态 S50，可由 S22、S32、S42 状态中任意一个驱动。

活动 2：学习选择性分支 SFC 的编辑

程序编辑

1. SFC 块程序框架的编辑

首先进入到图 3-1-2 所示 SFC 编辑窗口。

在图 3-1-2 中 4×1 光标位置，单击“F5”，输入编号“20”，生成状态框

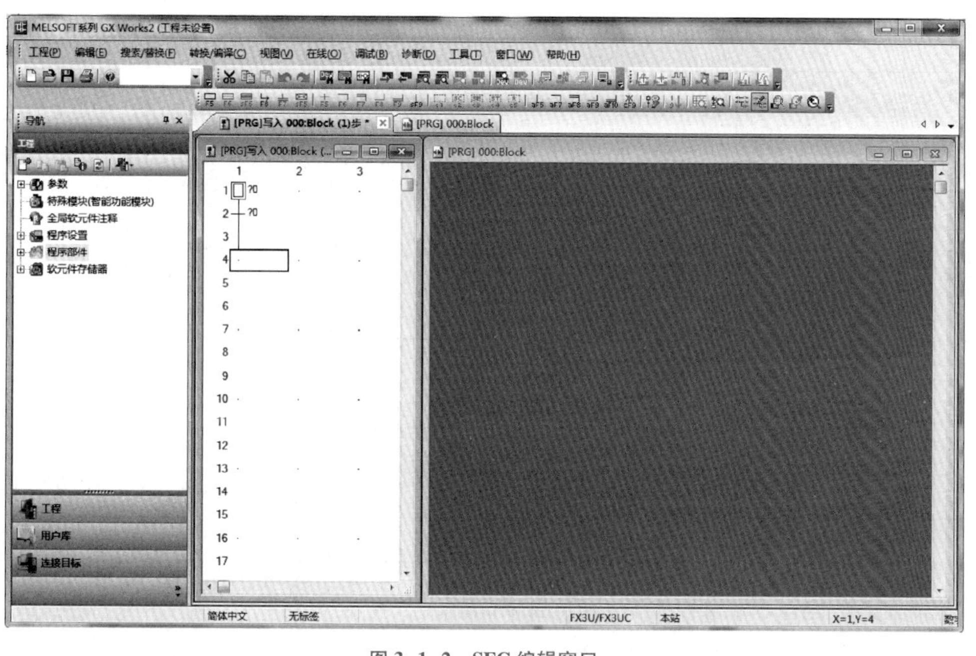

图 3-1-2　SFC 编辑窗口

“S20”；在 5×1 光标位置，单击“F6”，SFC 符号输入框中图标号显示为“--D”，输入编号“1”，生成选择序列分支，如图 3-1-3 所示。

图 3-1-3　生成选择序列分支

按照表 3-1-1 所示的步序进行余下 SFC 程序图的编辑操作。

提醒：编写程序时合理使用快捷键可提高程序录入快速性和准确性。

请记录：软件操作过程中的注意事项：

请记录：软件操作过程中碰到的问题及解决方法：

学习笔记

请记录：软件操作过程中的注意事项：

表 3-1-1　选择序列流程 SFC 块图形编辑步序

步序	光标位置	操　作	图形结果
1	6×1	单击F5，输入编号 1	生成横线 1
2	6×2	单击F5，输入编号 2	生成横线 2
3	6×3	单击F5，输入编号 3	生成横线 3
4	7×1	单击F5，输入编号 21	生成状态框 21
5	8×1	单击F5，输入编号 4	生成横线 4
6	10×1	单击F5，输入编号 22	生成状态框 22
7	11×1	单击F5，输入编号 7	生成横线 7
8	7×2	单击F5，输入编号 31	生成状态框 31
9	8×2	单击F5，输入编号 5	生成横线 5
10	10×2	单击F5，输入编号 32	生成状态框 32
11	11×2	单击F5，输入编号 8	生成横线 8
12	7×3	单击F5，输入编号 41	生成状态框 41
13	8×3	单击F5，输入编号 6	生成横线 6
14	10×3	单击F5，输入编号 42	生成状态框 42
15	11×3	单击F5，输入编号 9	生成横线 9
16	12×1	单击F8，输入编号 1	选择分支合并
17	12×2	单击F8，输入编号 2	选择分支合并
18	13×1	单击F5，输入编号 50	生成状态框 50

请记录：软件操作过程中碰到的问题及解决方法：

完成上述操作后，形成如图 3-1-4 所示的 SFC 图。

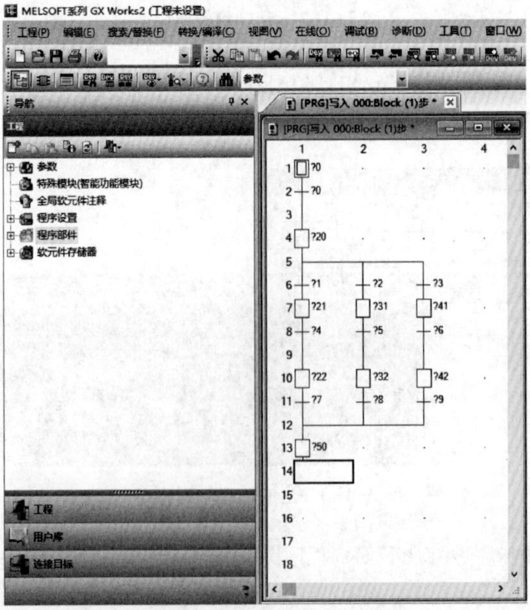

图 3-1-4　SFC 程序框架图

2. SFC 程序块内置梯形图编辑

对每一个状态框和转换条件横线进行内置梯形图输入，具体操作步骤参考项目二中的活动 3。

3. SFC 程序整体转换

按下键盘上的“F4”进行程序的转换，转换后对应的梯形图程序及指令表如图 3-1-5 所示。

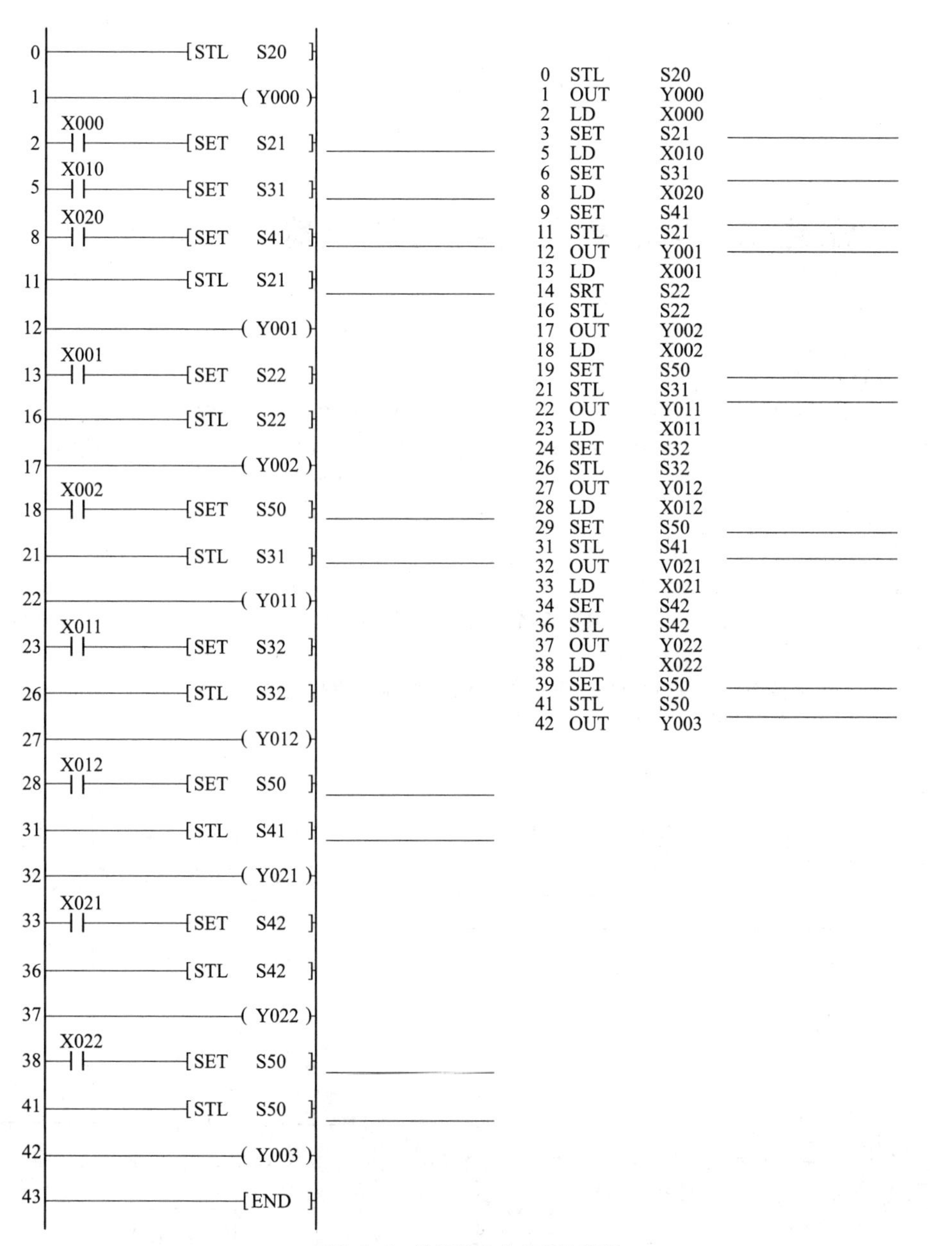

0	STL	S20
1	OUT	Y000
2	LD	X000
3	SET	S21
5	LD	X010
6	SET	S31
8	LD	X020
9	SET	S41
11	STL	S21
12	OUT	Y001
13	LD	X001
14	SRT	S22
16	STL	S22
17	OUT	Y002
18	LD	X002
19	SET	S50
21	STL	S31
22	OUT	Y011
23	LD	X011
24	SET	S32
26	STL	S32
27	OUT	Y012
28	LD	X012
29	SET	S50
31	STL	S41
32	OUT	V021
33	LD	X021
34	SET	S42
36	STL	S42
37	OUT	Y022
38	LD	X022
39	SET	S50
41	STL	S50
42	OUT	Y003

图 3-1-5　选择性分支状态的编程

学习笔记

找一找：请分别在梯形图和指令语句后方画线处填上标号，标号选项如下：

① 分支状态
② 汇合状态
③ 转移到第一分支状态
④ 转移到第二分支状态
⑤ 转移到第三分支状态
⑥ 第一分支开始
⑦ 第二分支开始
⑧ 第三分支开始
⑨ 第一分支汇合
⑩ 第二分支汇合
⑪ 第三分支汇合

活动 3：学习选择性分支梯形图的编程

1. 选择性分支状态转移图的编程原则

选择性分支状态转移图的编程原则为：先集中处理分支状态，后集中处理汇合状态。如图 3-1-1 所示，先进行 S20 分支状态的编程，再进行 S50 汇合状态的编程。

学习笔记

请思考：选择性分支状态处理完成后一定要进行汇合处理吗，为什么？

（1）分支状态的处理。应先对各分支第一个状态的跳转进行处理，然后再按各分支的顺序进行状态处理。

如图 3-1-5 所示，在分支状态 S20 中先进行线圈输出处理（OUT Y000），并集中对三个分支相应的第一个状态的驱动进行处理（例如：SET S21、SET S31 和 SET S41），然后按顺序分别对三个分支进行状态编程。

（2）汇合状态的处理。先分别在各分支的最后一个状态进行向汇合状态转移的处理，然后再对汇合状态编程。

如图 3-1-5 所示，先在各个分支的最末状态 S22、S32 和 S42 中分别进行转移到汇合状态的集中处理（SET S50），然后再对汇合状态进行编程（STL S50）。

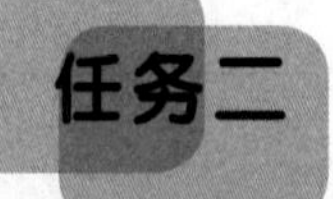

任务二　大小铁球分类传送控制系统的实现

任务引入

图 3-2-1 所示为大小铁球分类传送控制系统，主要功能是将待分拣处存放的两种尺寸不一的球类进行分类、传送，要求将小球整理至小球容器内、大球整理至大球容器内。其主要动作流程按以下要求进行：

（1）系统初始状态为：电磁铁 YA 失电，SQ1 与 SQ4 分别压合（表示分类传送装置处于左限位、上限位状态）。只有当系统处于初始状态时才能启动，若不在初始位置，则手动自行调整。

（2）电磁铁下降吸球的过程约为 2 s，通过 SQ5 能否压合来判断球的大小，吸取大球时 SQ5 不动作，吸取小球时 SQ5 动作。考虑到系统工作的可靠性，规定电磁铁吸牢和释放铁球的时间均为 1 s。

（3）按下启动按钮后，系统按图 3-2-2 所示的工作流程完成一次动作后停止，等待下次启动。在本装置运动过程中需考虑安全规范。

请分析：本控制任务需要用到　　个 PLC 输入信号，　　个 PLC 输出信号。

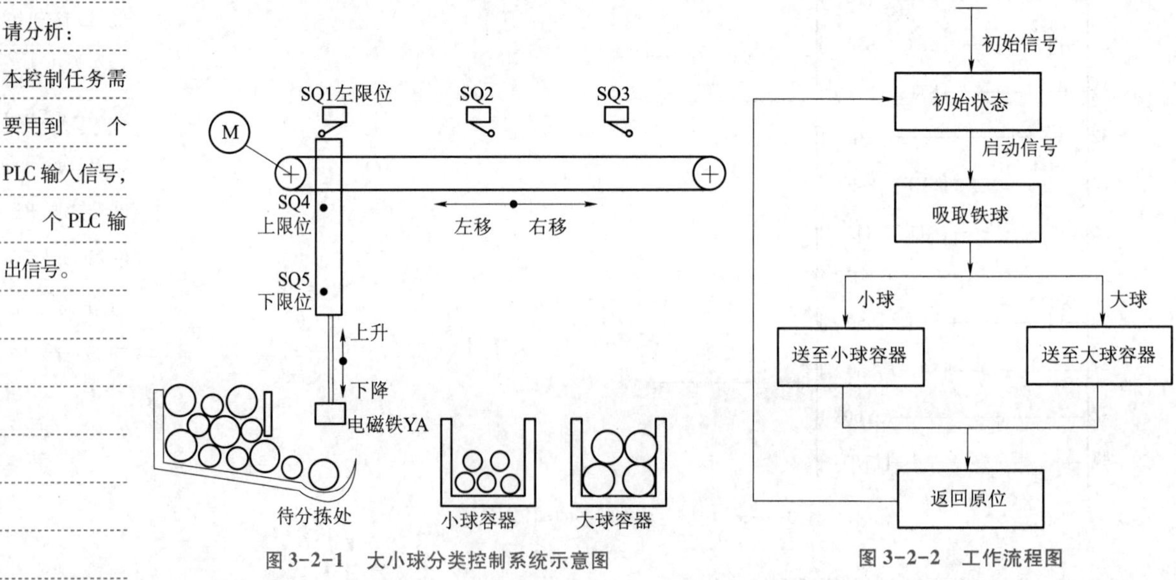

图 3-2-1　大小球分类控制系统示意图

图 3-2-2　工作流程图

任务分析

通过分析可知，本系统仍按照同一个流程顺序动作，但从图 3-2-2 中可以看出，在判定当前铁球为大球或小球后，需进行分支的选择，从而正确地将铁球分类传送。这就必须采用选择性分支结构的状态转移图进行程序设计。在本任务的实施过程中，需要解决以下几个问题：

（1）会自定 I/O 分配表，画出大小球分类传送控制系统的 PLC 电路原理图。

（2）能根据 PLC 电路原理图，独立完成 PLC 接线板的安装与检测。

（3）会根据任务要求，细化工作流程图，然后正确编写选择性分支状态转移图并转换成梯形图或指令语句。

（4）利用 GX Works2 编程软件完成大小球分类传送控制系统的程序编写、调试与监控。

活动 1：输入与输出点的分配

1. 自定输入/输出分配表

大小铁球分类传送控制系统的输入/输出分配如表 3-2-1 所示。

表 3-2-1　大小铁球分拣控制系统输入/输出分配表

输　入			输　出		
元件	功能	输入点	元件	功能	输入点

活动 2：画 PLC 系统电路原理图

用三菱 FX3U-48M 型可编程序控制器实现大小铁球分拣控制系统的电路原理如图 3-2-3 所示。

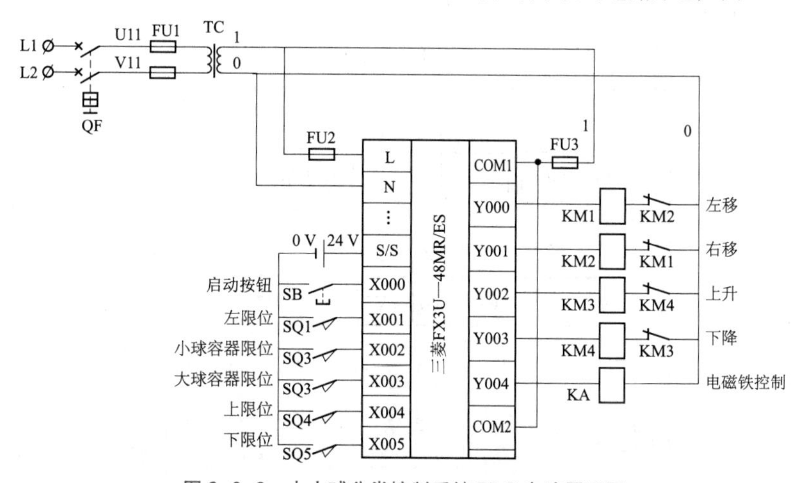

图 3-2-3　大小球分类控制系统 PLC 电路原理图

活动 3：PLC 接线板的安装

1. 元器件的准备

准备好本活动需要的元件器材，见表 3-2-2。

学习笔记

请判断：完成本任务后，结合自身实际情况，给这 4 个需解决的问题进行执行难度星级判定。

①

②

③

④

提醒：请结合任务要求及任务分析，填写输入/输出分配表相对应的元件、功能、输入/输出点。

请简述：大小球分类传送控制系统 PLC 电路原理图绘制注意事项：

学习笔记

提醒：
请结合电路原理图分析，填写需要元器件材料的名称、型号、数量、单位

提醒：
请结合电路原理图分析，填写需要元器件材料的名称、型号、数量、单位

表 3-2-2　元件器材表

序号	名　称	型号规格	数量	单位	备　注
1					
2					
3					
4					
5					
6					
7					
8					
9					
10					
11					
12					
13					
14					
15					
16					
17					
18					

2. 元器件的布置

根据表 3-2-2 检测元器件的好坏，将符合要求的元器件按图 3-2-4 所示安装在网孔板上并固定。

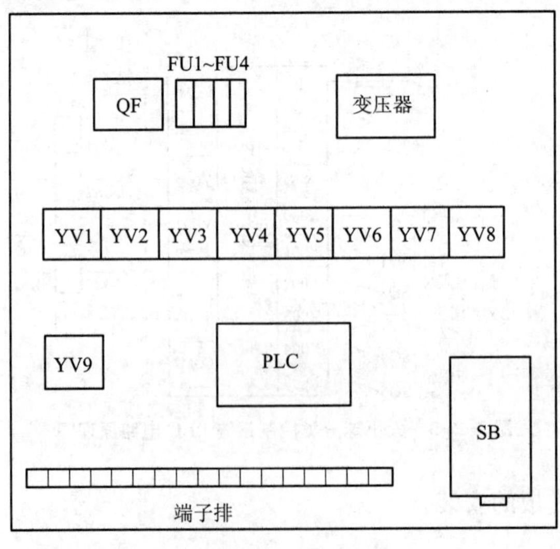

图 3-2-4　PLC 接线板

3. PLC 系统的连线与自检

根据图 3-2-3 所示 PLC 电路原理图以及图 3-2-4 所示元器件分布情况，按配线原则与工艺要求进行 PLC 控制系统的安装接线。特别注意布线时需紧贴线槽，保持整齐与美观。具体操作方式可按

以下步骤进行：

（1）连接PLC电源部分。如图3-2-5所示，L1、L2两根相线→进端子排→从端子排出→________连接________→变压器TC→1号线通过________连接________，0号线直接连接________。这样，PLC电源部分的接线完成。

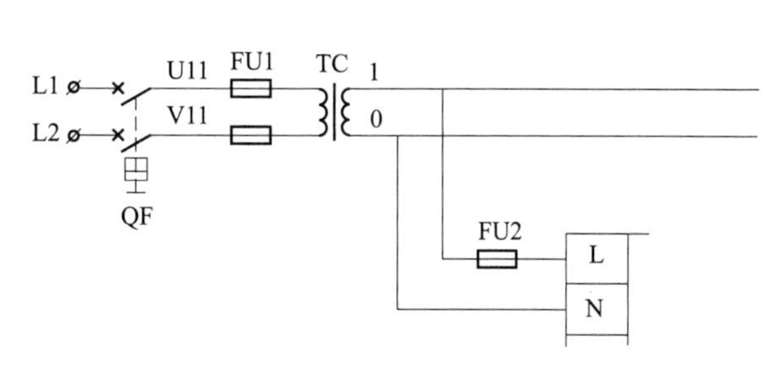

图3-2-5　连接PLC电源回路

（2）PLC电源部分自检。

① 检查布线。对照图3-2-5检查是否掉线、错线，是否漏编、错编，接线是否牢固等。

② 万用表检测。万用表检测过程见表3-2-3，如测量阻值与正确阻值不符，则应重新检查布线。

表3-2-3　万用表的检测过程

序号	检测内容	操作情况	正确阻值	测量阻值
1	检测判别FU的好坏	两表棒分别搭接在FU1、FU2的上下接线端子上	均为0 Ω	
2	测量L1与L2之间的绝缘电阻	合上断路器，两表棒分别搭接在接线端子排XT的L1和L2上	TC初级绕组的阻值	
3	测量PLC上L与N之间的电阻	两表棒分别搭接在PLC的接线端子L和N上	TC次级绕组的阻值	

③ 通电观察PLC的指示灯。经过自检，确认正确和无安全隐患后，通电观察PLC的LED指示并做好记录，见表3-2-4。

表3-2-4　LED工作情况记载表

步骤	操作内容	LED	正确结果	观察结果
1	先插上电源插头，再合上断路器	POWER	点亮	
2	拨动RUN/STOP开关，拨至“RUN”位置	RUN	点亮	
3	拨动RUN/STOP开关，拨至“STOP”位置	RUN	熄灭	
4	⚠ 拉下断路器后，拔下电源插头	断路器 电源插头	已分断	

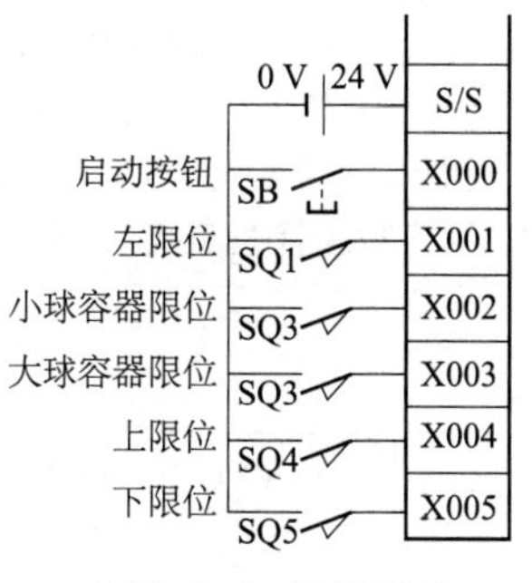

图3-2-6　连接PLC输入回路

（3）连接PLC输入回路部分，如图3-2-6所示。

① 导线从X000端子→入______→从端子排出→____________。

② 导线从X001端子→入端子排→从______出→____________；……。

③ 将SB1、SQ1等常开按钮的另一端互联→入端子排→从端子排出→电源0 V，电源24 V→PLC模块S/S。

（4）PLC输入回路部分的自检。

① 检查布线。对照图3-2-6检查是否掉线、错线，是否漏编、错编，接线是否牢固等。

② 万用表检测。万用表检测过程见表3-2-5，如测量阻值与正确阻值不符，则应重新检查布线。

请记录：

PLC电源部分连接过程中的注意事项及问题：

PLC电源部分检测所存在的问题：

通电检测过程中的安全注意事项：

学习笔记

请记录：PLC 输入回路部分连接与检测过程的注意事项及问题：

通电测试过程中的安全注意事项：

表 3-2-5　万用表的检测过程

序号	检测内容	操作情况	正确阻值	测量阻值
1	测量 PLC 的各输入端子与电源 0 V 之间的阻值	分别动作输入设备，两表棒搭接在 PLC 各输入接线端子与电源 0 V 上	均为 0 Ω	
2	测量 PLC 的各输入端子与电源输入端子“L”之间的阻值	两表棒分别搭接在 PLC 各输入接线端子与电源输入端子“L”上	均为∞	

③ 通电观察 PLC 的指示灯。经过自检，确认正确和无安全隐患后，通电观察 PLC 的 LED 指示并做好记录，见表 3-2-6。

表 3-2-6　LED 工作情况记载表

步骤	操作内容	LED	正确结果	观察结果
1	先插上电源插头，再合上断路器	POWER	点亮	
2	按下 SB1	X000	点亮	
3	按下 SQ1	X001	点亮	
4	按下 SQ2	X002	点亮	
5	按下 SQ3	X003	点亮	
6	按下 SQ4	X004	点亮	
7	按下 SQ5	X005	点亮	
8	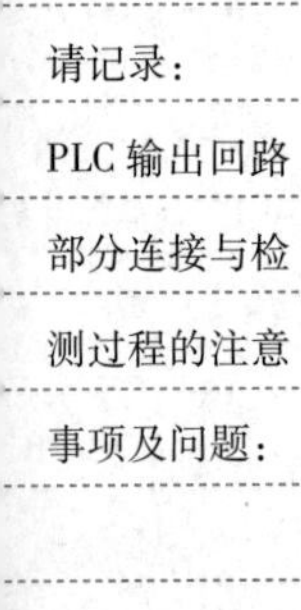 拉下断路器后，拔下电源插头	断路器 电源插头	已分断	

请记录：PLC 输出回路部分连接与检测过程的注意事项及问题：

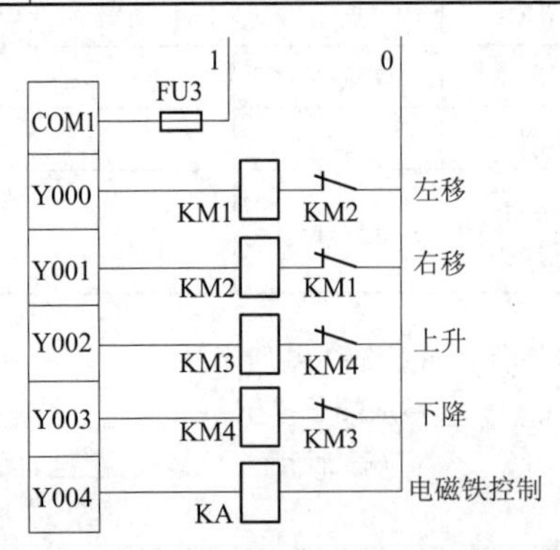

图 3-2-7　连接 PLC 输出回路

(5) 连接 PLC 输出回路部分，如图 3-2-7 所示。

① 1 号线通过 FU3 连接 COM1。

② COM1、COM2 与 COM3 互相连接。

③ Y000~Y010 分别连接 YV1~YV9。

④ YV1~YV9 另一端互相连接后，再接 0 号线。

(6) PLC 输出回路部分的检测。

① 检查布线。对照图 3-2-7 检查是否掉线、错线，是否漏编、错编，接线是否牢固等。

② 万用表检测。万用表检测过程见表 3-2-7，如测量阻值与正确阻值不符，则应重新检查布线。

表 3-2-7　万用表的检测过程

序号	检测内容	操作情况	正确阻值	测量阻值
1	测量 PLC 的各输出端子与对应公共端子之间的阻值	两表棒分别搭接在 PLC 各输出接线端子与对应的公共端子上	均为 TC 次级绕组与 KM 线圈的阻值之和	

学习笔记

活动 4：编写 PLC 控制程序

（1）根据任务要求，细化系统的工作流程图，如图 3-2-8 所示。

（2）根据系统工作流程图绘制状态转移图，如图 3-2-9 所示。

在图 3-2-9 中，原位启动条件是电磁铁失电、分拣杆处于左上位（Y004 不接通，X001、X004 接通），此时原位标志辅助继电器 M0 接通，按下启动按钮（X000 闭合），转入状态 S20，分拣杆下降（Y003 接通）2 s，2 s 后若分拣杆碰到的是小球（X005 动作），则选择左面一条支路，将小球放入小球容器；若分拣杆碰到的是大球（X005 未动作），则选择右面一条支路，将大球放入大球容器。当一次分拣过程结束后，系统在原位等待下一次启动。

（3）编写梯形图程序。根据图 3-2-9 大小球分类控制系统的状态转移图编写梯形图程序及指令语句，如图 3-2-10 和图 3-2-11 所示。

想一想：本任务的难度并不大，主要是选择性分支结构状态转移图的编写。从图 3-2-9 所示的状态转移图可以看出，系统在吸取铁球之后，分支 1 和分支 2 的流程动作基本一致，区别在于分支 1 和分支 2 在进入汇合状态时的转移条件不一样。根据这个特性，考虑是否可以只用单流程状态来进行编程，想一想在何种情况下必须使用选择性分

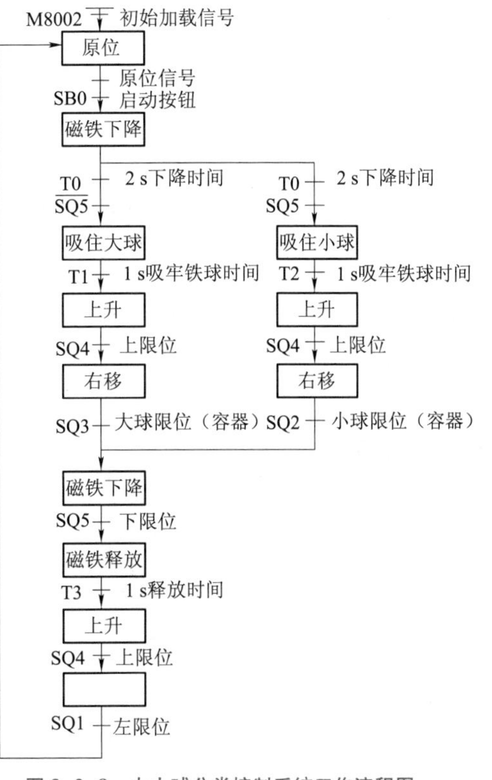

图 3-2-8　大小球分类控制系统工作流程图

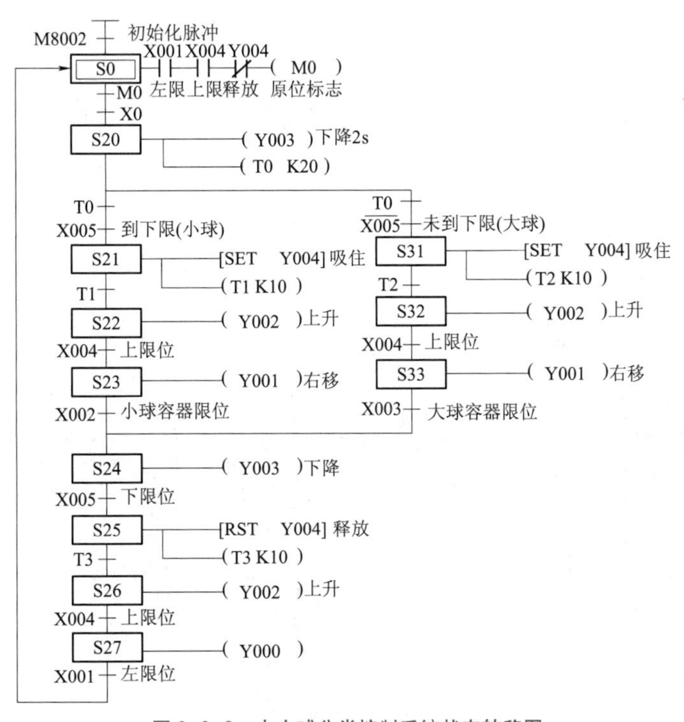

图 3-2-9　大小球分类控制系统状态转移图

请记录：大小铁球分类传送控制系统编写 PLC 程序过程中遇到的问题及解决方法：

支结构。

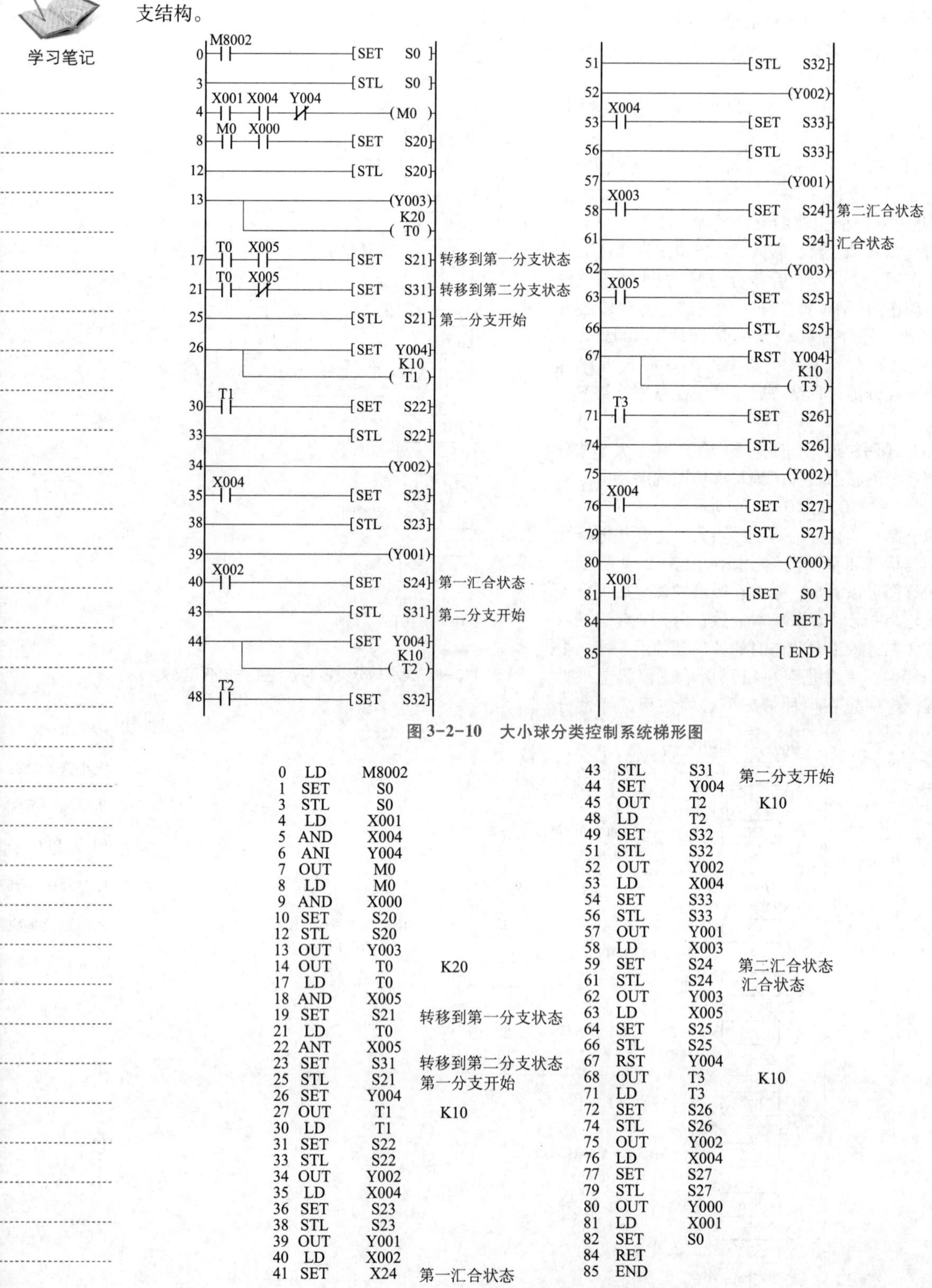

图 3-2-10　大小球分类控制系统梯形图

```
0  LD   M8002            43 STL  S31   第二分支开始
1  SET  S0               44 SET  Y004
3  STL  S0               45 OUT  T2    K10
4  LD   X001             48 LD   T2
5  AND  X004             49 SET  S32
6  ANI  Y004             51 STL  S32
7  OUT  M0               52 OUT  Y002
8  LD   M0               53 LD   X004
9  AND  X000             54 SET  S33
10 SET  S20              56 STL  S33
12 STL  S20              57 OUT  Y001
13 OUT  Y003             58 LD   X003
14 OUT  T0    K20        59 SET  S24   第二汇合状态
17 LD   T0               61 STL  S24   汇合状态
18 AND  X005             62 OUT  Y003
19 SET  S21   转移到第一分支状态   63 LD   X005
21 LD   T0               64 SET  S25
22 ANT  X005             66 STL  S25
23 SET  S31   转移到第二分支状态   67 RST  Y004
25 STL  S21   第一分支开始        68 OUT  T3    K10
26 SET  Y004             71 LD   T3
27 OUT  T1    K10        72 SET  S26
30 LD   T1               74 STL  S26
31 SET  S22              75 OUT  Y002
33 STL  S22              76 LD   X004
34 OUT  Y002             77 SET  S27
35 LD   X004             79 STL  S27
36 SET  S23              80 OUT  Y000
38 STL  S23              81 LD   X001
39 OUT  Y001             82 SET  S0
40 LD   X002             84 RET
41 SET  X24   第一汇合状态        85 END
```

图 3-2-11　大小球分类控制系统指令语句

提示：

（1）判别大、小球后如何作标志。

（2）转移条件该如何编写，使大、小球能够进入相应的容器。

参考答案：大小球控制系统的单流程状态转移图如图 3-2-12 所示。图中用辅助继电器 M500 作为大球或小球的标志，若 M500 接通，则为小球标志；若 M500 未接通，则为大球标志。标志作好后，程序按单流程顺序向下，在原先汇合状态处，用大小球标志和大小球容器限位两个条件就能确定系统在小球右移至 SQ2 处下降，大球右移至 SQ3 处下降，成功实现分拣传送。

若大小球分类控制系统在吸取铁球之后，分支 1 和分支 2 的流程动作不一致或大、小球各自还需其他流程的加工，则必须通过选择性分支结构的状态转移图编程完成。

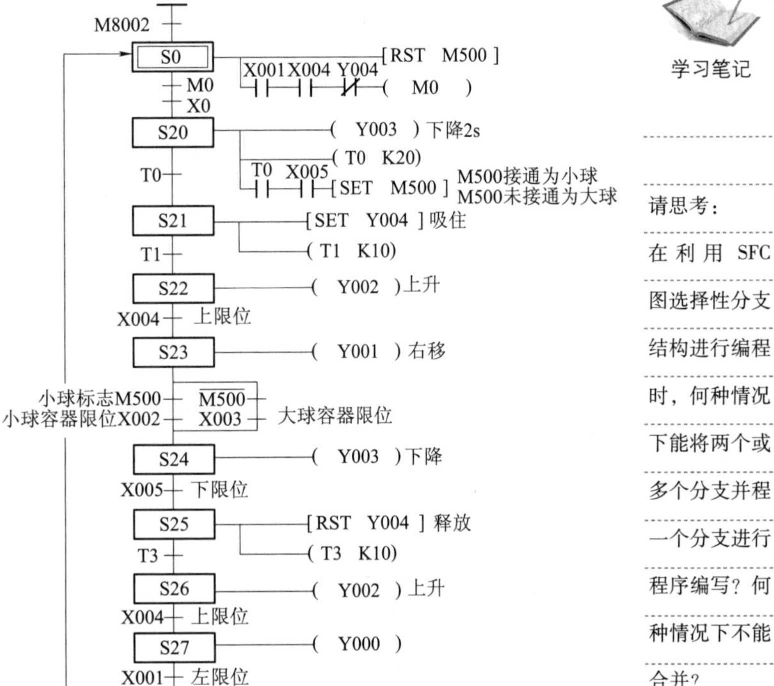

图 3-2-12　大小球控制系统单流程状态转移图

活动 5：用 GX Works2 编程软件编写、下载、调试程序

1. 程序输入

打开 GX Works2 编程软件，新建“大小球分类控制系统”文件，输入 PLC 程序。

2. 程序下载

单击“在线”图标，再单击“写入”，将 PLC 程序下载至 PLC。注意：此时可让三菱 FX3U PLC 的运行按钮切换至“STOP”上。

3. 系统调试

（1）在教师现场监护下进行通电调试，验证系统控制功能是否符合要求。

（2）如果出现故障，学生应独立检修，根据出现的故障现象检修相关线路或修改梯形图。

（3）系统检修完毕后应重新通电调试，直至系统正常工作。

拓展训练

一、任务引入

图 3-2-13 所示为大小球分类控制系统，主要功能是将待分拣处存放的两种尺寸不一的球类进行分类，整理出小球/大球/小球……的组合方式放置于容器 A 中，不符合容器 A 放置要求的铁球放置于容器 B 中。其主要动作流程按以下要求进行：

（1）启动时系统需处于初始状态：电磁铁失电、SQ1 与 SQ4 分别压合，否则无法启动。若不在初始位置，则手动自行调整。

（2）电磁铁下降吸球的过程约为 2 s，通过 SQ5 能否压合来判断球的大小，吸取大球时 SQ5 不动作，吸取小球时 SQ5 动作。考虑到工作的可靠性，规定电磁铁吸牢和释放铁球的时间为 1 s。

（3）按下启动按钮后，系统完成一次动作后停止，等待再次启动。在系统运动过程中需考虑安全规范。

二、任务分析

本任务的控制要求是在任务二的基础上对大小铁球的分类控制进行拓展和延伸。分析控制要求可知，整体流程和任务二基本一致，所需完成的是容器 A 中需放置小球/大球/小球/大球……的组合，而不符合容器 A 放置要求的铁球均置于容器 B 中。

学习笔记

请思考：在利用 SFC 图选择性分支结构进行编程时，何种情况下能将两个或多个分支并程一个分支进行程序编写？何种情况下不能合并？

请记录：大小球分类传送控制系统程序调试步骤：

请记录：大小球分类传送控制系统程序调试存在的问题及解决方法：

请分析：本控制任务需要用到　个 PLC 输入信号，　个 PLC 输出信号。

学习笔记

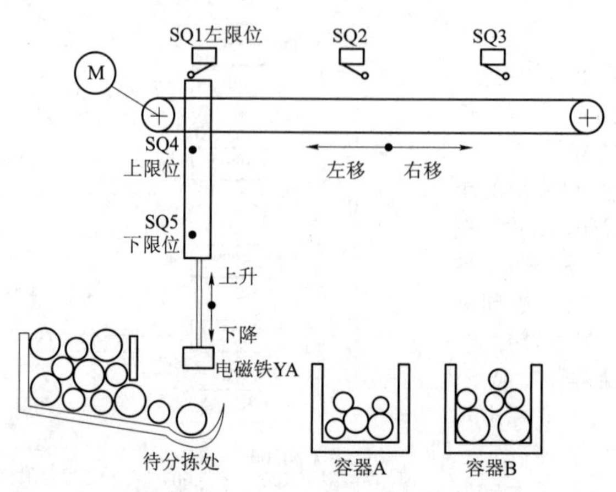

图 3-2-13　大小球分类控制系统示意图

三、任务实施

本任务的 I/O 分配表与任务一的相同，这里不再重复。现重点介绍状态转移图的编写方法。

1. 选择性分支状态转移图

选择性分支状态转移图如图 3-2-14 所示。

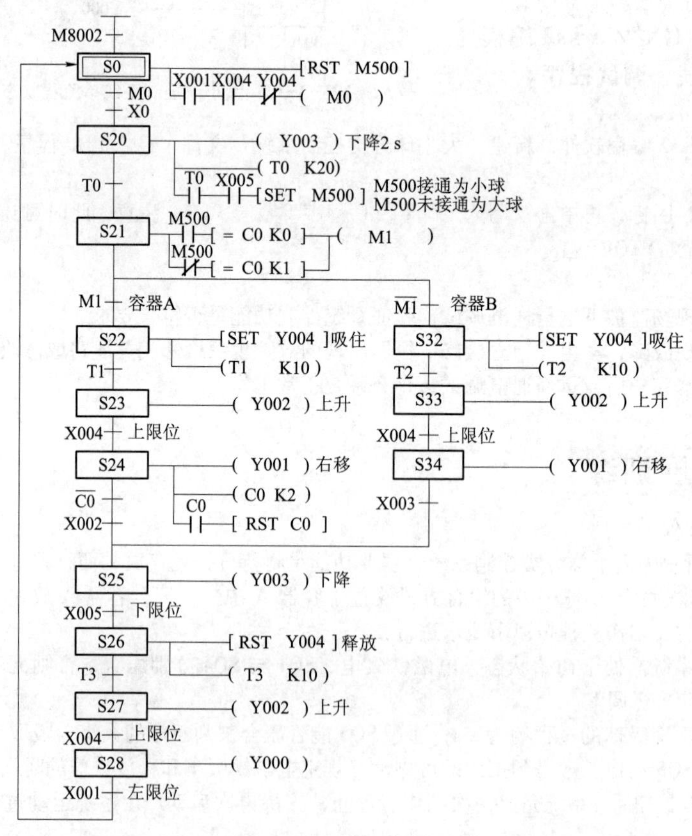

图 3-2-14　大球小球组合方式选择性分支状态转移图

请记录：大小铁球分类传送控制系统编写 PLC 程序过程中遇到的问题及解决方法：

程序说明：

用辅助继电器 M500 作为大球或小球的标志，若 M500 接通，则为小球标志；则 M500 未接通，则为大球标志。用计数器 C0 存储当前容器 A 所需球类的标志。通过大小球标志 M500 和当前容器 A

所需球类标志 C0 这两个条件就能确定，将当前铁球传送分拣至容器 A 还是容器 B，即确定分拣装置是右移至 SQ2 处下降，还是右移至 SQ3 处下降。

在图 3-2-14 所示的状态转移图中，在 S21 状态被激活后，出现了两条触点比较指令，如图 3-2-15 所示。它的意思是指，当计数器 C0 的当前计数值为 0 且辅助继电器 M500 接通时，可使辅助继电器 M1 得电；或者当计数器 C0 的当前计数值为 1 且辅助继电器 M500 未接通时，也使辅助继电器 M1 得电。触点比较指令的用法在“项目六　小车多工位运料控制系统”中已详细介绍。

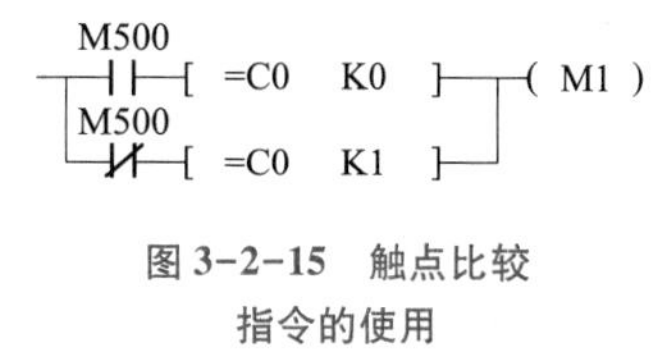

图 3-2-15　触点比较指令的使用

学习笔记

2. 分支状态转移图转换成梯形图

将图 3-2-14 大小球组合方式选择性分支状态转移图转换成梯形图，如图 3-2-16 所示。

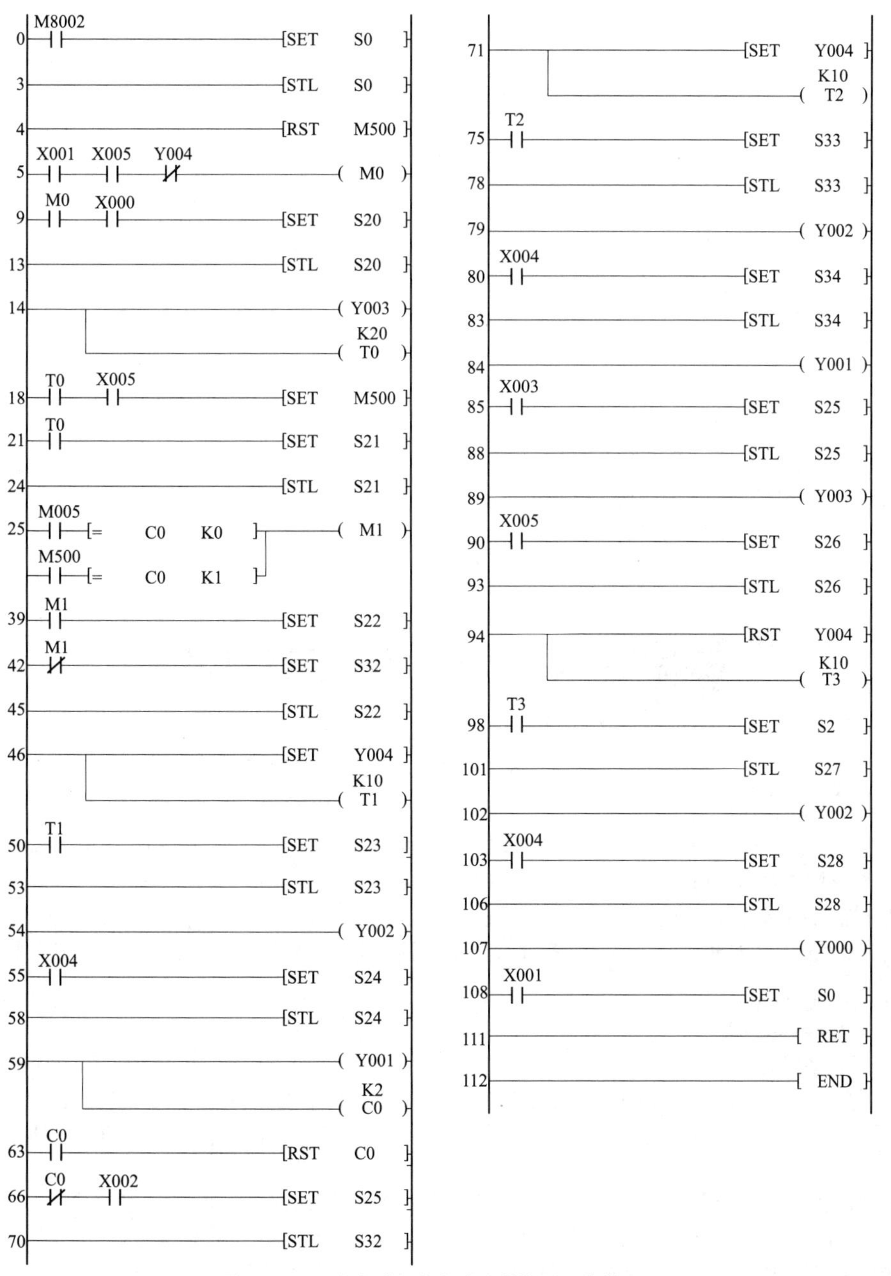

图 3-2-16　大小球组合方式分类控制系统梯形图

请记录：

大小铁球分类传送控制系统编写 PLC 程序过程中遇到的问题及解决方法：

学习笔记

请思考：在利用 SFC 图选择性分支结构进行编程时，何种情况下能将两个或多个分支并程一个分支进行程序编写？何种情况下不能合并？

请记录：大小铁球分类传送控制系统编写 PLC 程序过程中遇到的问题及解决方法：

3. 用单流程状态转移图实现上述控制要求

图 3-2-17 所示为大球小球组合方式分类控制系统单流程状态转移图。

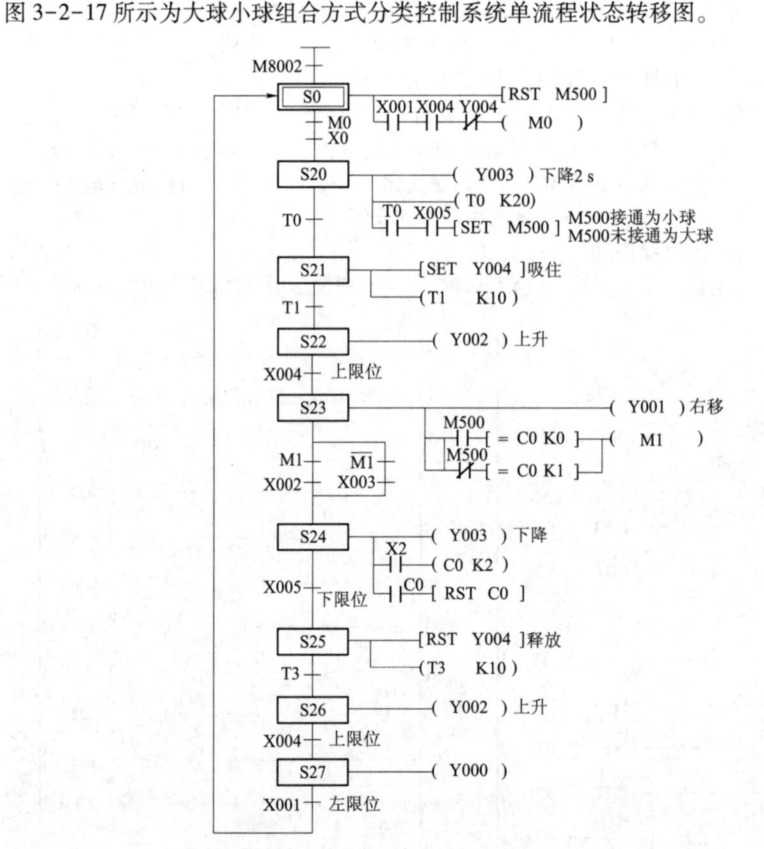

图 3-2-17　大球小球组合方式单流程状态转移图

任务三　物料传送分拣系统控制

任务引入

本任务以亚龙 YL-235A 型机电一体化实训考核装置为例完成任务的实施，图 3-3-1 所示为 YL-235A 物料分拣装置的实物图。

该分拣装置主要通过 8 个输出装置和 10 个传感器输入信号来实现对三种不同材质或颜色的物料（金属/白色塑料/黑色塑料）的辨别，并按系统分拣要求通过传送带和推料气缸的配合，将物料推入相应的料槽中。

任务分析

8 个输出装置为：① 推料气缸 1；② 推料气缸 2；③ 推料气缸 3（三个气缸的动作受各自所对应的电磁阀的控制）；④ 传送带驱动电动机的正转；⑤ 传送带驱动电动机的反转；⑥ 电动机高速运行；⑦ 电动机中速运行；⑧ 电动机低速运行（电机的正、反转和速度均受变频器外部端子 STR、STF、RH、RM、RL 的控制）。

10 个传感器的输入信号为：①、② 推料气缸 1 的伸出/缩回限位；③、④ 推料气缸 2 的伸出/缩回限位；⑤、⑥ 推料气缸 3 的伸出/缩回限位；⑦ 落料口传感器；⑧ 料槽 A 对应的电感传感器（只能用于检测金属物料）；⑨ 料槽 B 对应的光纤传感器（经调节能检测到金属及白色物料，黑色物

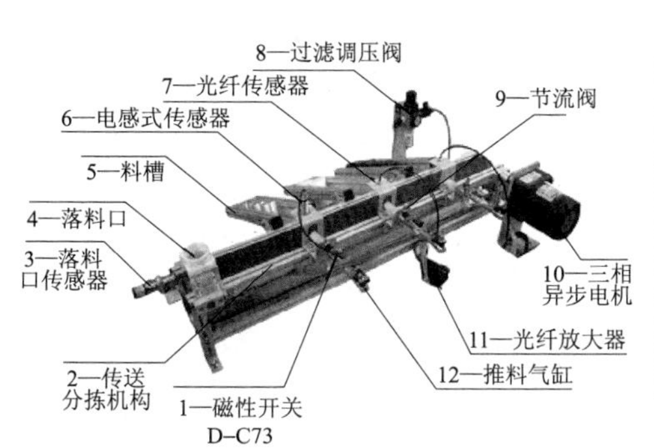

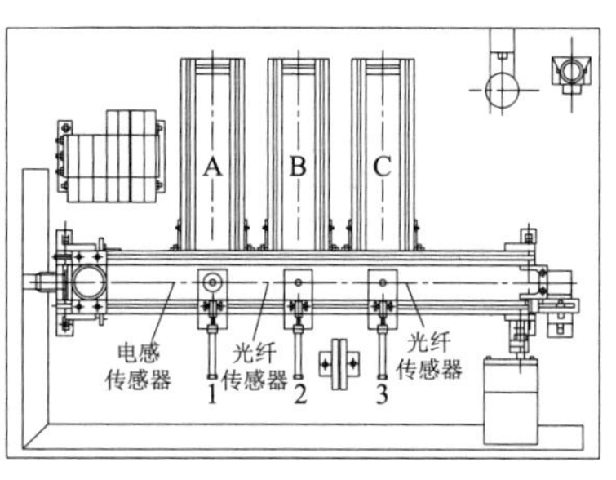

图 3-3-1　YL-235A 物料分拣装置实物图及平面示意图

学习笔记

请查阅：查阅相关资料，整理物料传送分拣控制系统输入器件、输出器件相关知识点。

料无法检测)；⑩ 料槽 C 对应的光纤传感器（经调节能检测到上述三种物料）。

现要求利用该物料分拣装置进行物料的分拣。手动从落料口随机放入金属/白色/黑色三种不同材质或颜色的物料，当皮带输送机落料口处传感器检测到有工件时，电动机拖动输送带从左往右中速运行（物料也随之运动）。金属物料由推料气缸 1 推入 A 位置料槽，白色物料由推料气缸 2 推入 B 位置料槽，黑色物料由推料气缸 3 推入 C 位置料槽。将工件推入料槽，气缸活塞杆缩回后才可从进料口放入下一个工件。

任务实施

活动 1：输入与输出点分配

根据确定的输入/输出设备分配 I/O 点，见表 3-3-1。

提醒：请结合任务要求和任务分析，填写输入/输出分配表相对应的元件、功能、输入/输出点。

表 3-3-1　输入/输出分配表

输　入			输　出		
元件	功能	输入点	元件	功能	输入点

活动 2：画出物料传送分拣系统 PLC 电路原理图

物料传送分拣系统的电路原理如图 3-3-2 所示。

请简述：物料传送分拣控制系统 PLC 电路原理图绘制注意事项：

活动 3：编写并调试 PLC 程序

1. 绘制状态转移图

如图 3-3-3 所示，状态转移图中断电保持型辅助继电器 M899 的作用与特殊辅助继电器 M8046 的作用相似。当系统中三个动作气缸都处于缩回状态且传送带处于停止状态时，才能在落料口放入物料。辅助继电器 M51 是位初始位置标志。

当入料口放入物料后，X20 检测到输入信号，传动带运行。由于 A 槽放金属物料，B 槽放白色塑料，C 槽放黑色塑料，所以选择性分支的转移条件较为简单。进入分支后，不同材质的物料将被推入相应的料槽中，然后等待气缸缩回后再次放料。

想一想：为什么图中要加 S511、S521、S531 状态？用 S510、S520、S530 的转移条件 X11、X13、X15 直接进入汇合状态可不可以？

2. 编写梯形图程序

根据图 3-3-3 所示状态转移图编写梯形图程序及相关指令语句，如图 3-3-4 所示。

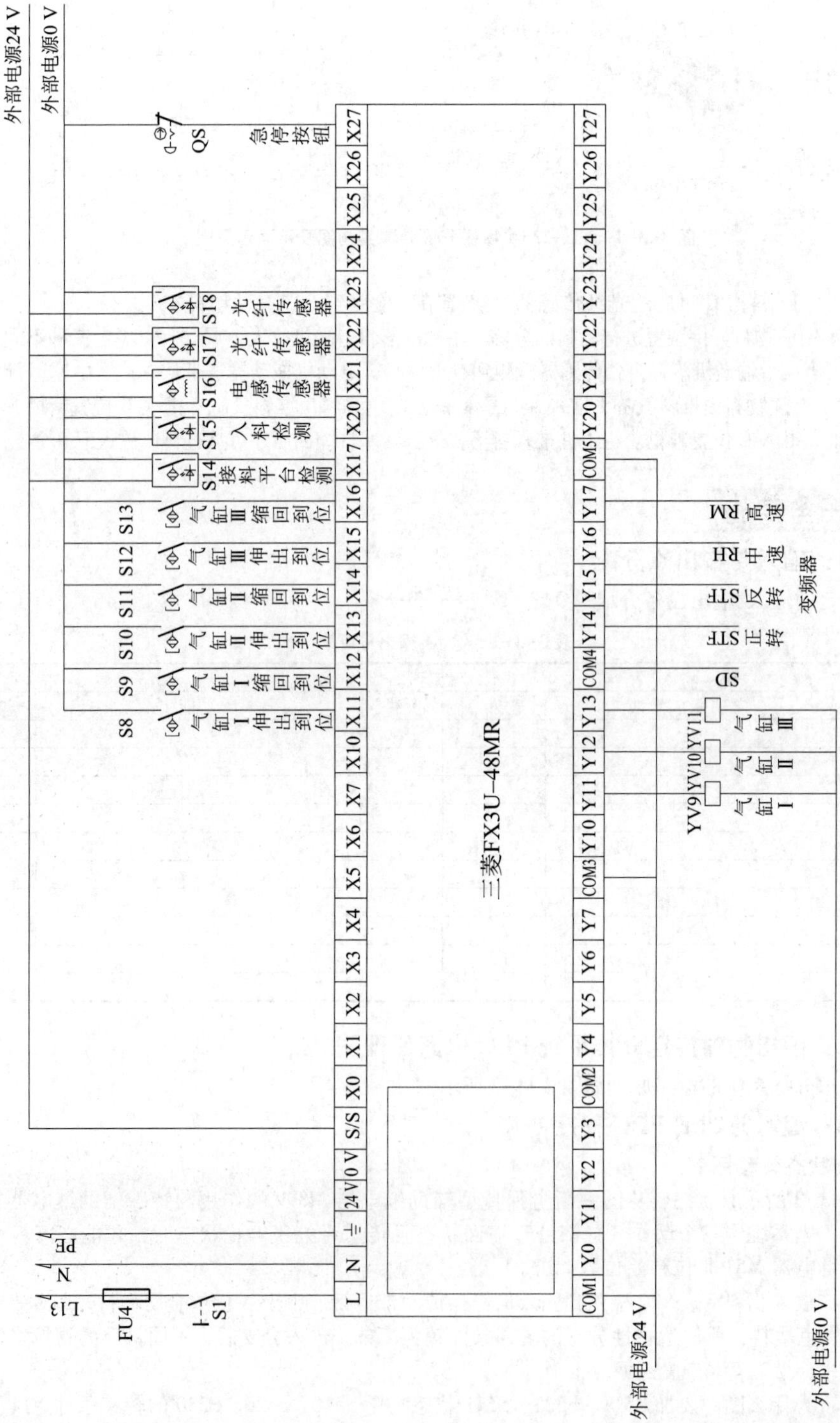

外部电源24 V
外部电源0 V
L13
N
PE
FU4
S1
S8 S9 S10 S11 S12 S13
气缸Ⅰ伸出到位
气缸Ⅰ缩回到位
气缸Ⅱ伸出到位
气缸Ⅱ缩回到位
气缸Ⅲ伸出到位
气缸Ⅲ缩回到位
S14 接料平台检测
S15 入料检测
S16 电感传感器
S17 光纤传感器
S18 光纤传感器
QS 急停按钮
L N ⏚ 24 V 0 V S/S X0 X1 X2 X3 X4 X5 X6 X7 X10 X11 X12 X13 X14 X15 X16 X17 X20 X21 X22 X23 X24 X25 X26 X27
三菱FX3U–48MR
COM1 Y0 Y1 Y2 Y3 COM2 Y4 Y5 Y6 Y7 COM3 Y10 Y11 Y12 Y13 COM4 Y14 Y15 Y16 Y17 COM5 Y20 Y21 Y22 Y23 Y24 Y25 Y26 Y27
外部电源24 V
YV9 YV10 YV11
气缸Ⅰ 气缸Ⅱ 气缸Ⅲ
SD
STF 正转
STF 反转
RH 中速
RM 高速
变频器
外部电源0 V

图3–3–2 物料传送分拣系统PLC电路原理图

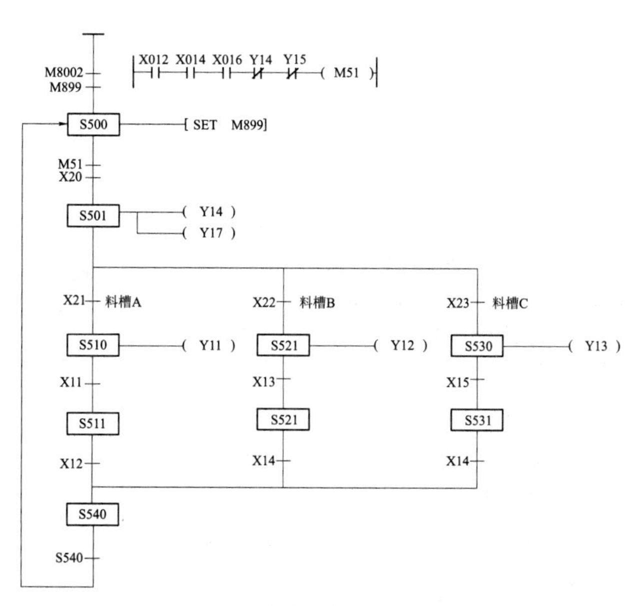

图 3-3-3 传送分拣系统状态转移图

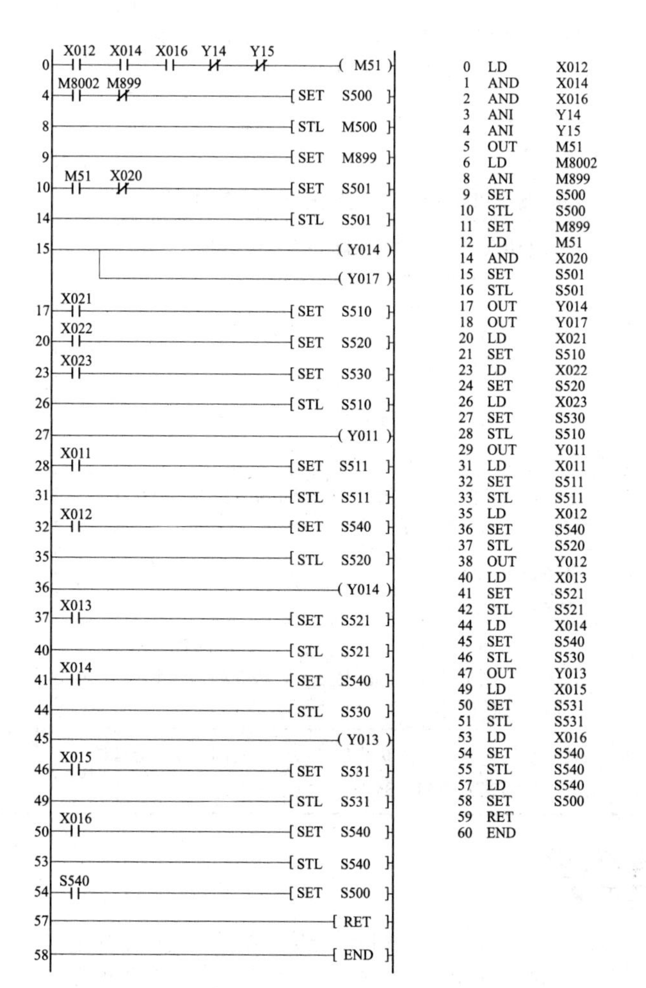

图 3-3-4 传送分拣系统状态梯形图及指令语句

学习笔记

请记录：物料传送分拣控制系统编写PLC程序过程中遇到的问题及解决方法：

请记录：物料传送分拣控制系统编写PLC程序过程中遇到的问题及解决方法：

学习笔记

项目评价

项目评价表见表 3-3-2。

请分析：完成项目评分表后，对本项目进行小结：

表 3-3-2　项目评价表

考核项目		考核内容		项目分值	自我评价	小组评价	教师评价
考核项目	专业能力 60%	1. 工作准备的质量评估	（1）常用电工工具、三菱 FX3U PLC、计算机、GX 软件、万用表、数据线能正常使用	5			
			（2）工作台环境布置合理，符合安全操作规范	5			
		2. 工作过程各个环节的质量评估	（1）能根据物料分拣控制系统的具体要求，合理分配输入与输出点	2			
			（2）能画出由三菱 FX3U 系列 PLC 控制系统运行的电路原理图	4			
			（3）会进行 PLC 接线板的制作，操作规范	6			
			（4）能利用选择性分支结构编写步进程序，实现大小球分拣控制系统的正确运行	4			
			（5）能利用选择性分支结构编写步进程序，实现对物料分拣系统的控制	4			
		3. 工作成果的质量评估	（1）制作 PLC 接线板，走线美观、合理、规范	5			
			（2）会用万用表检测并排除 PLC 系统中电源部分、输入回路以及输出回路部分的故障	5			
			（3）能熟练使用 GX Works2 编程软件实现 PLC 程序的编写、调试和监控	10			
			（4）项目实验报告过程清晰、内容翔实、体验深刻	10			
	综合能力 40%	信息收集能力	物料分拣控制系统实施过程中程序设计以及元器件选择的相关信息的收集	10			
		交流沟通能力	会通过组内交流、小组沟通、师生对话解决软件、硬件设计过程中的困难，及时总结	10			
		分析问题能力	了解 PLC 电路原理图的分析过程、正确的接线方式，采用联机调试基本思路与基本方法顺利完成本项目的软、硬件设计	10			
		团结协作能力	项目实施过程中，团队能分工协作、共同讨论，及时解决项目实施中的问题	10			

项目总结

本项目通过大小铁球分拣控制系统以及物料分拣控制系统这两个典型案例，详细说明了选择性分支结构步进程序的编写、调试与监控的方法。选择性分支结构是步进程序设计中十分重要的一个部分，它的精髓就在于能在多条程序的执行路径中，选择一条流程往下执行。在理解的基础上，应进

一步熟练操作选择性分支状态转移图的画法，并将其转化为梯形图和指令语句。在做的过程中，不断总结、提高编程经验。

练习与操作

1. 将图 3-1 所示状态转移图转化为可直接编程的形式，画出其对应的梯形图，写出指令语句。

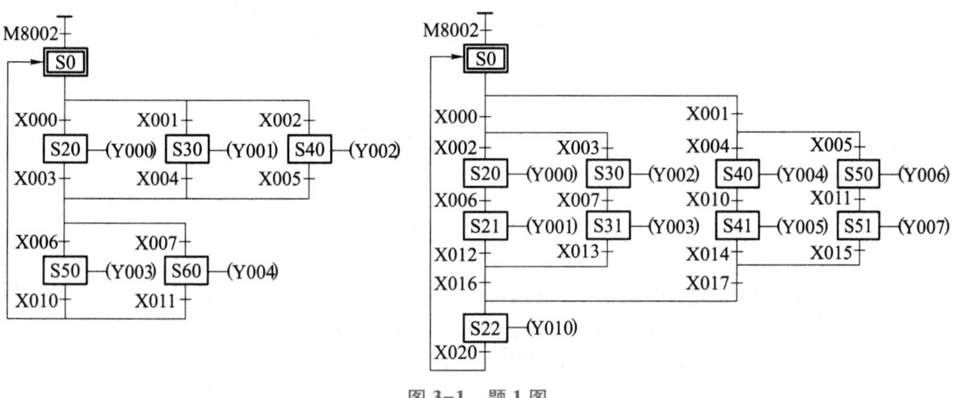

图 3-1 题 1 图

2. 画出图 3-2 所示状态转移图对应的梯形图，并写出指令语句。

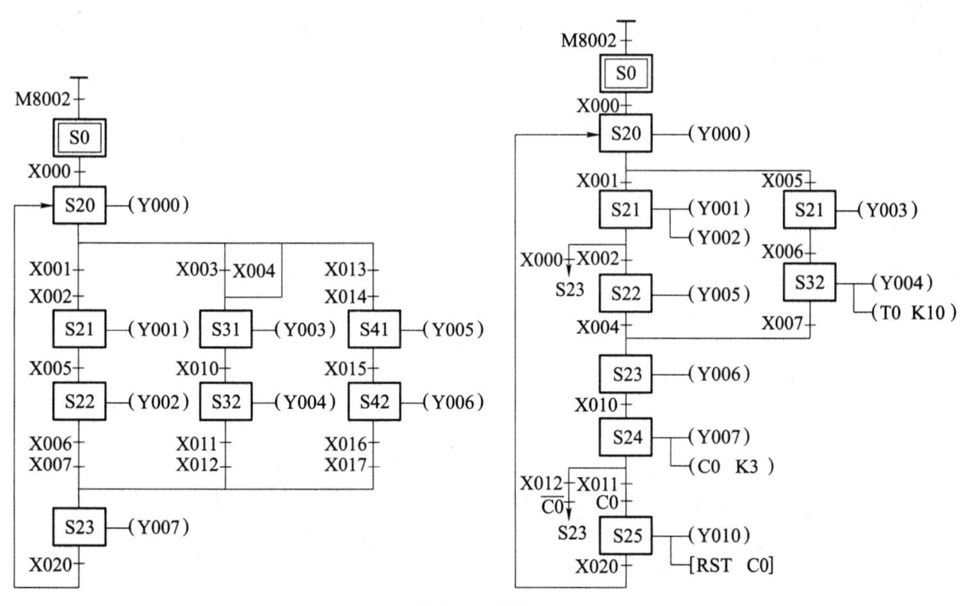

图 3-2 题 2 图

3. 利用选择性分支状态转移图，完成三台电动机循环启停运转控制的设计。具体控制要求如下：三台电动机接于 Y1、Y2、Y3，要求它们相隔 5 s 启动，停车顺序相反，间隔为 5 s，X0 为启动信号，X1 为停止信号。

4. 利用选择性分支状态转移图，完成双门通道的自动控制。具体控制要求如下：图 3-3 所示为双门通道自动控制开关门系统，该通道的两个出口（甲、乙）设有两个电动门：门 1（B1）和门 2（B2）。

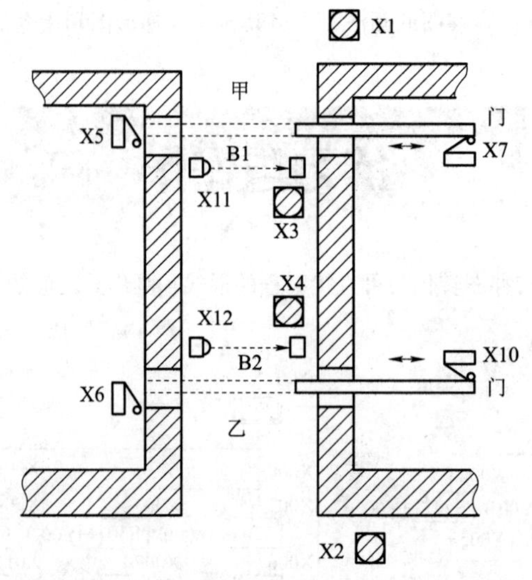

图 3-3　题 4 图

在两个门的外面设有开门的按钮 X1 和 X2，在两个门的内侧设有光电传感器 X11 和 X12 以及开门的按钮 X3 和 X4。系统可以自动完成门 1 和门 2 的打开。门 1 和门 2 不能同时打开。

① 若有人在甲处按下开门按钮 X1，则门 B1 自动打开，3 s 后关闭，随后门 B2 自动打开。

② 若有人在乙处按下开门按钮 X2，则门 B2 自动打开，3 s 后关闭，随后门 B1 自动打开。

③ 通道内的人通过操作 X3 和 X4，可立即进入门 B1 和 B2 的开门程序。

④ 每道门都安装了限位开关（X5、X6、X7、X10），用于确定门关闭和打开是否到位。

⑤ 位于通道外的开门按钮 X1 和 X2 有相对应的 LED 指示灯。按下开门按钮后，LED 指示灯亮，门关好后 LED 指示灯熄灭。

⑥ 当光电传感器检测到门 B1、B2 的内侧有人时，则自动进入开门程序。

项目四 十字路口交通信号灯的控制

党的二十大报告中提到：坚持人民城市人民建、人民城市为人民，提高城市规划、建设、治理水平，加快转变超大特大城市发展方式，实施城市更新行动，加强城市基础设施建设，打造宜居、韧性、智慧城市。随着社会经济的发展，城市交通问题越来越引起人们的关注。如何协调人、车、路三者关系，已成为交通管理部门急需解决的重要问题之一。目前城市交通控制系统主要用于城市交通数据监测、交通信号灯控制以及交通疏导等。常见的城市交通控制系统如图 4-0-1 所示。

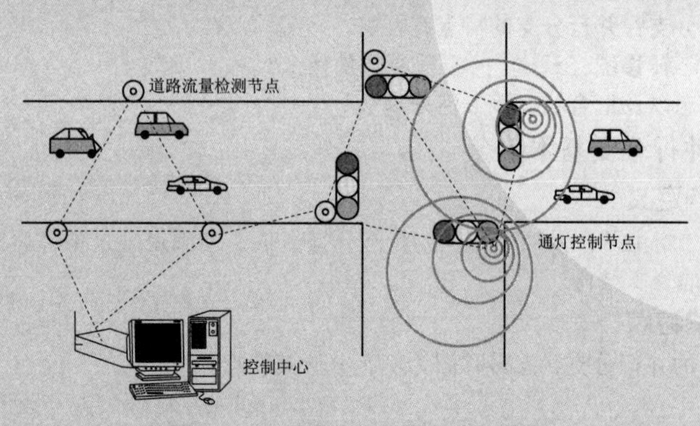

图 4-0-1　城市交通控制系统示意图

由于众多高科技技术在日常生活中的普遍应用，城市中各种电磁干扰日益严重，为保证交通控制的可靠、稳定，本项目选择能够在恶劣的电磁干扰环境下正常工作的 PLC 来实现对十字路口交通信号灯的控制。

通过本项目的学习和实践，应努力达到如下目标：

知识目标：

（1）理解并行分支状态转移图的基本概念，知道并行分支的特点；

（2）学习并行分支状态转移图，包括分支与汇合两个状态的编程原则和方法。

技能目标：

（1）会分析十字路口交通信号灯控制系统的基本要求，能熟练绘制状态转移图（SFC），并配合 PLC 实验模块完成本系统的安装、调试与监控。

（2）理解 YL-235 光机电设备的工作原理，会利用单流程分支结构、选择性分支结构和并行分支结构进行设备程序的编写。

学习笔记

素养目标：

（1）形成多种方式解决问题的思维方式，创新实践的工程意识；

（2）养成严谨、细致、乐于探索实践的职业习惯；

（3）培养应用技能服务生活、科技创造美好的职业情怀。

任务一　学习状态转移图（SFC）的并行分支结构

任务引入

任务引入视频

状态转移图（SFC）的单流程结构能使步进程序按照系统的动作要求，一步一步顺序执行，从而实现系统控制的连贯性。选择性分支结构能使步进程序通过对不同条件的判断来选择一条最合适的途径，实现状态之间的正确转移，从而实现系统的可选择性；并行分支结构则可以让 PLC 同时执行多条路径的步进程序，从而实现更为复杂的控制。下面主要介绍状态转移图（SFC）的并行分支结构。

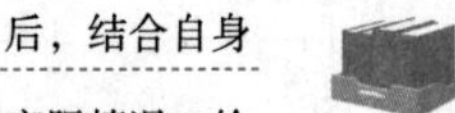

任务分析

通过本任务的学习和实践，需要明白下面几个问题：

（1）什么是并行分支？并行分支的特点有哪些？

（2）并行分支状态转移图（SFC）的编程原则是什么？

（3）并行分支状态以及汇合状态该如何处理？

知识点微课讲解

请判断：完成本任务后，结合自身实际情况，给这 3 个需解决的问题进行执行难度星级判定。

①

②

③

活动 1：学习并行分支基本概念

一、并行分支的定义

所谓并行分支，是指由两个及两个以上的状态分支组成，当满足某个条件后使多个分支流程同时执行的分支结构。

二、并行分支的特点

以图 4-1-1 所示的并行分支状态转移图为例，分析其特点。

请记录：并行分支结构使用注意事项：

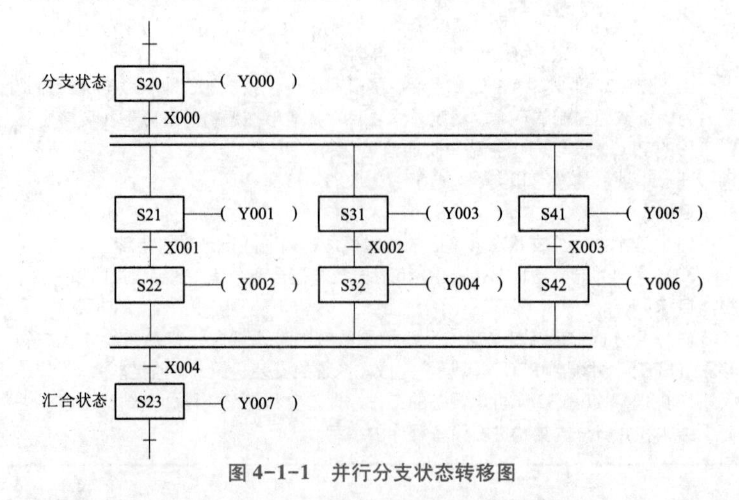

图 4-1-1　并行分支状态转移图

（1）在分支状态 S20 被激活的情况下，当转移条件 X000 接通时，S21、S31、S41 三个状态同时被激活，各分支流程同时并行执行。

（2）当所有并行分支全部执行完毕后，若转移条件 X004 接通，则汇合状态 S23 开始动作，转移前的各状态 S22、S32 和 S42 自动复位。

（3）并行分支的汇合，有时又被称为等待汇合（先完成的分支流程要等待所有分支流程都执行完毕后再汇合，然后继续动作），如图 4-1-2 所示都是可能出现的步进程序。在并行分支的汇合处，有等待动作的情况，请务必注意。

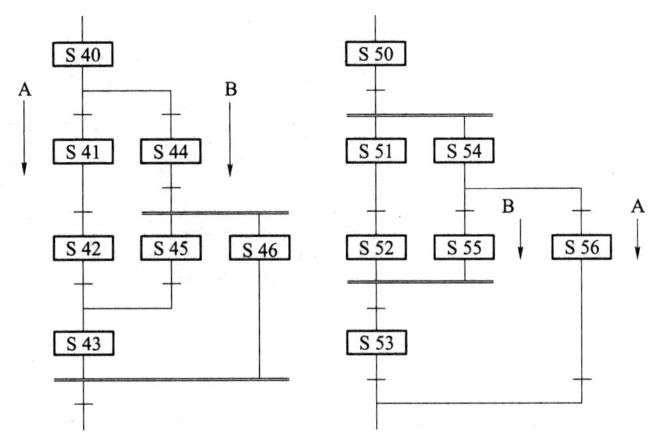

图 4-1-2　并行分支汇合示意图

（4）PLC 中一条并行分支或选择性分支的支路数限定为 8 条以下；当有多条并行分支与选择性分支时，每个初始状态的电路总数应小于等于 16 条，如图 4-1-3 所示。

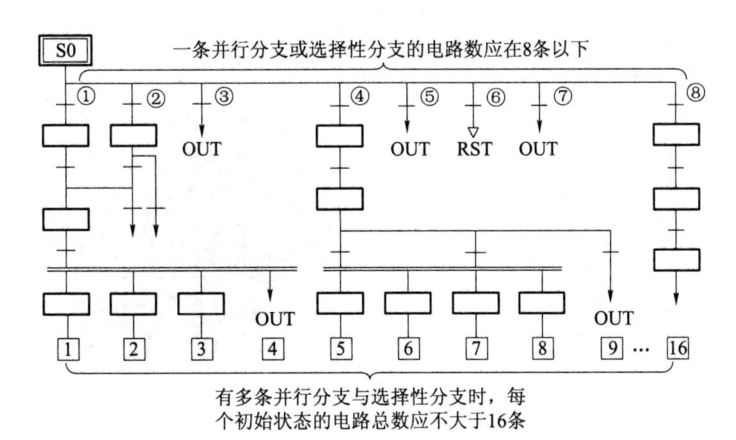

图 4-1-3　多条并行分支

（5）并行分支与选择性分支的转移条件的区别：并行分支的状态转移条件为 1 个条件进行多条分支的共同动作，选择性分支的状态转移条件为 n 个条件对应 n 条分支的选择动作，且只能选择其一。并行分支进入汇合状态的转移条件为多条分支共用一个转移条件，选择性分支进入汇合状态的转移条件为 n 条分支对应 n 个转移条件，各个分支使用自己的转移条件。

活动 2：学习并行分支 SFC 的编辑

1. SFC 块程序框架的编辑

首先进入到图 4-1-4 所示 SFC 编辑窗口。

在图 4-1-4 中 4×1 光标位置，单击“F5”，输入编号“20”，生成状态框“S20”；在 5×1 光标

请比较并记录：

比较并行分支和选择性分支的区别并记录

请思考：

在熟练应用选择性分支结构和并行分支结构后，两种结构分支是否能够混合使用，为什么？若不能，请说明理由；若能够，则说说使用时的注意事项。

请记录：

软件操作过程中的注意事项：

学习笔记

程序编辑

请记录：软件操作过程中的注意事项：

图 4-1-4 SFC 编辑窗口

位置，单击“F7”，SFC 符号输入框中图标号显示为“== D”，输入编号“1”，生成选择序列分支，如图 4-1-5 所示。

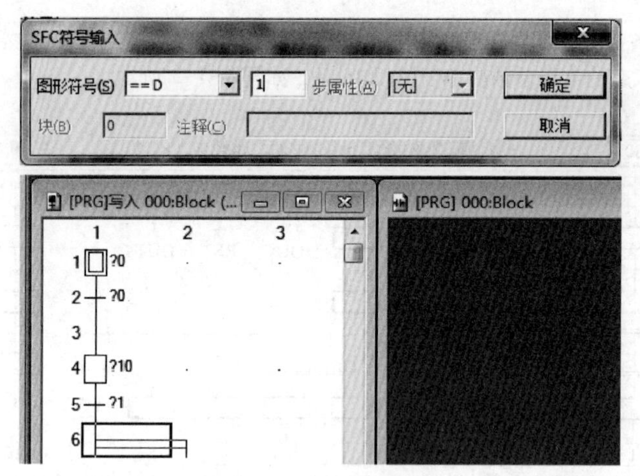

图 4-1-5 生成并列分支

请记录：软件操作过程中碰到的问题及解决方法：

按照表 4-1-1 所示的步序进行余下 SFC 程序图的编辑操作。

表 4-1-1 并行序列流程 SFC 块图形编辑步序

步序	光标位置	操作	图形结果
1	7×1	单击F5，输入编号 21	生成状态框 21
2	7×2	单击F5，输入编号 31	生成状态框 31
3	7×3	单击F5，输入编号 41	生成状态框 41
4	8×1	单击F5，输入编号 2	生成横线 2
5	10×1	单击F5，输入编号 22	生成状态框 22

学习笔记

续表

步序	光标位置	操作	图形结果
6	8×2	单击F5，输入编号 3	生成横线 3
7	10×2	单击F5，输入编号 32	生成状态框 32
8	8×3	单击F5，输入编号 4	生成横线 4
9	10×3	单击F5，输入编号 42	生成状态框 42
10	11×1	单击F9，输入编号 1	生成并列分支 1
10	11×2	单击F9，输入编号 2	生成并列分支 2
11	12×1	单击F5，输入编号 5	生成横线 5
12	13×1	单击F5，输入编号 23	生成状态框 23

完成上述操作后，形成如图 4-1-6 所示的 SFC 程序框架图。

2. SFC 程序块内置梯形图编辑

对每一个状态框和转换条件横线进行内置梯形图输入，具体操作步骤参考项目二中的活动 3。

3. SFC 程序整体转换

按下键盘上的“F4”进行程序的转换，转换后对应的梯形图程序及指令表如图 4-1-7 所示。

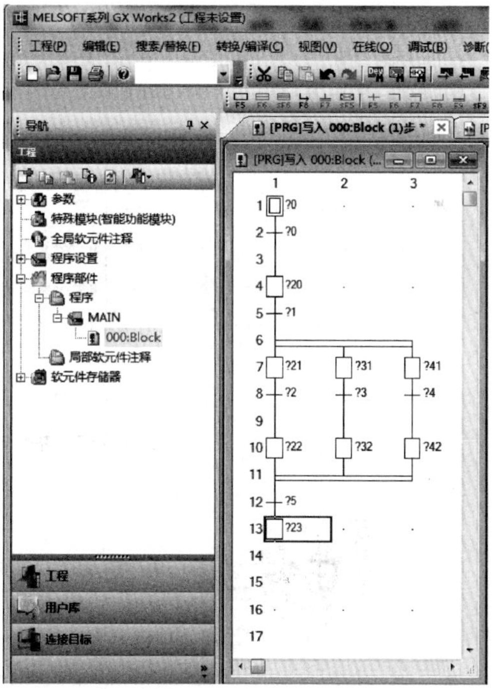

活动 3：学习并行分支梯形图的编辑

并行分支状态转移图的编程原则和选择性分支一样，先处理分支状态，后集中处理汇合状态。如图 4-1-7 所示，先进行 S20 分支状态的编程，再进行 S23 汇合状态的编程。

1. 分支状态的处理

处理并行分支状态时，先对各分支进行集中转移处理，然后再分别按顺序对各分支进行编程。

如图 4-1-7 所示，在分支状态 S20 中先进行驱动处理（OUT Y000），并集中进行三个分支的状态转移处理（SET S21、SET S31 和 SET S41），然后按顺序分别对三个分支进行编程。

图 4-1-6　SFC 程序框架图

2. 汇合状态的处理

处理并行汇合状态时，先使用 STL 指令将处于各分支最后的状态分别激活，再集中进行向汇合状态的转移处理，以保证每个分支在执行完毕后才能向汇合状态转移，然后再对汇合状态进行编程。

在图 4-1-7 中，先利用步进节点指令 STL S22、STL S32、STL S42 将处于各分支最后的状态激活，再通过转移条件 X004，集中转移到并行分支的汇合状态 S23，然后进行输出（OUT Y007）等其他处理。

请记录：软件操作过程中的注意事项：

请记录：软件操作过程中的注意事项：

请记录：并行分支梯形图编辑注意事项：

学习笔记

找一找：

请分别在梯形图和指令语句后方画线处填上标号，标号选项如下：

① 分支状态

② 汇合状态

③ 转移到第一分支状态

④ 转移到第二分支状态

⑤ 转移到第三分支状态

⑥ 第一分支开始

⑦ 第二分支开始

⑧ 第三分支开始

⑨ 并行分支汇合

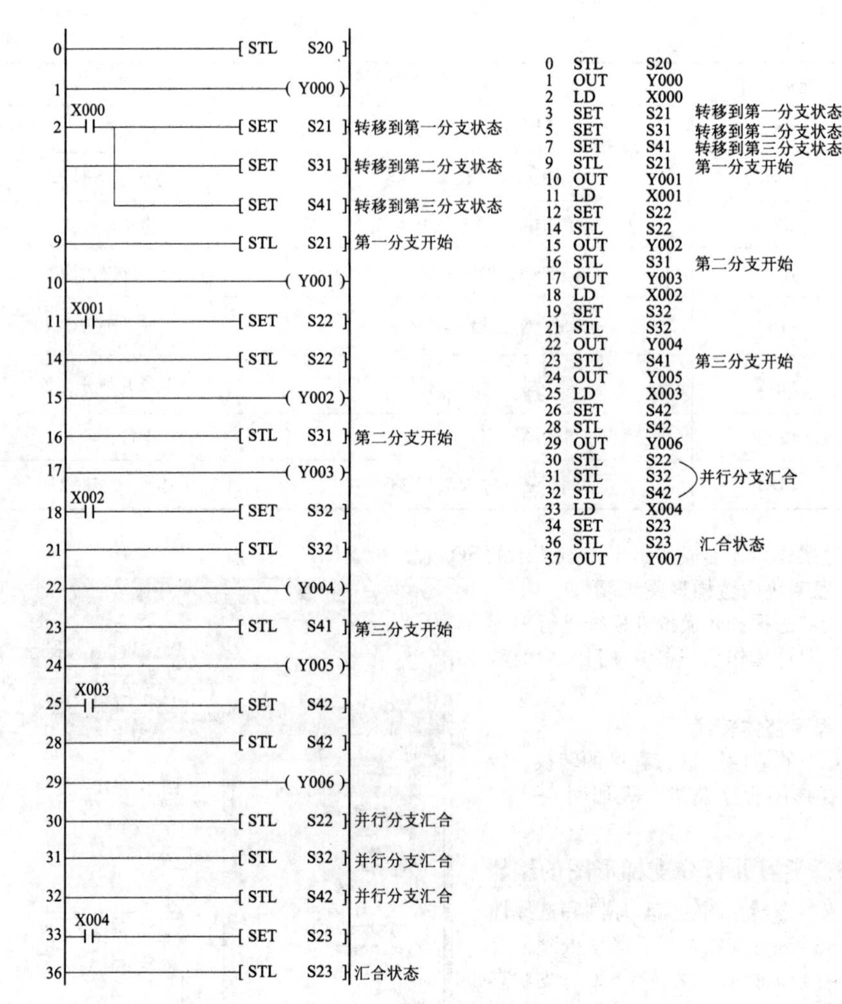

图 4-1-7　并行分支状态的编程

任务二　十字路口交通信号灯的控制

任务引入

在十字路口设置交通信号灯可以对交通进行有效的管理和疏通，并为交通参与者的安全提供强有力的保障。采用PLC 来进行交通信号灯的控制具有可靠、稳定、抗电磁干扰能力强的优点。图 4-2-1 所示为十字路口交通信号灯控制示意图。

在按下启动按钮后，交通信号灯控制系统开始循环工作，按下停止按钮后，系统在完成当前一个循环后自动停止工作。其具体控制要求见表 4-2-1。

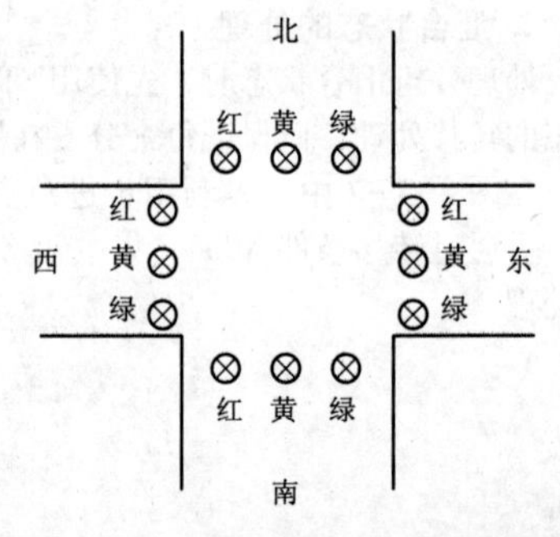

图 4-2-1　十字路口交通信号灯控制示意图

学习笔记

表 4-2-1　十字路口交通信号灯控制要求

东西方向	信号	绿灯亮	绿灯闪烁	黄灯亮	红灯亮		
	时间	25 s	3 s（1 Hz）	2 s	30 s		
南北方向	信号	红灯亮			绿灯亮	绿灯闪烁	黄灯亮
	时间	30 s			25 s	3 s（1 Hz）	2 s

任务分析

本任务的控制过程是按照时间的顺序（时序）来进行的，通过对表 4-2-1 的分析可知，东西方向和南北方向可看作两条同时进行的支路，因此可采用并行分支结构的状态转移图来完成本任务。通过本任务的学习，需要明白下面几个问题：

（1）会自定 I/O 分配表，画出十字路口交通信号灯控制系统的 PLC 电路原理图。

（2）能根据 PLC 电路原理图，独立完成 PLC 模块的连接与检测。

（3）学习并行分支的基本概念，能正确编写并行分支状态转移图并转换成梯形图或指令语句。

（4）通过软硬件配合，完成十字路口交通信号灯控制系统的安装、调试与监控，满足本任务的控制要求。

活动 1：输入与输出的分配

十字路口交通信号灯控制系统的输入/输出分配见表 4-2-2。

表 4-2-2　输入/输出分配表

输　入			输　出		
元件	功能	输入点	元件	功能	输出点

活动 2：画 PLC 系统电路原理图

用三菱 FX3U-48M 型可编程序控制器实现十字路口交通信号灯控制系统的 PLC 电路原理，如图 4-2-2 所示。

活动 3：PLC 模块的连接与检测

本任务的实施主要用到图 4-2-3 所示的 3 个模块。

模块的连接与检测按照 PLC 电路原理图分三部分完成，分别为电源部分、输入回路部分和输出回路部分。

（1）电源部分的连接：先确保电源模块空气开关断开，PLC 模块电源按钮断开。将电源线一端插于电源模块的交流 220 V 电源插孔，另一端插于 PLC 模块左下方黑色插孔，即完成电源部分的连接。

电源部分的检测：合上电源模块空气开关，此时模块电源指示灯供电正常。闭合 PLC 模块电源按钮，通电观察 PLC 的 LED 指示灯并做好记录，见表 4-2-3。若 PLC 供电不正常，则切断电源后检查保险丝是否烧断；若需拆开模块进行检查，则需在教师的指导下进行。

请判断：完成本任务后，结合自身实际情况，给这 4 个需解决的问题进行执行难度星级判定。
①
②
③
④

提醒：请结合任务要求和任务分析，填写输入/输出分配表相对应的元件、功能、输入/输出点。

请简述：十字路口交通信号灯控制系统 PLC 电路原理图绘制注意事项：

请记录：PLC 电源部分连接过程中的注意事项及问题：

学习笔记

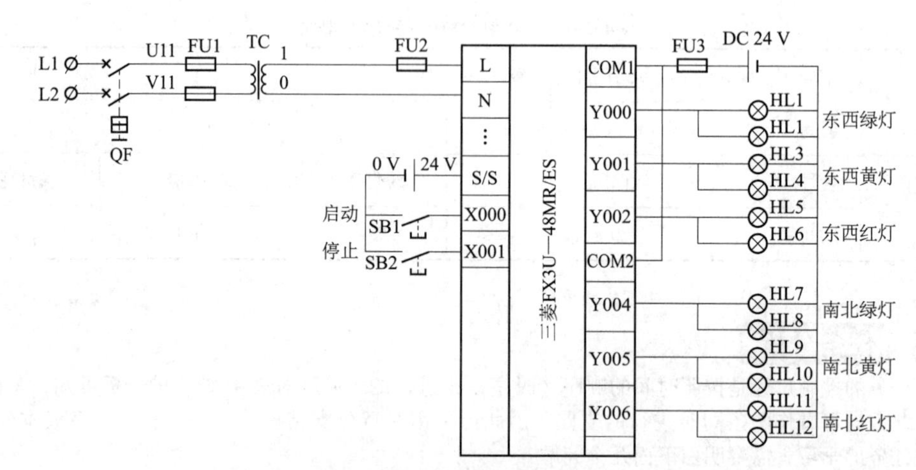

图 4-2-2　十字路口交通信号灯控制系统的 PLC 电路原理

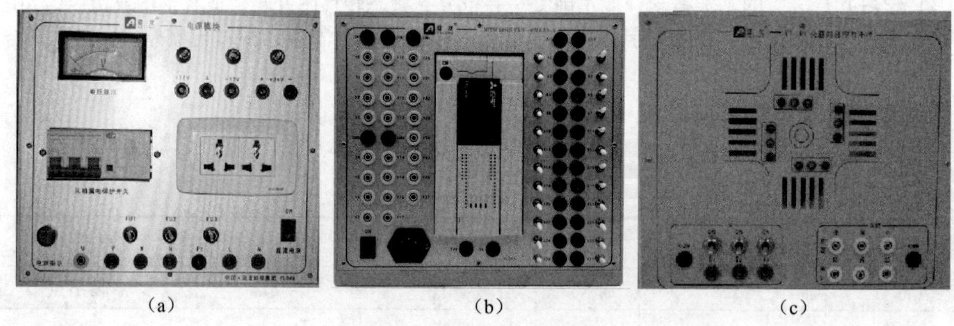

（a）　　　　（b）　　　　（c）

图 4-2-3　PLC 实验模块

（a）电源模块；（b）PLC 模块；（c）交通灯控制模块

表 4-2-3　电源连接

步骤	操作内容	LED	正确结果	观察结果
1	先插上电源插头，再合上断路器	POWER	点亮	
2	拨动 RUN/STOP 开关，拨至“RUN”位置	RUN	点亮	
3	拨动 RUN/STOP 开关，拨至“STOP”位置	RUN	熄灭	
4	⚠ 拉下断路器后，拔下电源插头	断路器 电源插头	已分断	

通电检测过程中的安全注意事项：

（2）输入回路部分的连接。

① 用接插线将电源模块的“外部电源 24 V”接至 PLC 模块右边输入部分的“S/S 端”，“外部电源 0 V”接至 PLC 模块右边输入部分的“COM 端”。

② 用接插线将 PLC 模块右边输入部分的“COM”端接至交通灯模块的输入部分“COM”（黑色插孔）端，输入器件一端在相应模块内部已完成连接。

③ 将交通灯模块输入器件另一端（绿色插孔）按照 I/O 分配表分别接入 PLC 模块输入部分对应的输入端。

输入回路部分的检测：

① 检查接插线无误，用万用表进行检测，并填写表 4-2-4。

请记录：PLC 输入回路部分连接与检测过程中的注意事项及问题：

② 经过自检，确认正确且无安全隐患后，通电观察 PLC 的 LED 指示灯并做好记录，见表 4-2-5。

（3）输出回路部分的连接。

① 电源模块“24 V+”端接至 PLC 模块“COM1”端。

表 4-2-4　输出回路检测

序号	检测内容	操作情况	正确阻值	测量阻值
1	测量 PLC 各输入端子与“外部电源 0 V”之间的阻值	分别动作输入设备，两表棒搭接在 PLC 各输入接线端子与“外部电源 0 V”上	均为 0 Ω	

表 4-2-5　电源连接

步骤	操作内容	LED	正确结果	观察结果
1	先插上电源插头，再合上断路器	POWER	点亮	
2	按下 SB1	X000	点亮	
3	按下 SB2	X001	点亮	
4	⚠ 拉下断路器后，拔下电源插头	断路器 电源插头	已分断	

② “COM1”和“COM2”用接插线互相连接。

③ 将交通灯控制模块输出器件一端（黄色插孔）按照 I/O 分配表分别接至 PLC 模块输出部分对应的输出端子。

④ 将交通灯控制模块输出器件的“COM”端接至电源模块“24 V-”端，构成回路。

输出回路部分的检测：检查接插线无误，用万用表进行检测，并填写表 4-2-6。

表 4-2-6　输出回路检测

序号	检测内容	操作情况	测量阻值
1	测量 PLC 各输出端子与对应公共端子之间的阻值	两表棒分别搭接在 PLC 各输出接线端子与对应的公共端子上	

通电测试过程中的安全注意事项：

请记录：PLC 输出回路部分连接与检测过程的注意事项及问题：

活动 4：编写并调试 PLC 程序

（1）根据任务要求，画出十字路口交通信号灯控制时序图，如图 4-2-4 所示。

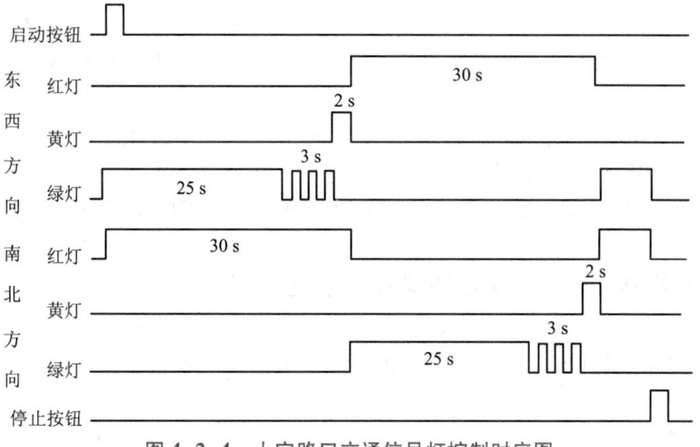

图 4-2-4　十字路口交通信号灯控制时序图

学习笔记

请记录：十字路口交通信号灯控制编写 PLC 程序过程中遇到的问题及解决方法：

（2）根据时序图绘制状态转移图，如图 4-2-5 所示。

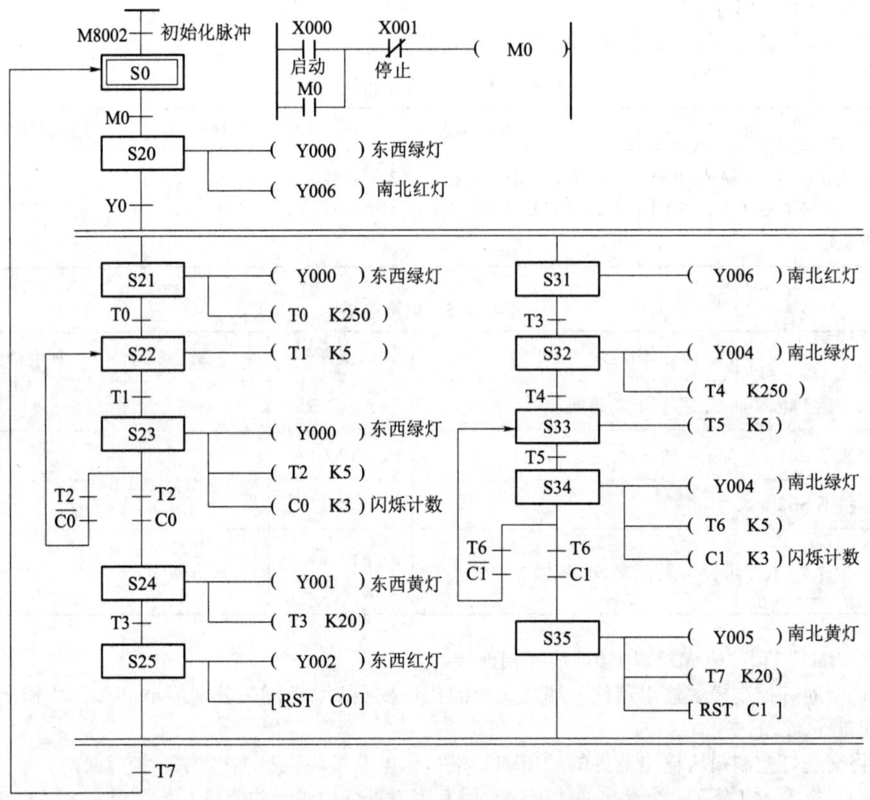

图 4-2-5　十字路口交通信号灯状态转移图

程序分析：

① PLC 从“STOP”到“RUN”时，初始状态 S0 被激活，等待系统启动。

② 按下启动按钮 SB1 后，状态转移到 S20。交通灯开始工作后，Y000 的常开触点接通，由 S20 状态同时跳转至 S21 和 S31 状态执行并行分支。

③ 由状态 S21 开始的并行分支主要控制东西方向的各灯运行，状态 S31 开始的并行分支主要控制南北方向的各灯运行。例如 25 s 后东西方向变为绿灯并以 1 Hz 频率闪烁（在 S22、S23 之间跳转），南北方向仍为红灯（S31）。3 s 后，东西方向绿灯闪烁 3 次，变为黄灯（S24），南北方向仍为红灯（S31）；2 s 后，东西方向变为红灯（S25），南北方向变为绿灯（S32），此时东西方向分支已进入分支的最后一个状态，等待南北方向分支共同汇合跳转。依此分析，待南北方向分支进入 S35 状态后，即两分支都处于最后一个状态时，再集中进行向汇合状态 S0 的跳转。

④ 程序不断循环运行，直至按下停止按钮 SB2，程序完成当前循环并回至 S0 状态后停止。

（3）编写梯形图程序及指令语句。

根据图 4-2-5 所示十字路口交通信号灯控制状态转移图编写梯形图程序及指令语句，如图 4-2-6 所示。

活动 5：用 GX Works2 编程软件编写、下载、调试程序

1. 程序输入

打开 GX Works2 编程软件，新建“十字路口交通信号灯控”文件，输入 PLC 程序。

2. 程序下载

单击“在线”图标，再选择“PLC 写入”选项，将 PLC 程序下载至 PLC。注意：此时可让三菱 FX3U PLC 的运行按钮切换至“STOP”上。

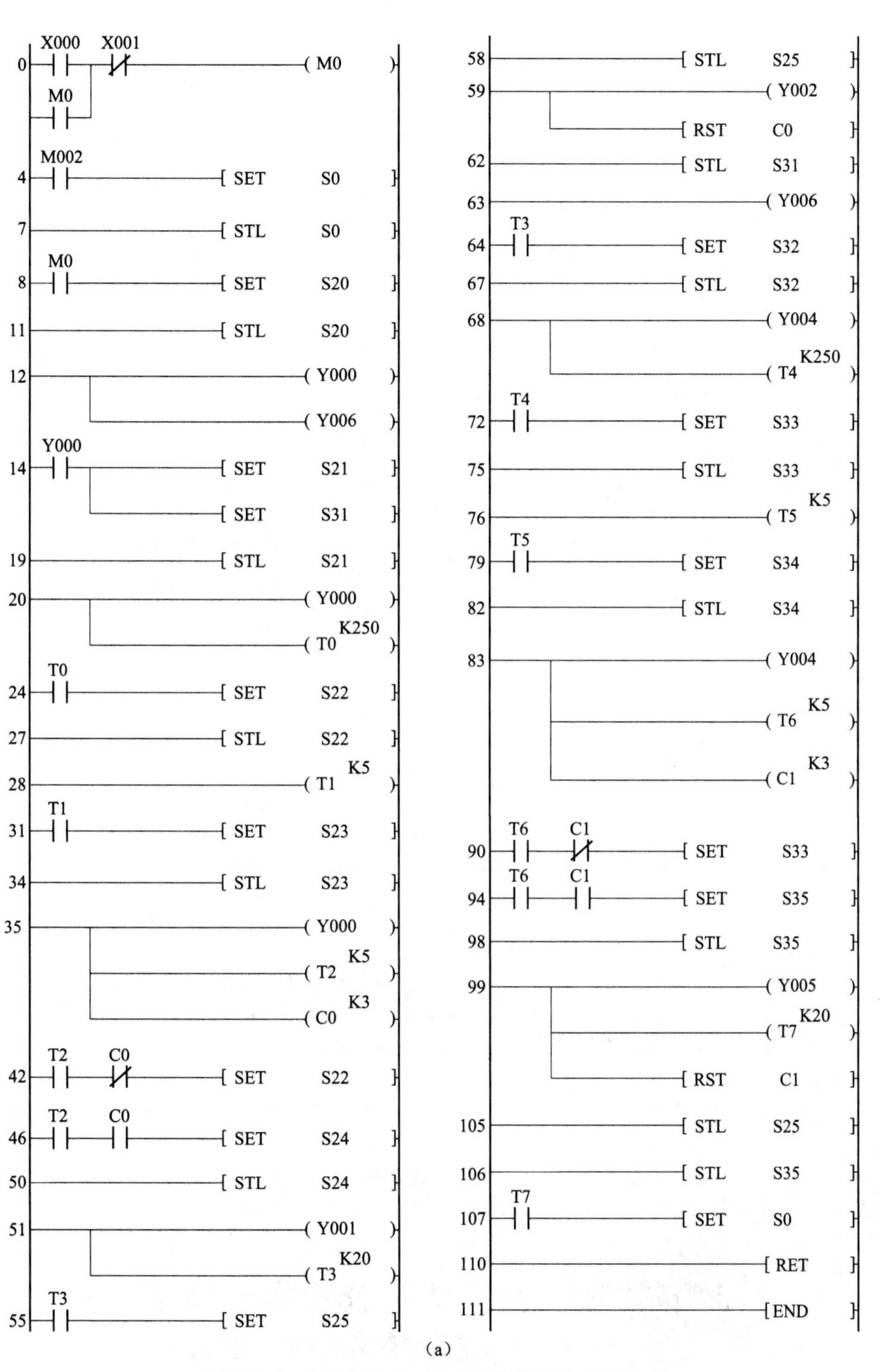

图 4-2-6　十字路口交通信号灯状态转移图和指令语句

（a）状态转移图

学习笔记

请记录：十字路口交通信号灯控制程序调试步骤：

```
0    LD    X000
1    OR    M0
2    ANI   X001
3    OUT   M0
4    LD    M8002
5    SET   S0
7    STL   S0
8    LD    M0
9    SET   S20
11   STL   S20
12   OUT   Y000
13   OUT   Y006
14   LD    Y000
15   SET   S21
17   SET   S31
19   STL   S21
20   OUT   Y000
21   OUT   T0     K250
24   LD    T0
25   SET   S22
27   STL   S22
28   OUT   T1     K5
31   LD    T1
32   SET   S23
34   STL   S23
35   OUT   Y000
36   OUT   T2     K5
39   OUT   C0     K3
42   LD    T2
43   ANI   C0
44   SET   S22
46   LD    T2
47   AND   C0
48   SET   S24
50   STL   S24
51   OUT   Y001
52   OUT   T3     K20
55   LD    T3
56   SET   S25
58   STL   S25
59   OUT   Y002
60   RST   C0
62   STL   S31
63   OUT   Y006
64   LD    T3
65   SET   S32
67   STL   S32
68   OUT   Y004
69   OUT   T4     K250
72   LD    T4
73   SET   S33
75   STL   S33
76   OUT   T5     K5
79   LD    T5
80   SET   S34
82   STL   S34
83   OUT   Y004
84   OUT   T6     K5
87   OUT   C1     K3
90   LD    T6
91   ANI   C1
92   SET   S33
94   LD    T6
95   AND   C1
96   SET   S35
98   STL   S35
99   OUT   Y005
100  OUT   T7     K20
103  RST   C1
105  STL   S25
106  STL   S35
107  LD    T7
108  SET   S0
110  RET
111  END
```

（b）

图 4-2-6　十字路口交通信号灯状态转移图和指令语句（续）

（b）指令语句

请记录：十字路口交通信号灯控制程序调试存在的问题及解决方法：

3. 系统调试

（1）在教师现场监护下进行通电调试，验证系统控制功能是否符合要求。

（2）如果出现故障，学生应独立检修，根据出现的故障现象检修相关线路或修改梯形图。

（3）系统检修完毕后应重新通电调试，直至系统正常工作。

想一想：

（1）在停止时间超过 20 s 后，系统自动切换到空闲模式，黄灯以 2 Hz 的频率闪烁，程序该如何编写？

（2）若在本十字路口交通信号灯控制系统中增设东西和南北方向左行信号灯，要求每次左行信号绿灯亮 20 s 后变为左行红灯，此时直行信号绿灯再亮，程序该如何编写？

拓展训练　YL-235A 光机电一体化设备整体运行控制

任务引入

在项目二的任务二中介绍了机械手的简单控制系统，在项目三的任务二中介绍了物料传送分拣控制系统，这两个任务所涉及的模块都属于 YL-235A 光机电一体化实训考核装置。该设备能够灵活地按教学或竞赛要求组装成具有模拟生产功能的机电一体化设备。下面就以该设备为载体，综合应用前面所学习的状态编程的方法，编写并调试 PLC 程序，完成具体的控制要求。

某生产线生产金属圆柱和塑料圆柱两种元件，该生产线分拣设备的任务是将金属元件、白色塑料元件和黑色塑料元件进行加工、分拣、组合，各部分的名称及位置如图 4-2-7 所示。

请分析：本控制任务需要用到____个 PLC 输入信号，____个 PLC 输出信号。

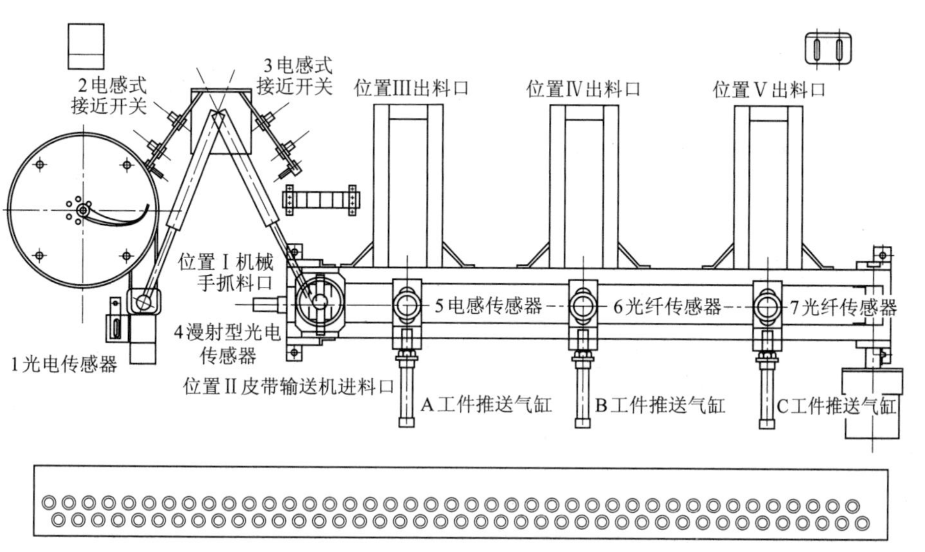

图 4-2-7 工件分拣设备元件、器件的名称及位置

一、部件的初始位置

启动前，设备的运动部件必须在规定的位置，这些位置称作初始位置。部件的初始位置如下：

（1）机械手的悬臂靠在左限位置，手臂气缸的活塞杆缩回，手指松开。

（2）位置 A、B、C 处的气缸活塞杆缩回。

（3）料盘、皮带输送机的拖动电动机不转动。

系统上电后，若上述部件在初始位置，指示灯 HL1 长亮，则表示系统已准备好，允许设备启动；若上述部件不在初始位置，HL1 以亮 2 s、灭 1 s 的方式闪亮，则系统应自动执行复位操作进行复位，其操作步骤自行确定。

请整理：根据任务要求，画出设备运行流程图。

二、设备的正常工作

1. 启动

按下启动按钮 SB1，设备启动。拖动皮带输送机的三相交流电动机低速运行，频率为 15 Hz，指示灯 HL2 长亮。

2. 工作

（1）设备启动后，若检测到抓料平台上有工件，则驱动机械手依次执行下列动作：伸出—下降—延时 1 s—夹紧—延时 1 s—上升—缩回—右摆—伸出—下降—延时 1 s—放松，工件落入落料口—延时 1 s—上升—缩回—左摆回原位。

（2）当检测到元件从落料口放上皮带输送机时，皮带输送机由低速运行变为高速运行，此时拖动皮带输送机的三相交流电动机的运行频率为 35 Hz。

（3）通过传送带上的三个传感器识别出三种物料，并且将识别出的金属件推入位置Ⅲ位料槽，白色塑料件被推入位置Ⅳ位料槽，黑色塑料件为不合格工件被推入位置Ⅴ位料槽；当物料被推入料槽后，皮带仍以 15 Hz 的频率低速运行，等待下一个工件的到来。

（4）停止。按下停止按钮 SB2，将当前物料送到规定位置并使相应的部件复位后，设备才能停止，指示灯 HL2 熄灭。

学习笔记

请判断：

完成本任务后，结合自身实际情况，给这 4 个需解决的问题进行执行难度星级判定。

①

②

③

④

提醒：

请结合任务要求和任务分析，填写输入/输出分配表相对应的元件、功能、输入/输出点。

任务分析

（1）初始状态：系统开机后对初始位置进行检测，若设备处于初始位置，则可按启动按钮正常启动；若设备不处于初始位置，则系统自动复位。

（2）送料机构：设备启动后，送料电动机驱动送料盘旋转，物料由送料盘传输到检测位置，物料检测光电传感器开始检测。

（3）机械手搬运机构：当物料检测光电传感器检测到有物料时，给 PLC 发出信号，由 PLC 驱动机械手臂伸出手爪下降抓物，然后手爪提升，手臂缩回并旋转到右限位，最后手臂伸出，手爪下降，将物料放至传送带上。

（4）物料传送与分拣机构：传送带落料口处的物料检测传感器检测到物料后，启动传送带输送物料，同时机械手按原来位置返回进行下一个流程；传感器则对物料的材料特性、颜色特性进行辨别，由 PLC 控制相应电磁阀使气缸动作，对物料进行分拣。

活动 1：输入与输出点分配

根据确定的输入/输出设备分配 I/O 点，见表 4-2-7。

表 4-2-7　I/O 分配表

输　入			输　出		
元件	功能	输入点	元件	功能	输入点

活动 2：YL-235A 光机电一体化设备电路原理图

学习笔记

请简述：YL－235A 光机电一体化设备 PLC 电路原理图绘制注意事项：

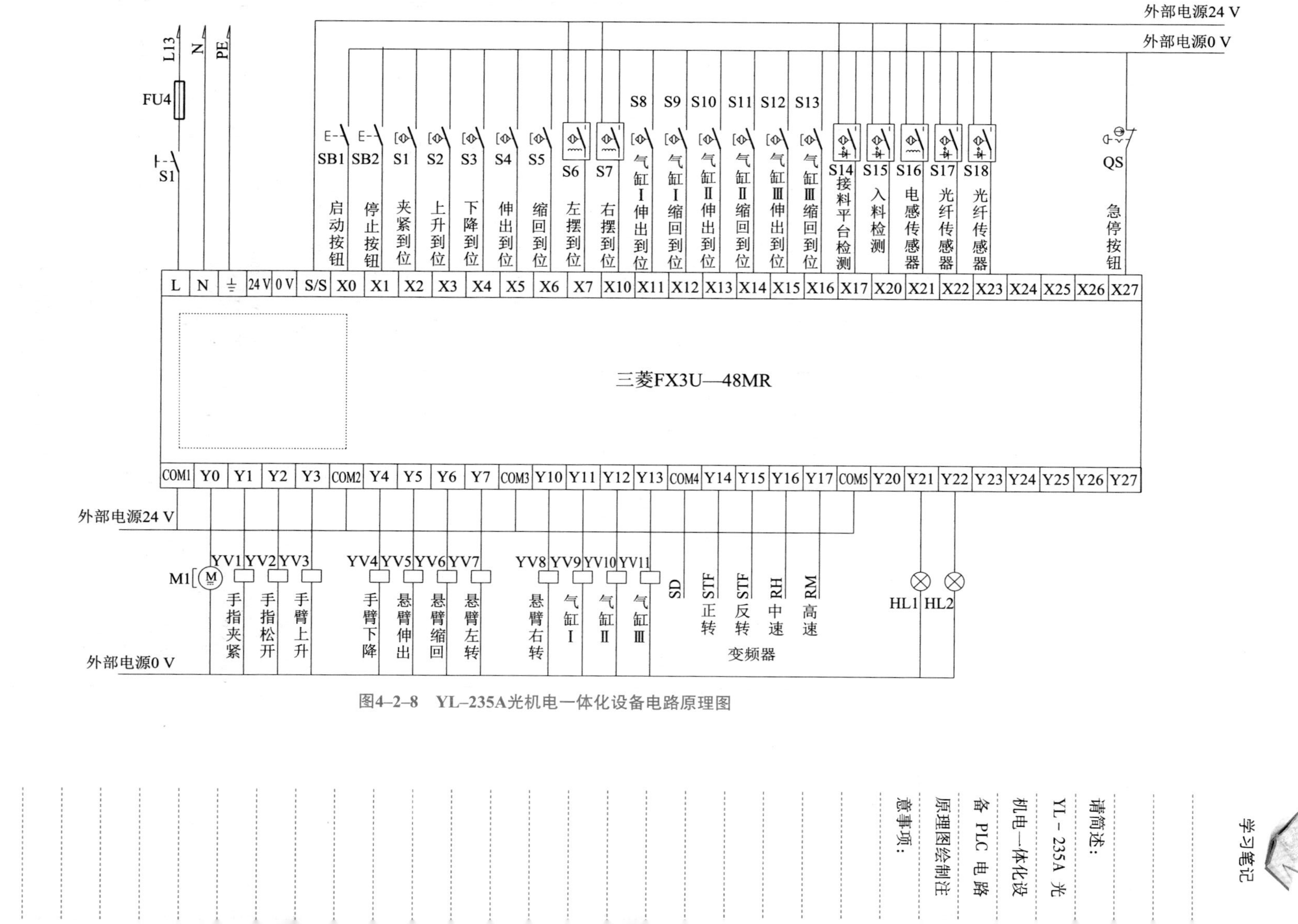

图4-2-8　YL-235A光机电一体化设备电路原理图

学习笔记

请记录：YL－235A 光机电一体化设备编写 PLC 程序过程中遇到的问题及解决方法：

活动 3：编写并调试 PLC 程序

PLC 梯形图如图 4-2-9 所示。

```
0    X000 M50 ─┤ ├─┤ ├──────────[ SET  M500 ]
3    X001 ─┤/├──────────────────[ RST  M500 ]
5    X002 X003 X006 X007 ─┤/├─┤ ├─┤ ├─┤ ├──( M51 )
10   X012 X014 X016 Y014 Y015 ─┤ ├─┤ ├─┤ ├─┤/├─┤/├──( M52 )
16   M51 M52 ─┤ ├─┤ ├───────────( M50 )
19   M8002 M899 ─┤ ├─┤/├────────[ SET  S500 ]
23   ───────────────────────────[ STL  S500 ]
24   ─────────┬─────────────────[ SET  S899 ]
              └─────────────────( Y021 )
26   M51 ─┤/├───────────────────[ SET  S505 ]
29   M500 ─┤ ├──────────────────[ SET  S510 ]
32   ───────────────────────────[ STL  S505 ]
33   T11 ─┤/├───────────────────( T10  K20 )
37   T10 ─┤/├───────────────────( T11  K10 )
41   T10 ─┤/├───────────────────( Y021 )
43   S505 ─┤ ├──────────────────( Y002 )
45   Y002 X002 ─┤ ├─┤/├─────────( Y003 )
48   Y003 X003 ─┤ ├─┤ ├─────────( Y006 )
51   Y006 X006 ─┤ ├─┤ ├─────────( Y007 )
54   Y007 M51 ─┤ ├─┤ ├──────────[ SET  S500 ]
58   ───────────────────────────[ STL  S510 ]
59   M500 ─┤ ├─┬────────────────[ SET  Y002 ]
               ├────────────────[ SET  Y014 ]
               └────────────────[ SET  Y017 ]
63   M500 X017 ─┤ ├─┤/├─────────( Y000 )
66   M500 ─┤/├─┬────────────────[ RST  Y022 ]
               └────────────────[ ZRST Y014 Y017 ]
73   M500 ─┤/├──────────────────[ SET  S500 ]
76   M500 X017 ─┤ ├─┤/├─────────[ SET  S511 ]
80   ───────────────────────────[ STL  S511 ]
81   ───────────────────────────( Y005 )
82   Y005 X005 ─┤ ├─┤ ├─────────( Y004 )
85   Y004 X004 ─┤ ├─┤ ├─────────( Y001 )
88   Y001 X002 ─┤ ├─┤ ├─────────( T1  K10 )
93   T1 ─┤ ├────────────────────[ SET  S512 ]
96   ───────────────────────────[ STL  S512 ]
97   ───────────────────────────( Y003 )
98   Y003 X003 ─┤ ├─┤ ├─────────( Y006 )
101  Y006 X006 ─┤ ├─┤ ├─────────( Y010 )
104  Y010 X010 ─┤ ├─┤ ├─────────[ STL  S513 ]
108  ───────────────────────────[ STL  S513 ]
109  ───────────────────────────( Y005 )
110  Y005 X005 ─┤ ├─┤ ├─────────( Y004 )
```

图 4-2-9　PLC 梯形图

学习笔记

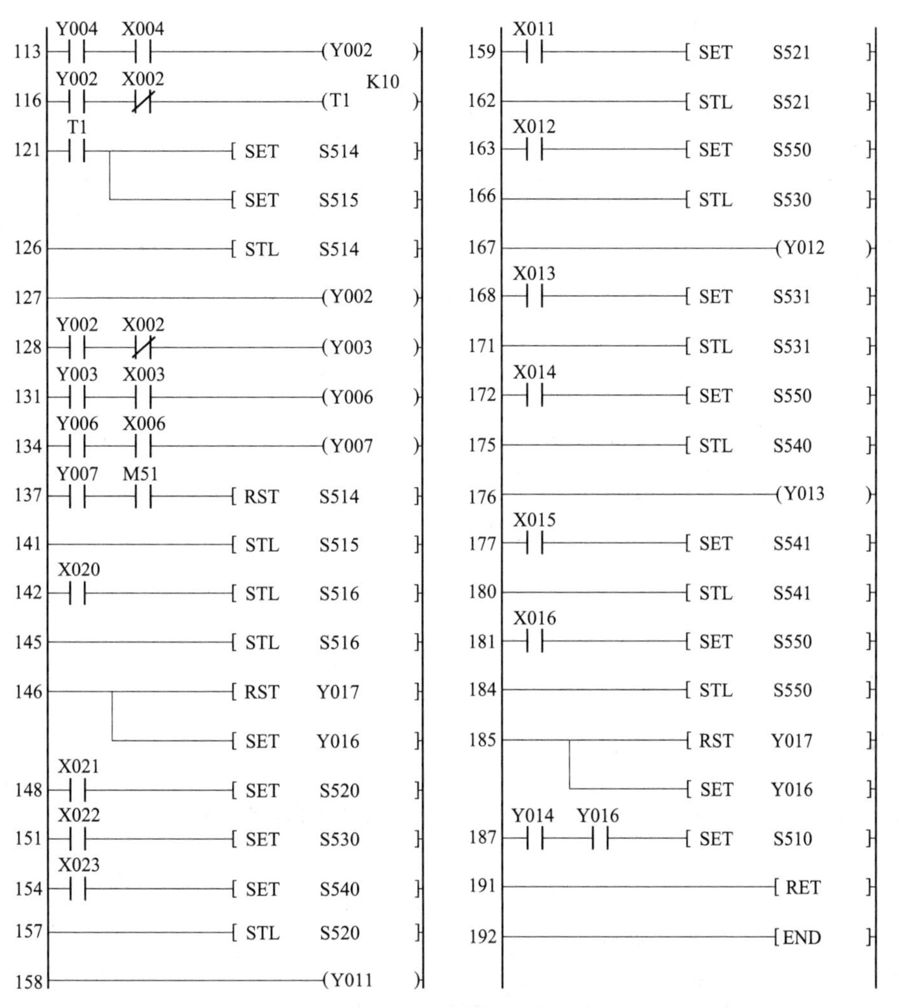

图 4-2-9　PLC 梯形图（续）

程序说明：

编写程序时，机械手将物料送至传送带上后，机械手回原位与传送带上物料的分拣同时进行，需要使用并行分支。而在并行分支的传送带物料分拣支路中，根据控制要求又使用了选择性分支将金属件推入Ⅲ位料槽，白色塑料件被推入Ⅳ位料槽，黑色塑料件为不合格工件被推入Ⅴ位料槽。在编写亚龙 YL-235A 型光机电一体化实训考核装置的基本程序时需注重的是程序整体的结构，合理进行单流程、选择性分支及并行分支的选择，这样有利于程序的条理性和严密性。

请记录：YL－235A 光机电一体化设备编写 PLC 程序过程中遇到的问题及解决方法：

活动 3：用 GX Works2 编程软件编写、下载、调试程序

1. 程序输入

打开 GX Works2 编程软件，新建文件，输入 PLC 程序。

2. 程序下载

单击“在线”图标，再选择“PLC 写入”选项，将 PLC 程序下载至 PLC。注意：此时可将三菱 FX3U PLC 的运行按钮切换至“STOP”上。

3. 系统调试

（1）在教师现场监护下进行通电调试，验证系统控制功能是否符合要求。

（2）如果出现故障，学生应独立检修，根据出现的故障现象检修相关线路或修改梯形图。

（3）系统检修完毕后应重新通电调试，直至系统正常工作。

请记录：YL－235A 光机电一体化设备系统程序调试存在的问题及解决方法：

学习笔记

项目评价

项目评价表见表 4-2-8。

请分析：完成项目评分表后，对本项目进行小结：

表 4-2-8　项目评价表

考核项目			考核内容	项目分值	自我评价	小组评价	教师评价
考核项目	专业能力 60%	1. 准备工作的质量评估	（1）常用电工工具、三菱 FX3U PLC、计算机、GX 软件、万用表、数据线能正常使用	5			
			（2）工作台环境布置合理，符合安全操作规范	5			
		2. 工作过程各个环节的质量评估	（1）能根据十字路口交通灯控制系统的具体要求，合理分配输入与输出点	2			
			（2）画出由三菱 FX3U 系列 PLC 控制的系统运行的电路原理图	4			
			（3）会进行 PLC 各实验模块的连接，操作符合规范	6			
			（4）能利用并行分支结构编写步进程序，实现十字路口交通信号灯控制系统的正确运行	4			
			（5）能区别并行分支与选择性分支结构的不同形式，理解其不同点	4			
		3. 工作成果的质量评估	（1）PLC 实验模块的布线美观、合理、规范	5			
			（2）会用万用表检测并排除 PLC 系统中电源部分、输入回路以及输出回路部分的故障	5			
			（3）能熟练使用 GX Works2 编程软件实现 PLC 程序的编写、调试和监控	10			
			（4）项目实验报告过程清晰、内容翔实、体验深刻	10			
	综合能力 40%	信息收集能力	十字路口交通信号灯控制系统的实施过程中，程序设计以及元器件选择的相关信息的收集	10			
		交流沟通能力	会通过组内交流、小组沟通、师生对话解决软件、硬件设计过程中的困难，及时总结	10			
		分析问题能力	了解 PLC 电路原理图的分析过程和正确的接线方式，采用联机调试基本思路与基本方法顺利完成本项目的软、硬件设计	10			
		团结协作能力	项目实施过程中，团队能分工协作、共同讨论，及时解决项目实施中的问题	10			

学习笔记

项目总结

本项目通过十字路口交通灯控制系统以及 YL-235A 型设备系统这两个综合型案例，详细说明了并行分支结构步进程序的编写、调试与监控的方法。并行分支结构是步进程序设计中十分重要的一个部分，它的特点是 PLC 能够同时执行多条不同路径中的步进程序，使程序的功能进一步得到拓展。在理解的基础上，应进一步熟练并行分支状态转移图的画法，并将其转化为梯形图和指令语句。在较为复杂的控制系统中，需将单流程结构、选择性结构以及并行分支结构相互结合，形成多分支结构，这时需要读者根据不同的控制要求，进行合理的分析，采用最合理的流程来编写 PLC 程序。

练习与操作

1. 根据图 4-1 所示的指令语句，画出对应的状态转移图和梯形图。

0	LD	M8002	15	OUT	Y001	29	STL	S55	41	STL	S55
1	SET	S0	16	LD	X002	30	OUT	Y005	42	LD	X003
3	STL	S0	17	SET	S52	31	STL	S56	43	SET	S53
4	LD	X000	19	STL	S54	32	OUT	Y006	45	STL	S53
5	SET	S50	20	OUT	Y004	33	STL	S53	46	LD	X004
7	STL	S50	21	LD	X005	34	OUT	Y003	47	SET	S57
8	OUT	Y000	22	SET	S55	35	STL	S57	49	STL	S56
9	LD	X001	24	LD	X006	36	OUT	Y007	50	LD	X007
10	SET	S51	25	SET	S56	37	LD	X010	51	SET	S57
12	SET	S54	27	STL	S52	38	OUT	S0	53	RET	
14	STL	S51	28	OUT	Y002	40	STL	S52	54	END	

图 4-1　题 1 图

2. 将图 4-2 所示的状态转移图转化为可直接编程的形式，画出其对应的梯形图，写出指令语句。

3. 画出如图 4-3 所示状态转移图对应的梯形图，并写出指令语句。

4. 某化学反应过程需四个容器，如图 4-4 所示。容器之间用泵连接，每个容器都装有检测容器空和满的传感器。1 号、2 号容器分别用泵 P1、泵 P2 灌满碱溶液和聚合物，灌满后传感器发出信号，P1、P2 关闭。2 号容器开始加热，当温度达到 60℃时，温度传感器发出信号，关闭加热器，然后泵 P3、泵 P4 分别将 1 号、2 号容器中的溶液输送到 3 号反应器中，同时搅拌器启动，搅拌时间为 60 s，若 3 号容器满或 1 号、2 号容器空，则泵 P3、泵 P4 停，等待。搅拌时间到后，泵 P5 将混合液抽入 4 号产品池容器，直到 4 号容器满或 3 号容器空。产品用泵 P6 抽走，直到 4 号容器空，这样就完成一次循环。在任何时候按下停止操作按钮，控制系统都要将当前的化学反应过程进行到结束，才能停止工作，返回到初始状态。

5. 图 4-5 所示为一个具有 3 个工位和 1 个旋转圆盘的工作站。其工作流程为：当按下启动按钮后，系统开始运行，3 个工位同时开始各自的工作，即上料、钻孔、检测及卸工件。当 3 个工位都进入等待状态时，料盘旋转 120°，等待新的一轮加工。各工位的具体工作顺序如下所述。工位 1：推料杆将料推进，到位后退回，退回到位后进入等待。工位 2：将工件夹紧后，钻头下钻，下钻到位后退出，退回到位后放松工件，完全放松后进入等待。工位 3：深度计下降，如在某一时间间隔（2 s）内下降到某一位置，深度计返回，返回到位后推料杆退回，退回到位后进入等待。如深度计在上述时间间隔内仍未下降到位，则深度计返回，退回到位后手动卸下工件（报废），卸下工件后按下卸毕开关进入等待。

学习笔记

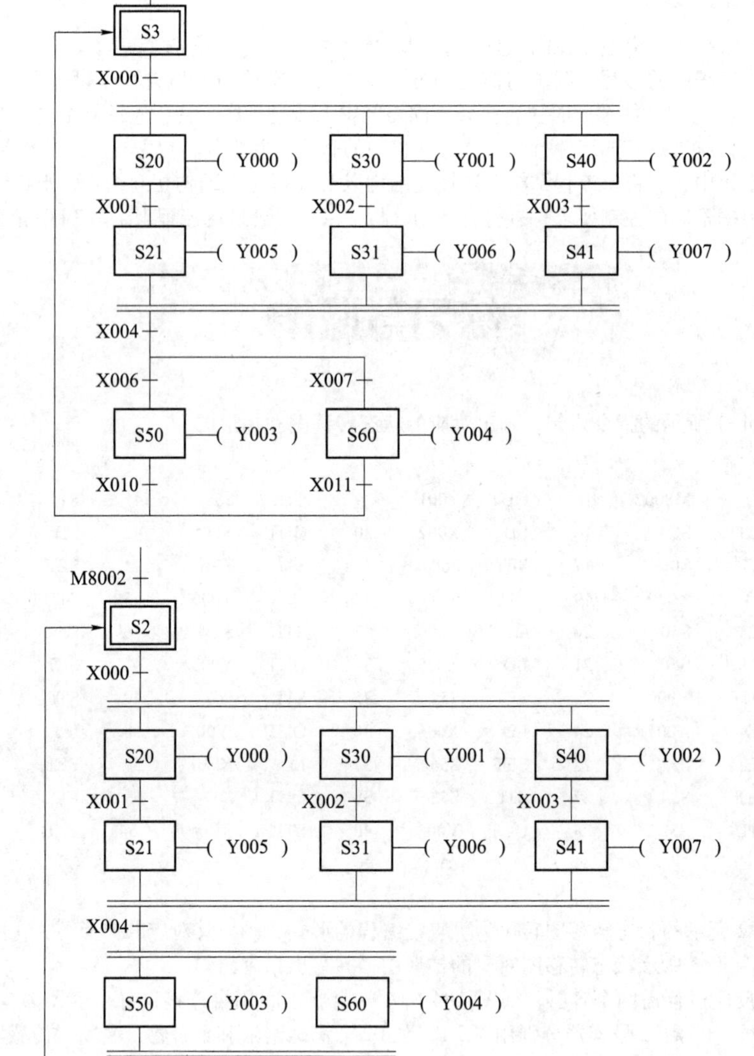

图 4-2　题 2 图

6. 某组合机床有两个动力头，它们的动作由液压电磁阀控制，其动作过程及对应的执行元件的状态如图 4-6 所示。SQ0~SQ5 为行程开关，YV1~YV7 为液压电磁阀。控制要求如下：

（1）初始时动力头停在原位（SQ0 压合），按下启动按钮，两动力头同时启动，分别执行各自的动作。

（2）当 1 号动力头到达 SQ5 处，且 2 号动力头到达 SQ4 处时，两个动力头同时转入快退。

（3）两个动力头退回原位后，继续重复上述动作。

试设计该组合机床动力头的步进控制程序，画出相应状态转移图，要求该系统具有单步、单周期和自动连续运行三种运行方式。

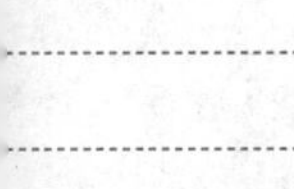

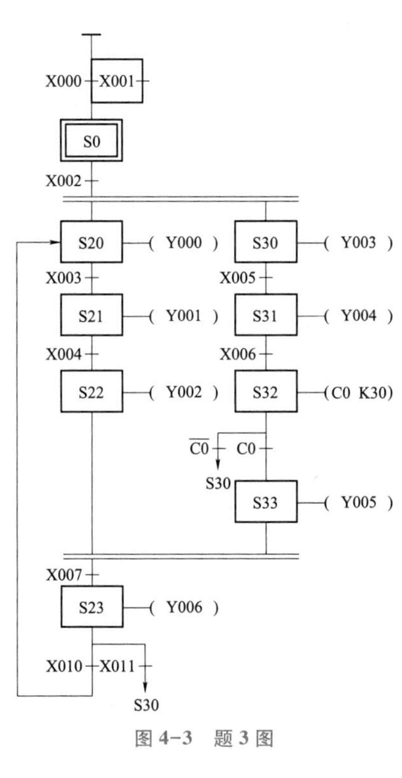

图 4-3　题 3 图

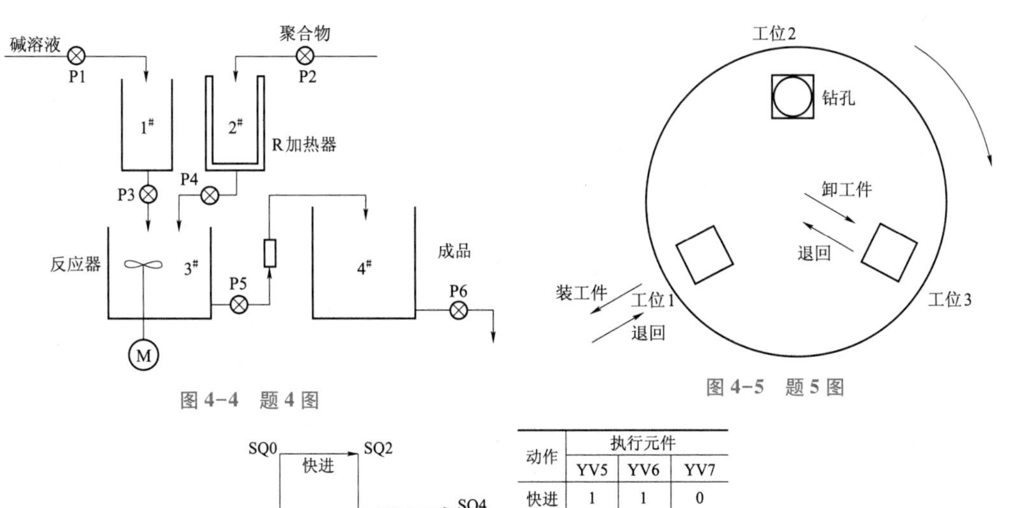

图 4-4　题 4 图

图 4-5　题 5 图

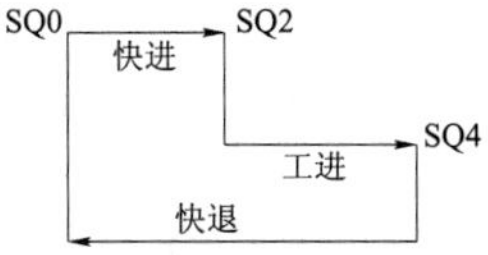

动作	执行元件		
	YV5	YV6	YV7
快进	1	1	0
工进	1	0	1
快退	0	1	1

（a）

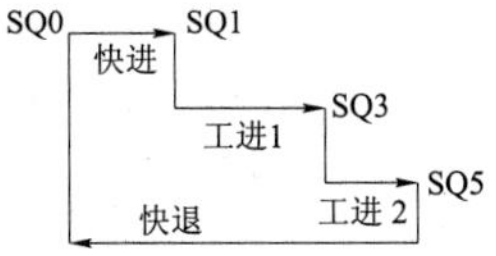

动作	执行元件			
	YV1	YV2	YV3	YV4
快进	0	1	1	0
工进1	1	1	0	0
工进2	0	1	1	1
快退	1	0	1	0

（b）

图 4-6　题 6 图

（a）1 号动力头动作图表；（b）2 号动力头动作图表

项目五 花式喷泉系统的控制

在科技赋能智慧美丽城市建设的引领下，随着现代创新技术的发展，集各种工程技术于一体的喷泉系统越来越多地出现在大型广场与公园中，这是科学技术与艺术的结晶，更是科技创新文明城市建设的标志，如图 5-0-1 所示。

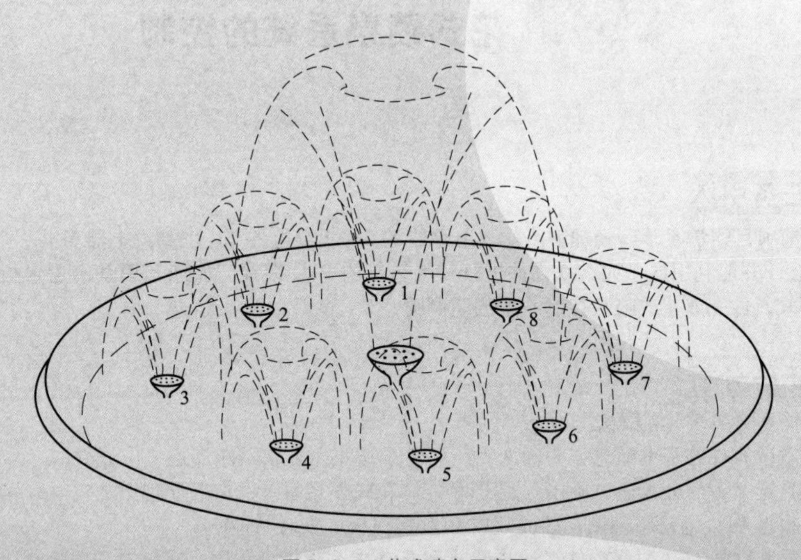

图 5-0-1　花式喷泉示意图

如图 5-0-1 所示的花式喷泉控制系统有低水柱和高水柱两组喷头，高水柱喷头位于水池中央，称为主喷头；低水柱喷头共有 8 个，分布在四周，称为辅助喷头，按逆时针方向排序，并按 1~8 编号。该花式喷泉控制系统可实现以下功能：按下启动按钮后，按照高水柱 5 s→停 1 s→单号低水柱 5 s→停 1 s→双号低水柱 5 s→停 1 s→高、低水柱同时 5 s→停 1 s 的循环喷水；按下停止按钮，喷泉停止喷水。

学习笔记

本项目中控制的对象较多，分别有 1 个高水柱喷头和 8 个低水柱喷头，为了简化程序，可以利用三菱 FX3U 系列 PLC 中位元件的组合，通过数据传送指令将特定数据传送到相应位元件的组合中，从而控制喷头的工作和停止，然后由定时器实现时间控制。通过本项目的学习和实践，应达到如下目标：

知识目标：

（1）知道位元件的基本概念及应用特点；

（2）熟悉字元件的组合方式和编程使用方法；

（3）理解数据寄存器 D 的使用特点及编程技巧。

技能目标：

（1）会绘制喷泉控制系统的 PLC 电路原理图；

（2）能独立完成喷泉控制系统的安装与检测；

（3）能小组合作应用多种编程语言完成系统的 PLC 控制程序设计与调试。

素养目标：

（1）形成多方式解决问题的思维方式，创新实践的工程意识；

（2）养成严谨、细致、乐于探索实践的职业习惯；

（3）培养应用技巧服务生活、科技创造美好的职业情怀。

花式喷泉

任务一　用基本逻辑指令实现花式喷泉系统的控制

任务引入

请分析：喷泉控制系统有哪几个特点：

通过之前项目的学习，已经理解了输入继电器 X、输出继电器 Y、辅助继电器 M 以及状态继电器 S 的基本概念，并能利用这 4 大类软元件进行一些简单的 PLC 编程。如何利用基本逻辑指令配合 X、Y、M、S 等软元件完成花式喷泉控制系统的装调呢？

任务分析

通过本任务的学习，应解决下面几个问题：

（1）理解位元件的基本概念，明确 X、Y、M、S 这 4 大类软元件都是“位元件”。

（2）会自定义 I/O 分配表，画出三菱 PLC 控制花式喷泉系统的电路原理图。

（3）能根据 PLC 电路原理图，独立完成 PLC 接线板的安装与检测。

（4）通过 GX Works2 编程软件，编写调试 PLC 基本逻辑指令程序，满足本任务控制要求。

活动 1：认识位元件

输入继电器 X、输出继电器 Y、辅助继电器 M 以及状态继电器 S 等编程软元件在可编程控制器内部反映的是“位”的变化，“位”的值要么是“0”，要么是“1”，有且仅有这两种状态。

```
     X001
0 |--| |------------------------(M0    )
     M0
2 |--| |------------------------(Y000  )
     M0
4 |--|/|------------------------(Y001  )
```

图 5-1-1　基本逻辑指令程序

如图 5-1-1 所示，程序中当 X001 闭合，即 X001＝“1”时，辅助继电器 M0 线圈得电，即 M0＝“1”，其对应的常开触点 M0 闭合，Y000 线圈得电，即 Y000＝“1”；而常闭触点 M0 断开，Y001 线圈失电，即 Y001＝“0”。当 X001 断开，即 X001＝“0”时，辅助继电器 M0

线圈失电，即 M0＝“0”，其对应的常开触点 M0 恢复断开，Y000 线圈失电，即 Y000＝“0”；而常闭触点 M0 恢复闭合，Y001 线圈得电，即 Y001＝“1”。

由于 X、Y、M、S 主要用于开关量信息的传递、变换及逻辑处理，因此把它们称为“位元件”。

活动 2：输入与输出的分配

花式喷泉控制系统的输入/输出分配表见表 5-1-1，仅作参考。

表 5-1-1　花式喷泉控制输入/输出分配表

输　入			输　出		
元件	作用	输入点	元件	作用	输出点
SB1	启动	X000	KA1～KA8	控制低水柱电磁阀	Y000～Y007
SB2	停止	X001	KA9	控制高水柱电磁阀	Y010
注：KA1、KA3、KA5、KA7 为单号低水柱，对应的输出点为 Y000、Y002、Y004、Y006；KA2、KA4、KA6、KA8 为双号低水柱，对应的输出点为 Y001、Y003、Y005、Y007。					

活动 3：画 PLC 系统电路原理图

用三菱 FX3U-48MR/ES 型可编程序控制器实现花式喷泉控制系统的电路原理图，如图 5-1-2 所示。

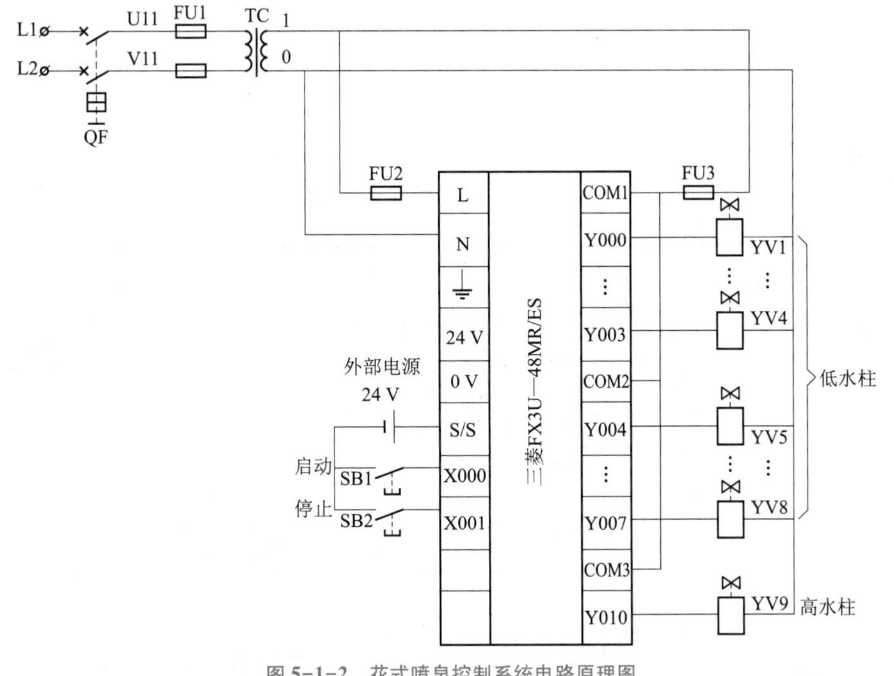

图 5-1-2　花式喷泉控制系统电路原理图

活动 4：PLC 接线板的安装

1. 元器件的准备

准备本活动需要的元件器材，见表 5-1-2。

表 5-1-2　元件器材表

序号	名　称	型号规格	数量	单位	备注
1					
2					

学习笔记

请回答：

位元件的特点：

请分析：

基于 PLC 控制的花式喷泉系统中有＿＿个 PLC 输入信号，＿＿个 PLC 输出信号。

请简述：

花式喷泉 PLC 控制系统电路原理图绘制的注意事项：

①

②

请回答：

电路原理中所示电磁阀 YV 的工作电源是：

学习笔记

提醒：请结合电路原理图的分析，填写活动需要元件器材的名称、型号、数量、单位。

请解释：在元件器材的准备中，请针对按钮的型号规格进行具体的阐述：

请记录：元器件检测注意事项及检测结果

元器件安装要点及主要问题：

续表

序号	名　　称	型号规格	数量	单位	备注
3					
4					
5					
6					
7					
8					
9					
10					
11					
12					
13					
14					
15					
16					
17					
18					
19					
20					

2. 元器件的布置

根据表 5-1-2 检测元器件的好坏，将符合要求的元器件按图 5-1-3 所示安装在网孔板上并固定。

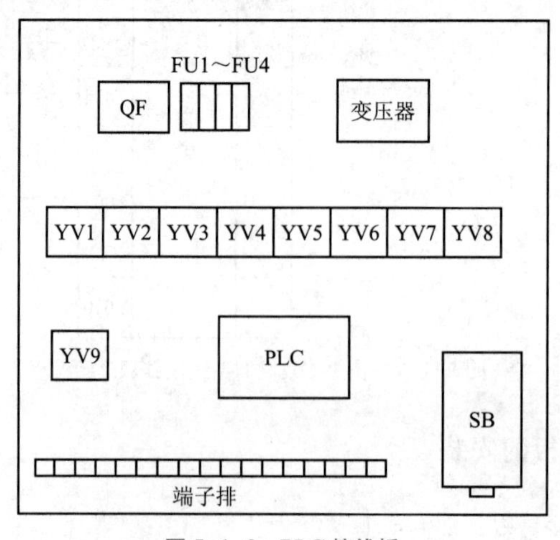

图 5-1-3　PLC 接线板

3. PLC 系统的连线与自检

根据图 5-1-2 以及图 5-1-3，按配线原则与工艺要求进行 PLC 控制系统的安装接线。特别注意布线时需紧贴线槽，保持整齐与美观。具体操作方式可按如下步骤：

（1）连接PLC电源部分。

如图5-1-4所示，分析填写电路连接步骤，L1、L2两根相线→进端子排→从端子排出→______________→连接______________→变压器TC→1号线通过__________连接__________，而0号线直接连接______________。此时PLC电源部分的接线完成。

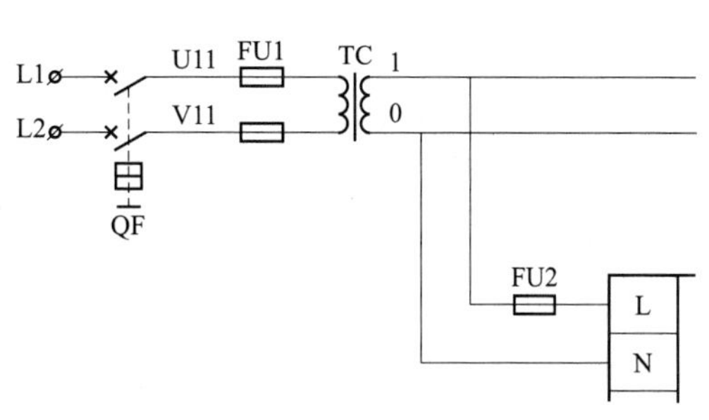

图5-1-4　连接PLC电源回路

（2）PLC电源部分自检。

① 检查布线。对照图5-1-4检查是否掉线、错线，是否漏编、错编，接线是否牢固等。

②万用表检测。万用表检测过程见表5-1-3，如测量阻值与正确阻值不符，则应重新检查布线。

表5-1-3　万用表的检测过程

序号	检测内容	操作情况	正确阻值	测量阻值
1	检测、判别FU的好坏	两表棒分别搭接在FU1、FU2的上下接线端子上	均为0 Ω	
2	测量L1、L2之间的绝缘电阻	合上断路器，两表棒分别搭接在接线端子排XT的L1和L2上	TC初级绕组的阻值	
3	测量PLC上L、N之间的电阻	两表棒分别搭接在PLC的接线端子L和N上	TC次级绕组的阻值	

③ 通电观察PLC的指示灯。经过自检，确认正确和无安全隐患后，通电观察PLC的LED指示灯并做好记录，见表5-1-4。

表5-1-4　LED工作情况记载表

步骤	操作内容	LED	正确结果	观察结果
1	先插上电源插头，再合上断路器	POWER	点亮	
2	拨动RUN/STOP开关，拨至“RUN”位置	RUN	点亮	
3	拨动RUN/STOP开关，拨至“STOP”位置	RUN	熄灭	
4	⚠ 拉下断路器后，拔下电源插头	断路器 电源插头	已分断	

（3）连接PLC输入回路部分。

如图5-1-5所示，分析填写电路连接步骤。

① 导线从X000端子→入__________→从端子排出→接______________。

② 导线从X001端子→入端子排→从__________出→接______________。

③ 将SB1、SB2两常开按钮的另一端__________→入端子排→从端子排出→接______________。

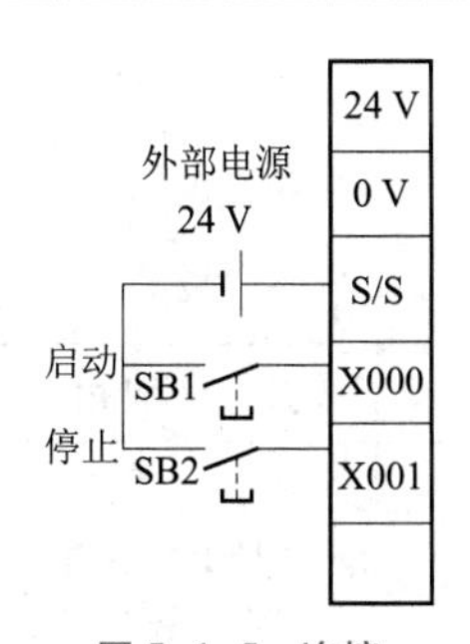

图5-1-5　连接PLC输入回路

（4）PLC输入回路部分的自检。

① 检查布线。对照图5-1-5检查是否掉线、错线，是否漏编、错编，接线是否牢固等。

② 万用表检测。万用表检测过程见表5-1-5，如测量阻值与正确阻值不符，则应重新检查布线。

请记录：PLC电源部分连接过程中的注意事项及问题：
①
②

PLC电源部分检测所存在的问题：
①
②

通电测试过程中的安全注意事项：
①
②

请记录：PLC输入回路部分连接与检测过程的注意事项及问题：
①
②

学习笔记

表 5-1-5 万用表的检测过程

序号	检测内容	操作情况	正确阻值	测量阻值
1	测量 PLC 各输入端子与“COM”之间的阻值	分别动作输入设备，两表棒搭接在 PLC 各输入接线端子与“COM”上	均为 0 Ω	
2	测量 PLC 各输入端子与电源输入端子“L”之间的阻值	两表棒分别搭接在 PLC 各输入接线端子与电源输入端子“L”上	均为∞	

通电测试过程中的安全注意事项：

①

②

③ 通电观察 PLC 的指示灯。经过自检，确认正确和无安全隐患后，通电观察 PLC 的 LED 指示灯并做好记录，见表 5-1-6。

表 5-1-6 LED 工作情况记载表

步骤	操作内容	LED	正确结果	观察结果
1	先插上电源插头，再合上断路器	POWER	点亮	
2	按下 SB1	X000	点亮	
3	按下 SB2	X001	点亮	
4	拉下断路器后，拔下电源插头	断路器 电源插头	已分断	

请记录：PLC 输出回路部分连接与检测过程中的注意事项及问题：

①

②

③

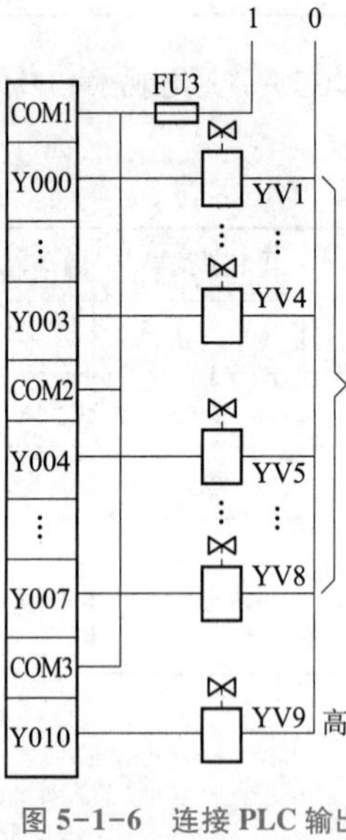

图 5-1-6 连接 PLC 输出回路

（5）连接 PLC 输出回路部分。

如图 5-1-6 所示，分析填写电路连接步骤。

① 1 号线通过________连接________。

② COM1、COM2 与 COM3________连接。

③ Y000～Y010 分别连接________。

④ YV1～YV9 另一端互相连接后，再接________。

（6）PLC 输出回路部分的检测。

① 检查布线。对照图 5-1-7 检查是否掉线、错线，是否漏编、错编，接线是否牢固等。

② 万用表检测。万用表检测过程见表 5-1-7，如测量阻值与正确阻值不符，则应重新检查布线。

表 5-1-7 万用表的检测过程

序号	检测内容	操作情况	正确阻值	测量阻值
1	测量 PLC 各输出端子与对应公共端子之间的阻值	两表棒分别搭接在 PLC 各输出接线端子与对应的公共端子上	均为 TC 次级绕组与 KM 线圈的阻值之和	

活动 5：编写 PLC 控制程序

（1）采用基本逻辑指令编写该程序，如图 5-1-7 所示。

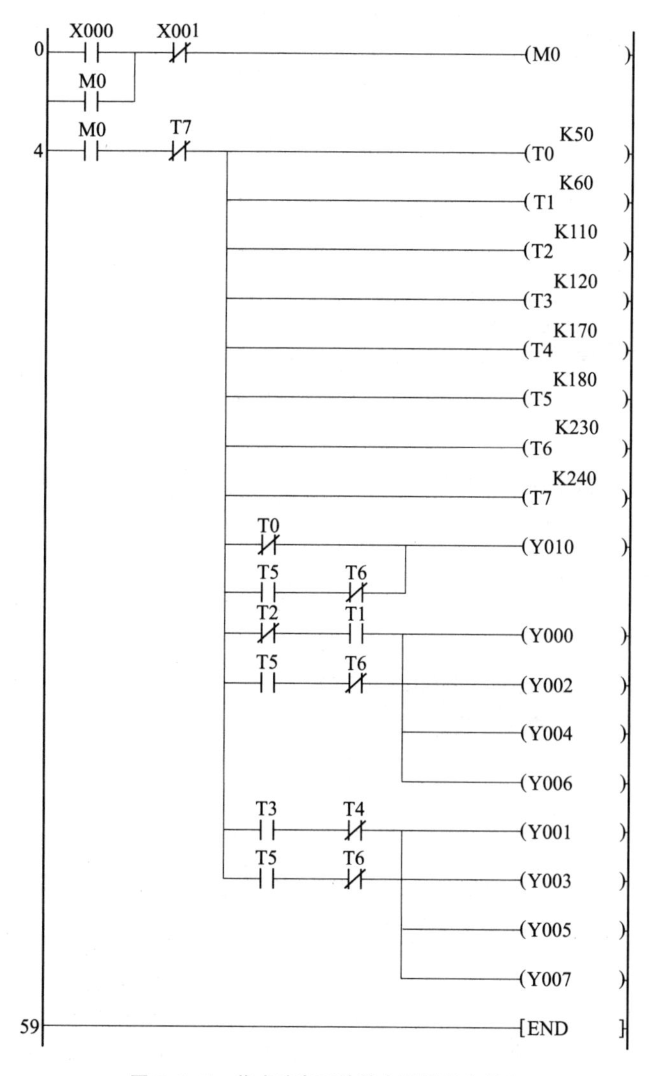

图 5-1-7　花式喷泉系统基本逻辑指令程序

请回答：花式喷泉系统基本逻辑指令程序中，Y7 常闭触点的作用：

请思考：左边花式喷泉系统基本逻辑指令程序是否可以优化：

（2）程序分析：程序中 X000 为启动按钮，X000 得电后→M0 得电自锁，其常开触点闭合→定时器 T0～T7 分别进行延时，通过定时器触点的配合，分别驱动 Y000～Y010 的通断→定时器 T7 延时时间到后，其常闭触点断开，定时器 T0～T7 自动复位，达到程序循环运行的目的→按下 X001 停止按钮后，M0 失电，其常开触点恢复断开，系统停止运行。

程序编辑

活动 6：用 GX Works2 编程软件编写、下载、调试程序

1. 程序输入

打开 GX Works2 编程软件，新建工程，输入花式喷泉 PLC 程序，如图 5-1-8 所示。

2. 程序下载

单击“在线”图标，再选择“PLC 写入”选项，将 PLC 程序下载至 PLC，如图 5-1-9 所示。注意：此时可让三菱 FX3U PLC 的运行按钮切换至“STOP”上。

学习笔记

请记录：

花式喷泉系统控制程序调试步骤

①

②

③

花式喷泉系统程序调试中存在的问题及解决方法：

①

②

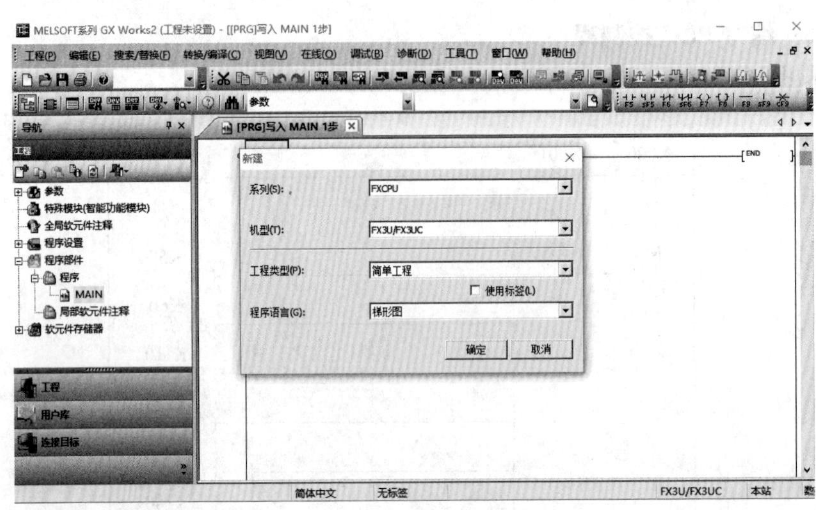

图 5-1-8　新建 PLC 文件

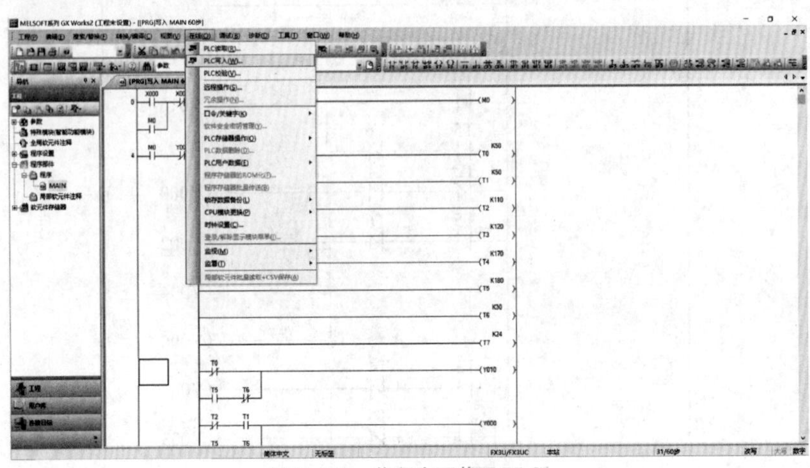

图 5-1-9　将程序下载至 PLC

3. 系统调试

（1）在教师现场监护下进行通电调试，验证系统控制功能是否符合要求。

（2）如果出现故障，学生应独立检修，根据出现的故障现象检修相关线路或修改梯形图。

（3）系统检修完毕后应重新通电调试，直至系统正常工作。

任务二　用步进指令实现花式喷泉系统的控制

任务引入

用基本逻辑指令编写的 PLC 程序，重在强调编程软元件之间的关联性及逻辑性。通过梯形图之间的逻辑关系，能较容易地理解程序的功能，但从程序设计的角度而言，因逻辑性较强，程序往往较难编写，且程序的扩展能力也较弱。本项目中花式喷泉控制系统的运行，从控制要求分析中可以看

学习笔记

出，其具有顺序控制的特点，即可以采用先做什么、再做什么、然后做什么的方式，一步一步来解决，为此可以采用步进指令来实现喷泉控制系统的运行。那么如何利用步进指令来配合 X、Y、M、S 等软元件完成对花式喷泉系统的控制呢？

任务分析

通过本任务的学习，应解决下面几个问题：

（1）进一步学习步进指令的应用，结合 X、Y、M、S 这 4 大类软元件完成 PLC 步进程序的编写。

（2）能利用 GX Works2 软件独立完成 PLC 步进程序的调试和监控。

（3）将 PLC 步进程序下载至三菱 FX3U 系列 PLC，满足花式喷泉控制系统的运行要求。

活动 1：PLC 控制程序的编写

（1）采用步进指令编写该程序，如图 5-1-10 所示。

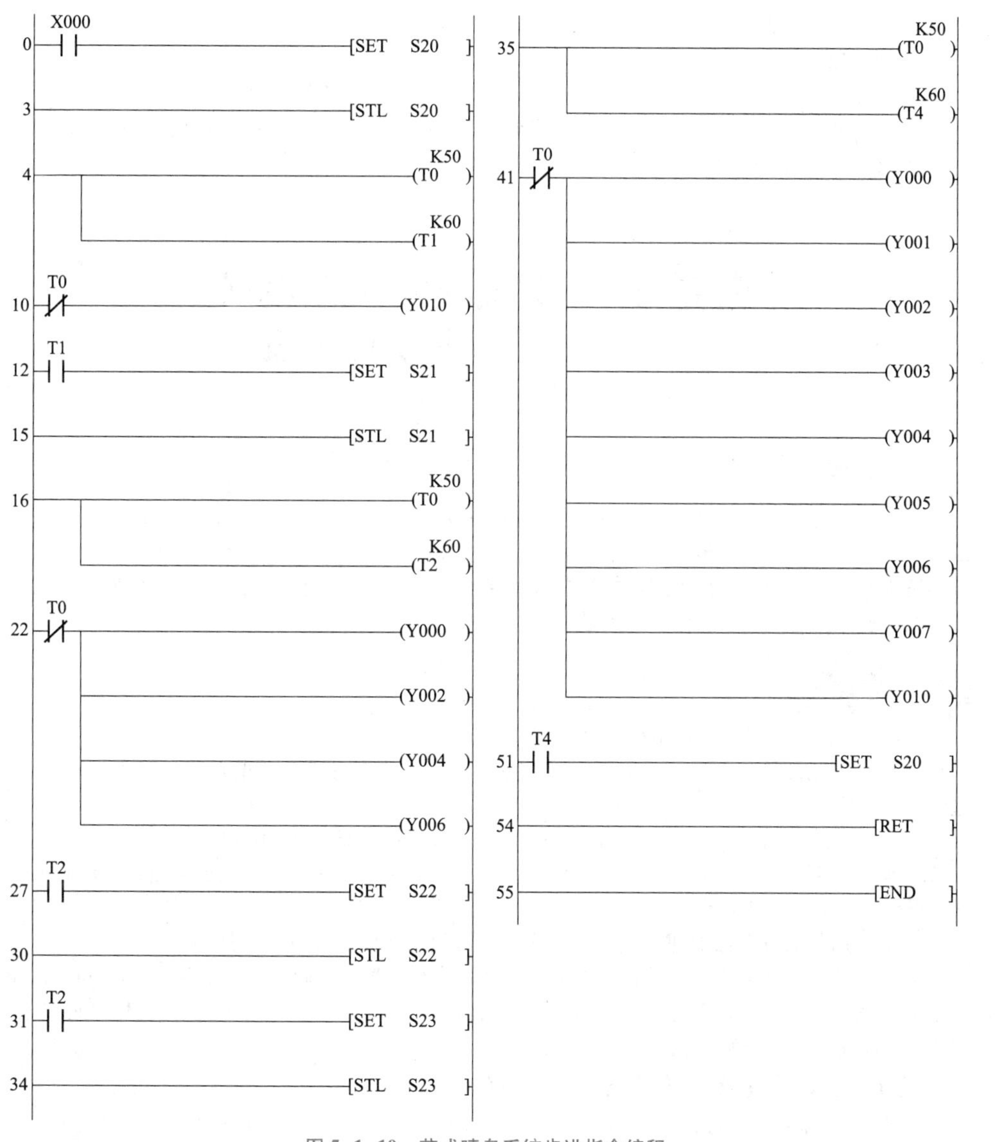

图 5-1-10　花式喷泉系统步进指令编程

请回答：

三菱 FX3U 系列 PLC 中步进指令是：

步进指令应用的注意事项：

程序编辑

请思考：

系统程序中 TO 常闭触点的作用是：

T4 常闭触点的作用是：

学习笔记

请记录：

程序下载及调试过程遇到的问题及解决方法：

（2）程序分析：PLC运行后，由特殊辅助继电器M8002产生一个扫描周期的脉冲，程序自动进入初始状态S0，按下X000启动按钮后，进入状态S20，驱动Y010，高水柱喷水；时间到后，进入下一通用状态S21，此时单号低水柱驱动Y000、Y002、Y004、Y006同时得电；时间到后，又进入下一通用状态S22，此时双号低水柱驱动Y001、Y003、Y005、Y007同时得电；时间到后，进入最后一个通用状态S23，此时高、低水柱同时得电，时间到后回到S20状态，循环运行。当按下X001停止按钮时，系统将所有状态一并复位，并进入初始状态S0，等待程序重新开始运行。

活动2：用GX Works2编程软件编写、下载、调试步进程序

1. 程序输入

打开GX Works2编程软件，新建“花式喷泉”文件，输入花式喷泉PLC程序，如图5-1-8所示。

2. 程序下载

单击“在线”图标，再选择“PLC写入”选项，将PLC程序下载至PLC，如图5-1-9所示。注意：此时可让三菱FX3U PLC的运行按钮切换至“STOP”上。

3. 系统调试

（1）在教师现场监护下进行通电调试，验证系统控制功能是否符合要求。

（2）如果出现故障，学生应独立检修，根据出现的故障现象检修相关线路或修改梯形图。

（3）系统检修完毕后应重新通电调试，直至系统正常工作。

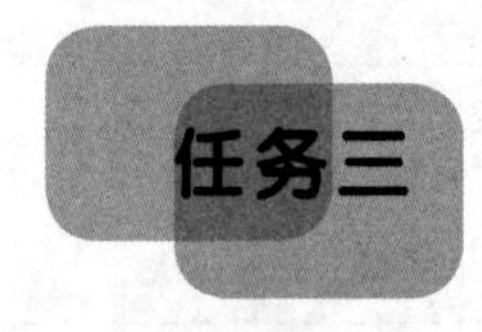

任务三　用功能指令实现花式喷泉系统的控制

任务引入

用步进指令编写的PLC程序，其运行的步骤非常清晰，初始状态S0做什么，通用状态S20、S21等做什么，一目了然。但在步进程序编写的过程中，编程软元件尤其是输出软元件Y多次重复使用，降低了编程的效率。为此可以采用功能指令来实现喷泉控制系统的运行，提高编程的效率。什么是功能指令？功能指令的格式、操作元件又是什么样的呢？

任务分析

通过本任务的学习，应解决下面几个问题：

（1）理解字元件的基本概念，明白T、C这两大类软元件属于字元件的范畴。知道位元件与字元件之间的本质区别。

（2）学习位元件的组合方式，知道KnXi、KnYi、KnMi、KnSi的使用方法。

（3）理解数据寄存器D的基本概念，明白D这一软元件属于字元件。知道数据寄存器D的分类、软元件的编号意义及使用特点。

（4）会利用数据寄存器D进行简单的编程，学习数据寄存器D的编程技巧。

（5）知道什么是功能指令，了解功能指令的具体分类。学习功能指令的指令格式及其操作元件。

（6）会利用数据传送指令MOV、取反传送指令INV以及区间复位指令ZRST编写控制程序，实现花式喷泉系统的正确运行。

活动1：认识字元件、学习位元件组合的方式

位元件、字元件以及位元件的组合方式是三菱FX3U系列可编程控制系统中非常重要的基本概念。位元件、字元件以及位元件的组合也属于软元件的范畴，那么它们之间的区别是什么？用法又是如何呢？

一、字元件

在 PLC 内部，有时需要进行大量的数据处理，仅让“位元件”单独参与运算是远远不够的，因此需要设置大量用于存储数值数据（这里的数值都是指的二进制数“0”或“1”）的软元件，我们把它称为“字元件”。常用的“字元件”有定时器 T、计数器 C 和数据寄存器 D 等。

二、位元件的组合

三菱 FX3U 系列 PLC 具有将位元件进行组合，然后用于数据处理的功能，即采用位元件的组合来代替字元件参与数据的处理。

位元件的组合可采用 KnXi、KnYi、KnMi、KnSi 的形式。n 表示组数，每组有 4 个位元件；i 表示位元件的首地址。

例如：K1Y000 表示以 Y000 作为首地址，将 Y000、Y001、Y002、Y003 这 4 个位元件进行组合，它可以存储 4 位数据。若 K1Y000 中的数据为十进制数“5”，则将其转换成二进制数“0101”，相应各位数据为

	Y003	Y002	Y001	Y000
K1Y000	0	1	0	1

依此类推：K1Y004 就表示以 Y004 作为首地址，将 Y004、Y005、Y006、Y007 这 4 个位元件进行组合，它仍可以存储 4 位数据。若 K1Y004 中的数据为十进制数“5”，则将其转换成二进制数“0101”，相应各位数据为

	Y007	Y006	Y005	Y004
K1Y004	0	1	0	1

想一想：K2Y000 表示什么含义？若 K2Y000 中的数据为 K85（K 表示十进制数），则相应的各位数据应是多少呢？

答案：K2Y000 表示以 Y000 作为首地址，将 Y000~Y007 这 8 个位元件进行组合，可以存储 8 位数据。若 K2Y000 中的数据为 K85（二进制数为 01010101），则相应各位数据为

	Y007	Y006	Y005	Y004	Y003	Y002	Y001	Y000
K2Y000	0	1	0	1	0	1	0	1

活动 2：学习数据寄存器 D

数据寄存器 D 是用于数据处理的数值存储软元件，也是“字元件”。当 PLC 用于模拟量控制、位置控制、数据输入或输出时，需要用数据寄存器 D 存储数据和工作参数。数据存储器分为哪几类？PLC 编程时又该如何应用？

一、数据寄存器 D

每个数据寄存器 D 均为 16 位，且最高位为符号位，当最高位为“0”时表示正数，为“1”时表示负数，可处理的数值范围为-32 768~+32 767。当需要存储 32 位的数据时，可将两个连续的数据寄存器 D 合并起来使用，且最高位仍为符号位，可处理的数值范围为-2 147 483 648~+2 147 483 647，如图 5-1-11 所示。

二、数据寄存器 D 的分类

三菱 FX3U 系列 PLC 的数据寄存器 D 可以分成以下几类：

学习笔记

请回答：位元件与字元件的区别

请思考：KIY003 表示的含义是

若 K2Y001 的数据是 K80，则相应各位数据是

请总结组合位元件的使用注意事项

学习笔记

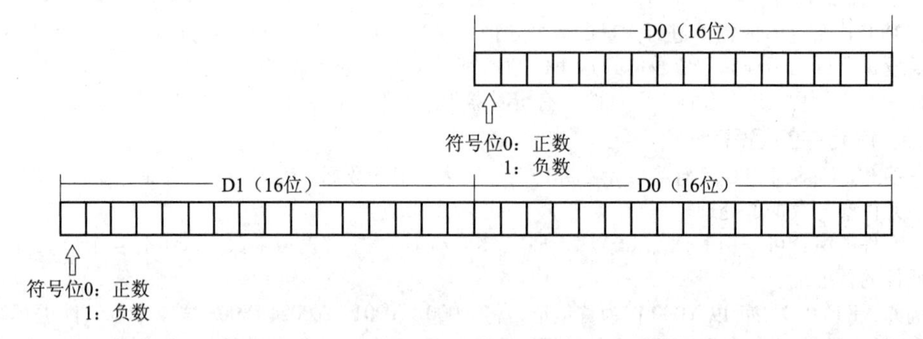

图 5-1-11　数据寄存器 D 示意图

请回答：
一般数据寄存器的应用特点

断电保持数据寄存器的应用特点

请回答：
PLC 运行时，可用　指令读取文件寄存器内的数据

请查阅：
特殊数据寄存器 D8002 的功能

1. 一般数据寄存器

一般数据寄存器的软元件编号为 D0～D199，共 200 点。每个数据寄存器都可以存入 16 位数据，当存入 32 位数据时，例如，32 位数据存入 D0、D1 中，则 D1 中存高 16 位，D0 中存低 16 位。

当存放在一般数据寄存器中的数据不写入其他数据时，其内容保持不变，直到写入新的数据。但是当 PLC 从“RUN”运行状态转到“STOP”停止状态或掉电，且特殊辅助继电器 M8033 =“0”即“OFF”时，一般数据寄存器不具有断电保持功能，此时一般数据寄存器中的数据均自动清“0”；如果特殊辅助继电器 M8033 =“1”即“ON”时，一般数据寄存器具有断电保持功能，这时数据可以保持。

2. 断电保持数据寄存器

断电保持数据寄存器的软元件编号为 D200～D7999，共 7 800 点。它与一般数据寄存器一样，除非改写，否则原有数据不会变化。但它具有断电保持的功能，PLC 从“RUN”运行状态转到“STOP”停止状态或掉电时，存入断电保持数据寄存器的数据都将保持不变，直到存入新的数据。它又可细分为停电保持型和停电保持专用型两种。

（1）停电保持型数据寄存器，其软元件编号为 D200～D511。当 PLC 由运行状态转为停止状态或停电时，该寄存器中的数据会被保持。若两台 PLC 采用并联通信（点对点通信），当主站→从站时，D490～D499 被用于通信；当从站→主站时，D500～D509 被用于通信。

（2）停电保持专用型数据寄存器：D512～D7999。其中，D1000 以后的数据寄存器可通过参数设定，并以 500 为单位用作文件寄存器（D1000～D7999，共 7 000 点）。不作文件寄存器用时，与通常的停电保持型数据寄存器一样，可通过程序或外围设备进行数据读写操作。

3. 特殊数据寄存器

特殊数据寄存器的软元件编号为 D8000～D8255，共 256 点，用于写入特定目的的数据或事先写入特定内容，以及监控 PLC 中各种软元件的运行方式。PLC 上电时，特殊数据寄存器先全部清“0”，然后由系统 ROM 写入初始值。例如：D8000 中存放的监控定时器的定时时间是由系统 ROM 设定的。若要改变，则需用传送指令将目的时间送入 D8000。该值在 PLC 由运行状态转为停止状态时保持不变。

知识小贴士：

对于未定义的特殊数据寄存器，用户不得使用。

三、数据寄存器 D 的编程技巧

（1）可用于间接设定定时器和计数器的设定值，如图 5-1-12 所示。本例中，将数据寄存器 D10、D20 的内容分别作为定时器 T2 和计数器 C10 的设定值。

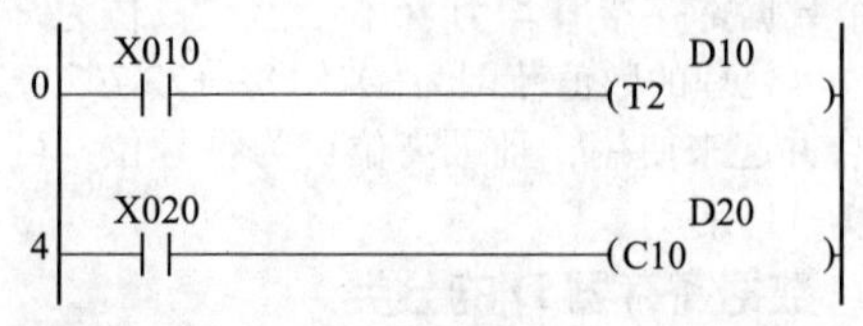

图 5-1-12　数据寄存器间接设定 T 和 C 的值

学习笔记

（2）可用于改变计数器的当前值，如图 5-1-13 所示。本例中，计数器 C2 的当前值由 D5 的内容来决定。

（3）可用于将数据传送到数据存储器中，如图 5-1-14 所示。本例中，将十进制数 80 000 传送至 D10 中，因 D10 最大能存储的十进制数值为+32 767，故需要占用两个地址连续的数据寄存器 D11 和 D10，即将十进制数 80 000 先转换成二进制数，然后传送至 D11、D10 中。D11 中为高 16 位数据，D10 中为低 16 位数据。

请总结：数据寄存器 D 在程序设计中有哪些功能

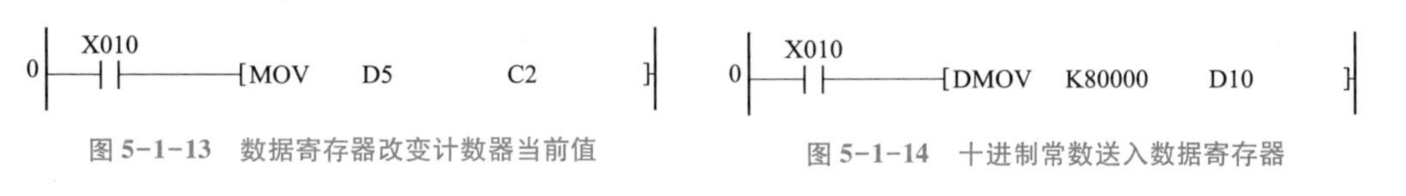

图 5-1-13　数据寄存器改变计数器当前值　　图 5-1-14　十进制常数送入数据寄存器

（4）可用于数据寄存器之间的数据传送，如图 5-1-15 所示。本例中，将 D10 中的内容传送至 D12 中。

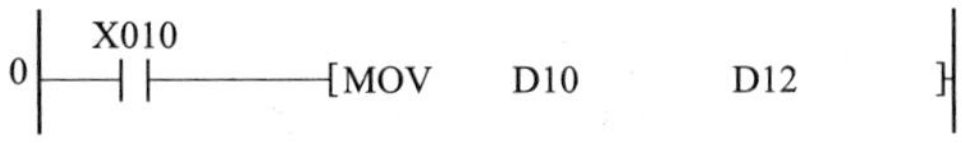

X010
0 ——[MOV　D10　D12]

图 5-1-15　数据寄存器之间的数据传送

活动 3：功能指令的学习

在现代工业控制中往往需要进行数据处理，而基本逻辑指令和步进指令都不具备这项功能；同时，基本逻辑指令和步进指令在编制控制元件较多的程序时，重复劳动多，较为烦琐。针对这一情况，作为工业控制计算机的 PLC，必须引入一些具有特殊功能的子程序来进行数据处理，以方便用户编程，这就是功能指令（Function Instruction），又称应用指令（Applied Instruction）。许多工程技术人员梦寐以求甚至不敢想象的功能，通过功能指令很容易就能实现，从而大大提高了 PLC 的使用价值。功能指令的种类很多，本部分将着重学习数据传送指令、取反传送指令以及区间复位指令的使用方法。

一、功能指令及其分类

所谓功能指令，实际上就是功能不同的子程序。一般来说，功能指令可分为以下几类：程序流程控制、传送与比较、算术与逻辑运算、移位与循环移位、数据处理、高速处理、方便命令、外部输入/输出处理、外围设备通信、实数处理、点位控制、实时时钟等。

请回答：功能指令中的助记符、操作数的含义

二、功能指令举例

与基本逻辑指令不同，功能指令不是表现梯形图符号间的相互关系，而是直接表达本指令的功能。因此，功能指令通常采用计算机通用的“助记符+操作数（操作元件）”的形式，如图 5-1-16 所示。

M100
0 ——[MOV　K123　D500]

图 5-1-16　助记符+操作数

在梯形图中，当执行条件 M100 为“ON”时，把十进制常数 123 送到目标元件 D500 中。上述功能指令较为简单，但有些功能指令本身较为复杂，涉及的操作数较多，不可能像上图一样一目了然，这就需要读者在运用中逐步理解并熟练掌握这些功能指令。

请回答：功能指令用功能框表示时，由哪几部分构成

三、功能指令的具体格式

三菱 FX3U 系列 PLC 在梯形图中使用功能框来表示功能指令，功能指令的格式及要素如图 5-1-17 所示。图中，X000 的常开触点是功能指令的执行条件，其后的方框称为功能框。功能框中分栏表示指令的编号、助记符、数据长度、执行方式以及相关操作数等。

（1）编号。功能指令用编号 FNC000~FNC294 来表示，并给出相应的助记符。例如，编号 FNC12 所对应的助记符是 MOV（传送），编号 FNC45 所对应的助记符是 MEAN（平均），编号 FNC20 所对应的助记符是 ADD（加法），图 5-1-17 中的“1”表示的就是功能指令的编号。

（2）助记符。指令名称可用助记符表示，例如图 5-1-17 中的“2”表示 ADD，即加法指令。功能指令的助记符是指令的英语缩写，如传送指令“MOVE”简写为 MOV，加法指令“ADDITION”简

学习笔记

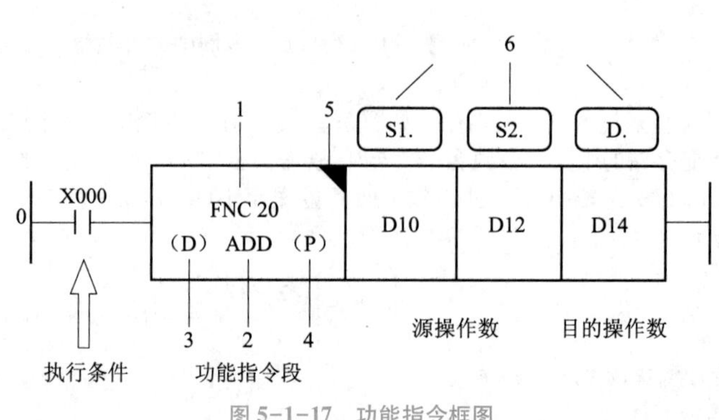

图 5-1-17　功能指令框图

请查阅：编号 FNC14 所对应的助记符是______ 具体功能是______

写为 ADD，交替输出指令“ALTERNATEOUTPUT”简化为 ALT。采用这种方式容易使读者了解并记住指令的功能。

（3）数据长度。功能指令按处理数据的长度可分为 16 位指令和 32 位指令。其中，32 位指令在助记符前必须加“D”，如图 5-1-17 中的“3”所示，助记符前无“D”的为 16 位指令。例如，ADD 是 16 位指令，它将 D10 的内容加上 D12 的内容，然后把结果送至 D14；若采用 32 位指令 DADD，则是将 D11D10 的内容加上 D13D12 的内容，再把结果送至 D15D14，如图 5-1-18 所示。

```
   X000                                         X000
0 ─┤ ├──[ADD   D10    D12    D14   ]      0 ─┤ ├──[DADD  D10    D12    D14   ]
```

图 5-1-18　16 位与 32 位加法指令

请回答：脉冲执行型功能指令的含义______

（4）执行形式。功能指令有脉冲执行型和连续执行型。在指令助记符后标有“P”的为脉冲执行型，无“P”的为连续执行型。例如，ADDP 是脉冲执行型 16 位指令，而 DADDP 是脉冲执行型 32 位指令。脉冲执行型指令在执行条件满足时仅执行一个扫描周期，这对于数据处理而言具有非常重要的意义。例如，一条脉冲型加法运算指令，只将加数和被加数做一次加法运算；而连续型加法运算指令在执行条件满足时，每一个扫描周期都要相加一次。

请举例：例举实例说明操作数的含义______

（5）操作数。操作数又称操作元件，是由功能指令设计或产生的数据。有的功能指令没有操作数，但绝大多数功能指令都有 1~4 个操作数。操作数分为源操作数、目标操作数和其他操作数。

① 源操作数：功能指令执行后不会改变其内容的操作数，用［S］来表示。

② 目标操作数：功能指令执行后改变其内容的操作数，用［D］来表示。

③ 其他操作数：用 *m* 和 *n* 来表示。其他操作数常用来表示常数或者对源操作数和目标操作数做出补充说明。在表示常数时，K 表示十进制常数，H 表示十六进制常数。

当某种操作数为多个时，可用数码标注区别，如［S1.］、［S2.］、［D1.］、［D2.］。若用连续执行方式，则在功能指令段中用“◥”来警示。

四、数据传送指令 MOV

请简述：MOV 数据传送指令的功能______

（1）功能号：FNC 12。

（2）助记符：MOV。

（3）指令功能：当执行条件满足时，将源数据［S］的内容传送到指定目标［D］中，数据是利用二进制格式传送的。

应用举例：

举例 1：

如图 5-1-19 所示，当 X000 接通时，将源操作数 K85 自动转换为二进制数传送到 K2Y000 中，此时即使 X000 断开，K2Y000 中的数据仍保持不变，直到重新传入其他数据。

举例 2：

如图 5-1-20 所示，当 X0 接通时，MOV 指令将源操作数 K50 自动转换为二进制数传送到数据寄存器 D1 中。

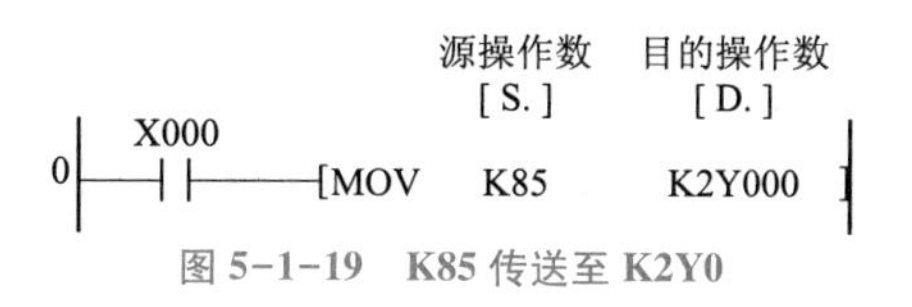

图 5-1-19　K85 传送至 K2Y0

举例 3：

如图 5-1-21 所示，当 X0 接通时，定时器 T0 的当前值就被传送到 D0 中。

图 5-1-20　K50 传送至 D1　　　　图 5-1-21　将 T0 当前值传送至 D0

想一想：在图 5-1-22 中，用基本逻辑指令编写的 PLC 程序和用功能指令编写的 PLC 程序，功能是否一致？

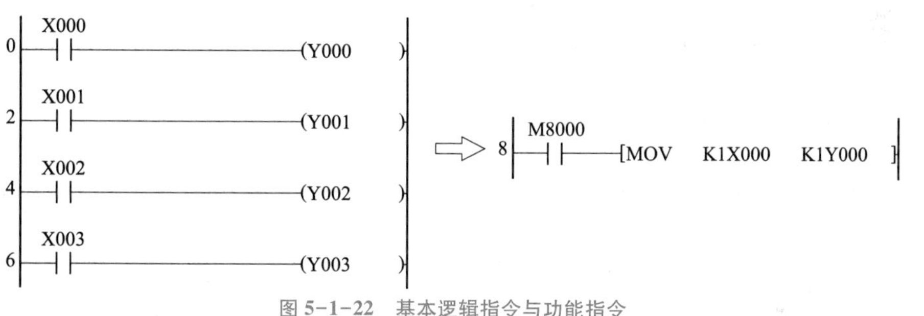

图 5-1-22　基本逻辑指令与功能指令

指令说明：

(1) 源操作数［S.］的形式可以为 K、H、K*n*X、K*n*Y、K*n*M、K*n*S、T、C、D、V、Z（变址寄存器），而目标操作数［D.］的形式可以为 K*n*Y、K*n*M、K*n*S、T、C、D、V、Z。

(2) DMOV 表示传送 32 位数据；MOVP 为数据传送脉冲指令，即在触发信号上升沿到来时执行，而 MOV 指令是一个扫描周期执行一次。

请举例：请仿照实例举例说明 MOV 指令的功能和应用

MOV 指令

请说明：MOV 与 MOVP 指令功能和应用的区别

五、取反传送指令 CML

(1) 功能号：FNC 14。

(2) 助记符：CML。

(3) 指令功能：将源操作数［S］取反后传送到指定目标［D］中。

应用举例：

在图 5-1-23 中，当 X000 接通时，将源操作数 K85 自动转换为二进制数，并将其取反后（二进制为 10101010）传送到 K2Y000 中，此时即使 X000 断开，K2Y000 中的数据也保持不变，直到重新传入其他数据。

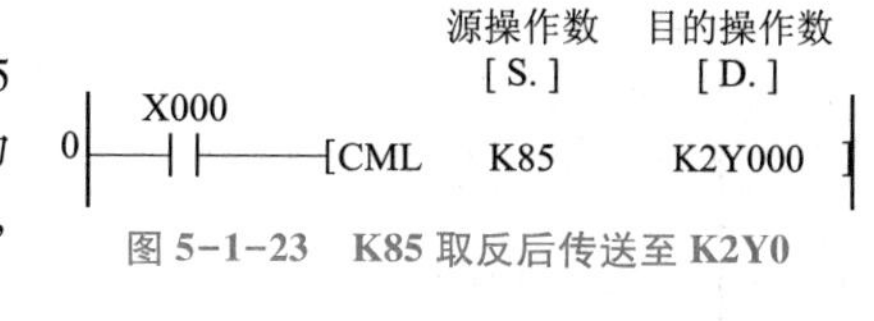

图 5-1-23　K85 取反后传送至 K2Y0

指令说明：

(1) 源操作数［S.］的形式可以为 K、H、K*n*X、K*n*Y、K*n*M、K*n*S、T、C、D、V、Z。而目标操作数［D.］的形式可以为 K*n*Y、K*n*M、K*n*S、T、C、D、V、Z。

(2) CMLP 为取反传送脉冲指令。

请举例：理解 CML 指令的功能，举例说明其具体的应用

六、区间复位指令 ZRST

(1) 功能号：FNC 40。

(2) 助记符：ZRST。

(3) 指令功能：将指定区间内的元件成批复位。

应用举例：

如图 5-1-24 所示，当 PLC 运行时，将位元件 M500～M599、计数器 C0～C20 和状态元件 S0～

请回答：ZRST 区间复位指令与 RST 复位指令的区别

学习笔记

```
              操作数1     操作数2
              [D1.]      [D2.]
   M8002
0 ──┤├──┬──[ZRST   M500     M599  ]
        ├──[ZRST   C0       C20   ]
        └──[ZRST   S0       S127  ]
```

图 5-1-24 区间复位指令应用

S127 同时成批复位。

指令说明：

（1）区间复位指令的操作元件为：操作数［D1.］、［D2.］为 T、C、D、Y、M、S。

（2）［D1.］、［D2.］指定的元件必须是同类元件，一般作为 16 位来处理，也可同时指定为 32 位计数器。

（3）［D1.］指定的元件号应小于等于［D2.］指定的元件号，当大于时，只有［D1.］指定的元件复位。

请简述：应用功能指设计花式喷泉系统程序的主要思路

活动 4：用功能指令编写 PLC 控制程序

（1）采用功能指令设计该程序时，分别用字元件 K1Y010 和 K2Y000 控制高、低水柱。将 K1 送入 K1Y010 时，高水柱喷水；将 K85 送入 K2Y000 时，低水柱双号喷头喷水；将 K85 取反后（也可以直接是 K90）送入 K2Y000 时，低水柱单号喷头喷水；将 K1 和 K255（使 K2Y000 为全 1）分别送入 K1Y010 和 K2Y000 时，高、低水柱同时喷水。花式喷泉控制功能指令程序如图 5-1-25 所示。

程序编辑

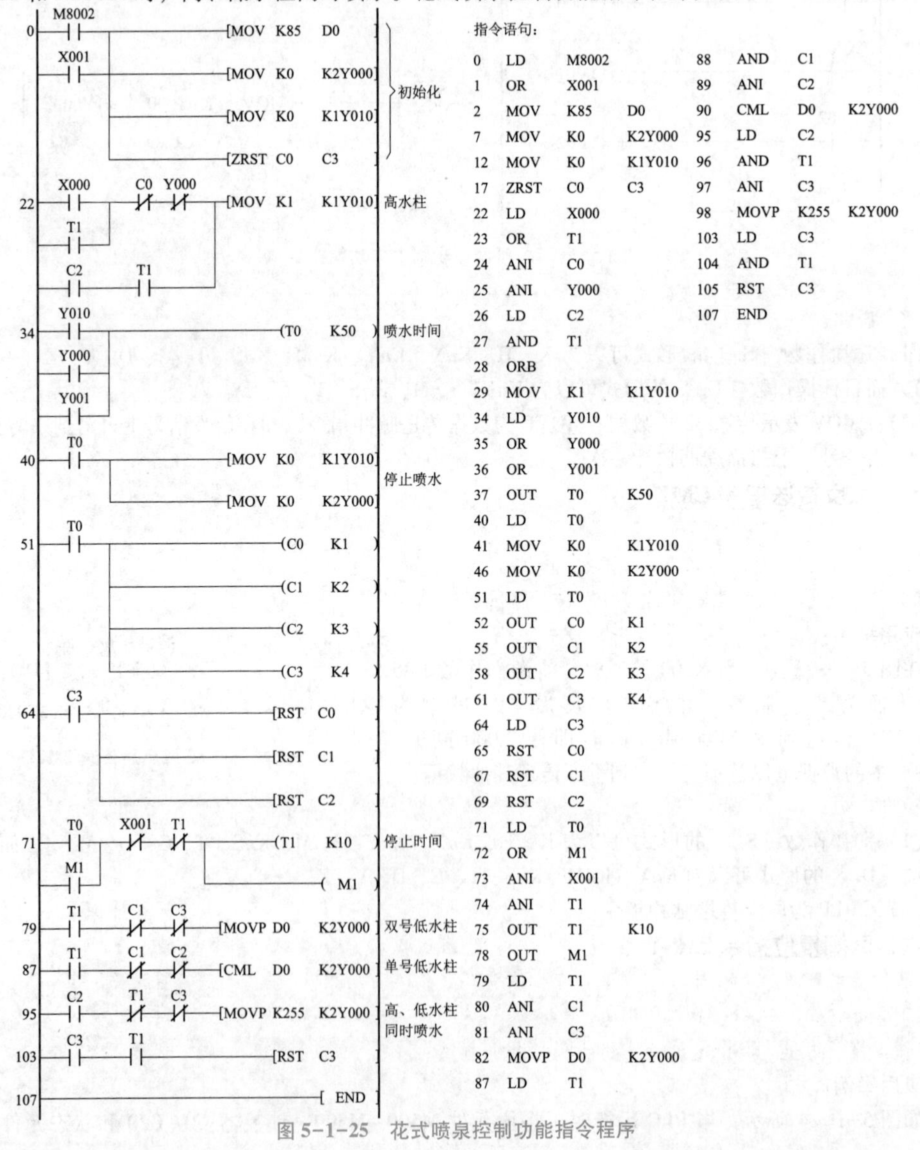

图 5-1-25 花式喷泉控制功能指令程序

请回答：花式喷泉系统程序中［MOV KI KY010］的含义是

［CML DO K2Y000］的含义是

（2）程序分析：程序中，根据控制要求首先对系统进行初始化，将 K1Y010 和 K2Y000 清零，将 K85 送入寄存器 D0，并用区间复位指令（ZRST）将计数器C0~C3 复位。喷水时间由定时器 T0 控制，停止时间由定时器 T1 控制。为了控制花式喷泉按要求的顺序工作，用计数器 C0~C3 对定时器 T0 的常开触点进行计数，以决定送入 K1Y010 和 K2Y000 中的数据。

活动 5：用 GX Works2 编程软件编写、下载、调试步进程序

1. 程序输入

打开 GX Works2 编程软件，新建文件，输入花式喷泉 PLC 程序，如图 5-1-8 所示。

2. 程序下载

单击“在线”图标，再选择“PLC 写入”选项，将 PLC 程序下载至 PLC，如图 5-1-9 所示。注意：此时可让三菱 FX3U PLC 的运行按钮切换至“STOP”上。

3. 系统调试

（1）在教师现场监护下进行通电调试，验证系统控制功能是否符合要求。

（2）如果出现故障，学生应独立检修，根据出现的故障现象检修相关线路或修改梯形图。

（3）系统检修完毕后应重新通电调试，直至系统正常工作。

请记录：程序下载及调试过程中遇到的问题及解决方法

拓展训练　用功能指令实现三相交流异步电动机 Y-△启动控制

任务引入

本拓展任务是安装与调试电动机 Y-△减压启动的 PLC 控制系统。具体的控制要求是：

（1）降压启动：按下启动按钮 SB1，电动机的定子绕组接成 Y 形，降压启动；6 s 后，电动机断开电源，Y 形启动结束。

（2）全压运行：Y 形启动结束 1 s 后，电动机的定子绕组接成△形，全压运行。

（3）停止控制：按下停止按钮 SB2，电动机停止运行。

（4）保护措施：系统具有必要的过载保护和短路保护。

请简述：电动机 Y-△减压启动的工作原理及过程

任务分析

分析系统的控制要求，主要有如下 4 点：

（1）按下启动按钮，Y 形连接接触器与电源引入接触器吸合，电动机得电，Y 形启动。

（2）6 s 后，电动机 Y 形启动完毕，Y 形连接接触器与电源引入接触器断开。

（3）又经 1 s 后，△形连接接触器与电源引入接触器吸合，电动机得电全压运行。

（4）按下停止按钮（或过载），所有接触器断开，电动机停转。

请分析：电动机 Y-△减压启动 PLC 控制的基本思路

活动 1：输入与输出点分配

1. 确定输入设备

根据上述分析，系统有 3 个输入信号：启动、停止和过载信号。由此确定，系统的输入设备为两个按钮和一个热继电器，PLC 需用 3 个输入点分别与它们的常开触头相连。

2. 确定输出设备

结合电动机试验情况和控制要求，由分析可知，系统需用一只接触器将电动机定子绕组接成 Y 形，用一只接触器将电动机定子绕组接成△形，还需用另一只接触器将电源引至电动机定子绕组。由此确定，系统的输出设备为 3 只接触器，PLC 需用 3 个输出点分别驱动它们。

3. I/O 点分配表

根据确定的输入/输出设备及输入/输出点数分配 I/O 点，见表 5-1-8。

学习笔记

请记录：

电动机 Y－△减压启动 PLC 控制电路原理图绘制的主要步骤及要点

①

②

表 5-1-8　输入/输出设备及 I/O 点分配表

输　入			输　出		
元件代号	功能	输入点	元件代号	功能	输出点
SB1	启动	X000	KM1	电源引入	Y000
SB2	停止	X001	KM2	Y 形连接	Y001
FR	过载保护	X002	KM3	△形连接	Y002

活动 2：画出 PLC 电路原理图

PLC 电路原理图如图 5-1-26 所示。

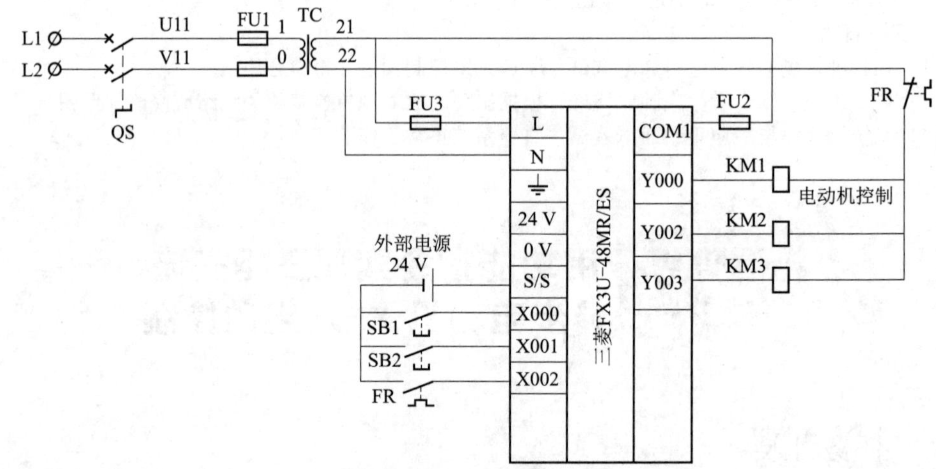

图 5-1-26　PLC 电路原理图

请记录：

PLC 接线板安装的注意事项及问题

活动 3：PLC 接线板的安装（参照任务一实施）

活动 4：编写 PLC 程序

1. PLC 系统梯形图

PLC 系统梯形图如图 5-1-27 所示。

程序编辑

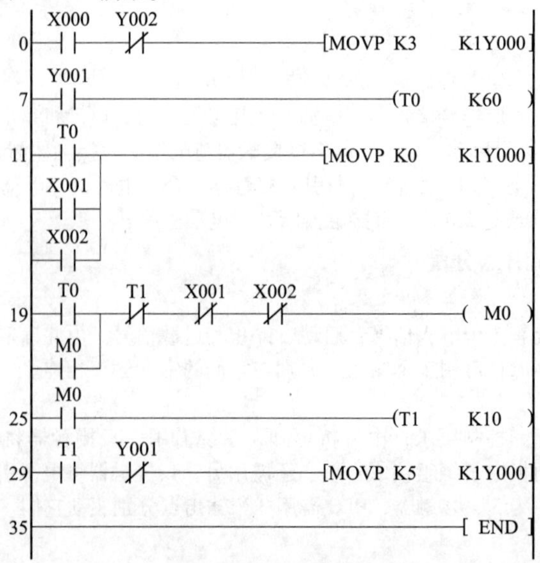

图 5-1-27　PLC 系统梯形图

请分析：

系统梯形图中［MOVP　K5　K1Y000］的含义及功能

2. 程序分析

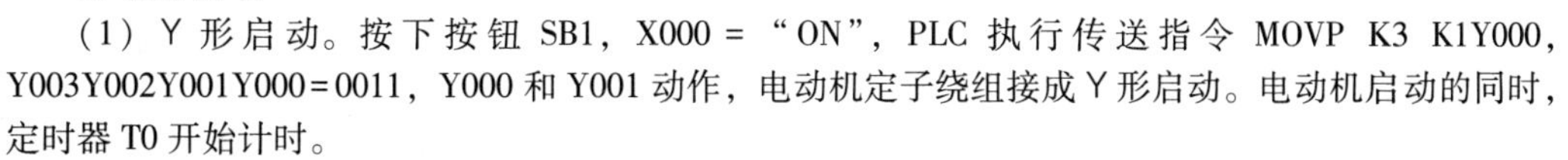

（1）Y 形启动。按下按钮 SB1，X000 = “ON”，PLC 执行传送指令 MOVP K3 K1Y000，Y003Y002Y001Y000=0011，Y000 和 Y001 动作，电动机定子绕组接成 Y 形启动。电动机启动的同时，定时器 T0 开始计时。

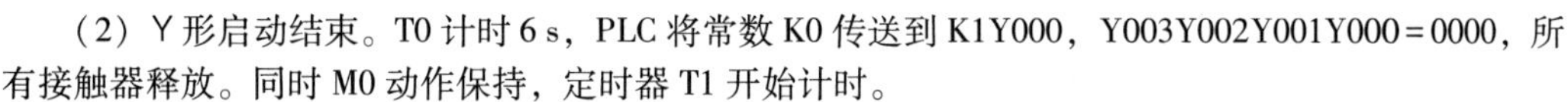

（2）Y 形启动结束。T0 计时 6 s，PLC 将常数 K0 传送到 K1Y000，Y003Y002Y001Y000=0000，所有接触器释放。同时 M0 动作保持，定时器 T1 开始计时。

（3）△形全压运行。T1 计时 1 s，常数 K5 被传送到 K1Y000，Y003Y002Y001Y000=0101，Y002 和 Y000 动作，电动机定子绕组接成△形全压运行。

（4）停止和过载保护。当按下停止按钮或热继电器动作时，X001 = “ON” 或 X002 = “ON”，PLC 将常数 K0 传送到 K1Y000，Y003Y002Y001Y000=0000，所有接触器释放，电动机失电停止运行。

（5）连锁保护。Y001 和 Y002 常闭触点互相串联在传送指令中驱动回路中实现连锁保护。

学习笔记

Y001、Y002 常闭触点的功能

活动 5：用 GX Works2 编程软件编写、下载、调试程序

1. 程序输入

打开 GX Works2 编程软件，新建“电动机 Y-△降压启动控制”文件，输入 PLC 程序。

2. 程序下载

单击“在线”图标，再选择“PLC 写入”选项，将 PLC 程序下载至 PLC。注意：此时可让三菱 FX3U PLC 的运行按钮切换至“STOP”上。

请记录：程序下载及调试情况

3. 系统调试

（1）在教师现场监护下进行通电调试，验证系统控制功能是否符合要求。

（2）如果出现故障，学生应独立检修，根据出现的故障现象检修相关线路或修改梯形图。

（3）系统检修完毕后应重新通电调试，直至系统正常工作。

项目评价

项目评价表见表 5-1-9。

表 5-1-9　项目评价表

		考核内容		项目分值	自我评价	小组评价	教师评价
考核项目	专业能力 60%	1. 工作准备的质量评估	（1）常用电工工具、三菱 FX3U PLC、计算机、GX 软件、万用表、数据线能正常使用	5			
			（2）工作台环境布置合理，符合安全操作规范	5			
		2. 工作过程各个环节的质量评估	（1）能根据花式喷泉系统的控制要求，合理分配输入与输出点	2			
			（2）画出由三菱 FX3U 系列 PLC 控制花式喷泉系统的电路原理图	4			
			（3）会利用 MOV 传送指令、CML 取反传送指令以及 ZRST 区间复位指令编写简单的程序	2			
			（4）能用基本逻辑指令实现花式喷泉控制系统的正确运行	4			
			（5）能用步进指令实现花式喷泉控制系统的正确运行	4			
			（6）能用功能指令实现花式喷泉控制系统的正确运行	4			

续表

考核项目			考核内容	项目分值	自我评价	小组评价	教师评价
考核项目	专业能力 60%	3. 工作成果的质量评估	（1）三菱 PLC 接线板搭建美观、合理、规范	5			
			（2）会用万用表检测并排除 PLC 系统中电源部分、输入回路以及输出回路部分的故障	5			
			（3）能熟练使用 GX Works2 编程软件实现 PLC 程序的编写、调试和监控	10			
			（4）项目实验报告过程清晰、内容翔实、体验深刻	10			
	综合能力 40%	信息收集能力	花式喷泉控制系统实施过程中软件设计以及元器件选择的相关信息的收集	10			
		交流沟通能力	会通过组内交流、小组沟通、师生对话解决软件、硬件设计过程中的困难，及时总结	10			
		分析问题能力	了解 PLC 电路原理图的分析过程、正确的接线方式，采用联机调试基本思路与基本方法顺利完成本项目的软、硬件设计	10			
		团结协作能力	项目实施过程中，团队能分工协作、共同讨论，及时解决项目实施中的问题	10			

项目总结

本项目通过花式喷泉系统的 PLC 控制以及电动机 Y-△降压启动控制系统这两个实例，深入浅出地向读者介绍了位元件、字元件、位元件的组合以及数据寄存器 D 的基本知识，然后引入 MOV 数据传送指令、CML 取反传送指令、ZRST 区间复位指令等，深入理解了功能指令的基本格式以及相关操作元件的使用方法。学生在完成 PLC 控制系统的过程中，进一步熟悉了输入/输出表的分配、PLC 电路原理图的分析、PLC 控制接线板的制作，掌握了利用 GX Works2 软件编写 PLC 程序的方法，为下一项目的实施奠定了扎实的基础。

练习与操作

1. 若花式喷泉的控制要求改为单、双号低水柱交替循环 5 次后再进入高、低水柱同时喷水，该如何设计 PLC 控制程序？

2. 有一组灯 HL1~HL8，间隔显示。按下启动按钮后，HL1、HL3、HL5、HL7 点亮 1 s，熄灭后其余四盏灯点亮，1 s 后熄灭，HL1、HL3、HL5、HL7 重新点亮。每 1 s 变换 1 次，反复进行。按下停止按钮后，系统停止工作。请用 MOV 传送指令设计其控制程序。

项目六

送料小车多工位运行系统的控制

在某些特殊领域的工业生产过程中，经常需要在较为恶劣的环境下，由送料小车根据工作实际，自动往返于多个工位运送物料，以达到自动生产、运输以及提高生产率的目的，满足远程输送系统灵活、可靠、安全、快捷等性能。图 6-0-1 所示为送料小车多工位运行系统的示意图。

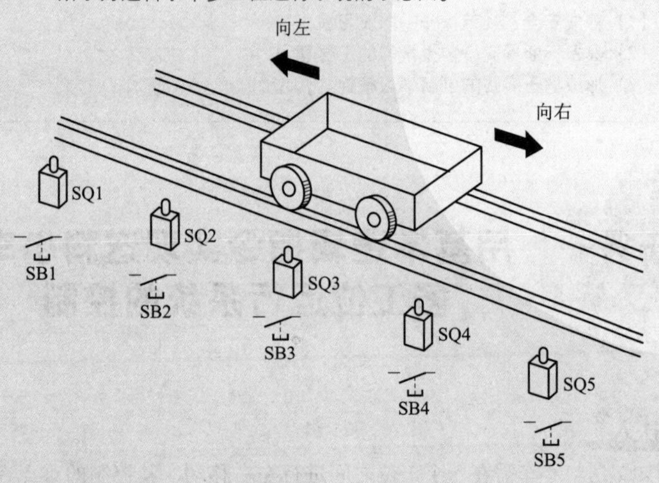

图 6-0-1　送料小车多工位运行系统示意图

运料小车多工位运行演示

图 6-0-1 中，送料小车多工位运行系统具有 5 个工位，小车往返运行于 5 个工位之间运送物料。每个工位都设有一个到位开关 SQ（5 个工位分别对应到位开关 SQ1、SQ2、SQ3、SQ4、SQ5）和一个呼叫按钮 SB（5 个工位分别对应呼叫按钮 SB1、SB2、SB3、SB4、SB5）。小车由三相交流异步电动机拖动实现向左或向右的运行控制，初始时停在 5 个工位中的任意一个位置（相应到位开关 SQ 闭合）。

当小车现停于 n 号工位（到位开关 SQn 压合），且 m 号工位呼叫（呼叫按钮 SBm 动作）时，系统将按如下具体控制要求运行：

（1）启停控制：按下启动按钮 SB0，系统启动；按下停止按钮 SB6，系统停止工作。

学习笔记

（2）初始状态：系统启动时，送料小车停在任意一个工位的到位开关 SQ 处，保持不动。

（3）送料小车多工位运行控制：现假设送料小车暂时停靠于 n 号工位处，此时 m 号工位开始呼叫，这时将会出现如下三种情况。

若 $m>n$，则小车右行，直至 SQm 动作到位后，停车。

若 $m<n$，则小车左行，直至 SQm 动作到位后，停车。

若 $m=n$，则小车原地不动。

（4）系统需具有短路保护和电动机过载保护等必要的保护措施。

对上述送料小车多工位运行系统的控制可用传统继电器电路来实现，但往往存在电气线路复杂、故障率较高、系统得不到保障等诸多缺点。因此本项目可采用三菱 FX3U 系列可编程控制器来实现系统的运行和控制，目的就是简化电气控制线路。此外，在 PLC 程序设计时可通过运用比较功能指令使程序简单、清晰并易于理解，大大增强了程序的可读性。通过本项目的学习和实践，应努力达到如下目标：

知识目标：

（1）知道触点型比较指令、一般比较指令以及区间比较指令的指令功能；

（2）熟悉比较指令的使用方法；

（3）理解比较指令的使用特点及编程技巧。

技能目标：

（1）会绘制运料小车多工位运行系统的 PLC 电路原理图；

（2）能利用穷举法结合基本逻辑指令编写送料小车多工位运行系统的控制程序并进行调试；

（3）能利用功能指令完成送料小车多工位运行系统的程序编写及调试。

素养目标：

（1）养成安全、规范操作的职业习惯；

（2）具备不断探究、自主学习的工程意识；

（3）形成勇于实践的创新学习精神。

任务一　用基本逻辑指令实现送料小车多工位运行系统的控制

任务引入

由项目任务可知，送料小车需在 5 个工位之间进行左右移动，其控制的难点在于系统要根据小车的当前位置和呼叫位置，自动判断左移和右移。若采用基本逻辑指令来设计 PLC 程序以实现上述功能，关键在于准确把握并详细罗列小车左移或者右移的条件，即采用"穷举法"的方式，一旦某个条件满足，小车就按照条件自动左移或右移。需要注意的是：小车的左移和右移相当于电动机的正反转控制，故必须采用互锁方式，实现对系统的安全保护。

任务分析

通过本任务的学习和实践，需要解决下面几个问题：

（1）理解如何利用"穷举法"找出送料小车左移或右移的条件，并进行基本逻辑指令的编程。

（2）会自定 I/O 分配表，画出三菱 PLC 控制送料小车多工位运行系统的电路原理图。

（3）能根据 PLC 电路原理图，独立完成 PLC 接线板的安装与检测。

（4）通过 GX Works2 编程软件，编写调试 PLC 基本逻辑指令程序，满足本任务的控制要求。

活动 1：用“穷举法”判断小车左移或右移的条件

在本任务中，利用“穷举法”来找到小车左移或右移的条件，实质就是通过分析，罗列小车左移或右移时需满足的条件。若条件明确、逻辑清晰，则完全可以采用基本逻辑指令来实现系统的自动控制。

1. 分析小车左移、右移或停止时的条件

（1）当按下“1”号工位的呼叫按钮 SB1 时，仅会出现两种情况：

① 小车就停在“1”号工位上，此时小车停止。

② 小车只要不停在“1”号工位上，都将向左运行，直到碰到“1”号工位的到位开关 SQ1 后才会停止。

（2）当按下“2”号工位的呼叫按钮 SB2 时，会出现三种情况：

① 小车就停在“2”号工位上，此时小车停止。

② 小车若在“3”“4”或“5”号工位上，则将向左运行，直到碰到“2”号工位的到位开关 SQ2 后才会停止。

③ 小车若在“1”号工位上，则将向右运行，直到碰到“2”号工位的到位开关 SQ2 后才会停止。

（3）当按下“3”号工位的呼叫按钮 SB3 时，会出现三种情况：

① 小车就停在“3”号工位上，此时小车停止。

② 小车若在“4”或“5”号工位上，则将向左运行，直到碰到“3”号工位的到位开关 SQ3 后才会停止。

③ 小车若在“1”或“2”号工位上，则将向右运行，直到碰到“3”号工位的到位开关 SQ3 后才会停止。

（4）当按下“4”号工位的呼叫按钮 SB4 时，会出现三种情况：

① 小车就停在“4”号工位上，此时小车停止。

② 小车若在“5”号工位上，则将向左运行，直到碰到“4”号工位的到位开关 SQ4 后才会停止。

③ 小车若在“1”“2”或“3”号工位上，则将向右运行，直到碰到“4”号工位的到位开关 SQ4 后才会停止。

（5）当按下“5”号工位的呼叫按钮 SB5 时，仅会出现两种情况：

① 小车就停在“5”号工位上，此时小车停止。

② 小车只要不停在“5”号工位上，都将向右运行，直到碰到“5”号工位的到位开关 SQ5 后才会停止。

2. 触发条件

通过以上分析，可以罗列出小车停止、左移或右移时所有的触发条件，见表 6-1-1，结合相关的基本逻辑指令，PLC 程序的编写还是比较简单的。

表 6-1-1 小车停止、左移或右移时的触发条件

功能	触发条件	备注
小车停止	呼叫按钮 SB 闭合，相应到位开关 SQ 也闭合	—
小车左移	呼叫按钮 SB1 闭合，到位开关 SQ2 或 SQ3 或 SQ4 或 SQ5 闭合	小车碰 SQ1 后停止
	呼叫按钮 SB2 闭合，到位开关 SQ3 或 SQ4 或 SQ5 闭合	小车碰 SQ2 后停止
	呼叫按钮 SB3 闭合，到位开关 SQ4 或 SQ5 闭合	小车碰 SQ3 后停止
	呼叫按钮 SB4 闭合，到位开关 SQ5 闭合	小车碰 SQ4 后停止
小车右移	呼叫按钮 SB2 闭合，到位开关 SQ1 闭合	小车碰 SQ2 后停止
	呼叫按钮 SB3 闭合，到位开关 SQ1 或 SQ2 闭合	小车碰 SQ3 后停止
	呼叫按钮 SB4 闭合，到位开关 SQ1 或 SQ2 或 SQ3 闭合	小车碰 SQ4 后停止
	呼叫按钮 SB5 闭合，到位开关 SQ1 或 SQ2 或 SQ3 或 SQ4 闭合	小车碰 SQ5 后停止

学习笔记

请回答：

① 何为“穷举法”：

② 本任务中，利用“穷举法”的实质：

学习笔记

请分析：

基于 PLC 控制的小车多工位运料控制系统中有＿＿个 PLC 输入信号，＿＿个 PLC 输出信号。

请分析：

绘制 PLC 控制的小车多工位运料控制系统的电路图，注意点有：

请回答：

PLC 输出端 Y_D 与 Y_1 外部分别接了 KM2 和 KM1 常闭触点的原因：

活动 2：输入与输出的分配

小车多工位运料控制系统的输入/输出分配表见表 6-1-2。

表 6-1-2　小车多工位运料控制系统输入/输出分配表

输入			输出		
元件	作用	输入点	输出点	元件	作用
SB0	系统启动	X020	Y000	KM1	小车左行
SB1	1 号工位呼叫	X000	Y001	KM2	小车右行
SB2	2 号工位呼叫	X001			
SB3	3 号工位呼叫	X002			
SB4	4 号工位呼叫	X003			
SB5	5 号工位呼叫	X004			
SB6	系统停止	X021			
SQ1	1 号工位到位开关	X005			
SQ2	2 号工位到位开关	X006			
SQ3	3 号工位到位开关	X007			
SQ4	4 号工位到位开关	X010			
SQ5	5 号工位到位开关	X011			

活动 3：画 PLC 系统电路原理图

用三菱 FX3U-48M 型可编程序控制器实现运料小车多工位运行的电路原理如图 6-1-1 所示。

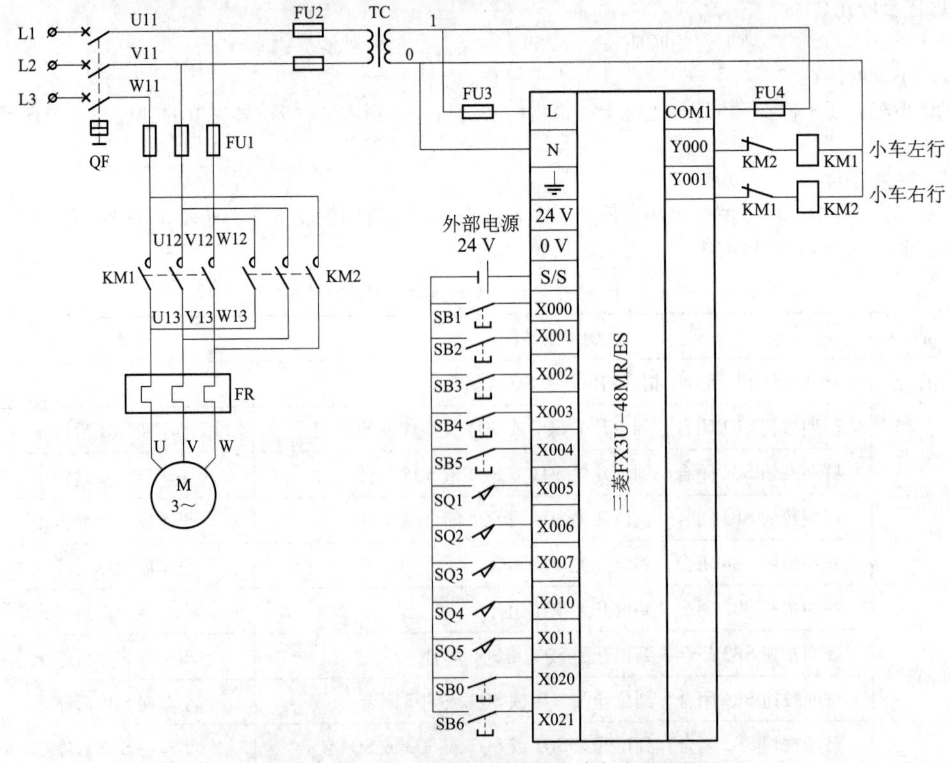

图 6-1-1　小车多工位运料控制系统电路原理图

学习笔记

提醒：

请结合电路原理图的分析，填写本系统需要元器件的名称、型号、数量、单位。

在选择元器件型号时，需要注意的问题：

活动4：PLC接线板的安装

1. 元器件的准备

完成本活动需要的元件器材见表6-1-3。

表6-1-3　元件器材表

序号	名称	型号规格	数量	单位	备注
1					
2					
3					
4					
5					
6					
7					
8					
9					
10					
11					
12					
13					
14					
15					
16					
17					
18					
19					
20					
21					
22					

2. 元器件的布置

根据表6-1-3检测元器件的好坏，将符合要求的元器件按图6-1-2安装在网孔板上并固定。

3. PLC系统的连线与自检

根据图6-1-1所示的PLC电路原理图以及图6-1-2中元器件分布情况，按配线原则与工艺要求进行PLC控制系统的安装接线。特别注意布线需紧贴线槽，保持整齐与美观。具体操作可按如下步骤进行：

（1）连接主电路。按图6-1-3连接PLC系统的主电路部分。

（2）主电路检测。按表6-1-3进行主电路的检测。

（3）连接PLC电源部分。如图6-1-4所示，导线从标号U11、V11出来→连接______熔断器→变压器TC的______绕组→从变压器TC ______绕组出来后，1号线通过______连接PLC的______端

学习笔记

请回答：

① 图 6-1-3 中，电源 L_1、L_3 通过 KM1 主触点与电动机的______相和______相连；通过 KM2 主触点与电动机______相和______相相连，实现电动机的______控制。

② 完成连接 PLC 电源部分的填空。

③ PLC 主电路检测所存在的问题：

④ PLC 电源部分检测所存在的问题：

子，而 0 号线直接连接 PLC 的______端子。此时 PLC 电源部分的接线完成。

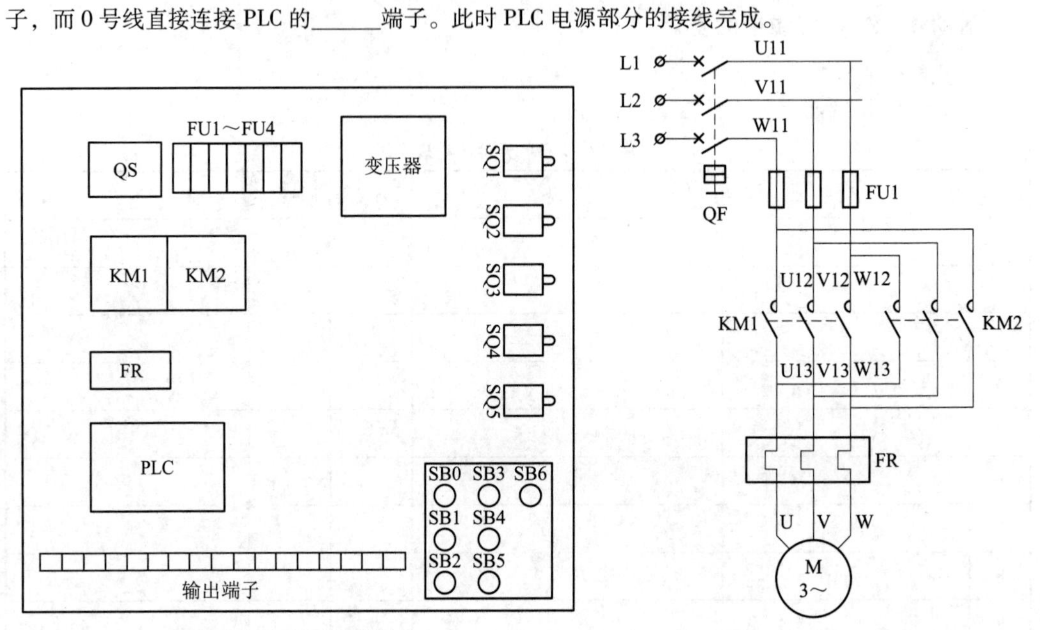

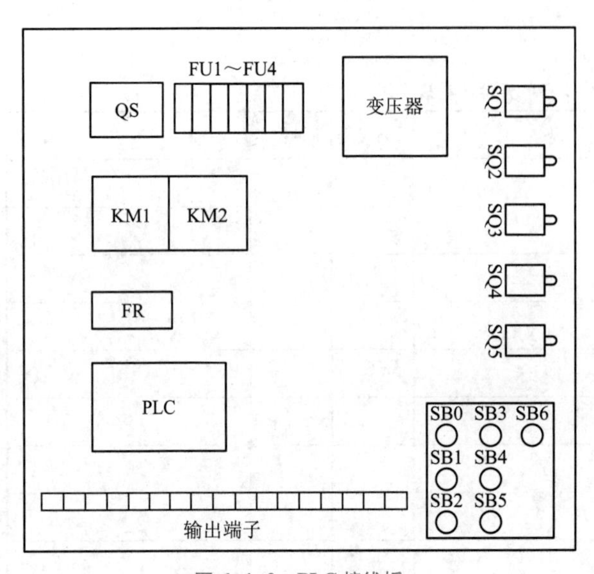

图 6-1-2　PLC 接线板

图 6-1-3　PLC 系统主电路

表 6-1-4　主电路检测步骤

序号	检测内容	操作方法	正确阻值	测量阻值
1	合上断路器，分别测量端子排上 L1 与 L2、L2 与 L3、L3 与 L1 之间的阻值	常态时，不动作任何元件	均为∞	
2	合上断路器，分别测量端子排上 L1 与 L2、L2 与 L3、L3 与 L1 之间的阻值	压下 KM1	电动机两相定子绕组的阻值之和	
3	合上断路器，分别测量端子排上 L1 与 L2、L2 与 L3、L3 与 L1 之间的阻值	压下 KM2	电动机两相定子绕组的阻值之和	

（4）PLC 电源部分自检。

① 检查布线。对照图 6-1-4 检查是否掉线、错线，是否漏编、错编，接线是否牢固等。

② 用万用表检测。用万用表检测过程见表 6-1-5，如测量阻值与正确阻值不符，则应重新检查布线。

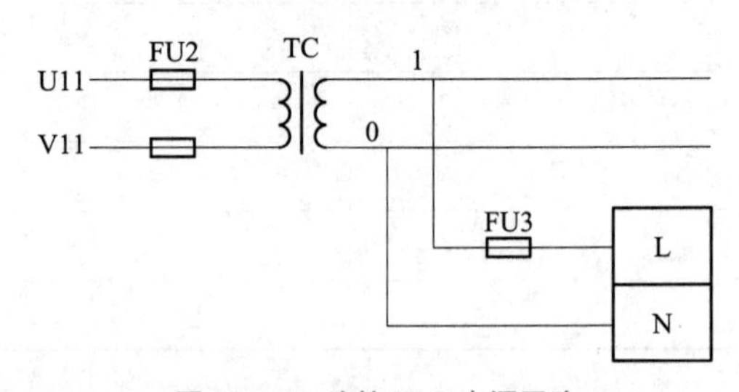

图 6-1-4　连接 PLC 电源回路

表 6-1-5　万用表的检测过程

序号	检测内容	操作情况	正确阻值	测量阻值
1	检测判别 FU 的好坏	两表棒分别搭接在 FU2、FU3 的上下接线端子上	均为 0 Ω	
2	测量 L1、L2 之间的绝缘电阻	合上断路器，两表棒分别搭接在接线端子排 XT 的 L1 和 L2 上	TC 初级绕组的阻值	

学习笔记

续表

序号	检测内容	操作情况	正确阻值	测量阻值
3	测量 PLC 上 L 与 N 之间的电阻	两表棒分别搭接在 PLC 的接线端子 L 和 N 上	TC 次级绕组的阻值	

③ 通电观察 PLC 的指示灯。经过自检，确认正确和无安全隐患后，通电观察 PLC 的 LED 指示灯并做好记录，见表 6-1-6。

请记录：通电测试过程中的安全注意事项：

表 6-1-6　LED 工作情况记载表

步骤	操作内容	LED	正确结果	观察结果
1	先插上电源插头，再合上断路器	POWER	点亮	
2	拨动 RUN/STOP 开关，拨至“RUN”位置	RUN	点亮	
3	拨动 RUN/STOP 开关，拨至“STOP”位置	RUN	熄灭	
4	⚠ 拉下断路器后，拔下电源插头	断路器 电源插头	已分断	

（5）连接 PLC 输入回路部分。

如图 6-1-5 所示，分析填写电路连接步骤。

① 导线从 X000 端子→入端子排→从端子排出→接__________的一端。

② 导线从 X001 端子→入端子排→从端子排出→接__________的一端。以下依此类推。

③ 将 SB1～SB6 以及 SQ1～SQ5 的常开按钮的另一端________→入端子排→从端子排出→接 PLC 的________端口。

注意：所有按钮及行程开关的一端互联后，接入 PLC 的“COM”端口

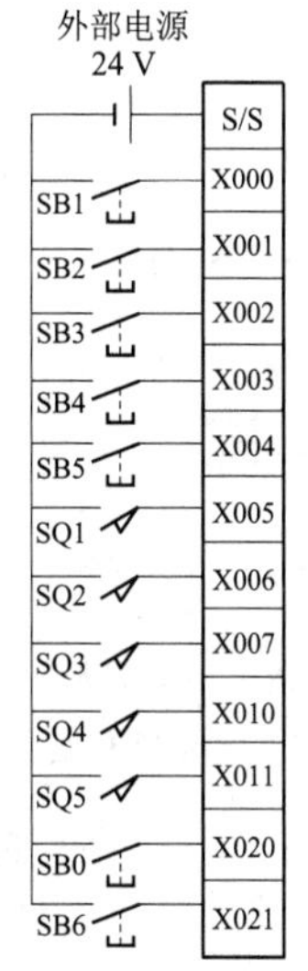

图 6-1-5　连接 PLC 输入回路

（6）PLC 输入回路部分的自检。

① 检查布线。对照图 6-1-5 检查是否掉线、错线，是否漏编、错编，接线是否牢固等。

② 用万用表检测。用万用表的检测过程见表 6-1-7，如测量阻值与正确阻值不符，则应重新检查布线。

请记录：PLC 输入回路部分连接与检测过程中的注意事项及问题：

表 6-1-7　万用表的检测过程

序号	检测内容	操作情况	正确阻值	测量阻值
1	测量 PLC 的各输入端子与“COM”之间的阻值	分别动作输入设备，两表棒搭接在 PLC 各输入接线端子与“COM”上	均为 0 Ω	
2	测量 PLC 的各输入端子与电源输入端子“L”之间的阻值	两表棒分别搭接在 PLC 各输入接线端子与电源输入端子“L”上	均为∞	

③ 通电观察 PLC 的指示灯。经过自检，确认正确和无安全隐患后，通电观察 PLC 的 LED 指示灯并做好记录，见表 6-1-8。

学习笔记

请记录：通电测试过程中的注意事项：

表 6-1-8　LED 工作情况记载表

步骤	操作内容	LED	正确结果	观察结果
1	先插上电源插头，再合上断路器	POWER	点亮	
2	按下 SB0	X020	点亮	
3	按下 SB1	X000	点亮	
4	按下 SB2	X001	点亮	
5	按下 SB3	X002	点亮	
6	按下 SB4	X003	点亮	
7	按下 SB5	X004	点亮	
8	按下 SB6	X021	点亮	
9	按下 SQ1	X005	点亮	
10	按下 SQ2	X006	点亮	
11	按下 SQ3	X007	点亮	
12	按下 SQ4	X010	点亮	
13	按下 SQ5	X011	点亮	
14	⚠ 拉下断路器后，拔下电源插头	断路器 电源插头	已分断	

请记录：PLC 输出回路部分连接与检测过程中的注意事项及问题：

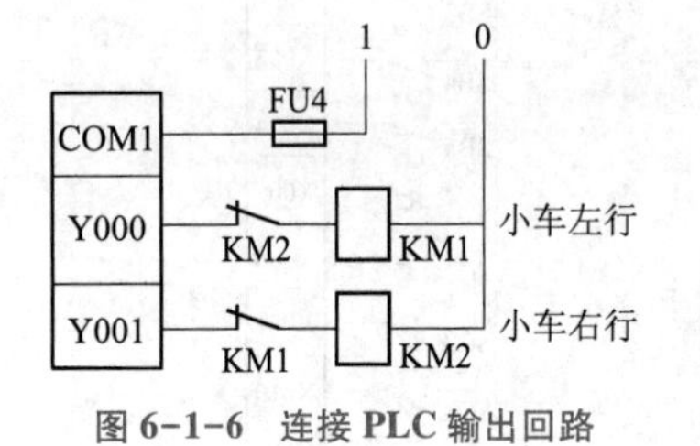

图 6-1-6　连接 PLC 输出回路

（7）连接 PLC 输出回路部分。如图 6-1-6 所示，分析填写电路连接步骤。

① 1 号线通过 FU4 连接“COM1”。

② Y000～Y001 分别连接交流接触器________和________的线圈，为保护电路，____________触点串入 KM1 线圈，同时____________触点串入 KM2 线圈中，实现硬件上的________功能。

③ KM1 与 KM2 线圈的另一端互相连接后，再接________线。（1 号线与________线之间的电压是 220 V）

（8）PLC 输出回路部分的检测。

① 检查布线。对照图 6-1-6 检查是否掉线、错线，是否漏编、错编，接线是否牢固等。

② 万用表检测。万用表检测过程见表 6-1-9，如测量阻值与正确阻值不符，则应重新检查布线。

表 6-1-9　万用表的检测过程

序号	检测内容	操作情况	正确阻值	测量阻值
1	测量 PLC 的各输出端子与对应公共端子之间的阻值	两表棒分别搭接在 PLC 各输出接线端子与对应的公共端子上	均为 TC 次级绕组与 KM 线圈的阻值之和	

活动 5：编写 PLC 控制程序

（1）采用基本逻辑指令编写该程序，如图 6-1-7 所示。

（2）程序分析：

① 程序中利用启动按钮 X020、停止按钮 X021 结合主控指令 MC N0 M100；MCR N0 控制整个系统的启动和停止。

② 根据表 6-1-1 中小车停止、左移或右移时的触发条件，将小车左移的 4 个条件分别用基本逻

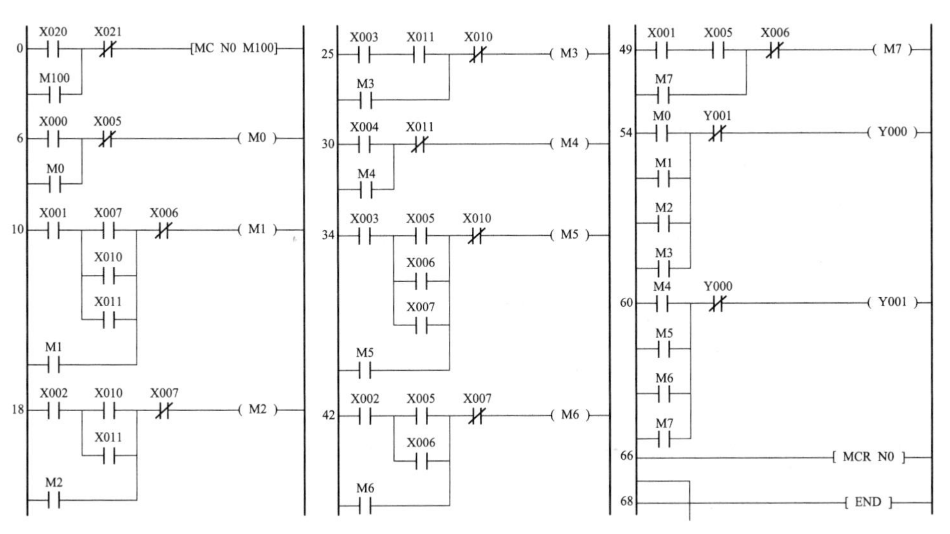

图 6-1-7　送料小车多工位运行系统基本逻辑指令程序

辑指令来表示，并分别用辅助继电器 M0~M3 代替，再由 M0~M3 的通断来驱动运料小车的左行。同理将小车右移的 4 个条件分别用基本逻辑指令来表示，并分别用辅助继电器 M4~M7 代替，再由 M4~M7 的通断来驱动运料小车的右行。

③ 小车的左行与右行在编写程序时，也要加入互锁（软件互锁），即将 Y001 的常闭触点串入 Y000 线圈，将 Y000 的常闭触点串入 Y001 线圈。

活动 6：用 GX Works2 编程软件编写、下载、调试程序

1. 程序输入

打开 GX Works2 编程软件，新建“运料小车多工位运行”文件，输入运料小车多工位运行的 PLC 程序，如图 6-1-8 所示。

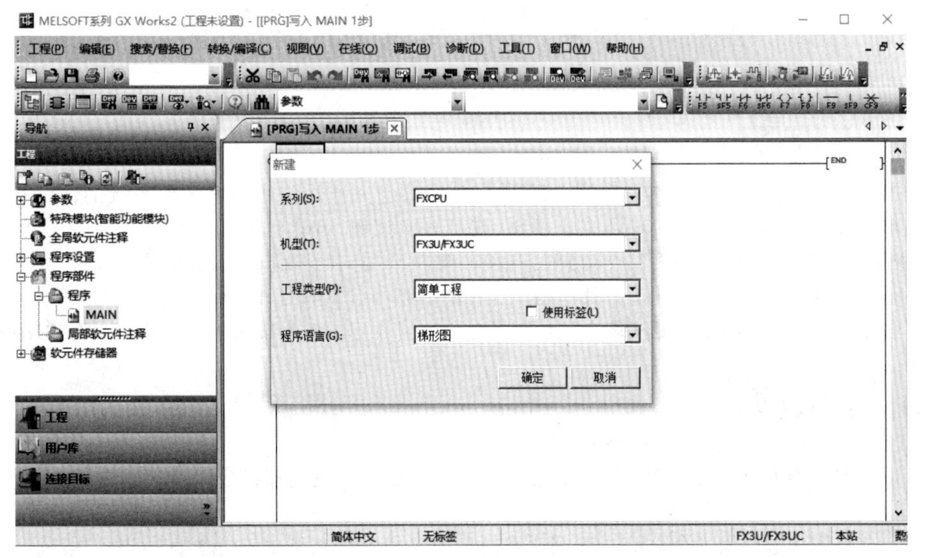

图 6-1-8　新建 PLC 文件

2. 程序下载

单击“在线”图标，再选择“PLC 写入”选项，将 PLC 程序下载至 PLC，如图 6-1-9 所示。注意：此时可让三菱 FX3U PLC 的运行按钮切换至“STOP”上。

学习笔记

请回答：

① 试分析程序中，MC 为______指令，执行该指令后，母线移动到 MC 触点之后。

② MCR 为________指令，执行该指令后，恢复______的位置。

③ MC 占_个程序步，MCR 占_个程序步。

程序分析

学习笔记

请记录：

运料小车多工位运行系统程序调试步骤：

①

②

③

程序调试中存在的问题及解决方法：

①

②

图 6-1-9　程序下载至 PLC

3. 系统调试

（1）在教师的现场监护下进行通电调试，验证系统控制功能是否符合要求。

（2）如果出现故障，学生应独立检修，根据出现的故障现象检修相关线路或修改梯形图。

（3）系统检修完毕后应重新通电调试，直至系统正常工作。

任务二　用功能指令实现运料小车多工位运行系统的控制

任务引入

虽能用“穷举法”结合基本逻辑指令编写 PLC 程序，完成运料小车多工位系统的调试和运行，但这种方法有其局限性。例如，若到位开关 SQ 或者呼叫按钮 SB 远远不止 5 个，在某些大型的工业控制系统中，有时甚至需要成百上千个到位开关或呼叫开关同时工作，此时再用穷举的方法进行编程，程序将会异常复杂，可读性差，且不利于程序的纠错和调试。有什么简单的方法吗？我们可以利用比较功能指令，很方便地就能实现上述控制系统，并且程序的扩展能力大大加强，具有通用性。

任务分析

通过本任务的学习和实践，需要解决下面几个问题：

（1）学习三菱 FX3U 系列 PLC 提供的触点型比较指令、一般比较指令以及区间比较指令的使用方法。

（2）会利用一般比较指令 CMP、区间比较指令 ZCP 以及触点型比较指令编写 PLC 程序，实现简单的功能。

（3）独立完成运料小车多工位控制系统程序的编写、调试和监控。

由系统控制的具体要求可知，小车的左行与右行取决于小车停靠的工位和呼叫的工位之间的位置关系，若呼叫工位在停靠工位的左端则小车左行，在右端则小车右行；否则小车停在原位不动。

在用比较功能指令设计程序时，可以将五个工位从左至右依次编号为 1~5，先以到位开关 SQ 作为触发信号，将小车停靠工位的位号存于寄存器 D0，再以呼叫按钮 SB 作为触发信号，将呼叫工位的位号存于寄存器 D1，然后将寄存器 D0、D1 中的数据进行比较，根据比较结果来控制小车的运行方向。下面首先来学习与本任务相关的比较指令的用法。

活动 1：学习 CMP 比较指令使用方法

（1）功能号：FNC 10。

（2）助记符：CMP、CMPP。

（3）指令功能：对两个源操作数［S1］、［S2］的代数值进行比较，并把比较的结果送到目的操作数［D］～［D+2］中。

应用举例：

举例 1：如图 6-2-1 所示。

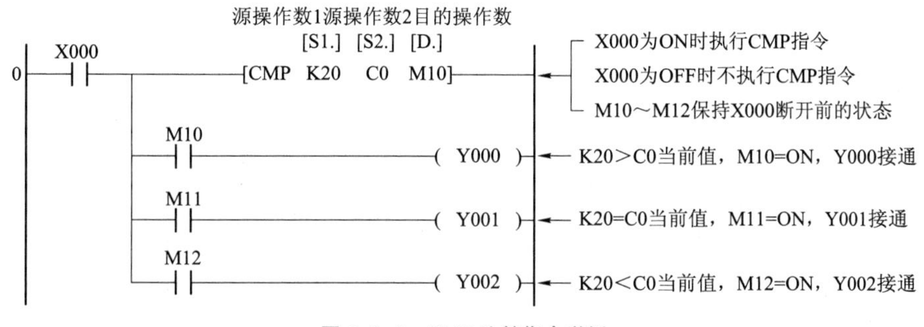

图 6-2-1　CMP 比较指令举例

在图 6-2-1 中，当 X000 为 ON 时，执行 CMP 比较指令，比较源操作数［S1.］和［S2.］代数值的大小，然后再根据源操作数［S1.］和［S2.］之间的大小关系决定目的操作数［D.］，即 M10、M11、M12 的状态。

当 K20>C0 的当前值时，M10 为 ON，Y0 线圈被驱动；当 K20＝C0 的当前值时，M11 为 ON，Y1 线圈被驱动；当 K20<C0 的当前值时，M12 为 ON，Y2 线圈被驱动。

当 X000 为 OFF 时，停止执行 CMP 比较指令，但 M10～M12 将保持 X000 断开前的状态。若要清除前面的比较结果，则可用复位指令 RST 将 M10、M11、M12 复位，如图 6-2-2 所示。

采用复位RST指令：

X000

0 ［RST M10］

［RST M11］

［RST M12］

图 6-2-2　比较结果复位

指令说明：

（1）CMP 比较功能指令的操作元件为：

源操作数［S1.］、［S2.］：K、H、K*n*X、K*n*Y、K*n*M、K*n*S、T、C、D、V、Z。

目的操作数［D.］：Y、M、S。

（2）CMP 指令的源数据均按二进制处理，数据比较为代数值（带符号数）比较，即最高位为符号位，如果该位为“0”，则表示正数；如果该位为“1”，则表示负数。

（3）当出现比较指令的操作数不完整或指定操作数的元件号超出允许范围等情况时，比较指令会出错。

某一段利用 CMP 比较功能指令编写的 PLC 程序，如图 6-2-3。

活动 2：学习 ZCP 区间比较指令的使用方法

ZCP 指令与 CMP 指令相同，用于数据与数据区间的比较。

（1）功能号：FNC 11。

（2）助记符：ZCP、ZCPP。

（3）指令功能：将一个数据与两个源操作数的区间内全部数据进行比较，并通过目的操作数反

学习笔记

CMP 比较指令

请回答：

在 PLC 中，CMP 比较指令有　　个操作数，　　个源操作数，　　个目的操作数。

请使用：

使用区间复位指令实现图 6-2-2 复位功能，画出对应程序：

请分析图 6-2-3 程序段：

程序运行时，数据寄存器 DI 中存入十

学习笔记

进制数____。当 X000 闭合时，D0 中的值为____，此时 D0 中的数值____D1 中的数值，____常开触点闭合，____线圈接通；当 X001 闭合时，D0 中的值为____，此时 D0 中的数值____D1 中的数值，____常开触点闭合，____线圈接通；当 X002 闭合时，D0 中的值为____，此时 D0 中的数值____D1 中的数值，____常开触点闭合，____线圈接通。

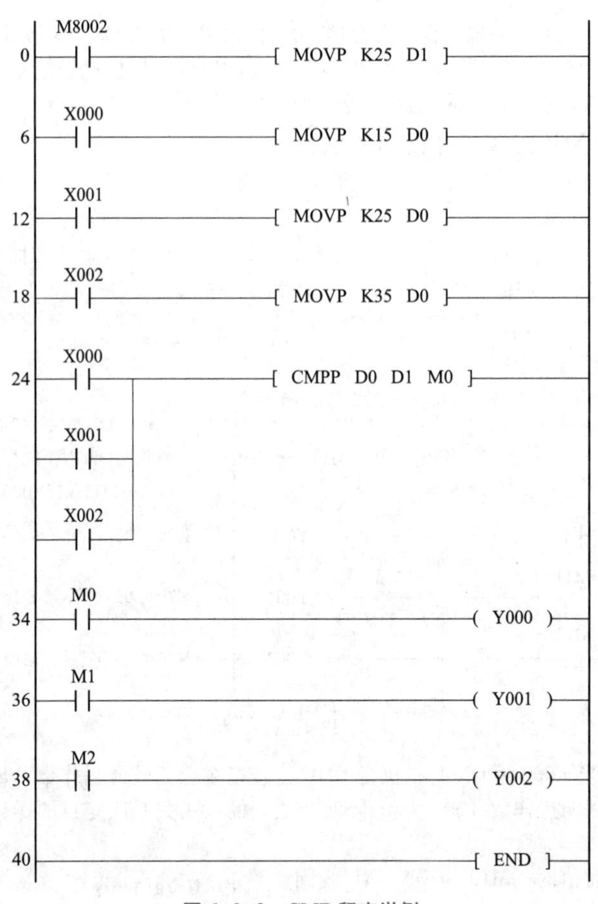

图 6-2-3　CMP 程序举例

映比较结果。

应用举例：

如图 6-2-4 所示，当 X000 为 ON 时，执行 ZCP 区间比较指令，将源操作数［S.］与源操作数［S1.］、［S2.］组成的区间内的数据进行代数（带符号）比较。

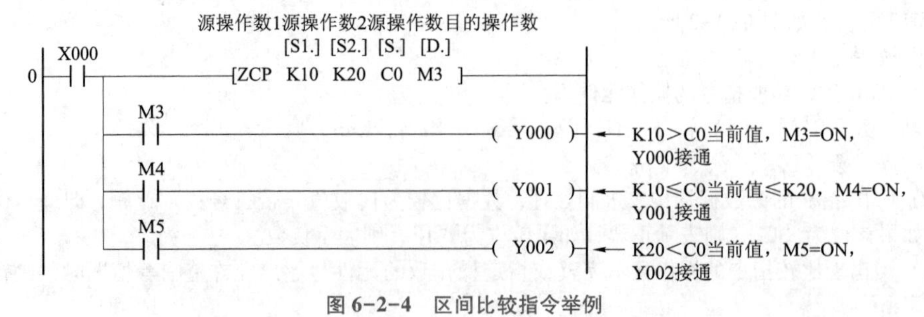

图 6-2-4　区间比较指令举例

当 C0 的当前值在区间以下，即 C0 当前值<K10 时，软元件 M3 动作；当 C0 的当前值在［S1.］、［S2.］组成的区间范围内，即 K10≤C0 的当前值≤K20 时，软元件 M4 动作；而当 C0 的当前值在区间以上即 C0 当前值>K20 时，软元件 M5 动作。

ZCP 区间比较指令

指令说明：

（1）ZCP 功能比较指令的操作元件为：

源操作数［S1.］、［S2.］、［S.］：K、H、K*n*X、K*n*Y、K*n*M、K*n*S、T、C、D、V、Z。

目的操作数［D.］：Y、M、S。

（2）ZCP 指令的源数据也均按二进制处理，数据比较为代数值（带符号数）比较。

（3）当区间比较指令的触发信号为 OFF 时，不执行 ZCP 指令，目的操作数的软元件保持触发信号断开前的状态。

活动 3：学习触点型比较指令使用方法

在使用触点型比较指令时，可将每条指令都看作一个触点，触点是否为 ON 取决于比较结果。依据触点比较指令在梯形图中的位置可将其分成三类：LD 类、AND 类和 OR 类，其触点在梯形图中的位置含义与普通触点相同。

1. LD 类触点型比较指令

其用法可参照表 6-2-1。

表 6-2-1　LD 类触点型比较指令列表

功能号	16 bit 助记符	32 bit 助记符	操作数		导通条件	断开条件
			［S1.］	［S2.］		
FUN 224	LD=	LDD=	K、H、K*n*X、K*n*Y、K*n*M、K*n*S、T、C、D、V、Z		［S1.］=［S2.］	［S1.］<>［S2.］
FUN 225	LD>	LDD>			［S1.］>［S2.］	［S1.］<=［S2.］
FUN 226	LD<	LDD<			［S1.］<［S2.］	［S1.］>=［S2.］
FUN 228	LD<>	LDD<>			［S1.］<>［S2.］	［S1.］=［S2.］
FUN 229	LD<=	LDD<=			［S1.］<=［S2.］	［S1.］>［S2.］
FUN 230	LD>=	LDD>=			［S1.］>=［S2.］	［S1.］<［S2.］

应用举例：

举例 1：

如图 6-2-5 所示，按下 X000，M0 接通并保持，在 M8013 的作用下，C0 开始计数；当 C0 中的当前值为 K10 时，即 M0 接通________后，________接通并保持；当 C0 中的当前值为 K20 时，即 M0 接通____ s 后，________接通并保持；当 C0 计数达到设定值时，即 M0 接通____ s 后，________接通并保持，直到按下 X001，M0 断开，计数器 C0 复位。

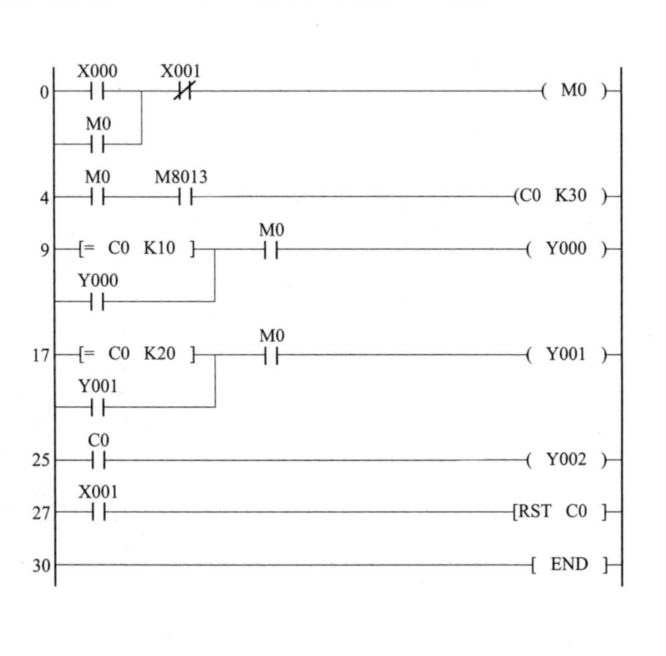

指令语句：

0	LD	X000	
1	OR	M0	
2	ANI	X001	
3	OUT	M0	
4	LD	M0	
5	AND	M8013	
6	OUT	C0	K30
9	LD=	C0	K10
14	OR	Y000	
15	AND	M0	
16	OUT	Y000	
17	LD=	C0	K20
22	OR	Y001	
23	AND	M0	
24	OUT	Y001	
25	LD	C0	
26	OUT	Y002	
27	LD	X001	
28	RST	C0	
30	END		

图 6-2-5　LD 类触点型比较指令举例

学习笔记

请回答：在 PLC 中，ZCP 区间比较指令有　个操作数，　个源操作数，　个目的操作数。

请回答：当需要将比较结果清零复位时，要用　　或　　复位。

LD 类触点型比较指令

请分析图 6-2-5 的 PLC 程序，完成程序分析部分的填空。

学习笔记

请回答：

① 第 4 行程序 M8013 的功能：

② 第 27 行 X001 [RST C0] 程序段的功能：

OR 类触点型比较指令

含有 OR 类触点型比较指令程序的编辑

AND 类触点型比较指令

由此可见，一个计数器和触点型比较指令配合使用，起到了三个定时器的作用，同时程序也更简洁清晰。

2. OR 类触点型比较指令

其用法可参照表 6-2-2。

表 6-2-2　OR 类触点型比较指令列表

功能号	16 bit 助记符	32 bit 助记符	操作数		导通条件	断开条件
			[S1.]	[S2.]		
FUN 240	OR=	ORD=	K、H、KnX、KnY、KnM、KnS、T、C、D、V、Z		[S1.]=[S2.]	[S1.]<>[S2.]
FUN 241	OR>	ORD>			[S1.]>[S2.]	[S1.]<=[S2.]
FUN 242	OR<	ORD<			[S1.]<[S2.]	[S1.]>=[S2.]
FUN 244	OR<>	ORD<>			[S1.]<>[S2.]	[S1.]=[S2.]
FUN 245	OR<=	ORD<=			[S1.]<=[S2.]	[S1.]>[S2.]
FUN 246	OR>=	ORD>=			[S1.]>=[S2.]	[S1.]<[S2.]

应用举例：

举例 2：

如图 6-2-6 所示，当 X000 为 ON 或计数器 C0 的当前值为 K20 时，输出 Y000 接通；当 X001 和 M10 都为 ON 或 D10 中的数据大于等于 K100 时，M20 接通。

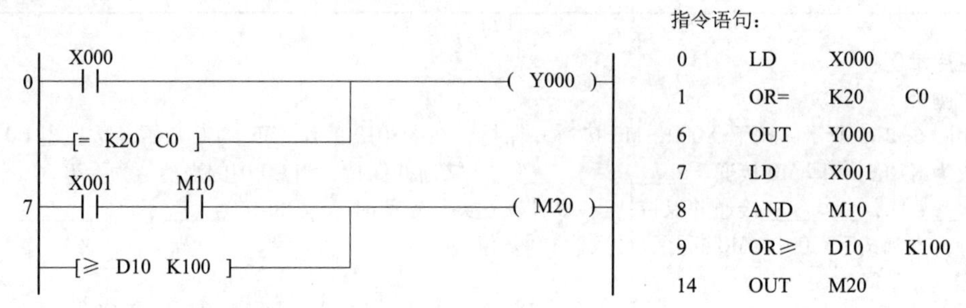

图 6-2-6　OR 类触点型比较指令举例

3. AND 类触点型比较指令

其用法可参照表 6-2-3。

表 6-2-3　AND 类触点型比较指令列表

功能号	16 bit 助记符	32 bit 助记符	操作数		导通条件	断开条件
			[S1.]	[S2.]		
FUN 232	AND=	ANDD=	K、H、KnX、KnY、KnM、KnS、T、C、D、V、Z		[S1.]=[S2.]	[S1.]<>[S2.]
FUN 233	AND>	ANDD>			[S1.]>[S2.]	[S1.]<=[S2.]
FUN 234	AND<	ANDD<			[S1.]<[S2.]	[S1.]>=[S2.]
FUN 236	AND<>	ANDD<>			[S1.]<>[S2.]	[S1.]=[S2.]
FUN 237	AND<=	ANDD<=			[S1.]<=[S2.]	[S1.]>[S2.]
FUN 238	AND>=	ANDD>=			[S1.]>=[S2.]	[S1.]<[S2.]

应用举例：

举例 3：

图 6-2-7 中 PLC 程序的功能是将 D0、D1 中的数据进行比较。若 D0 中的数据大于等于 D1 中

的数据，则再将 D0 中的数据和 D2 中的数据进行比较，D0 中数据大则将 D0 中的数据存入 D3，反之，则将 D2 中的数据存入 D3；若 D0 中的数据小于 D1 中的数据，则再将 D1 中的数据和 D2 中的数据比较，D1 中数据大于等于 D2 中数据则将 D1 中的数据存入 D3，反之则将 D2 中的数据存入 D3。

此程序实际上就是通过触点型比较指令求出 D0、D1 和 D2 三个寄存器中最大的数据，并将其存入寄存器 D3 中。

指令说明：

（1）若源操作数的最高位为 1，则其值为负值，比较时按负值进行比较。

（2）比较时若有 32 位计数器，则必须使用 32 位指令。用 16 位指令会出现程序出错或运算出错的情况。

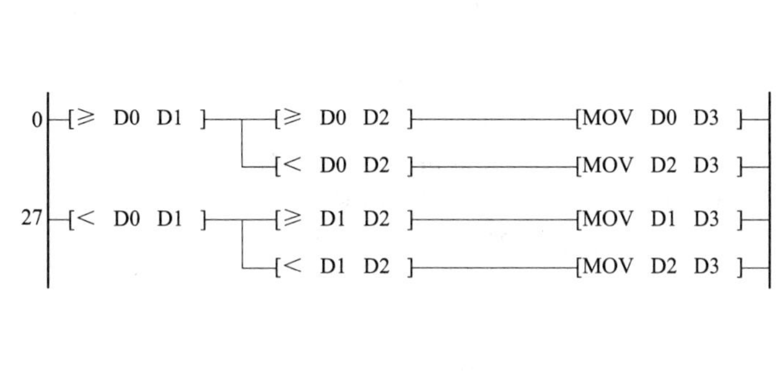

指令语句：

0	LD≥	D0	D1
5	MPS		
6	AND≥	D0	D2
11	MOV	D0	D3
16	MPP		
17	AND<	D0	D2
22	MOV	D2	D3
27	LD<	D0	D1
32	MPS		
33	AND≥	D1	D2
38	MOV	D1	D3
43	MPP		
44	AND<	D1	D2
49	MOV	D2	D3

图 6-2-7 AND 类触点型比较指令举例

活动 4：用 CMP 功能指令编写运料小车多工位运行程序

（1）运料小车多工位运行系统的控制程序如图 6-2-8 所示。

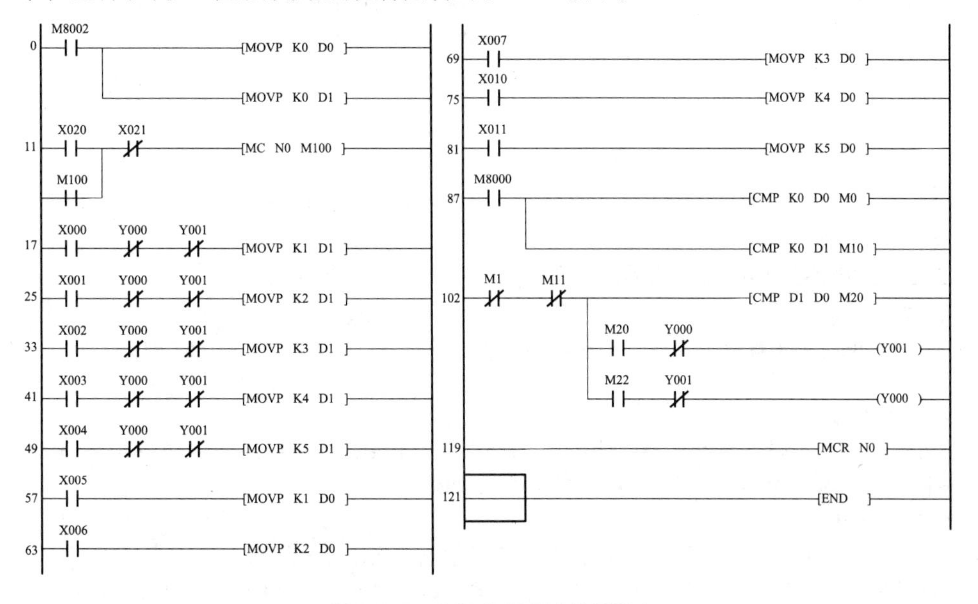

图 6-2-8 应用 CMP 指令编写程序

（2）程序分析。

在程序中，根据控制任务的要求，首先以初始化脉冲 M8002 为触发信号将存放小车停靠工位号的数据寄存器 D0 和呼叫小车工位号的数据寄存器 D1 清零，完成整个系统的初始化。

然后运用数据传送指令（脉冲触发型）将小车停靠工位号和呼叫小车工位号分别送入寄存器 D0

学习笔记

请分析：图 6-27 中的 PLC 程序实际上就是通道，求出 DD、D1 和 D2 三个寄存器中 的数据，并将其存入寄存器 中。

含有 AND 类触点型比较指令程序的编辑

请回答：

① M8002 在此程序中的作用：

② MOVP 指令的含义：

学习笔记

和 D1，并通过比较指令 CMP，比较寄存器 D0、D1 中数据的大小。

若 D1>D0，则输出________接通，小车________；若 D1=D0，则小车________；若 D1<D0，则输出________接通，小车________。

③ 分析程序完成填空。

最后程序同样采用主控指令来控制整个系统的停止和运行。

程序难点：

程序中比较功能指令的应用是程序编写的难点，现重点分析一下，如图 6-2-9 所示。

请回答：

① 图 6-2-9 中，M8000 的作用：

① M8000 为特殊辅助继电器，PLC 运行后一直保持接通。

② 指令 CMP K0 D0 M0 分析：当 K0=D0 时，说明运料小车不在 5 个工位中的任何一个工位上，此时辅助继电器 M1 得电，这是不允许出现的情况；当 K0>D0 时，辅助继电器 M0 得电，这是程序中不可能出现的情况。

③ 指令 CMP K0 D1 M10 分析：当 K0>D1 时，M10 得电，这是不可能出现的情况；当 K0=D1 时，M11 得电，说明控制系统中并没有呼叫按钮被按下。

④ 系统如要运行，则必须将 M1 常闭触点串联 M11 常闭触点。首先，小车需在工位上；其次，有呼叫按钮被按下。

② 图 6-2-9 中，程序段 102 件中，在 Y001 和 Y000 线圈前分别串 Y000 和 Y001 常闭触点的功能：

⑤ 指令 CMP D1 D0 M20 分析：当 D1>D0 时，说明呼叫工位在小车停靠工位的右边，因此 M20 接通、Y001 接通，小车右行；当 D1=D0 时，说明呼叫工位与小车停靠工位一致，小车停止不动；当 D1<D0 时，说明呼叫工位在小车停靠工位的左边，M22 接通、Y000 接通，小车左行。

⑥ Y000 与 Y001 运行时，需要加入软件互锁功能。

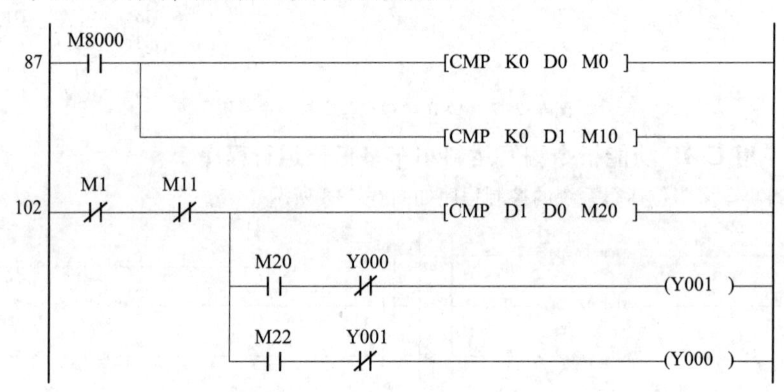

图 6-2-9 CMP 应用指令在程序中的分析

请记录：

用功能指令实现运料小车多工位运行系统程序调试过程中存在的问题及解决方法：

活动 5：用 GX Works2 编程软件编写、下载、调试步进程序

1. 程序输入

打开 GX Works2 编程软件，新建“运料小车多工位运行”文件，输入 PLC 程序，如图 6-1-8 所示。

2. 程序下载

单击“在线”图标，再选择“PLC 写入”选项，将 PLC 程序下载至 PLC，如图 6-1-9 所示。注意：此时可让三菱 FX3U PLC 的运行按钮切换至“STOP”上。

3. 系统调试

（1）在教师现场监护下进行通电调试，验证系统控制功能是否符合要求。

（2）如果出现故障，学生应独立检修，根据出现的故障现象检修相关线路或修改梯形图。

（3）系统检修完毕后应重新通电调试，直至系统正常工作。

程序拓展：运用 ZCP 区间比较指令与触点型比较指令编写 PLC 程序。

（1）PLC 程序如图 6-2-10 所示。

（2）程序分析：如图 6-2-10 所示，程序中运用了区间比较指令 ZCP，其作用是保证小车停靠的工位号 D0 中的数据以及呼叫工位号 D1 中的数据只有都在 1 和 5 之间时小车才能工作。而触点型比较指令则是将 D1 和 D0 中的内容进行比较，程序一目了然。

学习笔记

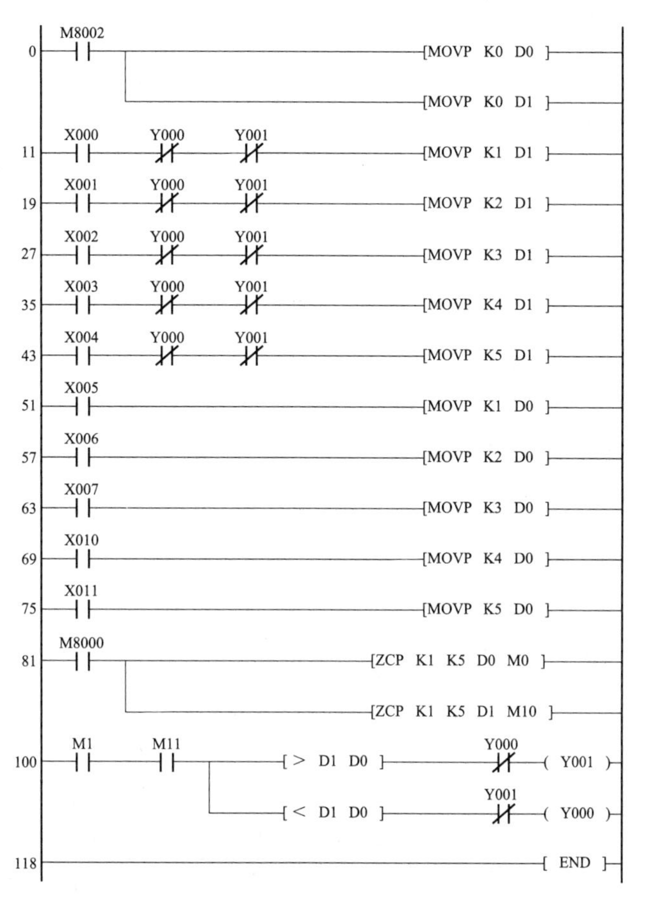

图 6-2-10　ZCP 与区间比较指令编写的程序

请分析用两种方法编写 PLC 程序，各自的优缺点：

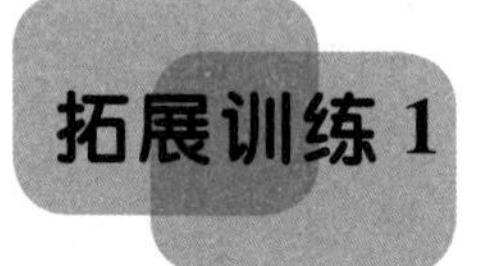

拓展训练 1　用 CMP 比较功能指令实现简易密码锁的控制

任务引入

本拓展训练是安装与调试简易密码锁的 PLC 控制系统。具体的控制要求是：利用 PLC 实现对密码锁的控制。此密码锁有 3 个置数开关（12 个按钮），分别代表 3 个十进制数，如果所拨的数据与密码锁的设定值相符合，则 3 s 后系统自动开锁，然后 20 s 后重新上锁。

请填写置数开关 12 条输出线分别是什么。

任务分析

分析系统的控制要求，主要为：用 CMP 比较指令设计密码锁的控制系统。置数开关有 12 条输出线，分别接入 X ______ ~ X ______，X ______ ~ X ______以及 X ______ ~ X ______，其中，X ______ ~ X ______代表第一个十进制数；X ______ ~ X ______代表第二个十进制数；X ______ ~ X ______代表第三个十进制数，密码锁的控制信号从 PLC 的输出端子 Y000 输出。

学习笔记

请输出12个输入信号分别是

请简述简易密码锁PLC控制系统电路原理图绘制的注意事项：

①

②

活动1：输入与输出点分配

一、确定输入设备

根据上述分析，系统有12个输入信号，这里用12个按钮来控制。

二、确定输出设备

系统只需要连接一个交流接触器来验证开锁的情况。交流接触器吸合，表示开锁成功。

三、I/O点分配表

根据确定的输入/输出设备及输入/输出点数分配I/O点，见表6-2-4。

表6-2-4 输入/输出设备及I/O点分配表

输入			输出		
元件代号	功能	输入点	元件代号	功能	输出点
SB1~SB4	密码个位	X000~X003	KM1	密码锁控制信号	Y000
SB5~SB8	密码十位	X004~X007			
SB9~SB12	密码百位	X010~X013			

活动2：画出PLC电路原理图

PLC电路原理图如图6-2-11所示。

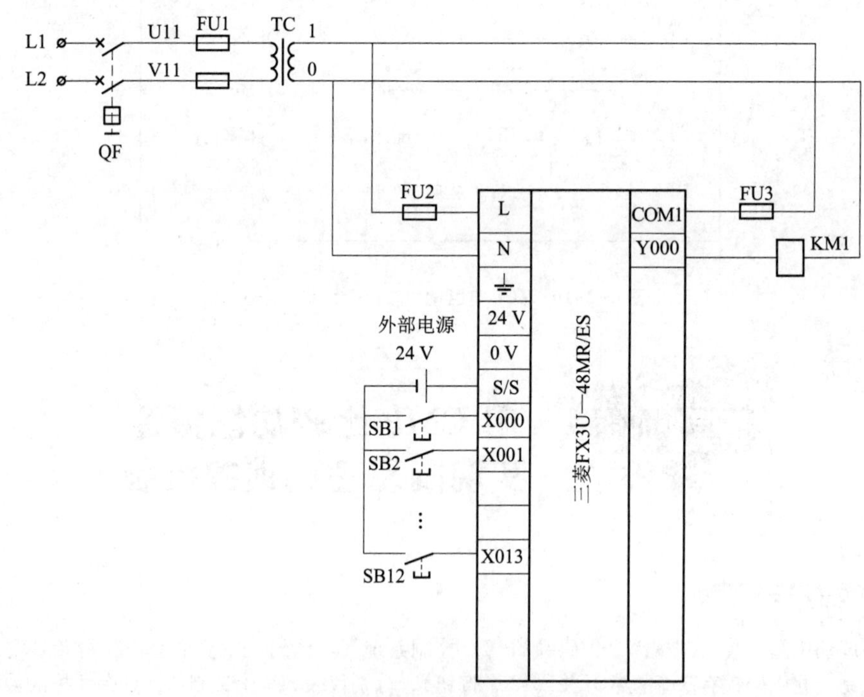

图6-2-11 PLC电路原理图

活动3：PLC接线板的安装（参照任务一实施）

活动4：编写PLC程序

PLC系统梯形图如图6-2-12所示。

活动5：用GX Works2编程软件编写、下载、调试程序

1. 程序输入

打开GX Works2编程软件，新建“密码锁控制”文件，输入PLC程序。

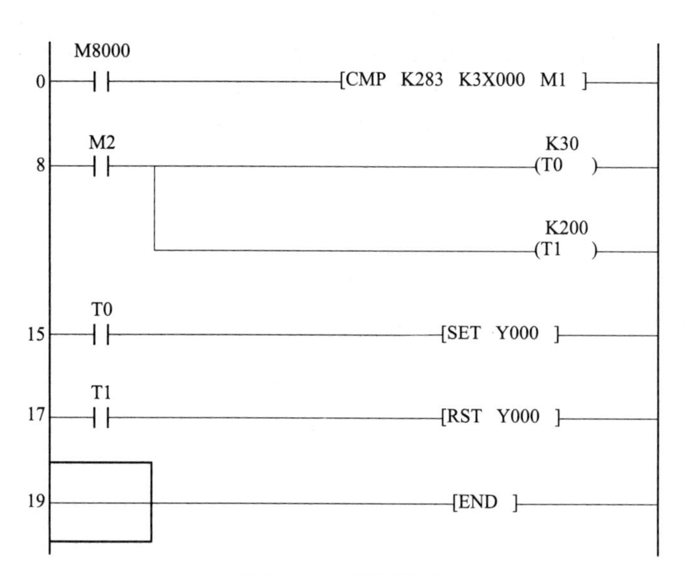

图 6-2-12　系统梯形图

学习笔记

请分析图 6-2-12 程序的功能：

请记录：简易密码锁 PLC 程序调试过程中遇到的问题及解决方法：

2. 程序下载

单击“在线”图标，再选择“PLC 写入”选项，将 PLC 程序下载至 PLC。注意：此时可让三菱 FX3U PLC 的运行按钮切换至“STOP”上。

3. 系统调试

（1）在教师现场监护下进行通电调试，验证系统控制功能是否符合要求。

（2）如果出现故障，学生应独立检修，根据出现的故障现象检修相关线路或修改梯形图。

（3）系统检修完毕后应重新通电调试，直至系统正常工作。

拓展训练 2　用 CMP、ZCP 比较指令实现简易定时与报时器的控制

任务引入

本拓展训练是通过对简易定时与报时器系统进行控制，进一步熟悉 CMP、ZCP 功能指令的应用。具体的控制要求是：

设计 24 h 可设定定时和住宅控制器的控制程序（每 15 min 为一个设定单位，即 24 h 共有 96 个时间单位），要求实现如下控制：

（1）早上 6:30，闹钟每秒响一次，10 s 后自动停止。

（2）9:00—17:00，启动住宅报警系统。

（3）晚上 6 点打开住宅照明。

（4）晚上 10 点关闭住宅照明。

任务分析

分析系统的控制要求，主要为：

设 X000 为启动开关，X001 为 15 min 快速调整与试验开关，X002 为格数设定的快速调整与试验开关。使用时，早上 0:00 时启动定时器。C0 为 15 min 的计数器，按下 X000 后，C0 的当前值每过 1 s 加 1，当 C0 的当前值等于设定值 K900 时，即为 15 min。C1 为 96 格计数器，它的当前值每过

学习笔记

15 min 加 1，当 C1 的当前值等于设定值 K96 时，即为 24 h。另外，十进制常数 K26、K36、K68、K72、K88 分别为 6:30、9:00、17:00、18:00 以及 22:00 的时间点。梯形图中的 X001 为 15 min 快速调整与试验开关，它每过 10 ms 加 1（采用 M8011）；X2 为格数设定的快速调整与试验开关，它每过 100 ms 加 1（采用 M8012）。

活动 1：输入与输出点分配

I/O 点分配见表 6-2-5。

表 6-2-5　I/O 点分配表

输　入			输　出		
元件代号	功能	输入点	元件代号	功能	输出点
SB1	启停开关	X000	KM1	闹钟	Y000
SB2	15 min 试验	X001	KM2	住宅报警监控	Y001
SB3	格数试验	X002	KM3	住宅照明	Y002

活动 2：编写 PLC 程序

PLC 系统梯形图如图 6-2-13 所示。

```
 0  X000  M8013                          K900
    ─┤├────┤├──┬─────────────────────(C0   )
    X001  M8011│
    ─┤├────┤├──┘
 8  X002  M8012                          K96
    ─┤├────┤├──┬─────────────────────(C1   )
    C0         │
    ─┤├────────┘
14  C0
    ─┤├──────────────────────────[RST  C0 ]
17  C1
    ─┤├──────────────────────────[RST  C1 ]
20  M8000
    ─┤├──┬──────────────[CMP  C1  K26  M1 ]
         ├──────────────[CMP  C1  K72  M4 ]
         ├──────────────[CMP  C1  K88  M7 ]
         └──────────[ZCP  K36  K68  C1  M10 ]
51  M2                                   K100
    ─┤├──┬───────────────────────────(T0   )
         │  T0    M8013
         └──┤/├────┤├────────────────(Y000 )
58  M5
    ─┤├──────────────────────────[SET  Y002 ]
60  M8
    ─┤├──────────────────────────[RST  Y002 ]
62  M11
    ─┤├──────────────────────────────(Y001 )
64
    ─────────────────────────────────[END ]
```

图 6-2-13　系统梯形图

请回答：

① M8011、M8012、M8013 三个特殊辅助继电器的功能：

② 试分析 M8000 ─┤├─[ZCP K36 K68 C1 M10] 程序段的功能：

学习笔记

请记录：简易定时与报时器程序调试过程中遇到的问题及解决方法：

活动 3：用 GX Works2 编程软件编写、下载、调试程序

1. 程序输入

打开 GX Works2 编程软件，新建“简易定时、报时器”文件，输入 PLC 程序。

2. 程序下载

单击“在线”图标，再选择“PLC 写入”选项，将 PLC 程序下载至 PLC。注意：此时可让三菱 FX3U PLC 的运行按钮切换至“STOP”上。

3. 系统调试

（1）在教师现场监护下进行通电调试，验证系统控制功能是否符合要求。

（2）如果出现故障，学生应独立检修，根据出现的故障现象检修相关线路或修改梯形图。

（3）系统检修完毕后应重新通电调试，直至系统正常工作。

项目评价

项目评价表见表 6-2-6。

表 6-2-6　项目评价表

考核项目	专业能力 60%	考核内容		项目分值	自我评价	小组评价	教师评价
		1. 工作准备的质量评估	（1）常用电工工具、三菱 FX3U PLC、计算机、GX 软件、万用表、数据线能正常使用	5			
			（2）工作台环境布置合理，符合安全操作规范	5			
		2. 工作过程各个环节的质量评估	（1）能根据运料小车多工位运行系统的控制要求，合理分配输入与输出点	2			
			（2）画出由三菱 FX3U 系列 PLC 控制运料小车多工位运行的电路原理图	4			
			（3）会利用 CMP 比较指令、ZCP 区间比较指令以及触点型比较指令编写简单的程序	2			
			（4）能用基本逻辑指令实现对运料小车多工位运行系统的正确控制	4			
			（5）能用 CMP 指令实现对运料小车多工位运行系统的正确控制	4			
			（6）能用 ZCP 指令实现对运料小车多工位控制系统的正确运行	4			
		3. 工作成果的质量评估	（1）三菱 PLC 接线板搭建美观、合理、规范	5			
			（2）会用万用表检测并排除 PLC 系统中电源部分、输入回路以及输出回路部分的故障	5			
			（3）能熟练使用 GX Works2 编程软件实现 PLC 程序的编写、调试、监控	10			
			（4）项目实验报告过程清晰、内容翔实、体验深刻	10			

学习笔记

续表

考核项目			考核内容	项目分值	自我评价	小组评价	教师评价
考核项目	综合能力 40%	信息收集能力	运料小车多工位运行系统实施过程中程序设计以及元器件选择的相关信息的收集	10			
		交流沟通能力	会通过组内交流、小组沟通、师生对话解决软件、硬件设计过程中的困难，及时总结	10			
		分析问题能力	了解 PLC 电路原理图的分析过程、正确的接线方式，采用联机调试基本思路与基本方法顺利完成本项目的软、硬件设计	10			
		团结协作能力	项目实施过程中，团队能分工协作、共同讨论，及时解决项目实施中的问题	10			

项目总结

本项目通过运料小车多工位运行系统的 PLC 控制以及密码锁控制和简易定时、报时器这两个拓展实例，向读者介绍了 CMP 比较功能指令、ZCP 区间比较指令以及触点型比较指令的基本使用方法和编程的技巧。学生在完成 PLC 控制系统的过程中，综合应用了数据寄存器、位元件，以及定时器 T、计数器 C，提高了编程的经验。

练习与操作

1. 系统 X000 为脉冲输入端，当输入脉冲数大于 5 时，Y000＝ON，其余情况 Y000 均为 OFF。请用 CMP 比较指令设计其控制程序。

2. 密码锁设计。密码锁有 8 个输入按钮 SB0～SB7，分别接输入点 X000～X007。设计要求每次同时按 4 个按钮，共按 3 次，如都与设定值相同，则 3 s 后开锁，10 s 后重新关锁。

选 择 题

1. 某程序段

```
    X000
0 ──┤├──┬──[CMP    K20    C0    M10]──
        │  M10
        ├──┤├──────────────(Y000)──
        │  M11
        ├──┤├──────────────(Y001)──
        │  M12
        └──┤├──────────────(Y001)──
```

中，当 K20<C0 的当前值时，（　　）为 ON。

A. M10　　　　B. M11　　　　C. M12

学习笔记

2. CMP 指令的源数据均按（　　）处理。

A. 二进制　　B. 十进制　　C. 十六边制

3. 某程序段

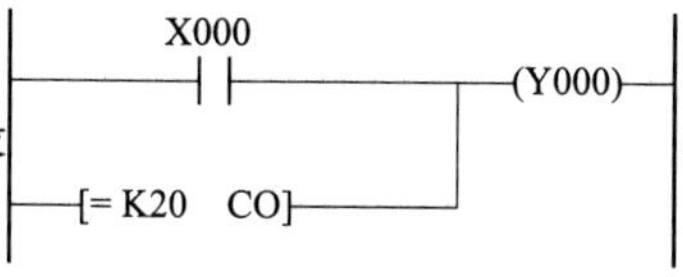

X000

(Y000)

[= K20　C0]

中，使用的是（　　）类触点型比较指令。

A. LD　　B. OR　　C. AND

4. 使用触点型比较指令，比较时若有 32 位计数器，则必须使用（　　）位指令。

A. 8　　B. 16　　C. 32

5. 当需要将比较结果清零复位时，可采用区间复位指令（　　）复位。

A. RST　　B. ZRST　　C. SRET

项目七
城市霓虹灯系统的控制

在现代都市中，形形色色的城市霓虹灯处处可见。它以斑斓夺目的色彩、生动逼真的形态以及耀眼靓丽的照明效果体现了夜间城市的绚丽多彩和繁华，已成为现代城市商业繁荣的标志之一，形成了一道亮丽的风景线，如图 7-0-1 所示。

图 7-0-1　城市霓虹灯示意图

霓虹灯的控制方式是多种多样的，用可编程控制器 PLC 不仅能方便地实现对单个霓虹灯光效果的控制，而且还能非常简单地让多个霓虹灯（如广告牌饰灯、铁塔之光等）按照一定的规律亮灭，使光效果的变化更为丰富多彩，达到吸引人们注意的目的。本项目从 PLC 接线板的制作入手，结合功能指令的编程来模拟实现城市中各类霓虹灯的控制方法。通过本项目的学习和实践，应努力达到如下目标：

知识目标：

（1）知道 SFTL 位左移指令、SFTR 位右移指令、ROR 循环右移指令、ROL 循环左移指令以及 CALL/SRET 子程序调用及返回指令的指令功能；

（2）熟悉变址寄存器 V、Z，INC 加 1 指令及 DEC 减 1 指令的使用方法；

（3）理解位左移/右移指令、循环右移/左移指令、加 1/减 1 指令的使用特点及编程技巧。

学习笔记

技能目标：

（1）会绘制城市霓虹灯系统的 PLC 电路原理图；

（2）能利用 SFFL 位左移指令、SFTR 位右移指令完成铁塔之光控制系统的安装和调试；

（3）会使用 ROR 循环右移指令、ROL 循环左移指令、程序调用及返回指令实现广告牌饰灯控制系统的安装、调试。

（4）能使用 INC 加 1 指令、DEC 减 1 指令实现彩灯控制系统的安装、调试。

素养目标：

（1）养成良好的安全规范操作的职业习惯；

（2）具备对工作认真负责、精益求精的责任意识；

（3）形成团结互助、勇于创新的工匠精神。

任务一　位左移/右移指令（SFTL/SFTR）实现铁塔之光的控制

任务引入

铁塔之光控制系统的示意图如图 7-1-1 所示。

该控制装置从圆心至外围共有 9 盏灯，圆心由 HL1 指示灯组成，中间层由 HL2、HL3、HL4、HL5 这 4 盏灯组成，最外层由 HL6、HL7、HL8、HL9 这 4 盏灯组成。通过内、中、外三层指示灯的组合，初步形成了简单的铁塔之光的灯光效果。具体的控制要求如下：

① 启停控制：当按下启动按钮 SB1 时，系统启动；按下停止按钮 SB2 时，系统停止工作。

② 铁塔灯光效果控制：系统启动后，9 盏灯按以下规律依次点亮：HL1、HL2、HL9→HL1、HL5、HL8→HL1、HL4、HL7→HL1、HL3、HL6→HL1→HL2、HL3、HL4、HL5→HL6、HL7、HL8、HL9→HL1、HL2、HL6→HL1、HL3、HL7→HL1、HL4、HL8→HL1、HL5、HL9→HL1→HL2、LH3、HL4、HL5→HL6、HL7、HL8、HL9→HL1、HL2、HL9（回到初始状态）…… 如此不断循环。各状态自动变换时间暂设为 1 s。

请分析：此控制要求，若用 SFC 图编写程序，有哪些优缺点：

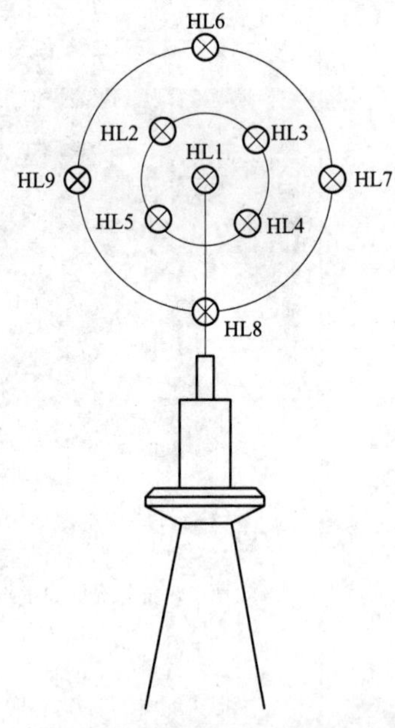

图 7-1-1　铁塔之光控制系统示意图

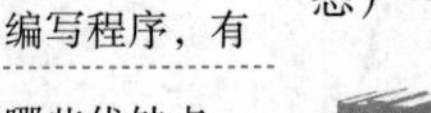

任务分析

通过以上的任务分析可知，铁塔之光是由 9 盏指示灯按照一定的规律点亮或熄灭，并不断闪烁发光而最终形成了所需的效果。这 9 盏指示灯在每一次大循环中的发光状态共有 14 个，每个状态的持续时间为 1 s。根据前面所学的状态编程的思想，完全可以用步进指令来实现上述功能，即用定时 1 s 作为各个状态的转换条件，然后依次激活各个工作状态，在激活的状态下分别驱动相应的指示灯即可。

很明显，这种编程方式虽思路简单，便于理解，但在 PLC 程序编写的过程中，尤其是在状态编程中可能出现重复驱动指示灯的情况，这会使程序步数增加，导致程序不精简。如何对程序进行进一步优化呢？除了使用状态 S 设计 PLC 程序外，是否还可以使用功能指令来实现呢？（提示：MOV 功能指令是否可以实现?）

学习笔记

通过本任务的学习，应解决下面几个问题：

① 会自定 I/O 分配表，画出三菱 PLC 控制铁塔之光系统的电路原理图。

② 能根据 PLC 电路原理图，独立完成 PLC 接线板的安装与检测。

③ 学习 SFTL 位左移以及 SFTR 位右移功能指令的指令格式、操作元件及使用方法。

④ 通过 GX Works2 编程软件，编写、调试并监控程序，达到本任务的控制要求。

活动 1：输入与输出的分配

铁塔之光控制系统的输入/输出分配表见表 7-1-1，其中 X000、X001 分别为系统的启动和停止按钮；HL1～HL9 指示灯分别用 Y001～Y011 来控制。

表 7-1-1　塔之光控制系统输入/输出分配表

输入			输出		
元件	作用	输入点	输出点	元件	作用
SB1	系统启动	X000	Y001	HL1	铁塔之光指示灯
SB2	系统停止	X001	Y002	HL2	铁塔之光指示灯
			Y003	HL3	铁塔之光指示灯
			Y004	HL4	铁塔之光指示灯
			Y005	HL5	铁塔之光指示灯
			Y006	HL6	铁塔之光指示灯
			Y007	HL7	铁塔之光指示灯
			Y010	HL8	铁塔之光指示灯
			Y011	HL9	铁塔之光指示灯

请分析：基于 PLC 控制的铁塔之光系统中有 ____ 个 PLC 输入信号，____ 个 PLC 输出信号。

活动 2：画 PLC 系统电路原理图

根据 I/O 分配表，画出用三菱 FX3U-48M/ES 型可编程序控制器实现铁光之光控制系统的电路原理图，如图 7-1-2 所示。

请简述：铁塔之光 PLC 控制系统电路原理图绘制的注意事项：

①

②

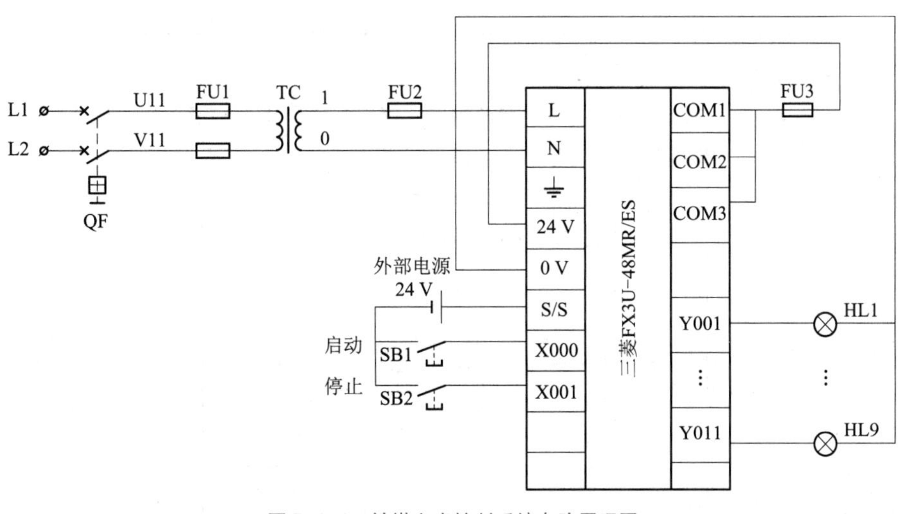

图 7-1-2　铁塔之光控制系统电路原理图

活动 3：PLC 接线板的安装

1. 元器件的准备

完成本活动需要的元件器材见表 7-1-2。

学习笔记

提醒：请结合电路原理图的分析，填写本活动需要元件器材的名称、型号规格、数量、单位。

请回答：在选择空气断路器及熔断器时的依据是：

表 7-1-2　元件器材表

序号	名　称	型号规格	数量	单位	备注
1					
2					
3					
4					
5					
6					
7					
8					
9					
10					
11					
12					
13					
14					
15					
16					
17					
18					
19					
20					

2. 元器件的布置

根据表 7-1-2 检测元器件的好坏，将符合要求的元器件按图 7-1-3 安装在网孔板上并固定。

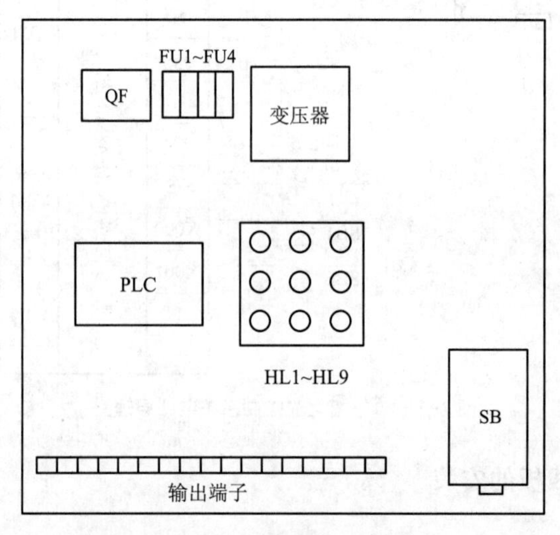

图 7-1-3　PLC 接线板示意图

3. PLC 系统的连线与自检

根据图 7-1-2 以及图 7-1-3，按配线原则与工艺要求进行 PLC 控制系统的安装接线。特别注意布线需紧贴线槽，保持整齐与美观。具体操作方式可按如下步骤：

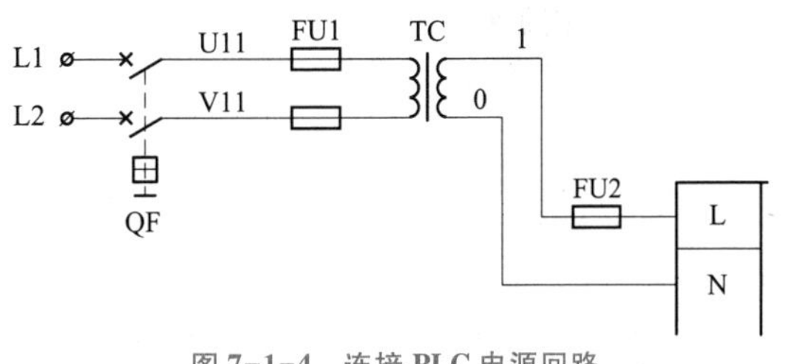

图 7-1-4　连接 PLC 电源回路

（1）连接 PLC 电源部分。如图 7-1-4 示，L1、L2 两根相线→进端子排→从端子排出→连接空气开关 QF→U11、V11 分别通过熔断器 FU1→连接变压器TC→1 号线通过 FU2 连接 PLC 的“L”端子，而 0 号线直接连接 PLC 的“N”端子。这样 PLC 电源部分的接线完成。

（2）PLC 电源部分自检。

① 检查布线。对照图 7-1-4 检查是否掉线、错线，是否漏编、错编，接线是否牢固等。

② 用万用表检测。用万用表检测过程见表 7-1-3，如测量阻值与正确阻值不符，则应重新检查布线。

表 7-1-3　万用表的检测过程

序号	检测内容	操作情况	正确阻值	测量阻值
1	检测判别 FU 的好坏	两表棒分别搭接在 FU1、FU2 的上下接线端子上	均为 0 Ω	
2	测量 L1、L2 之间的绝缘电阻	合上断路器，两表棒分别搭接在接线端子排 XT 的 L1 和 L2 上	TC 初级绕组的阻值	
3	测量 PLC 上 L、N 之间的电阻	两表棒分别搭接在 PLC 的接线端子 L 和 N 上	TC 次级绕组的阻值	

③ 通电观察 PLC 的指示灯。经过自检，确认正确和无安全隐患后，通电观察 PLC 的 LED 指示并做好记录，见表 7-1-4。

表 7-1-4　LED 工作情况记载表

步骤	操作内容	LED	正确结果	观察结果
1	先插上电源插头，再合上断路器	POWER	点亮	
2	拨动 RUN/STOP 开关，拨至“RUN”位置	RUN	点亮	
3	拨动 RUN/STOP 开关，拨至“STOP”位置	RUN	熄灭	
4	⚠ 拉下断路器后，拔下电源插头	断路器 电源插头	已分断	

（3）连接 PLC 输入回路部分。

如图 7-1-5 所示。

① 导线从 X000 端子→入端子排→从端子排出→连接 SB1 常开按钮的一端。

② 导线从 X001 端子→入端子排→从端子排出→连接 SB2 常开按钮的一端。

③ 将 SB1、SB2 两常开按钮的另一端互联→入端子排→从端子排出→连接 PLC 的 COM 端口。

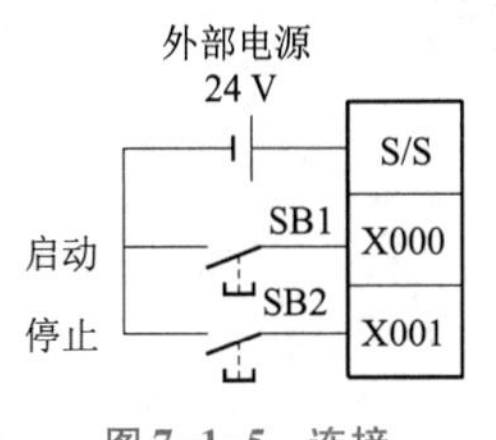

图 7-1-5　连接 PLC 输入回路

（4）PLC 输入回路部分的自检。

① 检查布线。对照图 7-1-5 检查是否掉线、错线，是否漏编、

请记录：PLC 电源部分连接过程中的注意事项：

①

②

PLC 电源部分检测所存在的问题及解决方法：

通电测试过程中的安全注意事项：

①

②

请记录：PLC 输入回路部分连接的注意事项：

学习笔记

PLC 输入回路部分检测过程中存在的问题及解决方法：

①

②

错编，接线是否牢固等。

② 用万用表检测。用万用表检测过程见表 7-1-5，如测量阻值与正确阻值不符，则应重新检查布线。

表 7-1-5　万用表的检测过程

序号	检测内容	操作情况	正确阻值	测量阻值
1	测量 PLC 各输入端子与“COM”之间的阻值	分别动作输入设备，两表棒搭接在 PLC 各输入接线端子与“COM”上	均为 0 Ω	
2	测量 PLC 各输入端子与电源输入端子“L”之间的阻值	两表棒分别搭接在 PLC 各输入接线端子与电源输入端子“L”上	均为∞	

③ 通电观察 PLC 的指示灯。经过自检，确认正确和无安全隐患后，通电观察 PLC 的 LED 指示并做好记录，见表 7-1-6。

表 7-1-6　LED 工作情况记载表

步骤	操作内容	LED	正确结果	观察结果
1	先插上电源插头，再合上断路器	POWER	点亮	
2	按下 SB1	X000	点亮	
3	按下 SB2	X001	点亮	
4	⚠ 拉下断路器后，拔下电源插头	断路器 电源插头	已分断	

PLC 输出回路连接及检测过程中遇到的问题及解决方法：

（5）连接 PLC 输出回路部分。如图 7-1-6 所示，由于在三菱 FX3U-48MR/ES PLC 中，Y000~Y003 共用 COM1，Y004~Y007 共用 COM2，Y010~Y013 共用 COM3，所以必须先将 COM1、COM2、COM3 这三个输出公共端互连并通过 FU3 熔断器接入 PLC“24+”端子，输出端子 Y001~Y011 分别连接相应的指示灯，最后一起接入“PE”端子，形成输出回路。

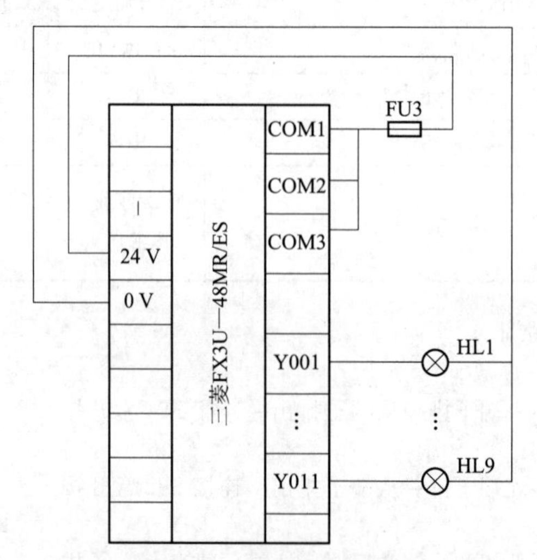

图 7-1-6　连接 PLC 输出回路

（6）PLC 输出回路部分的检测。

① 检查布线。对照图 7-1-6 检查是否掉线、错线，是否漏编、错编，接线是否牢固等。

② 用万用表检测。用万用表检测的过程见表 7-1-7，如测量阻值与正确阻值不符，则应重新检查布线。

表 7-1-7　万用表的检测过程

序号	检测内容	操作情况	正确阻值	测量阻值
1	测量 PLC 直流电源输出端子“24+”与“PE”端子之间的阻值	两表笔分别搭接在“24+”与“PE”端子上	∞	
2	测量 PLC 输出公共端与“24+”之间的阻值	两表笔分别搭接 COM1 与“24+”、COM2 与“24+”、COM3 与“24+”上	均为 0	
1	测量 PLC 各输出端子与“PE”之间的阻值	两表棒分别搭接在 PLC 各输出接线端子与“PE”上	均为指示灯的阻值	

活动 4：学习位右移/左移指令的使用方法

一、位右移指令 SFTR 的使用方法

（1）功能号：FNC 34。

（2）助记符：SFTR（连续执行型）、SFTRP（脉冲执行方式）。

（3）位数 n1：指定目的操作元件的位数。

（4）位数 n2：指定源操作元件的位数和目的操作元件的移位位数。

（5）指令功能：将 n1 位目的操作元件中的数据右移 n2 位，其低 n2 位溢出，高 n2 位由源操作数补入。

应用举例：

举例 1：如图 7-1-7 所示。

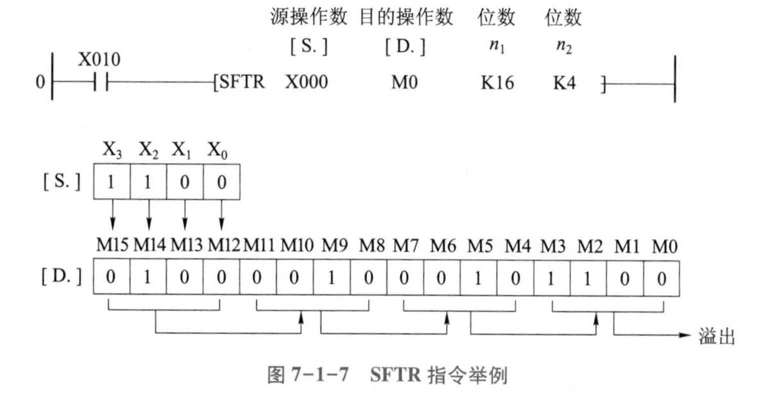

图 7-1-7　SFTR 指令举例

在图 7-1-7 中，n_1=K16 决定了其目的操作元件是从 M0 开始的 16 位软元件 M0～M15；n_2=K4，表示源操作元件为 X0～X3，共 4 位，目的操作元件的移位位数也为 4 位。当触发信号 X010 接通时，M0～M15 中的数据右移 4 位，此时 M0～M3 中的数据溢出，X0～X3 中的数据移入 M12～M15。

该指令（SFTR）采用了连续执行方式，即表示当触发信号 X010 接通时，每一个扫描周期执行一次移位操作。

举例 2：如图 7-1-8 所示。

在图 7-1-8 中，n_1 = K8 决定了其目的操作元件是从________开始的________位软元件________～________；n_2=K4，表示源操作元件由位元件________～________组成，目的操作元件的移位位数也为________位。当触发信号 X011 接通时，________～________中的 8 位数据右移________位，低 4 位 Y0～Y3 ________，________～________中的数据移入________ 4 位 Y4～Y7。

学习笔记

请回答：用万用表电阻档检测电路时的注意点：

SFTR 指令

请填写：

① 图 7-1-7 中，n_1 = ，表示目的操作元件是从 开始的 。

② n_2 = ，表示源操作元件为 ，共 位。

请分析：图 7-1-8 程序，并完成填空。

学习笔记

源操作数 目的操作数 位数 位数
[S.] [D.] n_1 n_2
0 X011 [SFTRP M0 Y000 K8 K4]

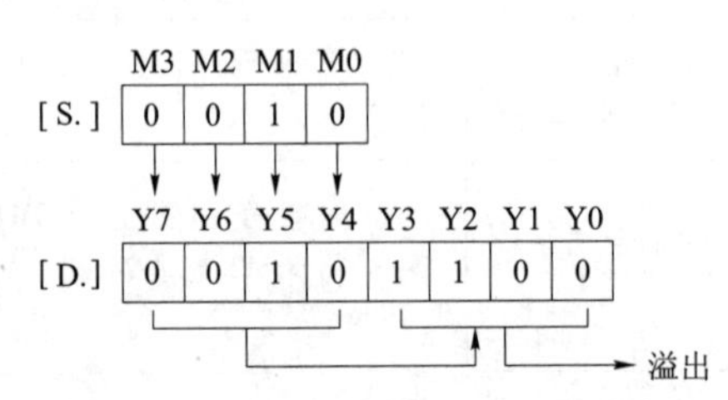

图 7-1-8 SFTRP 指令举例

该指令（SFTRP）采用脉冲执行方式，仅在触发信号 X011 的上升沿到来时执行。

指令说明：

(1) 位右移指令的操作元件为：源操作数［S.］：X、Y、M、S；目的操作数［D.］：Y、M、S。

(2) 位数 n_1、n_2：K（十进制）、H（十六进制），且 $n_2 \leqslant n_1 \leqslant 1\,024$。

SFTL 指令

二、位左移指令 SFTL 的作用方法

(1) 功能号：FNC 35。

(2) 助记符：SFTL（连续执行型）、SFTLP（脉冲执行型）。

(3) 位数 n_1：指定目的操作元件的位数。

(4) 位数 n_2：指定源操作元件的位数和目的操作元件的移位位数。

(5) 指令功能：将 n_1 位目的操作元件中的数据左移 n_2 位，其高 n_2 位溢出，低 n_2 位由源操作数补。

请回答：图 7-1-9 的程序中，当 X10 接通时，M0 ~ M15 中的数据____移____位，M12 ~ M15 中的数据____，X0 ~ X3 中的数据移入____。

应用举例：

举例 3：如图 7-1-9 所示。

在图 7-1-9 中，n_1=K16 决定了其目的操作元件是从 M0 开始的 16 位软元件 M0~M15；n_2=K4，表示源操作元件为 X0~X3，共 4 位，目的操作元件的移位位数也为 4 位。当触发信号 X010 接通时，M0~M15 中的数据左移 4 位，此时 M12~M15 中的数据溢出，X0~X3 中的数据移入 M0~M3。

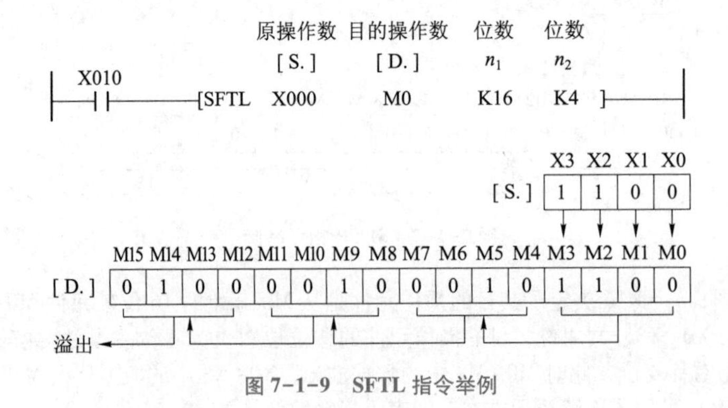

图 7-1-9 SFTL 指令举例

请分析：图 7-1-10 程序，并完成填空。

该指令（SFTL）采用了连续执行方式，即当触发信号 X010 接通时每一个扫描周期执行一次移位操作。

举例 4：如图 7-1-10 所示。

在图 7-1-10 中，n_1 = K8 决定了其目的操作元件是从________开始的________位软元件________~________；n_2=K4，表示源操作元件由位元件________~________组成，目的操作元件的移位位数也为________位。当触发信号 X011 接通时，Y0~Y7 中的 8 位数据________移________位，

学习笔记

请回答：

图 7－1－10 中，SFTLP 指令采用______执行方式，仅在触发信号 X011 的______到来时执行。

高 4 位 Y4~Y7 ________，________~________中的数据移入________ 4 位 Y0~Y3。

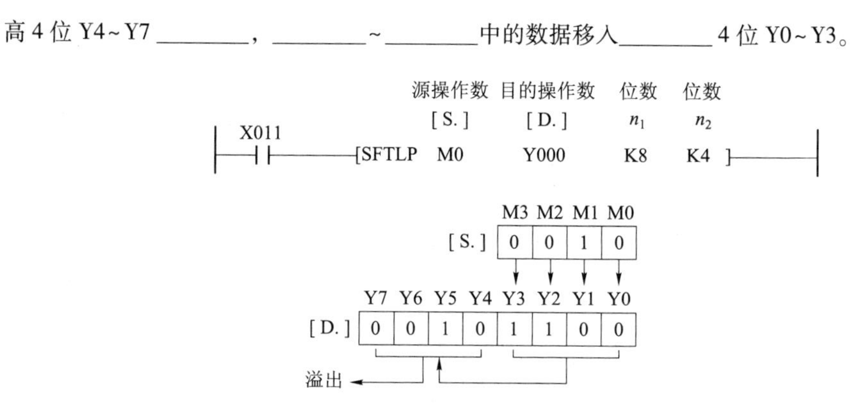

图 7-1-10　SFTLP 指令举例

该指令（SFTLP）采用脉冲执行方式，仅在触发信号 X011 的上升沿到来时执行。

指令说明：

① 位左移指令的操作元件为：源操作数［S.］：X、Y、M、S；目的操作数［D.］：Y、M、S。

② 位数 n_1、n_2：K（十进制）、H（十六进制），且 $n_2 \leqslant n_1 \leqslant 1\,024$。

活动 5：用功能指令编写 PLC 控制程序

1. 状态分析

铁塔之光的 14 种工作状态可分别用辅助继电器 M1~M14 来表示，见表 7-1-8。

请回答：

按照表 7-1-8 的分析，采用功能指令编写程序时，要注意哪些问题：

表 7-1-8　铁塔之光状态分析表

灯＼状态	M1	M2	M3	M4	M5	M6	M7	M8	M9	M10	M11	M12	M13	M14
HL1（Y1）	亮	亮	亮	亮	亮			亮	亮	亮	亮	亮		
HL2（Y2）	亮					亮		亮					亮	
HL3（Y3）				亮		亮			亮				亮	
HL4（Y4）			亮			亮				亮			亮	
HL5（Y5）		亮				亮					亮		亮	
HL6（Y6）				亮			亮	亮						亮
HL7（Y7）			亮				亮		亮					亮
HL8（Y10）		亮					亮			亮				亮
HL9（Y11）	亮						亮				亮			亮

2. 编制程序

用功能指令编写该程序，如图 7-1-11 所示。

3. 程序分析

（1）启动停止控制：按下按钮 SB1，X000＝ON，M100＝ON 且保持；按下停止按钮 SB2，X001＝ON，M100 和 M1~M14 复位，振荡器 T1 停止，系统停止工作。

（2）移位数据的处理：在按下启动按钮的第一个扫描周期内，利用 PLS 指令对 M0 置 1，数据左移 1 位后，M0 清零。一个循环结束时，M14＝ON，再对 M0 置 1。

（3）状态数据左移：利用 T1 构成 1 s 的振荡器，使用位左移指令激活、切换工作状态 M。

（4）驱动输出：根据表 7-1-8，用中间辅助继电器驱动输出继电器。

学习笔记

请回答：

① 第4行程序 X0 [PLS M110] 的功能：

② 第 17 行程序段中功能指令 ZRST 的作用是：

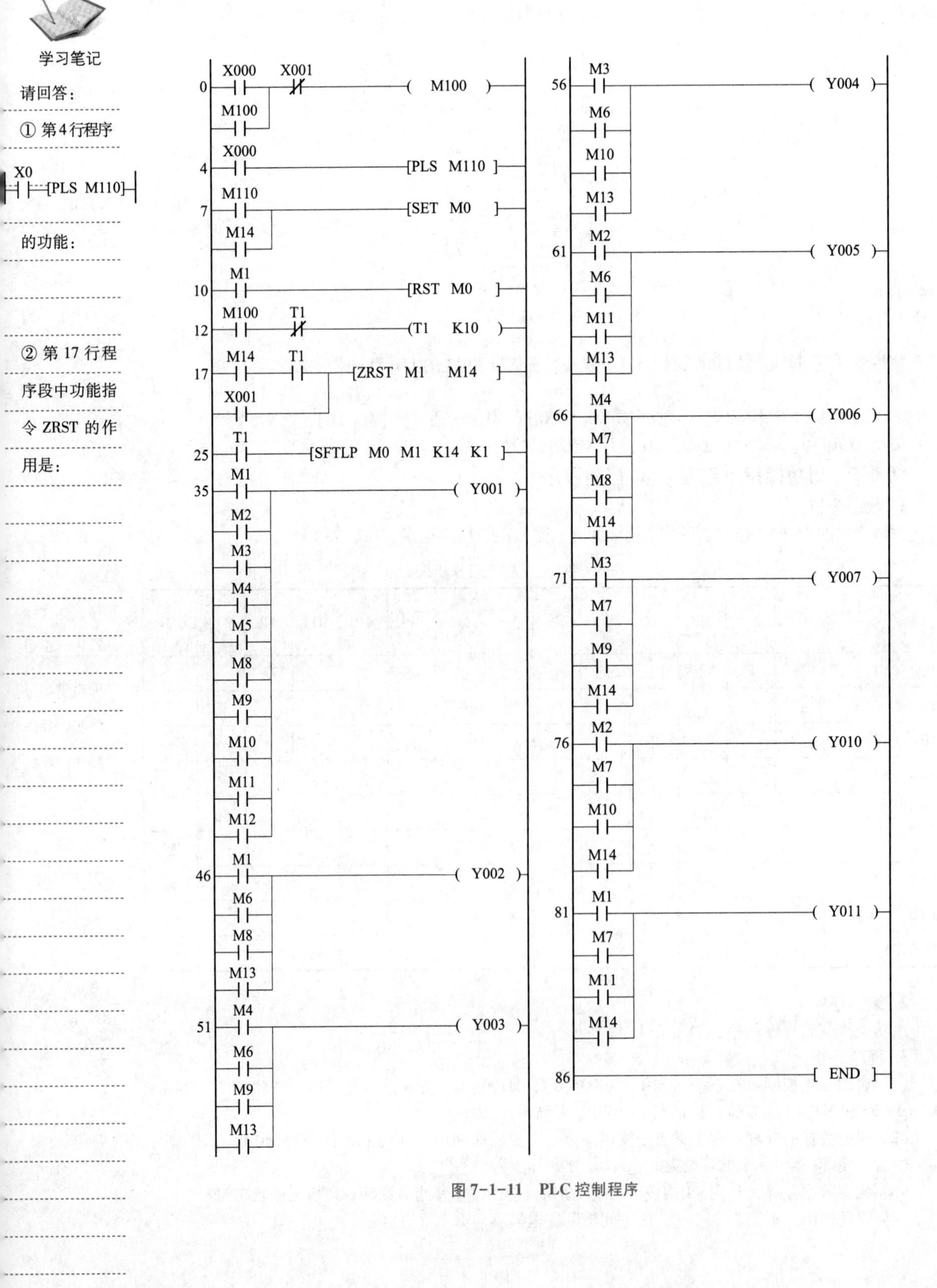

图 7-1-11　PLC 控制程序

活动6：用GX Works2编程软件编写、下载、调试程序

1. 程序输入

打开GX Works2编程软件，新建“铁塔之光控制系统”文件，输入PLC程序，如图7-1-12所示。

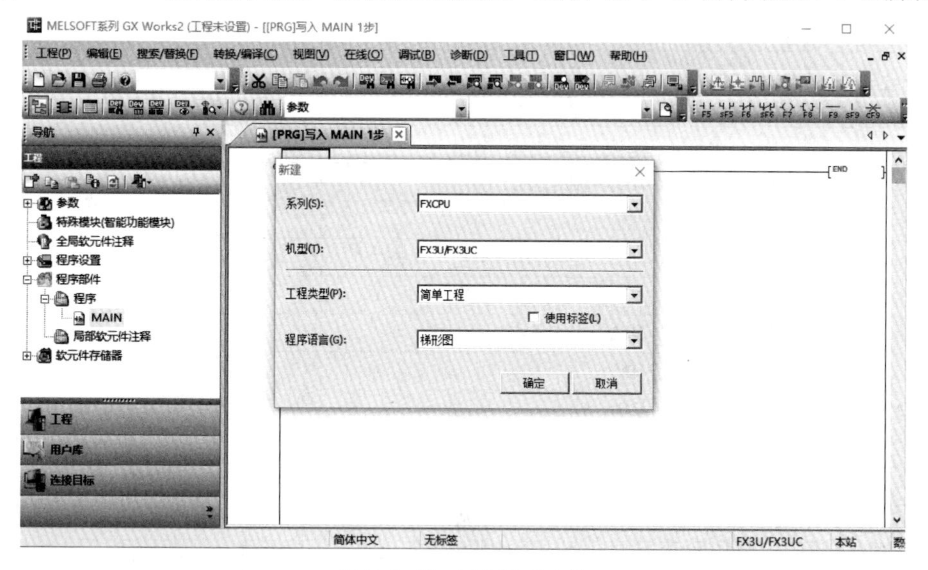

图7-1-12　新建PLC文件

2. 程序下载

单击“在线”图标，再选择“写入”选项，将PLC程序下载至PLC，如图7-1-13所示。注意：此时可让三菱FX3U PLC的运行按钮切换至“STOP”上。

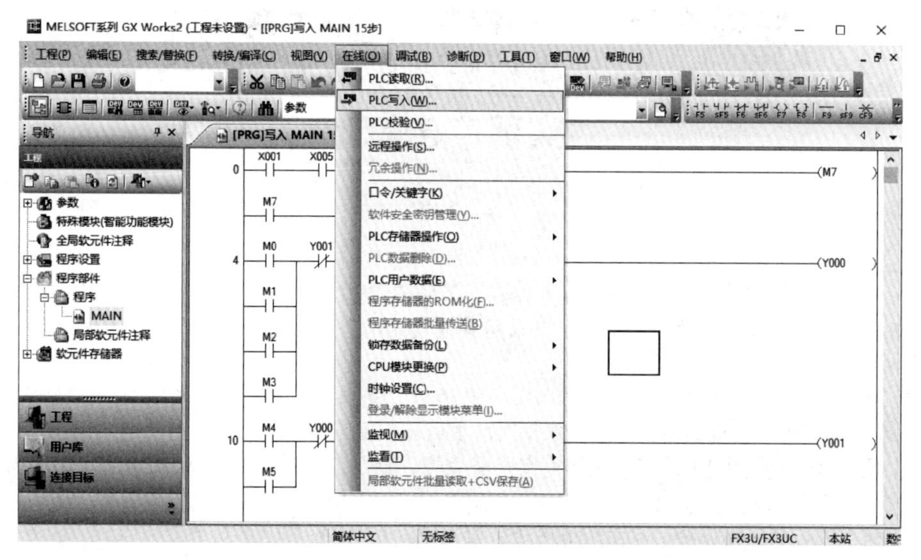

图7-1-13　下载程序至PLC

3. 系统调试

（1）在教师现场监护下进行通电调试，验证系统控制功能是否符合要求。

（2）如果出现故障，学生应独立检修，根据出现的故障现象检修相关线路或修改梯形图。

（3）系统检修完毕后应重新通电调试，直至系统正常工作为止。

（4）完成系统运行情况表7-1-9。

学习笔记

请记录：铁塔之光控制系统程序调试步骤：

①

②

③

请记录：程序调试中遇到的问题及解决方法：

学习笔记

请记录：系统调试过程中的观察值。

表 7-1-9　系统运行情况记录

操作步骤	操作内容	观察铁塔之光的变化情形		备注
		结论值	观察值	
1	SB1 动作	无灯亮		
2	1 s	HL1、HL2、HL9 点亮		
3	2 s	HL1、HL5、HL8 点亮		
4	3 s	HL1、HL4、HL7 点亮		
5	4 s	HL1、HL3、HL6 点亮		
6	5 s	HL1 点亮		
7	6 s	HL2、HL3、HL4、HL5 点亮		
8	7 s	HL6、HL7、HL8、HL9 点亮		
9	8 s	HL1、HL2、HL6 点亮		
10	9 s	HL1、HL3、HL7 点亮		
11	10 s	HL1、HL4、HL8 点亮		
12	11 s	HL1、HL5、HL9 点亮		
13	12 s	HL1 点亮		
14	13 s	HL2、HL3、HL4、HL5 点亮		
15	14 s	HL6、HL7、HL8、HL9 点亮		
16	1 s 后	进入新的循环		
17	按下 SB2	系统停止工作		

使用循环右移/左移指令、子程序调用及返回指令实现广告牌饰灯的控制

任务引入

除铁塔之光系统以外，现代都市中还存在着许多形形色色的广告牌。广告牌饰头数量多，且灯光效果的变化较铁塔之光系统更为丰富，可以采用其他功能指令来满足本任务的控制要求。广告牌四周边框有十六盏饰灯，其控制要求如下：

（1）当按下启动按钮 SB1 时，16 盏饰灯 HL1~HL16 以 1 s 的时间间隔正序依次流水点亮，循环两次。

（2）HL1~HL16 以 1 s 的时间间隔反序依次流水点亮，循环两次。

（3）HL1~HL16 以 0.5 s 的时间间隔依次正序点亮，直至全亮后再以 0.5 s 的时间间隔反序依次熄灭，完成一次大循环。

（4）按上述过程不断循环，直至按下停止按钮 SB2，十六盏饰灯全部熄灭。

任务分析

由控制任务要求可以看出，十六盏饰灯共有三种点亮的方式，可以编写三个相应的子程序来分别控制，然后在主程序中通过子程序调用来满足控制要求，从而实现程序的模块化设计。

三种控制方式都可以用移位指令来编制子程序，前两种方式可采用循环移位指令，开始时移入数据为________，然后移入数据一直保持为________，直至循环结束；而第三种控制方式在用移位指令编程时，应注意点亮时移入数据保持为________，熄灭时移入数据保持为________。

通过本项目的学习和实践，应努力达到如下目标：

（1）学习三菱 FX3U 系列 PLC 提供的循环右移/左移指令的使用方法。

（2）会利用程序调用以及程序返回指令编写 PLC 子程序，实现程序的模块化功能。

（3）能独立完成广告牌饰头控制系统的程序编写、调试和监控。

活动 1：输入与输出的分配

广告牌饰灯控制系统的输入/输出分配表见表 7-2-1，其中 X000、X001 分别为系统的启动和停止按钮；HL1～HL16 指示灯分别使用 Y000～Y017（Y000～Y007、Y010～Y017）来控制。

表 7-2-1　广告牌饰灯控制系统输入/输出分配表

输　入			输　出		
元件	作用	输入点	输出点	元件	作用
SB1	系统启动	X000	Y000	HL1	广告牌饰灯
SB2	系统停止	X001	Y001	HL2	广告牌饰灯
			Y002	HL3	广告牌饰灯
			Y003	HL4	广告牌饰灯
			Y004	HL5	广告牌饰灯
			Y005	HL6	广告牌饰灯
			Y006	HL7	广告牌饰灯
			Y007	HL8	广告牌饰灯
			Y010	HL9	广告牌饰灯
			Y011	HL10	广告牌饰灯
			Y012	HL11	广告牌饰灯
			Y013	HL12	广告牌饰灯
			Y014	HL13	广告牌饰灯
			Y015	HL14	广告牌饰灯
			Y016	HL15	广告牌饰灯
			Y017	HL16	广告牌饰灯

活动 2：画 PLC 系统电路原理图

根据 I/O 分配表，画出用三菱 FX3U-48MR/ES 型可编程序控制器实现广告牌饰灯控制系统的电路原理图，如图 7-2-1 所示。

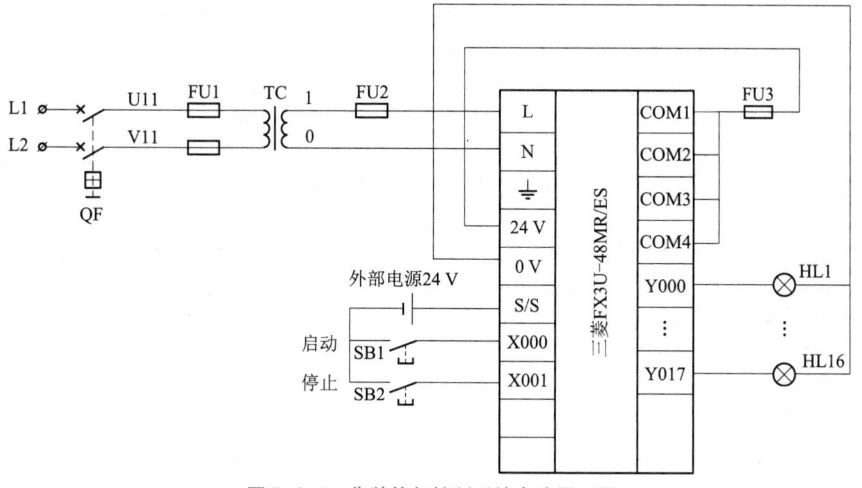

图 7-2-1　告牌饰灯控制系统电路原理图

请分析：基于 PLC 控制的广告牌饰灯系统中有＿＿个 PLC 输入信号、＿＿个 PLC 输出信号。

请简述：广告牌饰灯控制系统电路原理图绘制的注意事项：

① COM1、COM2、COM3、COM4 这四个输出公共端要＿＿，并通过＿＿接入“24+”端子。

② 输出端子 Y000 ～ Y017 分别连接相应的＿＿，指标灯的另外一端＿＿后，接入＿＿端子，形成输出回路。

学习笔记

请回答：HL1 ~ HL16 安装时的注意点：

请填空：图 7-2-3 中，K4Y000 中的原数据为____，当 X0 上升沿到来时，执行程序，数据循环右移____位，最低位“Y0”的数据“____”移入最高位“____”，同时移入进位标志____，其余位的数据顺次右移____位。

活动 3：PLC 接线板的安装与测试

在任务一中，在 PLC 接线板安装的基础上，增加指示灯等元器件，如图 7-2-2所示，其他安装与检测方法同上。

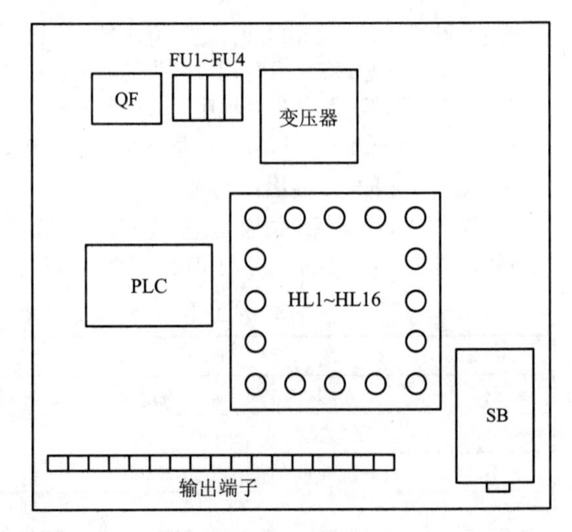

图 7-2-2 PLC 接线板

活动 4：学习功能指令的使用方法

一、循环右移指令的使用方法

（1）功能号：FNC 30。

（2）助记符：ROR（16 位连续执行型）、RORP（16 位脉冲执行型）；DROR（32 位连续执行型）、DRORP（32 位脉冲执行型）。

（3）n：移位位数。

（4）指令功能：将目的操作数的内容循环右移“n”位。

应用举例：

举例 1：如图 7-2-3 所示。

循环右移指令

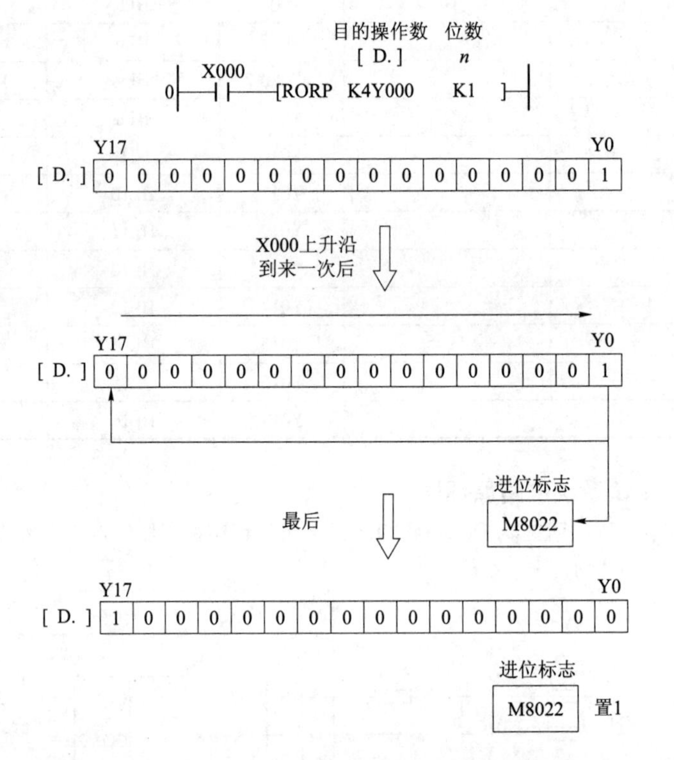

图 7-2-3 RORP 指令举例

在图 7-2-3 中，K4Y000 中的原数据为 1，当触发信号 X000 的上升沿到来时，K4Y000 中的数据循环右移 n=1 位，最低位“Y0”的数据“1”移入最高位“Y17”，同时移入进位标志 M8022，其余位的数据顺次右移一位，此后触发信号 X000 的上升沿每到来一次，K4Y000 中的数据按同样方式循环右移 n=1 位。

特别注意：

当移位位数 n 不为 1 时，最后从最低位移出的数据存入进位标志 M8022。使用连续执行指令（ROR、DROR）时，每个扫描周期执行一次循环移位操作。

举例2：如图7-2-4所示。

在图7-2-4中，当X002的状态由“OFF”向“ON”变化一次时，D1中的16位数据往右移动4位，并将最后一位从最右位移出的状态送入进位标志M8022中。若D1=1111 0000 1111 0000，则执行上述循环移位指令后，D1=0000 1111 0000 1111，且M8022=0。

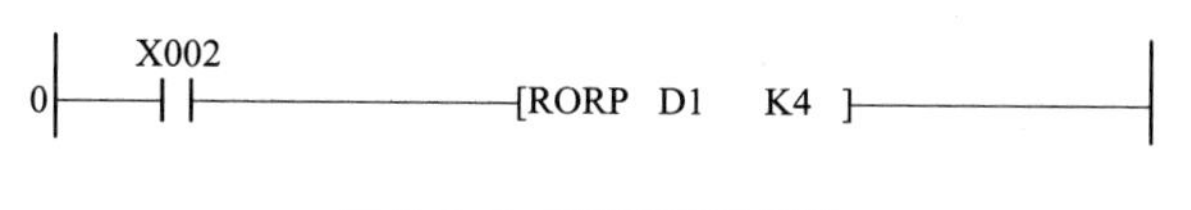

图7-2-4 RORP指令举例

指令说明：

(1) 循环右移指令的目的操作数［D.］：应为16位或32位元件，如K4Y、K8Y、K4M、K8M、K4S、K8S、T、C、D、V、Z。

(2) 位数n：对于16位指令（ROR、RORP），$1 \leq n \leq 16$；对于32位指令（DROR、DRORP），$1 \leq n \leq 32$。

二、循环左移指令的使用方法

① 功能号：FNC 31。

② 助记符：ROL（16位连续执行型）、ROLP（16位脉冲执行型）；DROL（32位连续执行型）、DROLP（32位脉冲执行型）。

③ n：移位位数。

④ 指令功能：将目的操作数的内容循环左移“n”位。

应用举例：

举例3：如图7-2-5所示。

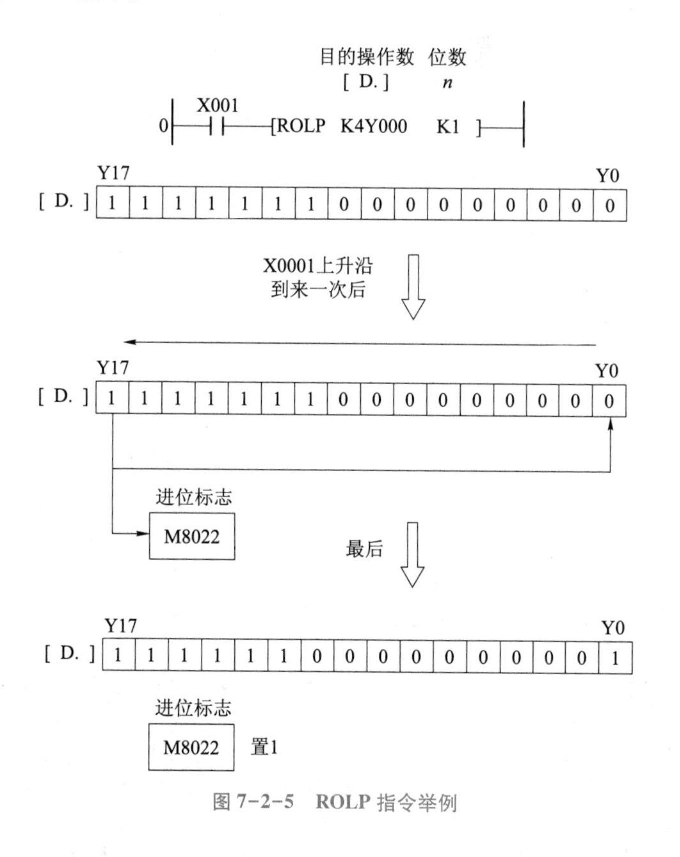

图7-2-5 ROLP指令举例

学习笔记

请回答：

图7-2-4中，若D1 = 1100 0011 1100 0011，则执行循环右移指令后，D1现在的16位数据是多少？M8022的值为多少？

循环左移指令

请分析：

图7-2-5程序，并填空。

填空：

某ROLP指令程序段如下：

X1 ─┤├─[ROLP D1 K2]

当X1的状态由“OFF”向“ON”变化一次时，D1中的16位数据往 移动 位。若D1 = 1100 0011 1100

学习笔记

0011，则执行上述循环移位指令后，D1=______，且 M8022______。

在图 7-2-5 中，当触发信号 X001 的上升沿到来时，K4Y000 中的数据循环____移 $n=1$ 位，最高位“Y________”的数据“________”移入最低位“Y ________”，同时移入进位标志________，其余位的数据顺次________移________位；触发信号 X000 的上升沿每到来一次，K4Y000 中的数据就按同样方式循环右移 $n=1$ 位。

特别注意：

当移位位数 n 不为 1 时，最后从最高位移出的数据存入进位标志 M8022。使用连续执行指令（ROL、DROL）时，每个扫描周期执行一次循环移位操作。

指令说明：

（1）循环左移指令目的操作数［D.］：应为 16 位或 32 位元件，即 K4Y、K8Y、K4M、K8M、K4S、K8S、T、C、D、V、Z。

（2）位数 n：对于 16 位指令（ROL、ROLP）$1 \leqslant n \leqslant 16$，对于 32 位指令（DROL、DROLP）$1 \leqslant n \leqslant 32$。

三、子程序调用指令的使用方法

子程序调用及返回指令

（1）功能号：FNC 01。

（2）助记符：CALL（连续执行型）、CALLP（脉冲执行型）。

（3）指令功能：调用子程序。

四、子程序返回指令的使用方法

（1）功能号：FNC 02。

（2）助记符：SRET。

（3）指令功能：返回主程序。

应用举例：

举例 4：如图 7-2-6 所示。

请回答：FEND 和 END 指令使用中有什么区别？

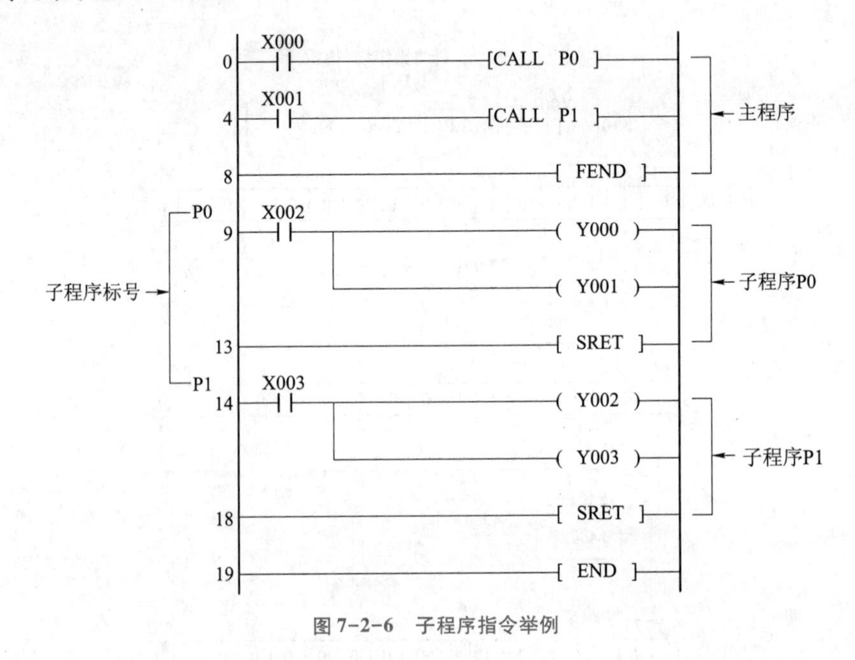

图 7-2-6　子程序指令举例

将子程序调用指令 CALL 安排在主程序段内，主程序以 FEND 指令结束，将子程序安排在主程序结束指令 FEND 之后。

若主程序带有多个子程序或子程序嵌套使用（嵌套总数不能超过 5 级），子程序应以不同的指针标号 P 依次列出。子程序指针标号的范围为 P0～P127（其中 P63 为 END 指令所用），且应出现在主程序结束指令 FEND 之后，同一指针标号的子程序只能出现一次。

如图 7-2-6 所示，在程序顺序扫描执行的过程中，若 X000 为 ON，程序跳转去执行指针标号为

P0 的子程序，此时若 X002 为 ON，则 Y000 和 Y001 接通，执行到 SRET 指令后，系统重新返回主程序继续向下执行；若 X001 为 ON，则跳转执行指针标号为________的子程序，此时若 X003 状态为 ON，________和________接通，遇________指令后返回至程序，遇 FEND 指令主程序____，然后程序又一次循环扫描。

特别注意：

本程序中的子程序调用指令采用的是连续执行（CALL）的形式，因此当触发信号保持 ON 状态不变时，程序每次执行到该指令都转去执行相应的子程序，遇 SRET 指令返回主程序原断点继续执行；而当触发信号为 OFF 时，PLC 仅扫描主程序段，不再扫描子程序段。

当子程序调用指令采用脉冲触发（CALLP）形式时，触发信号上升沿每到来一次，程序执行到该指令时转去执行一次相应的子程序，以后即使触发信号保持为 ON，程序执行到该指令处时，也不再转去执行子程序，直到触发信号的下一个上升沿到来。

指令说明：

（1）CALL 指令可多次调用同一指针编号的子程序。

（2）在子程序中，使用的定时器范围为 T192～T199（100 ms 通用定时器）和 T246～T249（1 ms 积算定时器）。

活动 5：编写广告牌饰灯控制系统的运行程序

1. 编程思路

（1）根据控制任务要求可分别编制三个相应的子程序 P0、P1 和 P2，然后调用子程序控制饰灯按要求点亮和熄灭。

（2）在子程序 P0 中，先将 K1 送入 K4Y000 实现初始化，然后用循环左移指令实现饰灯正序流水点亮，计数器控制循环次数。

（3）子程序 P1 控制饰灯反序流水点亮。先将 Y017 置 1，即将 K32768 送入 K4Y000，再用循环右移指令控制饰灯反序点亮，计数器控制循环次数。

（4）子程序 P2 用以控制饰灯正序逐个点亮，直至全亮并反序逐个熄灭。可用学过的位左/右移位指令实现，点亮时应注意移入数据要始终保持为 1，而熄灭时移入数据应始终保持为 0，用计数器计数 1 次后，系统从头开始下一次循环。

2. 编制程序

广告牌饰灯控制系统的 PLC 程序如图 7-2-7 所示。

3. 程序分析

（1）如图 7-2-7 所示，按下启动按钮后，辅助继电器 M0 接通自锁，调用子程序 P0。如子程序 P0 中，用 M8013 作为循环左移指令的触发信号，实现按 1 s 的时间间隔点亮饰灯，同时对 Y017 计数。CALL 指令采用连续执行方式，每个扫描周期都调用子程序 P0，直到 C0 计数达到两次接通，切断调用子程序 P0 的触发信号，转去执行子程序 P1，子程序 P1 除采用循环右移指令外，程序设计方法与子程序 P0 相同。

（2）在子程序 P2 中，移入数据由 M20 控制，M8012 产生 0.5 s 时间间隔的移位脉冲。开始时，M20 为 ON，移入数据为 1，K4Y000 依次点亮。当 Y017 接通时，M30 接通，切断左移触发信号和 M20，同时接通右移触发信号。由于 M20 为 OFF 状态，移入数据为 0，K4Y000 反序依次熄灭。

（3）在程序设计时，应特别注意各子程序间的顺利过渡和计数器的复位。定时器 T0、T1 即是为了保持灯在子程序过渡时动作的流畅性；子程序 P2 的设计方法、计数器 C2 计数信号的选择及各计数器的复位方法，请仔细分析。

活动 6：用 GX Works2 编程软件编写、下载、调试步进程序

1. 程序输入

打开 GX Works2 编程软件，新建“广告牌饰灯”文件，输入 PLC 程序，如图 7-1-13 所示。

2. 程序下载

单击“在线”图标，再选择“PLC 写入”选项，将 PLC 程序下载至 PLC，如图 7-1-14 所示。注意：此时可让三菱 FX3U PLC 的运行按钮切换至“STOP”上。

学习笔记

请分析图 7-2-6 程序，并完成填空。

请回答：在子程序中使用通用定时器和积算定时器的区别？

请回答：程序中如何给计数器及积算定时器进行复位？

请记录：程序调试过程中遇到的问题及解决方法：

学习笔记

请回答：

① 第九行程序段中 PLS 指令功能：

② 子程序 P0、P1 中 M8013 功能：

③ 子程序 P2 中，M8012 指令功能：

```
0    X000  X001  C0
     -| |---|/|---|/|-------------------( M0 )
     M0
     -| |
     C2
     -| |
6    C2
     -| |---------------------------[RST C0]
9    X001
     -| |---------------------------[PLS M10]
12   M0
     -| |---------------------[MOVP K0 K4Y000]
                         |----------[ZRST C0 C2]
24   M0    C0
     -| |---|/|---------------[MOVP K1 K4Y000]
                         |----------[CALL P0]
34   C0    C1
     -| |---|/|-----------[MOVP K-32768 K4Y000]
                         |----------(T0 K10)
                         |  T0
                         |-| |------[CALL P1]
48   C1    C2
     -| |---|/|---------------[MOVP K0 K4Y000]
                         |----------(T1 K10)
                         |  T1
                         |-| |------[CALL P2]
62   -----------------------------------[FEND]

P0
63   M8013  C0
     -| |---|/|----------------[ROLP K4Y000 K1]
71   Y017
     -| |---------------------------(C0 K2)
75   Y001
     -| |---------------------------[RST C2]
78   -----------------------------------[SRET]
P1
79   M8013  C1
     -| |---|/|----------------[RORP K4Y000 K1]
87   Y000
     -| |---------------------------[PLF M40]
90   M40
     -| |---------------------------(C1 K2)
94   -----------------------------------[SRET]
P2
95   M30
     -|/|---------------------------( M20 )
98   M8012  M30   C2
     -| |---|/|---|/|-------[SFTLP M20 Y000 K16 K1]
110  Y017   Y000  C2
     -| |-+--| |---|/|--------------( M30 )
     M30  |
     -| |-+
115  M30   M8012  C2
     -| |---| |---|/|-------[SFTRP M20 Y000 K16 K1]
127  Y000
     -| |---------------------------[PLF M13]
130  M13    C1
     -| |---| |---------------------(C2 K1)
135  C2
     -| |---------------------------[RST C1]
138  -----------------------------------[SRET]
139  -----------------------------------[END]
```

图 7-2-7　广告牌饰灯控制程序

3. 系统调试

（1）在教师现场监护下进行通电调试，验证系统控制功能是否符合要求。

（2）如果出现故障，学生应独立检修，根据出现的故障现象检修相关线路或修改梯形图。

（3）系统检修完毕后应重新通电调试，直至系统正常工作。

任务三　利用加 1/减 1 指令完成彩灯控制系统的装调

任务引入

霓虹灯控制系统除了能用 SFTL/SFTR 位左移/右移指令、ROR/ROL 循环移位指令来实现外，还可以用 INC 加 1 指令、DEC 减 1 指令结合变址寄存器来实现。具体控制要求如下：

现有彩灯共 12 盏，分别用 Y0~Y13 来控制，X0 为彩灯控制的启停开关。12 盏彩灯先正序亮然后全亮，之后从反序熄灭然后全部熄灭，然后再循环。本功能可用加 1、减 1 指令及变址寄存器实现，彩灯状态变化的时间单位为 1 s，用 M8013 实现。

学习笔记

请回答：

M8013 的功能是

任务分析

分析本任务的控制要求，需解决以下几个问题：

(1) 学习变址寄存器的相关基本概念及使用方法。

(2) 会利用 INC 加 1 指令、DEC 减 1 指令编写简单的 PLC 程序。

(3) 能独立完成彩灯控制系统的安装与调试。

活动 1：输入与输出点分配

一、确定输入设备

根据上述分析，系统只有 1 个输入信号，故采用 1 个按钮来控制。

二、确定输出设备

系统中彩灯共有 12 盏，用 Y0～Y13（Y0～Y7，Y10～Y13）分别控制。

三、I/O 点分配表

根据确定的输入/输出设备及输入/输出点数分配 I/O 点，见表 7-3-1。

表 7-3-1　输入/输出设备及 I/O 点分配表

输　入			输　出		
元件代号	功能	输入点	元件代号	功能	输出点
SB1	启动按钮	X0	HL1～HL12	彩灯输出	Y0～Y13

活动 2：学习变址寄存器及功能指令的使用方法

一、变址寄存器（V、Z）

变址寄存器 V、Z 和通用数据寄存器一样，是进行数值数据读、写的 16 位数据寄存器，主要用于修改运算操作数地址，即器件的地址编号。

FX3U 系列 PLC 的变址寄存器 V 和 Z 各有 8 点，分别为 V0～V7、Z0～Z7。

进行 32 位数据运算时，可将两者结合使用，指定 Z 为低 16 位、V 为高 16 位。

根据 V 和 Z 的内容修改元件地址号，称为元件的变址。可以用变址寄存器进行变址的元件是 X、Y、M、S、P、T、C、D、K、H、K*n*X、K*n*Y、K*n*M 以及 K*n*S。

二、变址器的使用方法

1. 指令

指令：MOV D5V D10Z。如果 V＝8，Z＝14，则传送指令操作对象是这样确定的：D5V 是指 D13 数据寄存器；D10Z 是指 D24 数据寄存器，执行该指令的结果是将数据寄存器 D13 中的内容传送到数据寄存器 D24 中。

2. 程序举例

举例 1：如图 7-3-1 所示。

如图 7-3-1 所示程序，当 X000 闭合时，（D15）＝20，（V0）＝10，（Z1）＝16，执行 MOV D5V0 D10Z1 指令，等价于 MOV D15 D26，最后的结果为（D15）＝（D26）＝20。

三、加 1 指令的学习

加 1 指令

(1) 功能号：FNC 24。

(2) 助记符：INC（连续执行型）、INCP（脉冲执行型）。

(3) 指令功能：将目的操作元件中的二进制数自动加 1。

应用举例：

请分析：INC 和 INCP 指令的区别：

举例 2：如图 7-3-2 所示。

如图 7-3-2 所示，第一条指令：当触发信号 X000 接通时，目的操作元件 K2M0 中的二进制数自动加 1 后仍保存在 K2M0 中，该指令（INC）为连续执行指令，触发信号为 ON 时，每个扫描周期都加 1。

学习笔记

请回答：图 7-3-1 程序段中 MOV 指令功能：

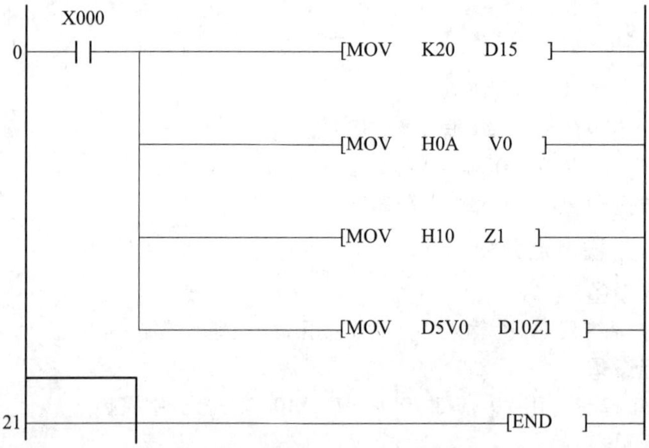

```
    X000
0 ──┤ ├──┬──────[MOV   K20    D15   ]──
         ├──────[MOV   H0A    V0    ]──
         ├──────[MOV   H10    Z1    ]──
         └──────[MOV   D5V0   D10Z1 ]──
21 ─────────────[END               ]──
```

图 7-3-1　变址寄存器的应用程序

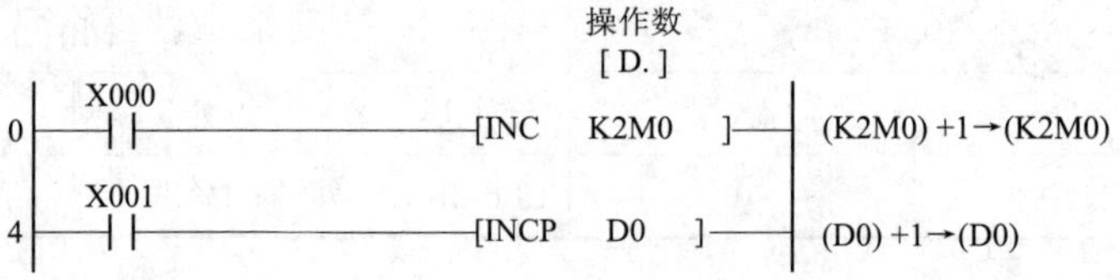

```
                               操作数
                               [D.]
    X000
0 ──┤ ├──────────[INC    K2M0  ]──   (K2M0) +1→(K2M0)
    X001
4 ──┤ ├──────────[INCP   D0    ]──   (D0) +1→(D0)
```

图 7-3-2　INC 指令举例

第二条指令：当触发信号 X001 接通时，目的操作元件 D0 中的数据自动加 1 后仍保存在 D0 中，该指令（INCP）为脉冲执行指令，仅当触发信号的上升沿到来时才加 1。

指令说明：

加 1 指令的操作数［D.］：K*n*Y、K*n*M、K*n*S、T、C、D、V、Z。

减 1 指令

四、减 1 指令的学习

(1) 功能号：FNC 25。

(2) 助记符：DEC（连续执行型）、DECP（脉冲执行型）。

(3) 指令功能：将目的操作元件中的二进制数自动减 1。

请分析：DEC 和 DECP 指令的区别：

应用举例：

举例 3：如图 7-3-3 所示。

如图 7-3-3 所示，第一条指令：当触发信号 X000 接通时，目的操作元件 K2Y000 中的二进制数自动减 1 后仍保存在 K2Y000 中，该指令（DEC）为连续执行指令，触发信号为 ON 时，每个扫描周期都减 1。

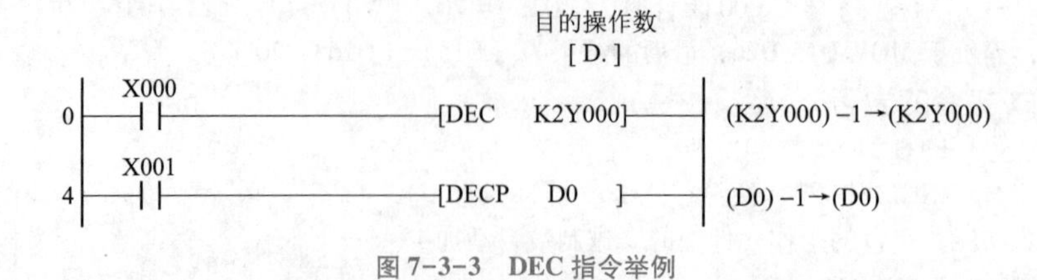

图 7-3-3　DEC 指令举例

第二条指令：当触发信号 X001 接通时，目的操作元件 D0 中的数据自动减 1 后仍保存在 D0 中，该指令（DECP）为脉冲执行指令，仅当触发信号的上升沿到来时才减 1。

指令说明：

减 1 指令的操作数［D.］：K*n*Y、K*n*M、K*n*S、T、C、D、V、Z。

活动 3：PLC 控制程序的编写

PLC 梯形图如图 7-3-4 所示。

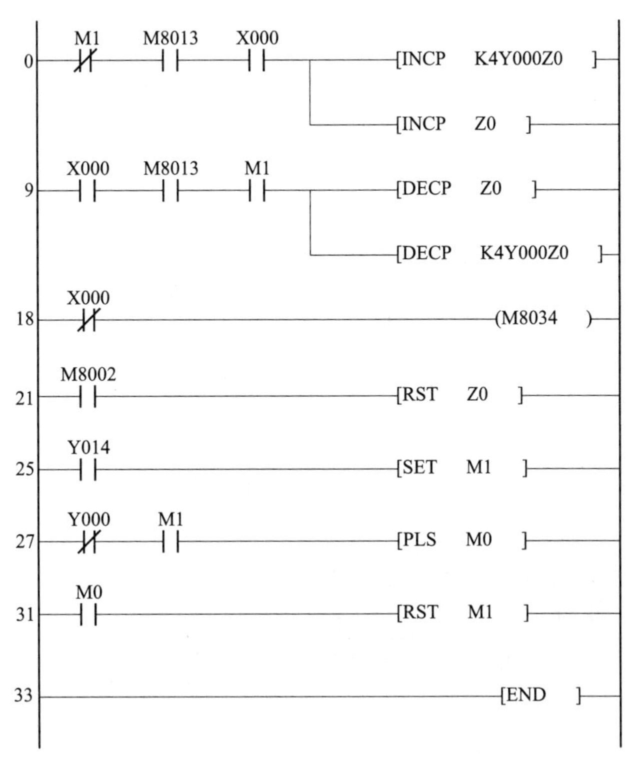

图 7-3-4　系统梯形图

请回答：第 18 行程序中 M8034 特殊辅助继电器的功能：

活动 4：用 GX Works2 编程软件编写、下载、调试程序

1. 程序输入

打开 GX Works2 编程软件，新建“彩灯控制”文件，输入 PLC 程序。

2. 程序下载

单击“在线”图标，再选择“PLC 写入”选项，将 PLC 程序下载至 PLC。注意：此时可让三菱 FX3U PLC 的运行按钮切换至“STOP”上。

3. 系统调试

（1）在教师现场监护下进行通电调试，验证系统控制功能是否符合要求。

（2）如果出现故障，学生应独立检修，根据出现的故障现象检修相关线路或修改梯形图。

（3）系统检修完毕后应重新通电调试，直至系统正常工作。

请记录：程序调试过程中遇到的问题及解决方法：

项目评价

项目评价表见表 7-3-2。

学习笔记

表 7-3-2　项目评价表

考核项目		考核内容		项目分值	自我评价	小组评价	教师评价
考核项目	专业能力 60%	1. 工作准备的质量评估	（1）常用电工工具、三菱 FX3U PLC、计算机、GX 软件、万用表、数据线能正常使用	5			
			（2）工作台环境布置合理、符合安全操作规范	5			
		2. 工作过程各个环节的质量评估	（1）能根据霓虹灯控制系统的具体要求，合理分配输入与输出点	2			
			（2）画出由三菱 FX3U 系列 PLC 控制霓虹灯运行的电路原理图	4			
			（3）会利用 SFTL/SFTR 位左移/右移指令、ROR/ROL 循环移位指令以及 INC/DEC 加 1、减 1 指令编写简单的 PLC 程序	2			
			（4）能用 SFTL/SFTR 功能指令实现铁塔之光控制系统的正确运行	4			
			（5）能用 ROR/ROL 功能指令实现广告牌饰灯系统的正确控制	4			
			（6）能用 INC/DEC 指令实现彩灯控制系统的正确运行	4			
		3. 工作成果的质量评估	（1）三菱 PLC 接线板搭建美观、合理、规范	5			
			（2）会用万用表检测并排除 PLC 系统中电源部分、输入回路以及输出回路部分的故障	5			
			（3）能熟练使用 GX Works2 编程软件实现 PLC 程序的编写、调试、监控	10			
			（4）项目实验报告过程清晰、内容翔实、体验深刻	10			
	综合能力 40%	信息收集能力	霓虹灯系统实施过程中程序设计以及元器件选择的相关信息的收集	10			
		交流沟通能力	会通过组内交流、小组沟通、师生对话解决软件、硬件设计过程中的困难，及时总结	10			
		分析问题能力	了解 PLC 电路原理图的分析过程，完整、正确的接线方式，采用联机调试基本思路与基本方法顺利完成本项目的软、硬件设计	10			
		团结协作能力	项目实施过程中，团队能分工协作、共同讨论，及时解决项目实施中的问题	10			

学习笔记

项目总结

本章通过现代都市霓虹灯控制系统中的三个实例：铁塔之光控制系统、广告牌饰灯控制系统以及彩灯闪烁控制系统，向读者详细介绍了 SFTL/SFTR 位左移/右移功能指令、ROR/ROL 循环右移/左移指令、CALL/SRET 子程序调用/返回指令以及 INC/DEC 加减 1 指令的基本使用方法和编程的技巧。学生在完成 PLC 控制系统的过程中，应用功能指令编程，进一步提升了编程的能力，但要做到将功能指令融会贯通，还需在下面的练习操作当中不断实践并细细体会编程的技巧。

练习与操作

1. 流水灯控制系统设计。有 8 盏流水灯，要求按下启动按钮后，灯正序每隔 1 s 轮流点亮，当第 8 个灯点亮后，停 2 s；再以反序每隔 1 s 轮流点亮，最后一个灯点亮后，停 2 s，如此反复进行。

2. 舞台艺术灯饰控制系统设计。如图 7-1 所示，舞台艺术灯饰共有 8 道灯，其中 5 道灯呈拱形、3 道灯呈梯形，其工作时序如下：

(1) 7 号灯以 1 s 为周期亮灭交替进行。

(2) 3、4、5、6 号灯由外到内依次点亮，1 s 后全灭，然后再重复上述活动，循环反复。

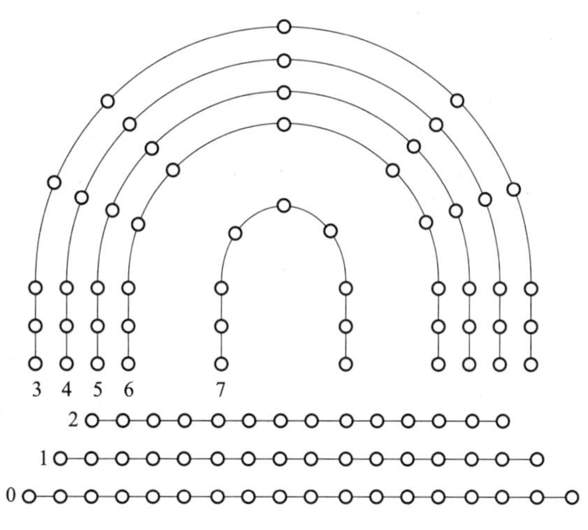

图 7-1　题 2 图

(3) 2、1、0 号灯由上向下，依次点亮，1 s 后全灭，然后再重复上述活动，循环反复。

3. 如图 7-2 所示，程序中 K4M0 的初始值为 K70，K1X000 为 K3。试列表说明当 X010 的上升沿到来一次、两次和三次时，M0～M15 及 M8022 的状态。

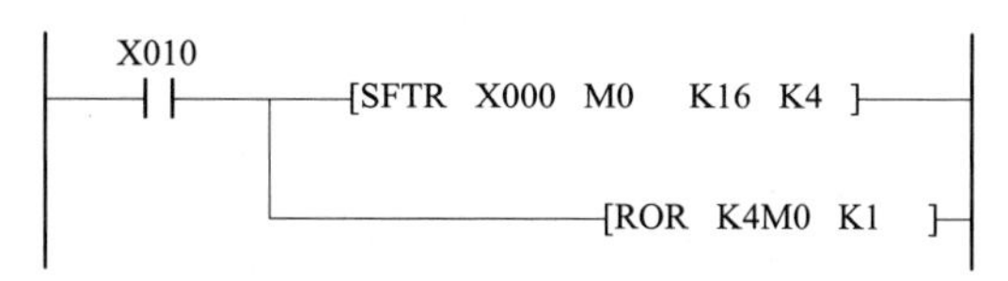

图 7-2　题 2 图

4. 有一广告牌用 HL1～HL4 四盏等分别照亮“热烈欢迎”四个字，其控制流程见表 7-1，每步间隔 1 s，不断循环。试用 SFTL 位左移指令编程实现对该广告牌的控制。

表 7-1　广告牌控制流程表

步序 灯	1	2	3	4	5	6	7	8
HL1	亮	灭	灭	灭	亮	灭	亮	灭
HL2	灭	亮	灭	灭	亮	灭	亮	灭
HL3	灭	灭	亮	灭	亮	灭	亮	灭
HL4	灭	灭	灭	亮	亮	灭	亮	灭

5. 用子程序调用指令编程实现：按 SB1 按钮，8 盏灯（Y0~Y7）正序每隔 1 s 逐个点亮移位（每次只有一盏灯亮），不断循环；按 SB2 按钮，8 盏灯（Y0~Y7）逆序每隔 1 s 逐个点亮移位（每次只有一盏灯亮），不断循环。

选　择　题

1. 若主程序带有多个子程序或子程序嵌套使用时，嵌套点数不能超过（　　）级。

A. 4　　　　B. 5　　　　C. 6

2. 下列（　　）指令，采用脉冲执行方式。

A. SFTL　　　　B. SFTRP　　　　C. DEC

3. 在三菱 PLC 中，M8020~M8022 表示运算结果标志。其中（　　）表示进位标置。

A. M8020　　　　B. M8021　　　　C. M8022

4. 在主程序段内可采用 CALL 调用子程序，主程序以（　　）指令结束。

A. FEND　　　　B. END　　　　C. RET

5. 某程序段 X010 ─┤├─ [SFTR　X000　M0　K16　K4] 中，其目的操作元件是从 M0 开始的软元件（　　）。

A. M0~M3　　　　B. M0~M7　　　　C. M0~M15

项目八 商场自动售货机的控制

科技创新是提高社会生产力和综合国力的战略支撑，党的二十大报告强调，必须坚持科技是第一生产力、人才是第一资源、创新是第一动力。自动化是未来的发展趋势，不论是制造业、服务业还是零售业。自动售货机产业正在走向信息化，通信线路能将自动售货机内的库存信息及时地传送至各营业点，从而保障商品的发送、补充以及商品选定的顺利进行。为防止地球暖化，节能型清凉饮料自动售货机已成为行业的主流。图 8-0-1 所示为商场中典型的自动售货机装置。

图 8-0-1　自动售货机示意图

自动售货机的最基本功能就是对投入的货币进行运算，根据货币的数值来判断是否能购买某种商品，并做出相应的反应。因此，自动售货机应能够辨识机器内所包含的商品、显示已投入的货币值、显示再投入货币累计以及提示可以购买的商品等。当按下选择商品的按钮时，售货机进行减法运算，从投入的货币总值中减去商品的价格，同时启动相应的电动机，提取该商品至出货口，此时售货机应继续等待外部命令，如继续交易，则同上；如果此时不再购买，则按下退币按钮，进行退币操作。在退回相应的货币之后，系统自动回到初始状态，完成此次交易。

学习笔记

本项目以当前较为流行的商场自动售货机控制系统为例，通过PLC接线板模拟，结合功能指令的编程来实现自动售货机的不同控制方法。通过本项目的学习和实践，应努力达到如下目标：

知识目标：

（1）知道加AOD、减SUB、乘MUL、除DIV指令的基本知识及应用特点；

（2）熟悉四则运算的基本功能和编程使用方法；

（3）理解七段数码管解码指令SEGD的使用特点及编程技巧。

技能目标：

（1）会绘制自动售货机控制系统的PLC电路原理图；

（2）能独立完成自动售货机控制系统的安装与检测；

（3）能小组合作应用多种编程语言完成系统的PLC程序设计与调试。

素养目标：

（1）形成多方式解决问题的思维方式及创新实践的工程意识；

（2）养成严谨、细致、乐于探索实践的职业习惯；

（3）培养应用技能服务生活、科技创造美好的职业情怀。

任务一　四则运算（加、减、乘、除）功能的实现

任务引入

售货机要能实现自动控制，首先需要解决如何对投入机器的货币进行加、减、乘、除等运算的问题，只有先把这个问题解决了，才能完成整个系统的正确控制。为此需先完成任务一四则运算基本功能的实现。具体的控制要求如下：

编程实现Y=(34X-8)/23+5算式的运算。式中“X”代表由输入端位组合元件K2X000送入的二进制数。改变“X”的数值，将运算结果“Y”送至数据寄存器，并观察数据寄存器的变化情况。

请判断：给4个需解决的问题，结合自身实际由易到难判断：

①

②

③

④

任务分析

本例可利用GX Works2软件进行仿真，通过K2X000各输入端的状态变化来改变“X”的值，然后观察各数据寄存器D的数值，验证程序的正确性。通过本任务的学习，需解决下面几个问题：

（1）学习算术运算类加、减、乘、除等功能指令的指令格式、操作元件及使用方法。

（2）学会使用GX Works2软件仿真的形式，观察PLC内部软元件。

活动1：学习算术运算类指令的使用方法

一、学习二进制加法指令

加法指令

（1）功能号：FNC 20。

（2）助记符：ADD（16位连续执行型）、ADDP（16位脉冲执行型）；DADD（32位连续执行型）、DADDP（32位脉冲执行型）。

（3）指令功能：将指定两个源二进制操作数代数相加，并把运算后的结果送入目标元件中。

应用举例：

举例1：如图8-1-1所示。

如图8-1-1所示，当X000的上升沿到来时，数据寄存器D1和D3中的16位二进制数执行代数相加，并将运算结果送到16位数据寄存器D5中。

请回答：加法指令的特点是

学习笔记

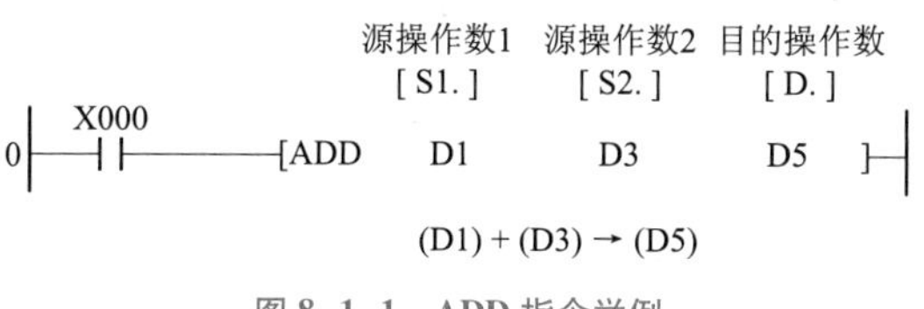

图 8-1-1　ADD 指令举例

若 X000 保持为 ON，那么每一个扫描周期执行一次加法运算，并将运算结果送入指定的数据寄存器。

举例 2：如图 8-1-2 所示。

源操作数1 源操作数2 目的操作数
[S1.] [S2.] [D.]
X000
0
DADD D1 D3 D5
(D2 D1) + (D4 D3) → (D6 D5)

图 8-1-2　DADD 指令举例

如图 8-1-2 所示，若执行的是 32 位二进制加法 DADD 或 DADDP 指令，则由 D2 中的高 16 位数据和 D1 中的低 16 位数据组成的 32 位源操作数将与由 D4 中的高 16 位数据和 D3 中的低 16 位数据组成的 32 位源操作数进行二进制代数相加，并将运算结果的高 16 位送入数据寄存器 D6、低 16 位送入数据寄存器 D5。

此外，二进制加法指令也可采用脉冲执行型，例如可以用二进制加法指令实现 INCP 加 1 指令的功能，如图 8-1-3 所示。图 8-1-3 中每当 X001 的上升沿到来时，D0 中的数据加 1，其执行效果相当于 INCP 指令，但不同的是 INCP 不影响标志寄存器。若此处采用连续执行型指令 ADD，则当 X001 闭合时，寄存器 D0 中的数据不断加 1，D0 中的内容每个扫描周期都会发生变化。

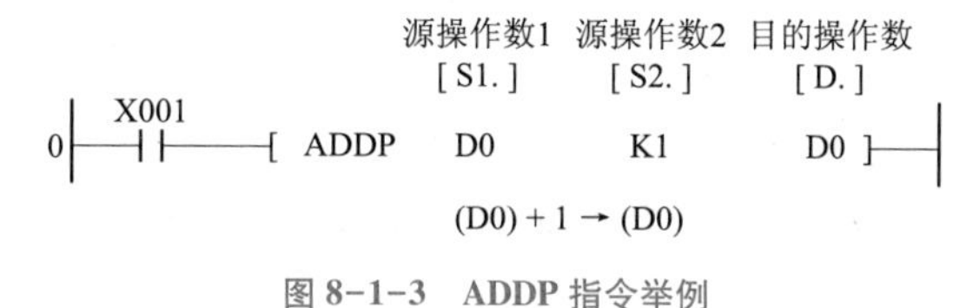

图 8-1-3　ADDP 指令举例

请说明：源操作数和目的操作数的不同

指令说明：

（1）二进制加法指令源操作数［S1.］、［S2.］：K、H、K*n*X、K*n*Y、K*n*M、K*n*S、T、C、D、V、Z；目的操作数［D.］：K*n*Y、K*n*M、K*n*S、T、C、D、V、Z。

（2）源操作数和目的操作数可以为同一操作元件，此时若采用连续执行型二进制加法 ADD 或 DADD 指令，则相加结果每个扫描周期都改变。

（3）二进制加法指令有三个常用标志寄存器 M8020～M8022。

① M8020 为零标志寄存器。当运算结果为 0 时，M8020 置 1。

② M8022 为进位标志寄存器。当运算结果大于 32 767（16 位运算）或 2 147 483 647（32 位运算）时，M8022 置 1。

③ M8021 为借位标志寄存器。当运算结果小于-32 767（16 位运算）或-2 147 483 647（32 位运算）时，M8021 置 1。

二、学习二进制减法指令

减法指令

（1）功能号：FNC 21。

（2）助记符：SUB（16 位连续执行型）、SUBP（16 位脉冲执行型）；DSUB（32 位连续执行型）、DSUBP（32 位脉冲执行型）。

（3）指令功能：将指定两个源二进制操作数代数相减，运算后的结果送到目标元件中。

学习笔记

请回答：

减法指令的特点是

应用举例：

举例3：如图8-1-4所示。

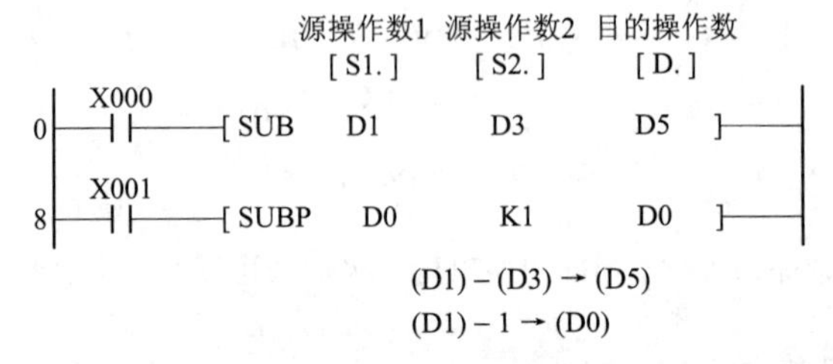

图8-1-4 减法指令举例

如图8-1-4所示，当X000的上升沿到来时，数据寄存器D1和D3中的16位二进制数代数相减，并将运算结果送到16位数据寄存器D5中。与二进制加法指令相同，当X000保持为ON时，该指令每一个扫描周期执行一次。

当X001的上升沿到来时，数据寄存器D0中的数据减1，其功能相当于DECP指令。

指令说明：

（1）二进制减法指令源操作数［S1.］、［S2.］：K、H、KnX、KnY、KnM、KnS、T、C、D、V、Z。目的操作数［D.］：KnY、KnM、KnS、T、C、D、V、Z。

（2）源操作数和目的操作数可以为同一操作元件，此时若采用连续执行型二进制减法SUB或DSUB指令，则相减结果每个扫描周期都改变。

（3）二进制减法指令也有三个常用标志寄存器M8020~M8022。

① M8020为零标志寄存器。当运算结果为0时，M8020置1。

② M8022为进位标志寄存器。当运算结果大于32 767（16位运算）或2 147 483 647（32位运算）时，M8022置1。

③ M8021为借位标志寄存器。当运算结果小于-32 767（16位运算）或-2 147 483 647（32位运算）时，M8021置1。

乘法指令

三、学习二进制乘法指令

（1）功能号：FNC 22。

（2）助记符：MUL（16位连续执行型）、MULP（16位脉冲执行型）；DMUL（32位连续执行型）、DMULP（32位脉冲执行型）。

（3）指令功能：将指定的两个源操作数进行二进制有符号乘法运算，然后将相乘的积送入以目的操作数为首地址的目的元件中。

请回答：

乘法指令的特点是

应用举例：

举例4：如图8-1-5和图8-1-6所示。

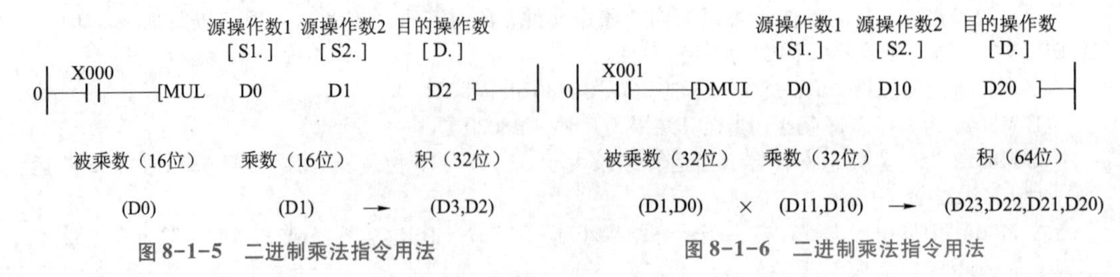

图8-1-5 二进制乘法指令用法　　图8-1-6 二进制乘法指令用法

请说明：

目的操作数中若积为64位，D20-D23的含义

图8-1-5所示为16位二进制乘法MUL指令，其源操作数为16位二进制数，运算结果为32位。图8-1-5中当X000上升沿到来时，执行16位二进制乘法运算，即(D0)×(D1)→(D3,D2)，积的高16位存入D3，积的低16位存入D2。例如：当(D0)=8，(D1)=9时，积（D3，D2）=72，则(D3)=0，(D2)=72。

图8-1-6所示为32位二进制乘法DMUL指令，其源操作数为32位二进制数，运算结果为64位。

图 8-1-6 中当 X001 上升沿到来时，执行 32 位二进制乘法运算，即（D1，D0）×(D11，D10)→(D23，D22，D21，D20)，积的高 32 位存入（D23，D22），积的低 32 位存入（D21，D20）。

指令说明：

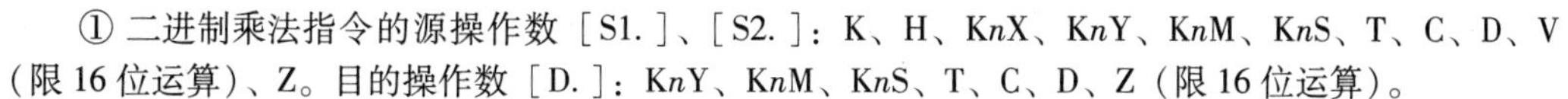
① 二进制乘法指令的源操作数［S1.］、［S2.］：K、H、KnX、KnY、KnM、KnS、T、C、D、V（限 16 位运算）、Z。目的操作数［D.］：KnY、KnM、KnS、T、C、D、Z（限 16 位运算）。

② 在进行二进制乘法运算时，积的二进制最高位是符号位，0 为正，1 为负。当被乘数和乘数同号时，积为正；异号时，积为负。

③ 位元件组合作为目的操作数进行 32 位二进制乘法运算时，由于 $n \leqslant$ K8，因此只能得到运算结果的低 32 位，此时最好采用浮点运算，即将浮点数标志位 M8023 置 1。

④ 变址寄存器 V 可以在 16 位二进制乘法指令中作为源操作数，但不能作为目的操作数；变址寄存器 Z 在 16 位和 32 位运算中均可以作为源操作数，同时在 16 位运算中还可以作为目的操作数，但在 32 位运算中不能作为目的操作数。

四、学习二进制除法指令

除法指令

（1）功能号：FNC 23。

（2）助记符：DIV（16 位连续执行型）、DIVP（16 位脉冲执行型）；DDIV（32 位连续执行型）、DDIVP（32 位脉冲执行型）。

（3）指令功能：将指定的两个源操作数进行二进制有符号除法运算，然后将相除后的商和余数存入以目的操作数［D］为开始的多个目标元件中。

应用举例：

举例 5：如图 8-1-7 和图 8-1-8 所示。

请回答：除法指令的特点是

图 8-1-7 所示为 16 位二进制除法 DIV 指令，源操作数和目的操作数均为 16 位二进制数。图 8-1-7 中当 X000 上升沿到来时，执行 16 位二进制除法运算，即（D0）÷（D1），将商存放在数据寄存器（D2）中，余数存放在数据寄存器（D3）中。例如，当（D0）= 32，（D1）= 6 时，商（D2）= 5，余数（D3）= 2。

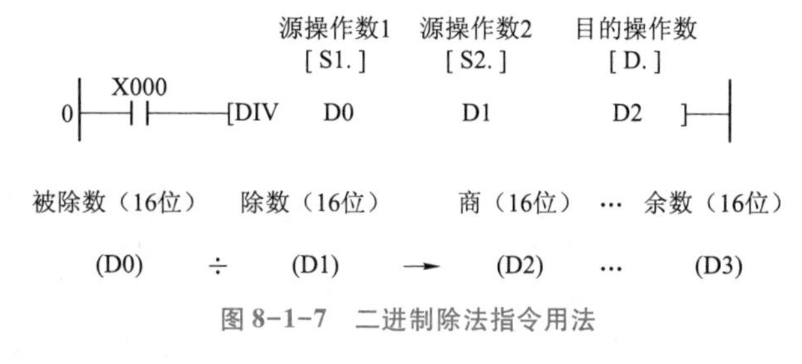

图 8-1-7　二进制除法指令用法

请说明：DIV 指令中，目的操作数中商和余数存放地址

图 8-1-8 所示为 32 位二进制除法 DDIV 指令，其源操作数和目的操作数均为 32 位二进制数。图 8-1-8 中当 X001 上升沿到来时，执行 32 位二进制除法运算，即（D1，D0）÷（D11，D10），将商数高位存放在数据寄存器（D21）中、低位存放在（D20）中，余数高位存放在数据寄存器（D23）中、低位存放在（D22）中。

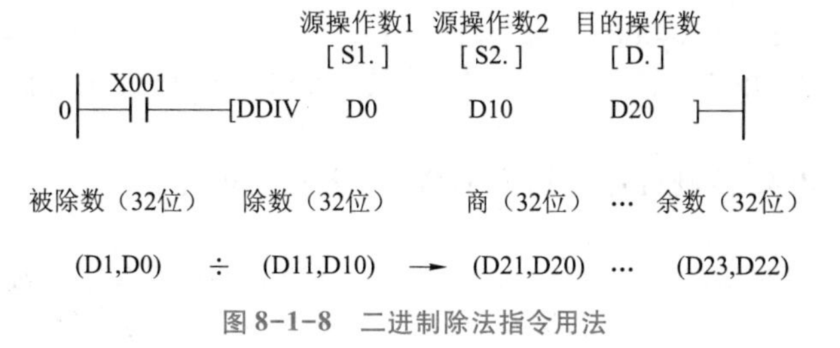

图 8-1-8　二进制除法指令用法

请分析：DDIV 指令中，目的操作数商和余数存放位置

指令说明：

（1）二进制除法指令源操作数［S1.］、［S2.］：K、H、KnX、KnY、KnM、KnS、T、C、D、V

（限 16 位运算）、Z。目的操作数［D.］：KnY、KnM、KnS、T、C、D、Z（限 16 位运算）。

（2）二进制除法指令中［S1.］为被除数，［S2.］为除数。16 位运算时商送入目的操作数［D.］，余数送入［D.］+1；32 位运算时商送入目的操作数［D.］+1、［D.］，而余数送入［D.］+3、［D.］+2。在进行二进制除法运算时，商与余数的二进制最高位是符号位，0 为正，1 为负。当被除数或除数中有一个为负数时，商为负数；当被除数为负数时，余数为负数。若除数为 0，则出错，该指令不执行。

（3）V 和 Z 作为源操作数或目的操作数其使用方法请参考二进制乘法指令。

学习笔记

请回答：

图 8-1-9（a）图中，D0 存放的数值

D1 存放的数值

D2 存放的数值

五、典型程序分析

如图 8-1-9 所示梯形图，分析各数据寄存器 D 中的内容。

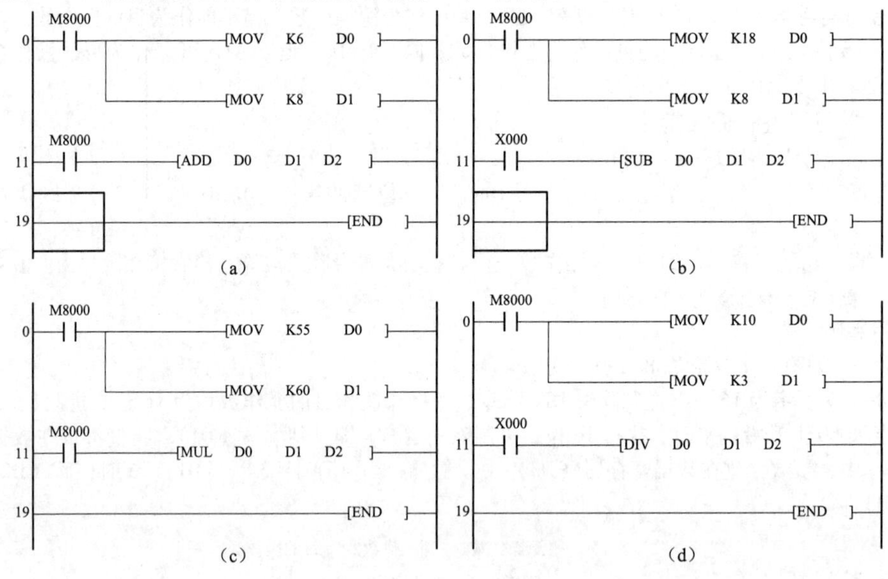

图 8-1-9　程序分析

（a）加；（b）减；（c）乘；（d）除

图 8-1-9（d）图中，D0 存放的数值

D1 存放的数值

D2 存放的数值

（1）如图 8-1-9（a）所示，PLC 从停止“STOP”状态切换至运行“RUN”状态后，由于特殊辅助继电器 M8000 的常开触点接通，因此数据寄存器 D0 中的内容始终保持为十进制数“6”，D1 中的内容为十进制数“8”。输入元件 X000 的常开触点闭合后，执行 ADD 加法指令，将 D0 与 D1 中的内容相加，结果存入 D2，此时 D2 中的内容为十进制数“14”，而 D0、D1 中的数据仍然保持不变。

（2）如图 8-1-9（b）所示，D0 中的内容为十进制数“18”，D1 中的内容为“8”，执行 SUB 减法指令，将 D0 与 D1 中的内容相减，结果存入 D2，此时 D2 中的内容为“10”。

（3）如图 8-1-9（c）所示，D0 中的内容为十进制数“55”，D1 中的内容为“60”，执行 MUL 乘法指令，将 D0 与 D1 中的内容相乘，积的低 16 位存入 D2，高 16 位存入 D3，此时 D2 中的内容为“3300”，D3 中的内容为“0”。

（4）如图 8-1-9（d）所示，D0 中的内容为十进制数“10”，D1 中的内容为“3”，执行 DIV 除法指令，将 D0 与 D1 中的内容相除，商存入 D2，余数存入 D3，此时 D2 中的内容为“3”，D3 中的内容为“1”。

请回答：

图 8-1-9（c）图中，D0 存放的是

D1 存放的是

D2 存放的是

活动 2：编写 PLC 控制程序，用 GX Works2 实现软件仿真

1. 编程思路

将算式中“X”的值，通过位组合元件 K2X000 传送至数据寄存器 D0，常数 K34、K8、K23、K5 分别传送至数据寄存器 D1～D4，然后按算式中的顺序，先做乘法、减法、除法和加法，将运算结果送至另一数据寄存器 D8。

2. 程序编制

PLC 程序如图 8-1-10 所示。

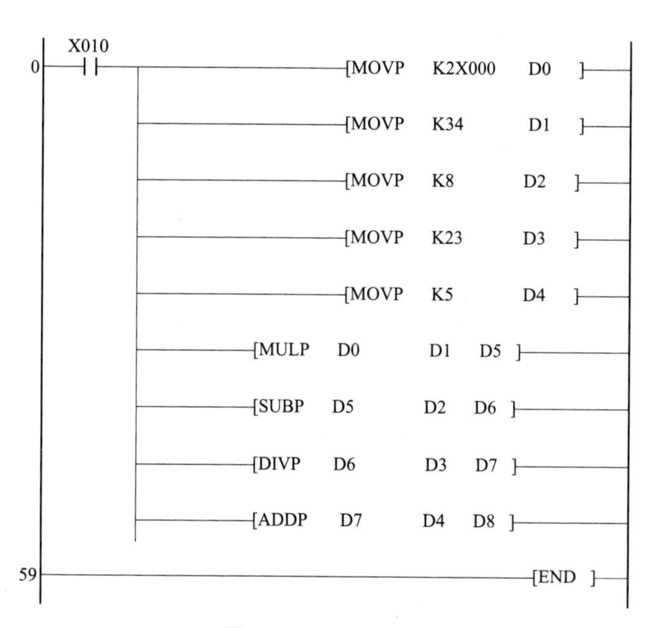

图 8-1-10 PLC 程序

学习笔记

请分析：

数据寄存器 D0 中存放的是＿＿＿＿，D1 中存放的是＿＿＿＿，D2 中存放的是＿＿＿＿，D3 中存放的是＿＿＿＿，D4 中存放的是＿＿＿＿

3. 程序分析

4. GX Works2 软件仿真观察数据寄存器的内容

（1）用 GX Works2 编程软件输入图 8-1-10 所示 PLC 程序，如图 8-1-11 所示。

（2）单击 GX 软件仿真按钮 ，下载 PLC 程序，如图 8-1-12 所示。程序下载完成后，进入如图 8-1-13 所示软件仿真界面。

（3）在软件仿真界面上单击鼠标右键，单击软元件测试按钮，出现如图 8-1-14 所示界面，在软元件中设置 X000~X007 这 8 个软元件的状态，如设置为“00000010”，即 X001 = 1。再将触发条件 X010 接通，观察数据寄存器变化的情况，如图 8-1-15 所示，此时数据寄存器（D8）= 7。

请简述：

图 8-1-10 PLC 程序实现的功能

请分析：

MULP D0 D1 D5 实现的功能是

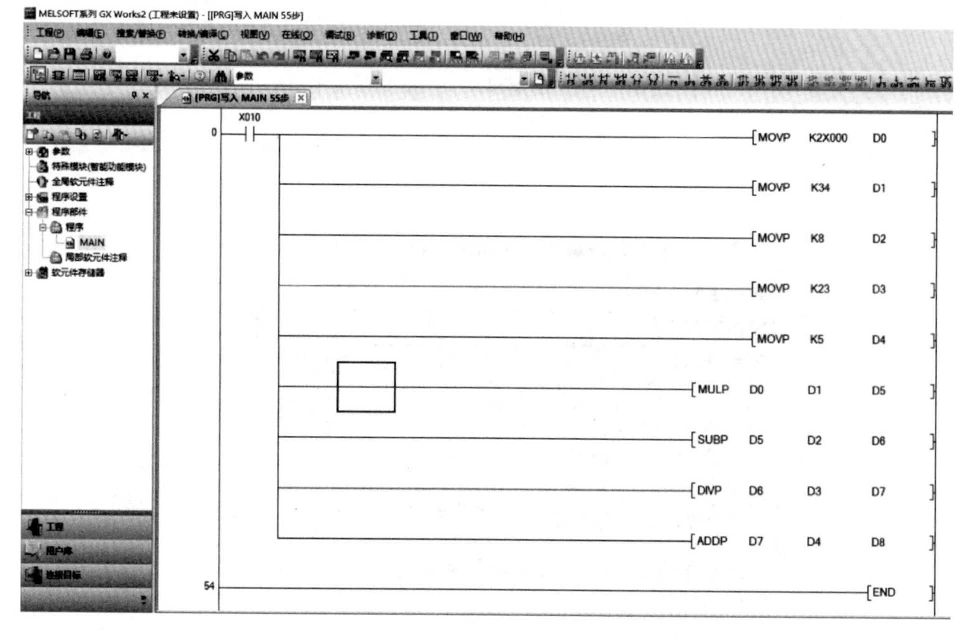

图 8-1-11 输入 PLC 程序

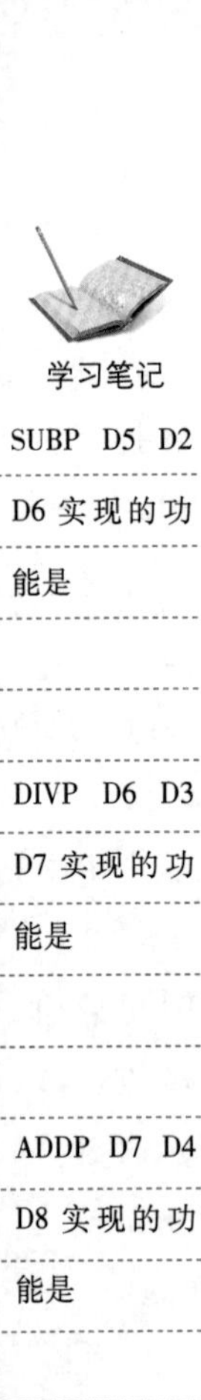

学习笔记

SUBP D5 D2 D6 实现的功能是

DIVP D6 D3 D7 实现的功能是

ADDP D7 D4 D8 实现的功能是

请记录：

数据寄存器 D 中的数值

D0：

D1：

D2：

D3：

D4：

D5：

D6：

D7：

D8：

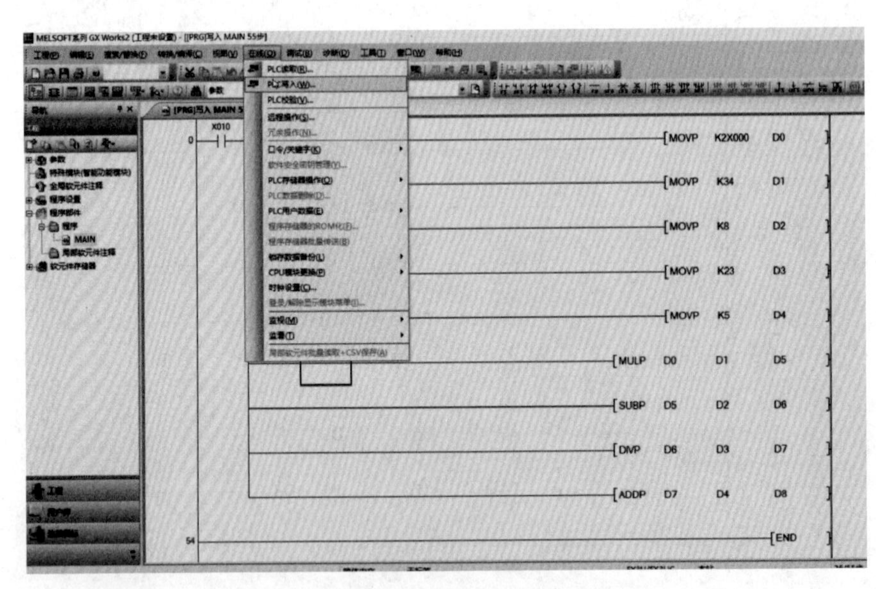

图 8-1-12 PLC 程序下载

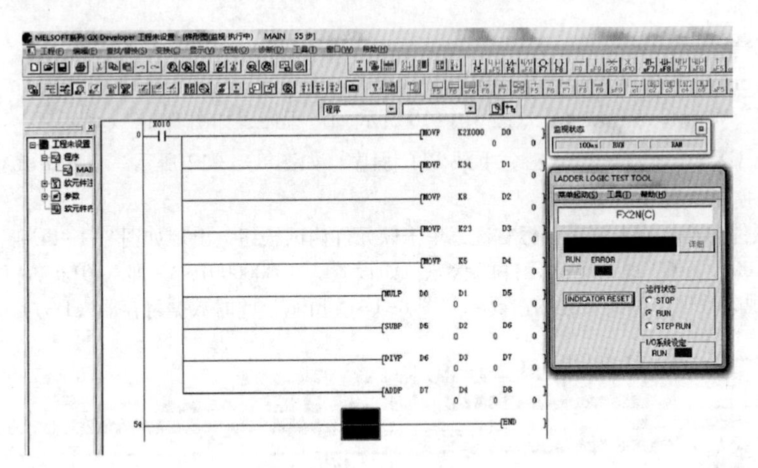

图 8-1-13 软件仿真界面

搜索/替换

软元件 | 指令 | 字符串 | A/B触点 | 软元件批量 | 结果 | 错误日志

搜索位置(D) (全工程) 浏览(B)...

搜索软元件(N) 搜索下一个(F)

替换软元件(V) 全部搜索(L)

软元件点数(P) 1 10进制 替换(R)

全部替换(A)

搜索方向：从起始(T) 向下(O) 向上(U)

选项：数位(I) 多个字(W) 按Enter键连续搜索(S)

软元件注释：移动(E) 复制(C) 不更改(M)

选择是否在替换时将搜索软元件的注释移动/复制到替换软元件的注释中。

图 8-1-14 软元件测试

学习笔记

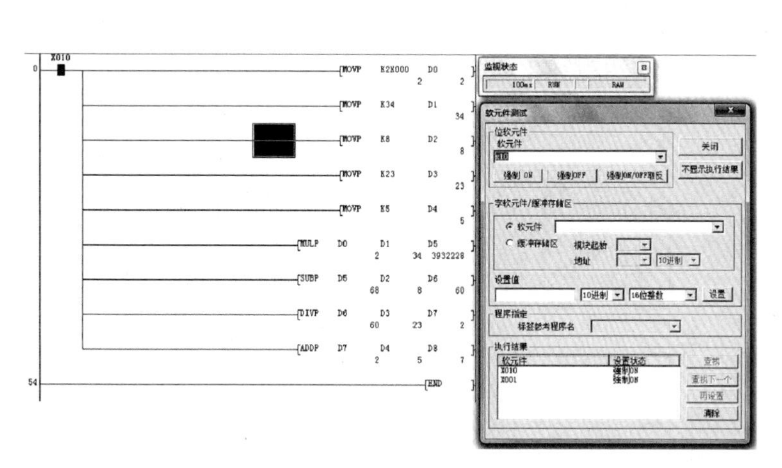

图 8-1-15　程序运行

（4）改变 X000~X007 这 8 个软元件的状态，再次观察数据寄存器 D8 的值，验证程序是否正确。

（5）软件仿真结束后，再次按下软件仿真按钮 ，退出仿真程序，如图 8-1-16 所示，单击“确定”按钮即可。

图 8-1-16　退出软件仿真

拓展任务

算术运算功能指令除能进行加、减、乘、除的普通算术运算外，还可以实现对霓虹灯光效果的控制。设有一组灯共 16 盏，分别接于 Y000~Y017（Y000~Y007，Y010~Y017），具体控制要求如下：

（1）当 X000 为 ON 时，灯组按正序每隔 1 s 逐个移位点亮，并不断循环；

（2）当 X001 为 ON 时，灯组按逆序每隔 1 s 移位点亮，直至全亮，并不断循环。

任务分析

可用乘除法指令实现上述移位控制，关键是了解其算法。利用将目的数据乘以 2 和除以 2 可以实现数据的正序和逆序移位。通过本任务的学习，应解决下面几个问题：

（1）利用乘法指令 MUL 实现灯的正序控制。

（2）利用除法指令 DIV 实现灯的逆序控制。

请分析：基于 PLC 控制的自动售货机系统中有____个 PLC 输入信号，有____个 PLC 输出信号

任务实施

活动 1：输入与输出点的分配

输入/输出分配见表 8-1-1。

表 8-1-1　I/O 分配表

输　入			输　出		
元件	作用	输入点	输出点	元件	作用
SB1	正序点亮	X000	Y000~Y017	HL1~HL16	霓虹灯
SB2	逆序点亮	X001			

学习笔记

Y000 ~ Y017 中，数据移动显示的规律是

请分析：

MOVP K1 K4Y000 实现的功能是

MOVP K -32768 K4Y00 实现的功能是

MULP K4Y000 K2 K4Y000 实现的功能是

请判断：

给 4 个需解决的问题，结合自身实际，由易到难判断：

①

②

③

④

活动 2：编写 PLC 控制程序，并进行软件仿真

1. 编写 PLC 控制程序

PLC 控制程序如图 8-1-17 所示。

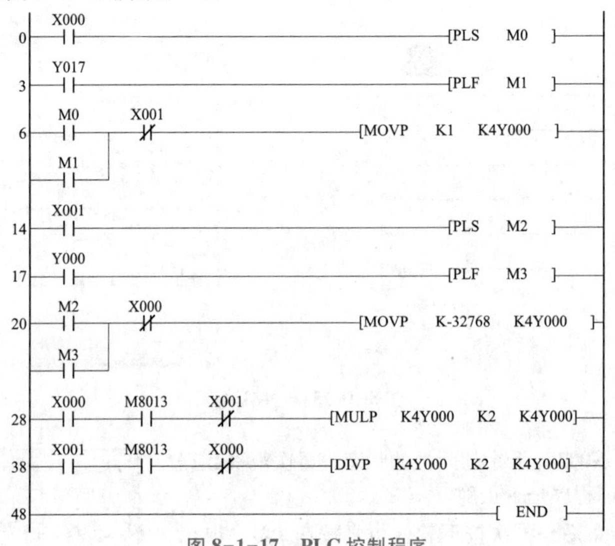

图 8-1-17 PLC 控制程序

2. 程序分析

本例中在 X000 的上升沿时，将 K1 先送入 K4Y000，然后运用乘法指令将 K4Y000 中的数据乘以 2，实现灯组的逐个点亮；当移位至 Y017 为 ON 时，利用 Y017 的下降沿将 K1 再度送入 K4Y000，以实现正序移位的不断循环。

当 X001 为 ON 时，由于初始时送入 K4Y000 的是 K32768，此时 Y017 为 ON，采用除法指令将其逆序移位时，由于负数除以 2 后仍为负数，因此灯组逆序移位点亮时前面的灯不熄灭，实现了灯逆序移位点亮直至全亮。

3. 程序验证

仍按上述方法，用 GX Works2 仿真软件验证程序的正确性。

任务二 用七段解码指令实现 9 s 倒计时钟控制

任务引入

若要使自动售货机能对投入货币进行累计显示，则需要使用七段 LED 数码管并配合七段解码指令 SEGD 来实现。先通过一个具体的实例“9 s 倒计时钟的控制”来初步学习 LED 数码管与功能指令的应用。具体的控制要求如下：

设计一个 9 s 钟倒计时钟。当接通控制开关后，数码管显示“9”，随后每隔 1 s，数字减 1 显示，当减到“0”时，启动蜂鸣器实现报警功能；断开控制开关后，LED 数码管停止显示。

任务分析

通过本任务的学习，应解决如下几个问题：

（1）学习七段解码指令 SEGD 的指令格式、操作元件及使用方法。

（2）学会三菱 FX3U 系列 PLC 与 LED 数码管的硬件连接。

(3) 利用 SEGD 功能指令，实现 9 s 倒计时钟控制系统。

学习笔记

请分析：基于 PLC 控制倒计时系统中有＿＿个输入信号，有＿＿个输出信号。

活动 1：系统输入与输出点的分配

根据对任务控制要求的分析可知，系统需要一个输入 X000，作为开关输入接口；而 LED 数码管需要占用 8 个输出点，可以将 LED 数码管接在 PLC 的输出端子 Y000～Y007 上；蜂鸣器也需要一个输出点，可接在 Y010 上，具体 I/O 分配见表 8-2-1。

表 8-2-1 I/O 分配表

输入			输出		
元件	作用	输入点	输出点	元件	作用
SB1	控制开关	X000	Y000～Y007	七段 LED 数码管	解码信号
			Y010	蜂鸣器	声音报警

活动 2：画出 PLC 电路原理图

根据 I/O 分配表，画出用三菱 FX3U-48M 型可编程控制器电路原理图，如图 8-2-1 所示。

绘制的注意事项：
①
②

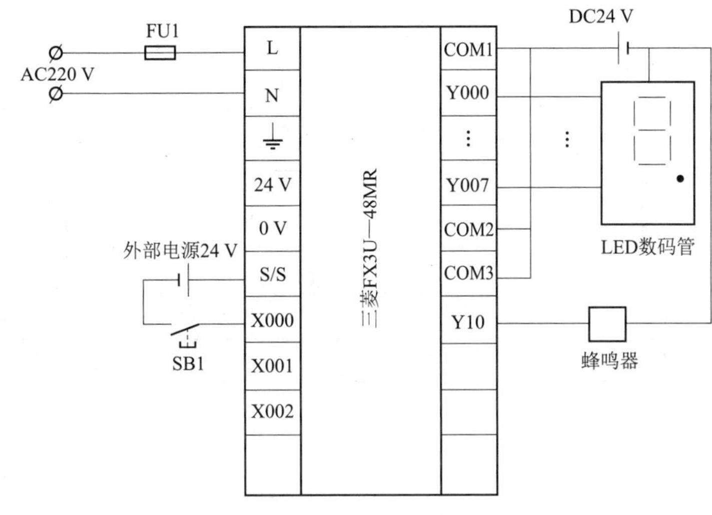

图 8-2-1 PLC 电路原理图

请回答：电路原理图中所示数码管的工作电源是＿＿，蜂鸣器的工作电源是＿＿。

活动 3：学习七段解码指令的使用方法

(1) 功能号：FNC 73。

(2) 助记符：SEGD（连续执行型）、SEGDP（脉冲执行型）。

(3) 指令功能：将源操作数的低 4 位二进制数解码为十六进制数，并驱动七段显示器显示该数据。

(4) 七段解码指令的解码表见表 8-2-2。从表中可以看出，七段数码管是由 B0～B6 这 8 个长条形 LED 灯组成，B7 为圆形 LED 灯，构成七段数码管的小数点。只要控制 B0～B7 这 8 个 LED 灯的通断，就能让七段数码管正确显示“0～F”这 16 个字符。因此，可将 B0～B7 这 8 个 LED 灯分别连接至三菱 FX3U 系列 PLC 的输出端子 Y000～Y007 上，由 PLC 控制程序中的 SEGD 或 SEGDP 功能指令来控制 Y000～Y007 的通断，从而达到对七段数码管的控制。

请观察：七段显示器中每段数码管编号顺序

在图 8-2-2 中，当 X000 的上升沿到来时，数据传送指令将十进制数 K6 送入 D0，七段解码 SEGD 指令将 D0 的低 4 位“0110”解码为十六进制数“6”，并存于 D0 的低 8 位，而 D0 的高 8 位保持不变，同时驱动与 Y000～Y007 相连的七段显示器显示该十六进制数“6”。

指令说明：

(1) SEGD 指令将源操作数［S］指定元件的低 4 位所对应的 16 进制数（0～F）经解码后送到七段 LED 显示器中，解码信号存放于目标操作数［D］中，［D］的高 8 位不变。

学习笔记

请回答：

低电平触发和高电平触发的区别是

请观察：

数码显示“A”到“F”的规律

请记录：

SEGD 中目的操作数 K2Y0 的含义

请回答：

信号获取来源

数码显示来源

表 8-2-2　七段码解码表

[S.]		七段数码管	[D.]								显示数据
十六进制	二进制		B7	B6	B5	B4	B3	B2	B1	B0	
0	0000		0	0	1	1	1	1	1	1	0
1	0001		0	0	0	0	0	1	1	0	1
2	0010		0	1	0	1	1	0	1	1	2
3	0011		0	1	0	0	1	1	1	1	3
4	0100	B0 B5 B6 B1 B4 B2 B7 B3	0	1	1	0	0	1	1	0	4
5	0101		0	1	1	0	1	1	0	1	5
6	0110		0	1	1	1	1	1	0	1	6
7	0111		0	0	1	0	0	1	1	1	7
8	1000		0	1	1	1	1	1	1	1	8
9	1001		0	1	1	0	1	1	1	1	9
A	1010		0	1	1	1	0	1	1	1	A
B	1011		0	1	1	1	1	1	0	0	b
C	1100	B0 B5 B6 B1 B4 B2 B7 B3	0	0	1	1	1	0	0	1	C
D	1101		0	1	0	1	1	1	1	0	d
E	1110		0	1	1	1	1	0	0	1	E
F	1111		0	1	1	1	0	0	0	1	F

注：表中 B0 为位元件的首位或字元件的最低位。

应用举例：

举例：如图 8-2-2 所示。

```
                                  源操作数      目的操作数
                                   [S.]          [D.]
   X000
0 ─┤├──┬───────────────[MOVP      K6        D0      ]─
       │
       └───────────────[SEGD      D0        K2Y000  ]─
```

图 8-2-2　七段解码指令用法

（2）SEGD 功能指令的源操作数［S］的形式为：K、H、K*n*X、K*n*Y、K*n*M、K*n*S、T、C、D、V、Z；目标操作数［D］的形式为：K*n*Y、K*n*M、K*n*S、T、C、D、V、Z。

活动 4：用功能指令编写 PLC 控制程序

（1）本项目中有两个问题需要解决：

第一是秒信号的获取问题，可以使用的方法有两种。一是使用定时器定时实现，为了确保精度，可以使用 10 ms 定时精度的定时器 T200～T245；二是直接使用特殊辅助继电器 M8013 来实现。

第二是 LED 数码管显示的问题，即如何对七段 LED 数码管进行驱动，也有两种方法：使用基本指令 OUT 实现或者使用功能指令 SEGD 来实现。为了使编程方便且程序简练，图 8-2-3 所示的 PLC 程序给出了使用 M8013 和 SEGD 指令实现 9 s 倒计时钟的梯形图。

（2）通过 GX Works2 软件运行该梯形图，仔细观察梯形图的运行是否有异常情况，思考一下产生该现象的原因以及解决方法？

```
     X000
0 ───┤/├──┬──────────────────────────[RST   C0  ]──
          │
          ├──────────────────────────[RST   D0  ]──
          │
          └──────────────────[ZRST   Y000   Y007]──

     X000       M8013                       K9
11 ──┤ ├──┬──────┤ ├──────────────────(C0    )──
          │
          ├───────────[SUB   K9   C0   D0  ]──────
          │
          ├─────────────[SEGD   D0    K2Y000  ]───
          │
          ├───────────[CMP   D0    K0   M0   ]────
          │
          │     M1
          └──────┤ ├──────────────────(Y010   )──

39 ─────────────────────────────────[END   ]──
```

图 8-2-3　9 s 倒计时钟梯形图

任务三　商场自动售货机系统的控制

任务引入

有一商场自动售货机用于出售餐巾纸、罐装可乐、罐装雪碧和罐装牛奶。它有一个 1 元硬币投币口，用七段 LED 数码管显示投币总值和购物后的剩余币值，具体控制要求如下：

（1）自动售货机中四种物品价格分别为：餐巾纸 1 元、可乐和雪碧均为 3 元、罐装牛奶为 5 元。

（2）当投入的硬币总值满 1 元时，餐巾纸指示灯亮，按餐巾纸按钮，餐巾纸阀门打开 0.5 s，便有 1 包餐巾纸落下。

（3）当投入的硬币总值满 3 元时，餐巾纸、可乐和雪碧指示灯同时亮，按相应按钮对应物品的阀门打开 0.5 s，单位对应物品落下。

（4）当投入的硬币总值满 5 元时，所有物品对应的指示灯均亮，按相应按钮对应物品的阀门打开 0.5 s，单位对应物品落下。

（5）按下退币按钮，退币电动机运转，退币感应器开始计数，退出多余的钱币后，退币电动机停止。

任务分析

由控制要求可知，投入的钱币需通过传感器记忆钱币个数，并将钱币数存入数据寄存器 D0。用户每投入一个硬币，D0 内数据加 1，每购买一个物品则减去该物品对应的币值，可用二进制加、减运算指令实现，并用七段码译码指令 SEGD 进行解码，控制显示器正确显示投币总值和剩余币值。当

学习笔记

请分析：

SUB K9 C0 D0 实现的功能是

SEGD D0 K2Y000 实现的功能是

CMP D0 K0 M0 实现的功能是

请查找说明书：

数据加 1 指令表达方式：

学习笔记

请判断：给 4 个需要解决的问题，结合自身实际，由易到难判断：

①

②

③

④

请分析：基于 PLC 控制自动售货机系统中有 个输入信号，个输出信号。

绘制注意事项：

①

②

投入硬币总值满一定数值时，相应物品的指示灯亮，可用区间比较指令实现。退币动作由退币电动机控制，并由退币感应器记录退币的数量，准确地退出多余的钱币。

通过本任务的学习，需要解决如下几个问题：

（1）会自定 I/O 分配表，画出三菱 PLC 控制商场自动售货机系统的电路原理图。

（2）能根据 PLC 电路原理图，独立完成 PLC 接线板的安装与检测。

（3）利用算术运算类指令以及七段解码指令完成自动售货机控制系统的程序编写。

（4）通过 GX Works2 编程软件，编写、调试并监控程序，达到本任务的控制要求。

活动 1：输入与输出点的分配

自动售货机控制系统的输入/输出分配见表 8-3-1。

表 8-3-1　自动售货机控制输入/输出分配表

输　　入			输　　出		
元件	作用	输入点	输出点	元件	作用
SB1	投币口	X000	Y000	YV1	餐巾纸出口
SB2	餐巾纸选择	X001	Y001	YV2	可乐出口
SB3	可乐选择	X002	Y002	YV3	雪碧出口
SB4	雪碧选择	X003	Y003	YV4	罐装牛奶出口
SB5	罐装牛奶选择	X004	Y004	YV5	退币电磁铁
SB6	退币按钮	X005	Y005	KM	退币电机
SB7	退币传感器	X006	Y010~Y017	七段显示器	投币值及余额显示
			Y020	HL1	餐巾纸指示灯
			Y021	HL2	可乐指示灯
			Y022	HL3	雪碧指示灯
			Y023	HL4	罐装牛奶指示灯

活动 2：画 PLC 系统电路原理图

根据 I/O 分配表，画出用三菱 FX3U-48M 型可编程控制器实现自动售货机控制系统的电路原理图，如图 8-3-1 所示。

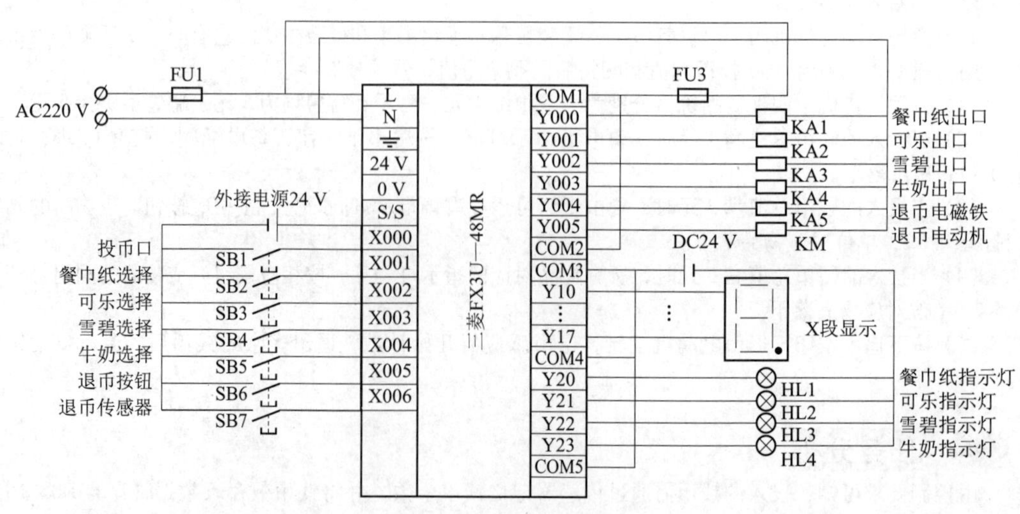

图 8-3-1　PLC 电路原理图

活动 3：PLC 接线板的安装

1. 元器件的准备

准备好本活动需要的元件器材，见表 8-3-2。

表 8-3-2　元件器材表

序号	名　称	型号规格	数量	单位	备注
1					
2					
3					
4					
5					
6					
7					
8					
9					
10					
11					
12					
13					
14					
15					
16					
17					
18					
19					
20					

2. 元器件的布置

根据表 8-3-2 检测元器件的好坏，将符合要求的元器件按图 8-3-2 安装在网孔板上并固定。

3. PLC 系统的连线与自检

根据图 8-3-1 所示 PLC 电路原理图以及图 8-3-2 所示元器件分布的情况，按配线原则与工艺要求进行 PLC 控制系统的安装接线。特别注意布线需紧贴线槽，保持整齐与美观。具体操作方式可按如下步骤进行。

（1）连接 PLC 电源部分。如图 8-3-3 所示，L1、L2 两根相线→进端子排→从端子排出→________ V11 分别通过熔断器____→连接变压器 TC→1 号线通过 FU2 连接 PLC 的____，而 0 号线直接连接 PLC 的____。此时 PLC 电源部分的接线完成。

（2）PLC 电源部分自检。

① 检查布线。对照图 8-3-3 检查是否掉线、错线，是否漏编、错编，接线是否牢固等。

② 用万用表检测。用万用表检测过程见表 8-3-3，如测量阻值与正确阻值不符，则应重新检查布线。

学习笔记

请回答：

电路原理图中所示数码管的工作电源是

KA1－KA5 的工作电源是

KM 的工作电源是

HL1－HL5 的工作电源是

提醒：

请结合电路原理图的分析，填写需要元器件的名称、型号、数量、单位

请解释：

在元件器材的准备中，请针对七段显示板的型号规格进行具体的阐述：

请记录：

PLC 电源部分连接过程中的注意事项及问题：

学习笔记

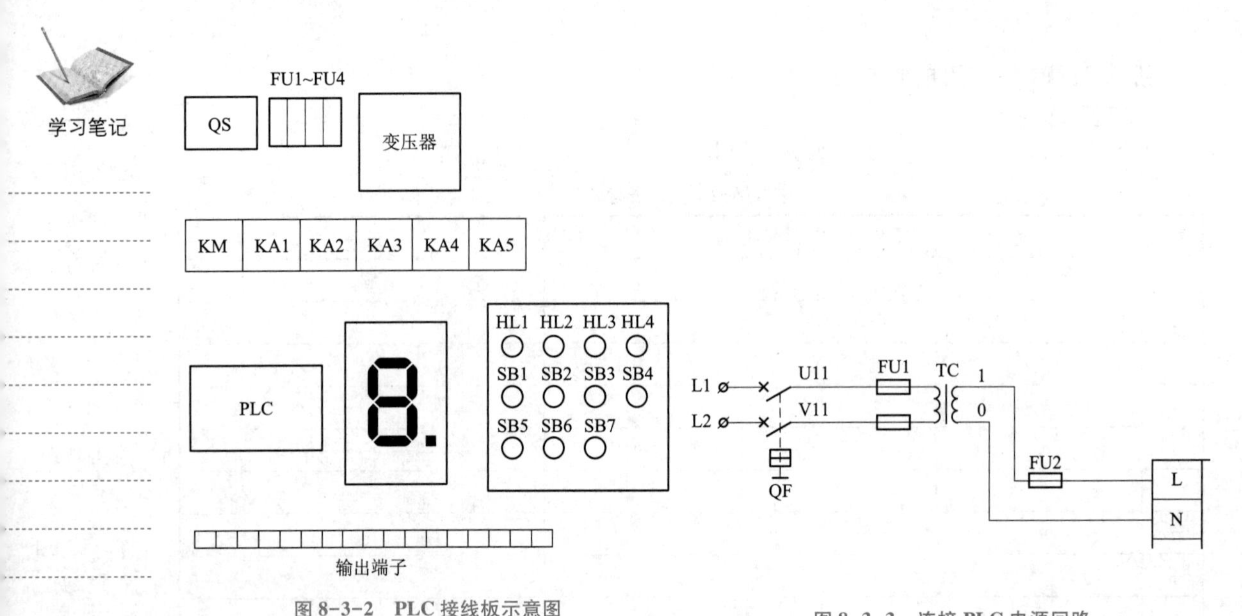

图 8-3-2 PLC 接线板示意图

图 8-3-3 连接 PLC 电源回路

请记录：PLC 检测所存在的问题：

①

②

表 8-3-3 万用表的检测过程

序号	检测内容	操作情况	正确阻值	测量阻值
1	检测判别 FU 的好坏	两表棒分别搭接在 FU1、FU2 的上下接线端子上	均为 0 Ω	
2	测量 L1、L2 之间的绝缘电阻	合上断路器，两表棒分别搭接在接线端子排 XT 的 L1 和 L2 上	TC 初级绕组的阻值	
3	测量 PLC 上 L、N 之间的电阻	两表棒分别搭接在 PLC 的接线端子 L 和 N 上	TC 次级绕组的阻值	

③ 通电观察 PLC 的指示灯。经过自检，确认正确和无安全隐患后，通电观察 PLC 的 LED 指示并做好记录，见表 8-3-4。

通电测试过程中的安全注意事项：

①

②

表 8-3-4 LED 工作情况记载表

步骤	操作内容	LED	正确结果	观察结果
1	先插上电源插头，再合上断路器	POWER	点亮	
2	拨动 RUN/STOP 开关，拨至“RUN”位置	RUN	点亮	
3	拨动 RUN/STOP 开关，拨至“STOP”位置	RUN	熄灭	
4	⚠ 拉下断路器后，拔下电源插头	断路器 电源插头	已分断	

请记录：PLC 输入回路部分连接与检测过程的注意事项及问题：

①

②

（3）连接 PLC 输入回路部分。如图 8-3-4 所示，① 导线从 X000 端子→入______→从端子排出→连接______；② 导线从 X001 端子→入______→从端子排出→连接______；然后依此类推；③ 将 SB1～SB7 常开按钮的______→入端子排→从端子排出→连接______。

（4）PLC 输入回路部分的自检。

① 检查布线。对照图 8-3-4 检查是否掉线、错线，是否漏编、错编，接线是否牢固等。

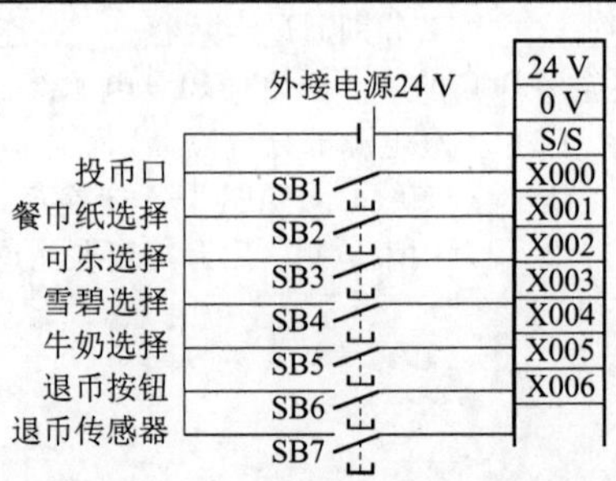

图 8-3-4 连接 PLC 输入回路

② 用万用表检测。用万用表检测过程见表 8-3-5，如测量阻值与正确阻值不符，则应重新检查布线。

表 8-3-5　万用表的检测过程

序号	检测内容	操作情况	正确阻值	测量阻值
1	测量 PLC 的各输入端子与“COM”之间的阻值	分别动作输入设备，两表棒搭接在 PLC 各输入接线端子与“COM”上	均为 0 Ω	
2	测量 PLC 的各输入端子与电源输入端子“L”之间的阻值	两表棒分别搭接在 PLC 各输入接线端子与电源输入端子“L”上	均为∞	

③ 通电观察 PLC 的指示灯。经过自检，确认正确和无安全隐患后，通电观察 PLC 的 LED 指示并做好记录，见表 8-3-6。

表 8-3-6　LED 工作情况记载表

步骤	操作内容	LED	正确结果	观察结果
1	先插上电源插头，再合上断路器	POWER	点亮	
2	按下 SB1	X000	点亮	
3	按下 SB2	X001	点亮	
4	按下 SB3	X002	点亮	
5	按下 SB4	X003	点亮	
6	按下 SB5	X004	点亮	
7	按下 SB6	X005	点亮	
8	按下 SB7	X006	点亮	
9	⚠ 拉下断路器后，拔下电源插头	断路器 电源插头	已分断	

（5）连接 PLC 输出回路部分。

如图 8-3-5 所示，将 COM1 与 COM2 ____，通过熔断器 FU3 连接 PLC 的____，而 Y000~Y005 通过____以及____后连接至 PLC 的____。又因为 LED 数码管和 HL 指示灯的额定电压均为____，所以将 COM3、COM4 和 COM5 ____后接至 PLC 的____，Y010~Y023 连接负载后连至 PLC 的____。

（6）PLC 输出回路部分的检测。

① 检查布线。对照图 8-3-5 检查是否掉线、错线，是否漏编、错编，接线是否牢固等。

② 用万用表检测。用万用表检测过程见表 8-3-7，如测量阻值与正确阻值不符，则应重新检查布线。

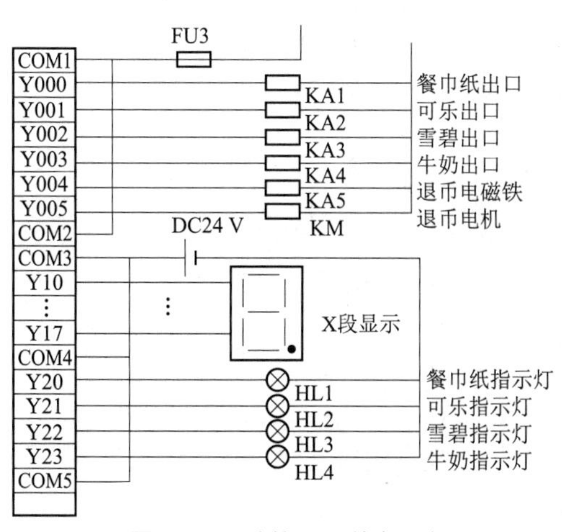

图 8-3-5　连接 PLC 输出回路

万用表使用注意事项：
①
②

通电测试过程中的安全注意事项：
①
②

请说明：KA 和 HL 在接线中的区别是：

七段数码显示，在接线中需要注意：

学习笔记

请记录：PLC 输出回路部分连接与检测过程中的注意事项及问题：

①

②

③

④

请思考：左边的自动售货机系统基本逻辑指令程序是否可以优化：

表 8-3-7　万用表的检测过程

序号	检测内容	操作情况	正确阻值	测量阻值
1	测量 PLC 直流电源输出端子“24+”与“PE”端子之间的阻值	两表笔分别搭接在“24+”与“PE”端子上	∞	
2	测量 PLC 输出公共端与“24+”之间的阻值	两表笔分别搭接 COM3 与“24+”、COM4 与“24+”、COM5 与“24+”上	均为 0	
3	测量 PLC 的各输出端子与“PE”之间的阻值	两表棒分别搭接在 PLC 输出接线端子（Y010～Y023）与“PE”端子上	均为指示灯的阻值	
4	测量 PLC 的各输出端子与对应公共端子之间的阻值	两表棒分别搭接在 PLC 输出接线端子与对应的公共端子上	均为 TC 次级绕组与负载的阻值之和	

活动 4：用功能指令编写 PLC 控制程序

PLC 控制程序如图 8-3-6 所示。

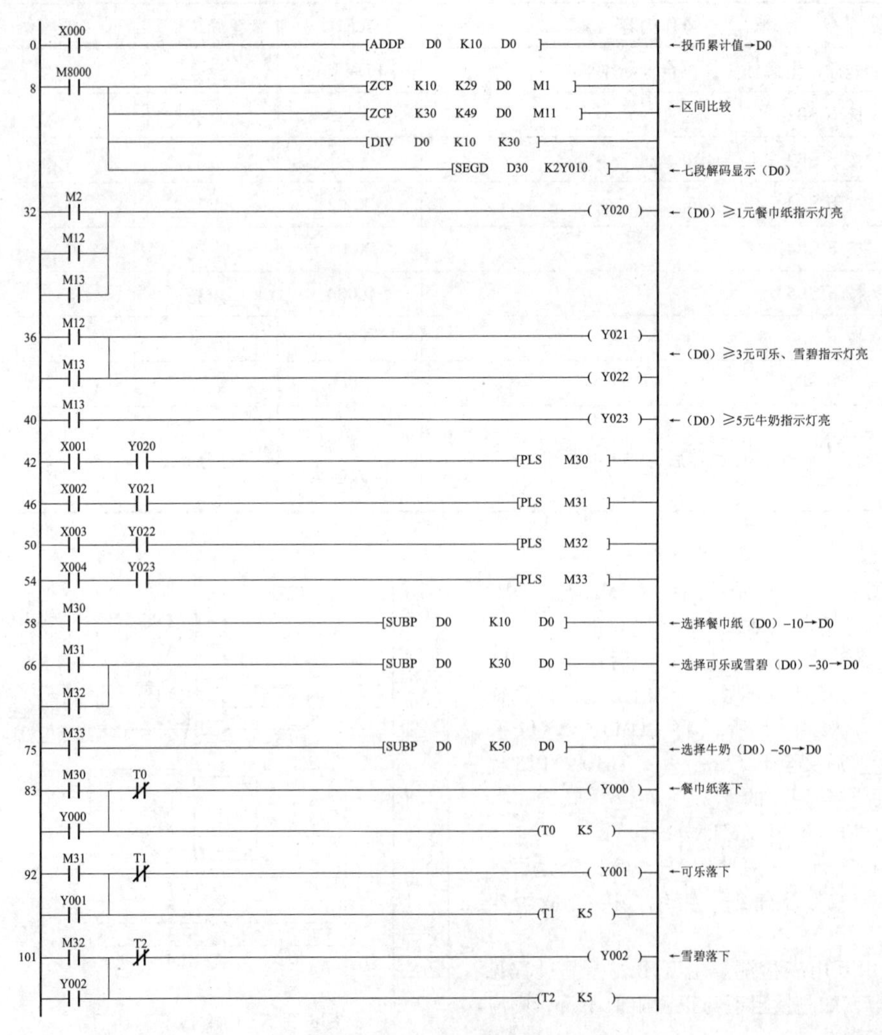

图 8-3-6　PLC 控制程序

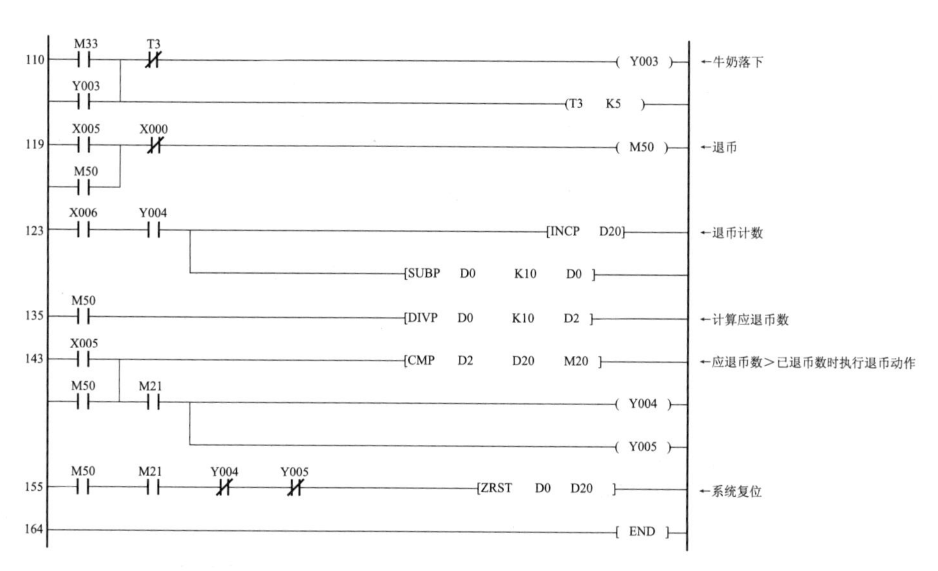

图 8-3-6　PLC 控制程序（续）

活动 5：用 GX Works2 编程软件编写、下载、调试程序

1. 程序输入

打开 GX Works2 编程软件，新建“自动售货机”文件，输入 PLC 程序，如图 8-3-7 所示。

2. 程序下载

单击“在线”图标，再选择“PLC 写入”选项，将 PLC 程序下载至 PLC，如图 8-3-8 所示。注意：此时可让三菱 FX3U PLC 的运行按钮切换至“STOP”上。

3. 系统调试

（1）在教师现场监护下进行通电调试，验证系统控制功能是否符合要求。

（2）如果出现故障，学生应独立检修，根据出现的故障现象检修相关线路或修改梯形图。

（3）系统检修完毕后应重新通电调试，直至系统正常工作。

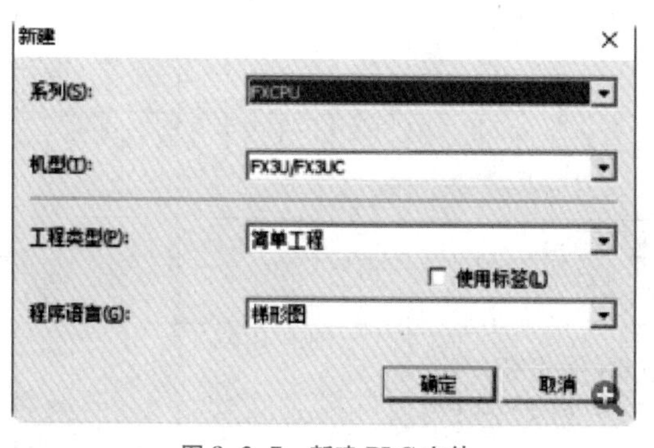

图 8-3-7　新建 PLC 文件

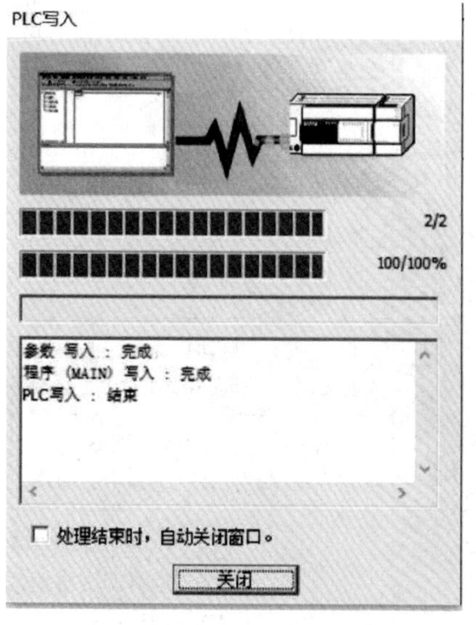

图 8-3-8　程序下载至 PLC

学习笔记

程序分析

请记录：

自动售货机系统控制程序调试步骤

①

②

③

请思考：

若在下载程序中，出现无法变换的问题，说明错误原因：

请记录：

自动售货机控制系统程序调试中存在的问题及解决方法

①

②

学习笔记

请整理该项目学习中所有指令及使用注意事项：

①

②

③

④

项目评价表见表 8-3-8。

表 8-3-8　项目评价表

		考核内容		项目分值	自我评价	小组评价	教师评价
考核项目	专业能力 60%	1. 工作准备的质量评估	（1）常用电工工具、三菱 FX3U PLC、计算机、GX 软件、万用表、数据线能正常使用	5			
			（2）工作台环境布置合理，符合安全操作规范	5			
		2. 工作过程各个环节的质量评估	（1）能根据自动售货机控制系统的具体要求，合理分配输入与输出点	2			
			（2）画出由三菱 FX3U 系列 PLC 控制自动售货机的电路原理图	4			
			（3）会利用 ADD 加法、SUB 减法、MUL 乘法、DIV 除法、SEGD 七段解码指令编写简单的 PLC 程序	2			
			（4）能用算术运算功能指令实现代数计算的正确运行	2			
			（5）能用乘除功能指令实现霓虹灯系统的正确控制	2			
			（6）能用 SEGD 指令实现 LED 数码管的正确运行	4			
			（7）能综合应用上述指令实现自动售货机系统的运行	4			
		3. 工作成果的质量评估	（1）三菱 PLC 接线板搭建美观、合理、规范	5			
			（2）会用万用表检测并排除 PLC 系统中电源部分、输入回路以及输出回路部分的故障	5			
			（3）能熟练使用 GX Works2 编程软件实现 PLC 程序的编写、调试、监控	10			
			（4）项目实验报告过程清晰、内容翔实、体验深刻	10			
		信息收集能力	自动售货机控制系统实施过程中程序设计以及元器件选择的相关信息的收集	10			
		交流沟通能力	会通过组内交流、小组沟通、师生对话解决软件、硬件设计过程中的困难，及时总结	10			
		分析问题能力	了解 PLC 电路原理图的分析过程、正确的接线方式，采用联机调试基本思路与基本方法顺利完成本项目的软、硬件设计	10			
		团结协作能力	项目实施过程中，团队能分工协作、共同讨论，及时解决项目实施中的问题	10			

学习笔记

项目总结

本项目以实现商场自动售货机控制系统运行为主线，先学习算术运算类指令来实现加、减、乘、除四则运算，然后学习七段解码指令 SEGD 来实现对 LED 数码管的控制，最后综合应用所学功能指令并结合接线板的制作，完成商场自动售货控制系统的模拟运行。在完成项目的过程中，读者应多练习利用 GX Works2 软件仿真的方法。

练习与操作

1. 用 ADD 和 SUB 指令编写进入或离开车库的车辆数统计程序。设 X001、X002 为两组光电开关，当车辆进入时，先阻挡光电开关 X001，再阻挡 X002；当车辆离开时，先阻挡光电开关 X002，再阻挡 X001。

请思考：ADD 和 SUB 指令，如何实现阻挡作用

2. 编写用四个按钮 SB1～SB4 控制七段数码管显示的程序，控制要求见表 8-3-9。

表 8-3-9　按钮控制数码管显示要求表

控制按钮				数码管显示数字
SB1	SB2	SB3	SB4	
0	0	0	0	0
0	0	0	1	1
0	0	1	0	2
0	0	1	1	3
0	1	0	0	4
0	1	0	1	5
0	1	1	0	6
0	1	1	1	7
1	0	0	0	8
1	×	×	1	9

四个按钮实现七段数的数码管显示遵循码的原则是

项目九 电动机的定位控制

二十大报告中强调，要坚持教育优先发展、科技自立自强，加快建设教育强国、科技强国、人才强国。定位控制技术是适应现代高科技需要而发展起来的先进控制技术，是高科技产品开发过程中不可或缺的关键手段，它应用现代电子、传感技术及计算机等高新技术，并综合应用了机械技术发展的新成果，不管是在民用工业，还是在国民经济建设中都有着极其广泛的应用前景。例如，机床工作台的移动（见图9-0-1）、电梯的平层、定长处理、立体仓库的操作机取货/送货及各种包装机械、输送机械等。和模拟量控制、运动量控制一样，位置控制已成为当今自动化技术的一个重要内容。位置定位控制是指当控制器发出控制指令后，使运动件（如机床工作台）按指定速度，完成指定方向上的指定位移。位置控制是运动控制的一种，称定位控制、点位控制。

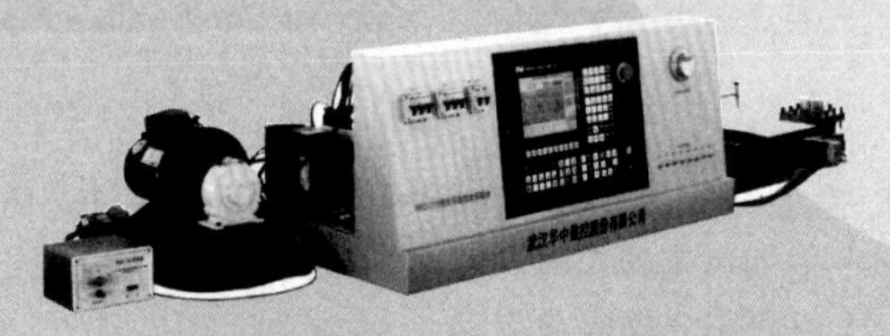

图9-0-1 数控机床工作台

电动机定位控制演示

本项目主要介绍了电动机定位的PLC控制，包括步进电动机定位控制系统及伺服电动机定位控制系统的结构组成，并配合学习功能指令的编程来实现电动机不同定位要求的控制方法。通过本项目的学习和实践，应努力达到如下目标：

知识目标：

（1）知道电动机定位控制系统、伺服电动机定位控制系统的基本组成结构；

（2）熟悉脉冲输出指令PLSY、PLSR的基本功能和编程使用方法；

（3）理解定位控制指令DRVI、DRVA的基本功能和编程使用方法。

技能目标：

（1）会绘制电动机定位控制系统的PLC电路原理图；

（2）能独立完成电动机定位控制系统的安装与检测；

（3）能小组合作应用多种编程语言完成系统的PLC程序设计与调试。

素养目标：

（1）形成多方式解决问题的思维方式及创新实践的工程意识；

（2）养成严谨、细致、乐于探索实践的职业习惯；

（3）培养应用技能服务生活、科技创造美好的职业情怀。

学习笔记

任务一　步进电机的定位控制

任务引入

在继电控制中，工作台的往复运动就是一种最简单的位置控制。它利用行程开关的位置来控制电动机的正反转而达到工作台位置的往复移动。在这个控制中，运动件的速度是通过机械结构传动比的改变而达到的（是一种有级变速），而电动机的转速是不变的，且其位置控制的精度也是非常低的（基本上不涉及精度的讨论）。

当步进电动机和伺服电动机被引入到位置控制系统作为执行器后，位置控制（包括其他运动量控制）的速度和精度都得到了很大的提高，能够满足更高的控制要求。同时，由于电子技术的迅速发展和成本的大幅降低，位置控制的应用越发广泛。现有一工作台自动往返运行控制系统，如图9-1-1所示，具体的控制要求如下：

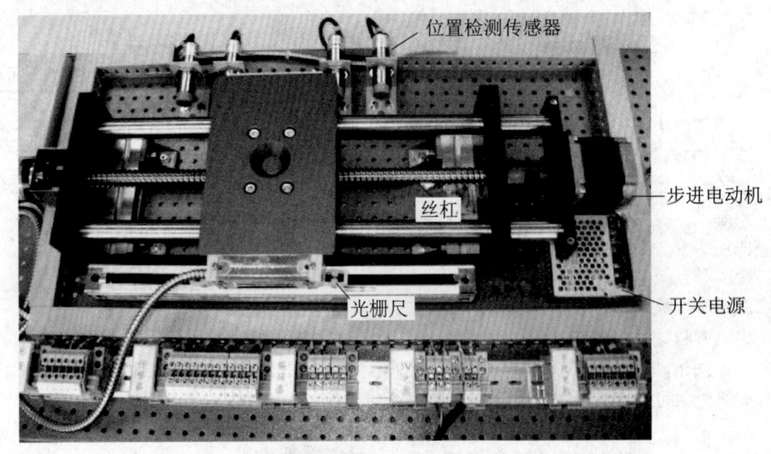

图9-1-1　工作台自动往返系统

运动机构由步进电动机驱动，现步进电动机一周需要1 000个脉冲，电动机运行具体控制要求如下：电动机运转速度为1 r/s，电动机正转5周，停止2s；再反转5周，停止2 s；再正转5周……如此循环，直到按下停止按钮，电动机则立即停止运动。

请判断：

给4个需解决的问题，结合自身实际，由易到难判断：

①

②

③

④

任务分析

要完成本任务中步进电动机的定位控制，PLC为核心，由PLC发出控制指令，步进驱动器接受控制信号，同时基于对控制精度的调节驱动步进电动机。通过本任务的学习，你可以解决下面几个问题：

（1）认识步进电动机定位控制系统，对步进电动机及驱动器有一定的认知。

（2）学会三菱PLC中脉冲输出指令PLSY的应用。

（3）根据步进电动机定位控制系统的原理分析，结合任务要求完成I/O地址分配，绘制出PLC电气控制原理图。

（4）结合任务的定位控制要求，完成PLC梯形图的程序设计及调试。

请回答：

步进电动机定位控制系统的组成部分

活动1：认识步进电动机定位控制系统

步进电动机是一种作为控制用的特种电动机。它的旋转是以固定的角度（称为“步距角”）一步一步运行的，其特点是没有积累误差，所以广泛应用于各种定位控制中。步进电动机的运行要有一个电子装置进行驱动，这种装置就是步进电动机驱动器，它是把控制系统发出的脉冲信号转化为步进电动机的角位移。因为步进电动机是受脉冲信号控制的，故把这种定位控制系统称为数字量定位控制系统。

学习笔记

一、步进定位控制系统组成

采用步进电动机作为执行元件的定位控制系统图，如图 9-1-2 所示。

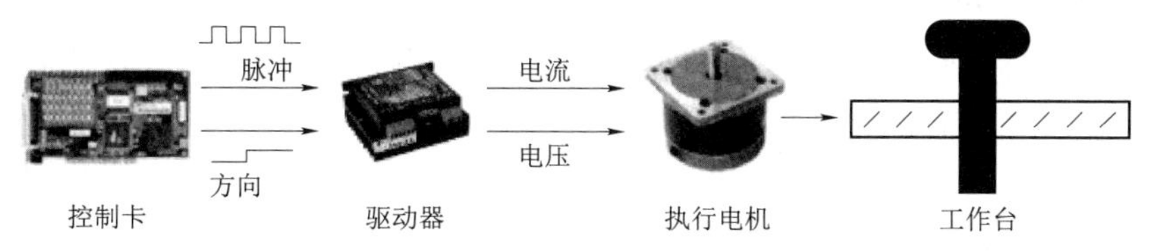

图 9-1-2　步进电动机定位控制系统图

在图 9-1-2 中，控制器为发出位置控制命令的装置，其主要作用是通过编制程序下达控制指令，使步进电动机按控制要求完成位移和定位。控制器可以是单片机、工控机、PLC 和定位模块等。驱动器又称放大器，作用是把控制器送来的信号进行功率放大，用于驱动电动机运转。可以说，驱动器是集功率放大和位置控制为一体的智能装置。步进电动机按照分配的信号运行驱动相应工作台。

请回答：驱动器的作用是：

当用步进电动机进行位置控制时，由于步进电动机没有反馈元件，因此，控制是一个开环控制。使用 PLC 作为位置控制系统的控制器已成为当前应用的一种趋势。目前，PLC 都能提供一轴或多轴的高速脉冲输出及高速硬件计数器，许多 PLC 还设计多种脉冲输出指令和定位指令，使定位控制的程序编制十分简易方便。此外，其与驱动器的硬件连接也十分简单容易，特别是 PLC 用户程序的可编性，使 PLC 在位置控制中应用非常广泛。步进电动机通常通过输出高速脉冲进行位置控制，这是目前比较常用的方式。

二、步进电动机的介绍

步进电动机是一种专门用于速度和位置精确控制的特种电动机，实物外观如图 9-1-3 所示，它的旋转是以固定的角度（称为步距角）一步一步运行的，故称步进电动机。

请回答：步距角的含义：

图 9-1-3　步进电动机实物图

对电动机实现精确调整的方法是：

步进电动机作为一种控制用的特种电动机，因其没有积累误差（精度为 100%）而广泛应用于各种开环控制。步进电动机的缺点是控制精度较低，电动机在较高速或大惯量负载时会造成失步（电动机运转时运转的步数不等于理论上的步数，称为失步）。

步进电动机运行时，控制系统每发一个脉冲信号，通过驱动器就使步进电动机旋转一个角度（步距角）。若连续输脉冲信号，则转子就一步一步地转过一个一个角度，故称步进电动机。根据步距角的大小和实际走的步数，只要知道其初始位置，便可知道步进电动机的最终位置。每输入一个脉冲，电动机旋转一个步距角，电动机总的回转角与输入脉冲数成正比例关系，所以，控制步进脉冲的个数，可以对电动机进行精确定位。同样，每输入一个脉冲电动机旋转一个步距角，当步距角大小确定后，电动机旋转一周所需脉冲数是一定的，所以，步进电动机的转速与脉冲信号的频率成正比。控制步进脉冲信号的频率，可以对电动机进行精确调速。

步进电动机主要有三种类型：永磁式步进电动机（Permanent Magnet，PM）、变磁阻步进电动机（Variable Reluctance，VR）或称反应式步进电动机、混合式步进电动机（Hybrid Moter，HB）。由其

学习笔记

请分析：

典型两相混合式步进电动机的定子组成部件

请分析：

微步距方式的优点：

2M412 型步进驱动器的含义：

步进驱动器接收信号包括

定子绕组相数可分为两相、三相、四相、五相等。现将工业上应用最广泛的两相混合式步进电动机进行简单的介绍。

1. 两相混合式步进电动机的内部结构

步进电动机构造：由转子（转子铁芯、永磁体、转轴、滚珠轴承）、定子（绕组、定子铁芯）和前、后端盖等组成。最典型的两相混合式步进电动机的定子上有 8 个绕有线圈的铁芯磁极，如图 9-1-4（a）所示；8 个线圈串接成 A、B 两相绕组；每个定子磁极边缘有多个小齿，一般多为五或六齿。

如图 9-1-4（b）所示，转子由两段有齿环形转子铁芯、装在转子铁芯内部的环形磁钢及轴承、轴组成。将环形磁钢沿轴向充磁，两段转子铁芯的一端呈 N 极性，另一端呈 S 极性，分别称为 N 段转子和 S 段转子。转子铁芯的边缘加工有小齿，一般为 50 个，齿距为 7.2°。两段转子的小齿相互错开 1/2 齿距。

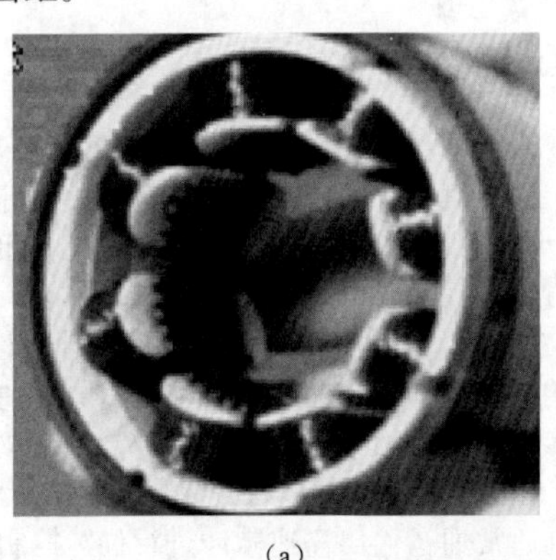

（a）

（b）

图 9-1-4　两相混合式步进电机内部结构图
（a）定子结构示意图；（b）转子结构示意图

2. 两相混合式步进电动机的工作方式

通过对两相绕组进行不同方式的通电，两相混合式步进电动机的工作方式主要有单、双四拍的整步距方式，单、双八拍的半步距方式。步进电动机整、半步运行存在的问题有分辨率低、低速运动不平滑、噪声大且存在谐振现象，所以微步距的控制技术得以广泛的应用。微步距方式相对前两种工作方式来说其步距角更小，使电动机运行更加平稳。

三、步进驱动器

步进驱动器能使步进电动机运转的功率放大，能把控制器发来的脉冲信号转化为步进电动机的角位移，电动机的转速与脉冲频率成正比，所以控制脉冲频率可以精确调速，控制脉冲数就可以精确定位。图 9-1-5 所示为 Kinco 步进驱动器 2M412 实物，此驱动器可驱动电流小于 1.2 A 的任何两相双极型混合式步进电动机。

图 9-1-5　Kinco 步进驱动器 2M412 实物

1. 步进电动机驱动器基本工作原理

驱动器接受一个脉冲信号就驱动步进电动机按照设定的方向转动一个固定角度（步距角），其旋转以固定角度一步一步运行；步进电动机不能直接接到直流或交流电源上工作，必须使用专用的驱动电源（步进电动机驱动器）。控制器（脉冲信号发生器）可以通过控制脉冲的个数来控制角位移量，从而达到准确定位的目的；同时可以通过控制脉冲频率来控制电动机转动的速度和加速度，从而达到调速的目的。

从步进电动机的转动原理分析，要使步进电动机正常运行，必须按规律控制步进电动机的每一相绕组得电。步进驱动器接收外部的信号是方向信号（DIR）和脉冲信号（CP）。另外步进电动机在停止时，通常有一相得电，电动机的转子被锁住，所以当需要转子松开时，可以使用脱机信号（FREE）。如图 9-1-6 所示，环型分配器的功能主要是把外部脉冲信号 CP 端送入的脉冲进行分配，给功率放大器，功率放大器相应的晶体管导通，步进电动机的线圈得电。

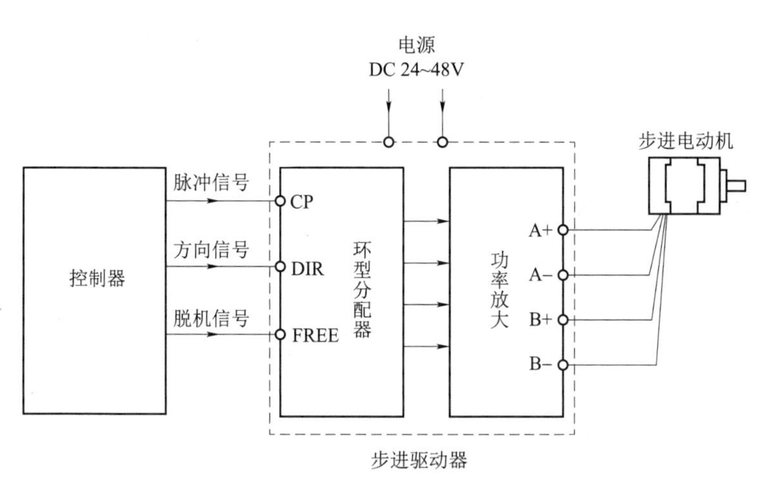

图 9-1-6　步进驱动器原理图

步进驱动器原理讲解

2. 步进驱动器工作模式

步进电动机有 3 种基本的驱动模式，即整步、半步、细分，其主要区别在于电动机线圈电流的控制精度（即激磁方式）。

（1）整步驱动。在整步运行中，同一种步进电动机既可配整/半步驱动器，也可配细分驱动器，但运行效果不同。步进驱动器通过脉冲/方向指令对两相步进电动机的两个线圈循环激磁（即将线圈充电设定电流），这种驱动方式的每个脉冲将使电动机移动一个基本步距角，即 1. 8°（标准两相步进电动机的一圈共有 200 个步距角）。

（2）半步驱动。在单相激磁时，电动机转轴停至整步位置上，驱动器收到下一脉冲后，如给另一相激磁且保持原来相继处在激磁状态，则电动机转轴将移动半个步距角，停在相邻两个整步位置的中间。如此循环地对两相线圈进行单相、双相激磁，步进电动机将以每个脉冲 0. 9°的半步方式转动。与整步方式相比，半步方式具有精度高一倍和低速运行时振动较小的优点，所以实际使用整/半步驱动器时一般选用半步模式。

（3）细分驱动。细分驱动模式具有低速振动极小和定位精度高两大优点。对于有时需要低速运行（即电动机转轴有时工作在 60rpm 以下）或定位精度要求小于 0. 9°的步进应用中，细分驱动器获得广泛应用。其基本原理是对电动机的两个线圈分别按正弦和余弦形的台阶进行精密电流控制，从而使得一个步距角的距离分成若干个细分步完成。

细分功能完全是由驱动器靠精度控制电动机的相电流所产生的，与电动机无关。要了解步进电动机驱动器的“细分”，首先要理解步进电动机“步距角”这个概念：它表示控制系统每发一个步进脉冲信号，电动机所转动的角度。电动机出厂时给出了一个步距角的值，如 2S42Q-03848 两相混合式步进电动机给出的值为 0. 9°/1. 8°（表示半步工作时为 0. 9°、整步工作时为 1. 8°），这个步距角可以称为“电动机固有步距角”，它不一定是电动机实际工作时的真正步距角，真正的步距角和驱动器有关，可参考表 9-1-1（以 2S42Q-03848 型电动机为例）。

请解释：细分驱动中，细分的定义是：

请计算：驱动器工作在半步状态时，真正步距角的计算过程

表 9-1-1　2S42Q-03848 型电动机的步距角分配表

电动机固有步距角	所用驱动器类型及工作状态	电动机运行时的真正步距角
0. 9°/1. 8°	驱动器工作在半步状态	0. 9°
0. 9°/1. 8°	驱动器工作在 5 细分状态	0. 36°
0. 9°/1. 8°	驱动器工作在 10 细分状态	0. 18°
0. 9°/1. 8°	驱动器工作在 20 细分状态	0. 09°
0. 9°/1. 8°	驱动器工作在 40 细分状态	0. 045°

从表 9-1-1 可以看出：步进电动机通过细分驱动器的驱动，其步距角变小了，如驱动器工作在

学习笔记

请回答：

细分的基本概念：

细分状态时，其步距角只为“电动机固有步距角”的十分之一，也就是说：当驱动器工作在不细分的整步状态时，控制系统每发一个步进脉冲，电动机转动 1.8°；而用细分驱动器工作在 10 细分状态时，电动机只转动了 0.18°，这就是细分的基本概念。具体对应的电动机转速实用公式如下：

$$V(\mathrm{r/min}) = 60\frac{P\theta_e}{360 \times m} \qquad \text{（公式 9-1-1）}$$

式中，V——电动机转速（rpm 转/分）；

P——脉冲频率（Hz）；

θ_e——电动机固有步距角；

m——细分数（整步为 1，半步为 2）。

对于电动机的驱动输出相电流及细分都可通过 DIP 开关进行调整，以配合不同规格的电动机，达到不同的控制精度，具体操作将在后面的活动中具体介绍。Kinco 步进驱动器 2M412 与控制的接线原理图如图 9-1-7 所示。

步进驱动器接线讲解

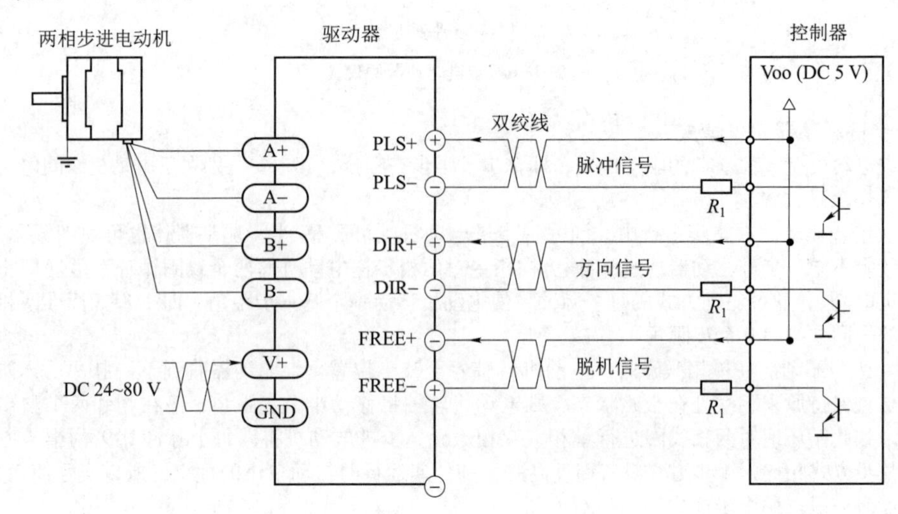

图 9-1-7　步进驱动器接线原理图

请思考：

若脉冲信号和方向信号接反，会有什么影响

① PLS+、PLS-：步进电动机驱动器脉冲信号端子，接受 PLC 发来的脉冲信号。

② DIR+，DIR-：步进电动机驱动器方向信号端子。

③ FREE+，FREE-：为脱机信号。被接步进电动机每脉冲信号输入时具有自锁功能，可锁住转子不动，有脱机信号时解除自锁功能，转子处于自由状态，不响应步进脉冲。

④ V+，GDN：驱动器直流电源端子，交流电源较少。

活动 2：学习 FX 系列 PLC 脉冲输出指令的使用方法

一、学习脉冲输出指令

请分析：

PLSY 指令中只能由 Y0、Y1、Y2 作为输出信号的原因

（1）功能号：FNC57。

（2）助记符：PLSY（16 位连续执行型脉冲输出指令）、DPLSY（32 位连续执行型脉冲输出指令）。

（3）指令功能：将源操作数所对应脉冲个数，以源操作数指定的频率送入目标元件中（对于三菱小型 PLC，如 FX 系列只能选择晶体管输出型且只能是 Y0、Y1、Y2）。

应用举例：

举例 1：

如图 9-1-8 所示，当 X001 的上升沿到来时，Y0 为脉冲输出点，脉冲输出的个数是 5 000 个，脉冲频率为 1 000 Hz。

指令说明：

图 9-1-8 PLSY 指令举例

1. 关于输出频率 S1 和输出脉冲个数 S2

输出频率 S1：FX_{2N}为 2~20 kHz，FX_{1S}、FX_{1N}为 1~100 kHz。

输出脉冲个数 S2：【16 位】1~32 767，【32 位】1~2 147 483 647。

脉冲个数 S2 必须在指令未驱动时进行设置。如指令执行过程中改变脉冲个数，指令不执行新的脉冲个数数据，而是要等到再次驱动指令后才执行新的数据。而输出频率 S1 则不同，其在执行过程中随 S1 的改变而马上改变，PLSY 指令是一个既能输出频率，又能输出脉冲个数的指令，因此常在定位控制中作定位控制指令用，但必须配合旋转方向输出一起进行。

2. 脉冲输出方式

指令驱动后，采用中断方式输出脉冲串，因此，不受扫描周期影响。如果在执行过程中指令驱动条件断开，输出马上停止，再次驱动后，又从最初开始输出。如果输出连续脉冲（S2=K0），则驱动条件断开，输出马上停止。

如果在脉冲执行过程中，当驱动条件不能断开时，又希望脉冲停止输出，则可利用驱动特殊继电器 M8145（对应 Y0）和 M8146（对应 Y1）来立即停止输出，见表 9-1-2。

如果希望监控脉冲输出，则可利用 M8147 和 M8148 的触点驱动相应显示，见表 9-1-2。

3. 相关特殊软元件

脉冲输出指令在执行时，涉及一些特殊继电器 M 和数据寄存器 D，它们的含义和功能见表 9-1-2 和表 9-1-3 所列。

在学习和应用脉冲输出指令时，必须结合这些软元件一起理解。特殊数据寄存器的内容均可用 DMOV 指令进行清零。

表 9-1-2 相关特殊辅助继电器

编　　号	内容含义
M8145	Y0 脉冲输出停止（立即停止）
M8146	Y1 脉冲输出停止（立即停止）
[M8147]	Y0 脉冲输出中监控（BUSY/READY）
[M8148]	Y1 脉冲输出中监控（BUSY/READY）
[M8029]	指令执行完成标志位，执行完毕 ON

表 9-1-3 相关特殊数据寄存器

编号	位数	出厂值	内容含义
D8140（低位）	32	0	Y0 输出位置当前值，应用脉冲指令 PLSY、PLSR 时，对脉冲输出值进行累加当前值
D8141（高位）			
D8142（低位）	32	0	Y1 输出位置当前值，应用脉冲指令 PLSY、PLSR 时，对脉冲输出值进行累加当前值
D8143（高位）			
D8136（低位）	32	0	Y0、Y1 输出脉冲合计数的累计值
D8137（高位）			

4. 连续脉冲串的输出

把指令中脉冲个数设置为 K0，则指令的功能变为输出无数个脉冲串，如图 9-1-9 所示。如果停

学习笔记

请回答：

PLSY 指令的特点是

请解释：

特殊继电器 M8145 的含义

M8146 的含义

请观察：

当 M8145 得电时，对应的输出信号 Y0 状态，并作相应记录

学习笔记

请回答：PLSY K0 K500 Y0 中的 K0 含义 K500 含义 Y0 含义

请记录：特殊继电器 M8029 使用注意事项

请观察：M8029 从 0 变成 1 时，触发该信号的前提条件是

请比较：PLSY 和 PLSR 在使用过程中的区别是

止脉冲输出，只要断开驱动条件 X0 或驱动 M8145（Y0 口）M8146（Y1 口）即可。

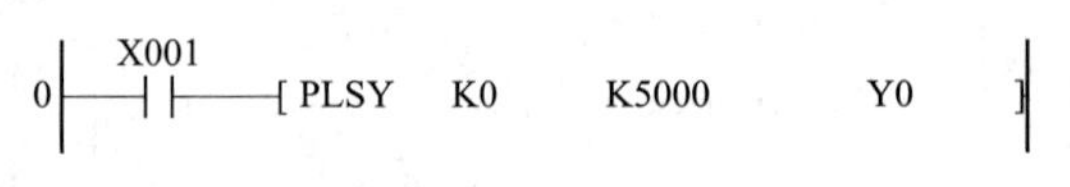

图 9-1-9　输出连续脉冲 PLSY 指令格式

二、学习 M8029 的使用方法

在三菱 FX 系列 PLC 中，数据寄存器 D8000 与辅助继电器 M8000 之后属于特殊的寄存器或是继电器。这些特殊寄存器和继电器都有特定的含义，如对于特殊继电器，常用的有 M8000、M8002。M8029 也是一个常用的特殊继电器，它是指令执行完成标志，在电动机定位控制程序设计中得以广泛使用。

1. M8029 的功能

M8029 是指令执行完成标志特殊继电器，其功能是当指令的执行完成后，M8029 为 ON，其时序如图 9-1-10 所示。从图 9-1-10 中可以看出，M8029 仅在指令执行完成后的一个扫描周期内接通（MTR 指令例外）。

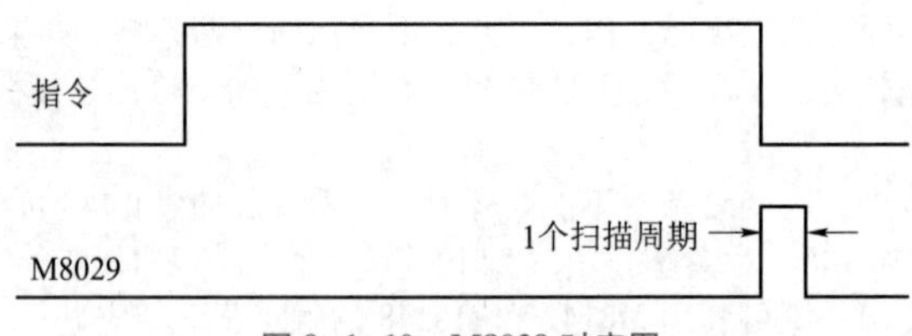

图 9-1-10　M8029 时序图

M8029 并不是所有功能指令的执行完成后标志，而仅是表 9-1-4 所示指令的执行完成标志。定位指令将在后续内容中进行介绍，其他相关指令请自行查阅 FX 系列 PLC 编程手册。

表 9-1-4　特殊辅助继电器 M8029 适用指令

指令分类	选用指令
数据处理	MTR，SORT
外部 I/O 设备	HKY，DSW，SBGL
方便	INCD，RAMP
脉冲输出	PLSY，PLSR
定位	ZRN，DRVI，DRVA，ABS

表 9-1-4 中所列出来的指令，它们的共同特点是指令的执行时间较长，且带有执行时间的不确定性。如果要想知道这些指令什么时候执行完毕，或者程序中的某些数据处理或驱动要等指令执行完毕才能继续，这时 M8029 就可以发挥其功能作用。

M8029 仅在指令正常执行完成后才置 ON，如果指令执行过程中因驱动条件断开而停止执行，则 M8029 不会置 ON，应用中必须注意这点。

2. M8029 的使用注意点

M8029 作为指令执行完成标志，而一个正常的工程程序中可能有多个不同指令，即使是一个指令也可能是用到几次，此时要注意这些指令执行完成的标志都是同一个标志 M8029，要避免一个指令的完成标志对另一个指令完成标志的影响，所以在程序中注意 M8029 要在各自的指令后面编写，因此，M8029 在程序中的位置就比较重要，试看图 9-1-11 的梯形图程序。

在图 9-1-11 中，程序设计者的本意是 DSW 指令执行后，进行乘法运算，然后执行完指令 PLSY 后，输出 Y020。但实际运行时，DSW 指令执行完成后两个 M8029 指令同时“ON”，Y020 已经有输出，这是错误一；第一个 M8029 作为 MUL 的驱动条件，MUL 指令可以在一个扫描周期里完成，但如果为脉冲输出和定位指令的驱动条件，由于这些指令不可能在一个扫描周期内完成，程序运行就会发生错误，这是错误二。

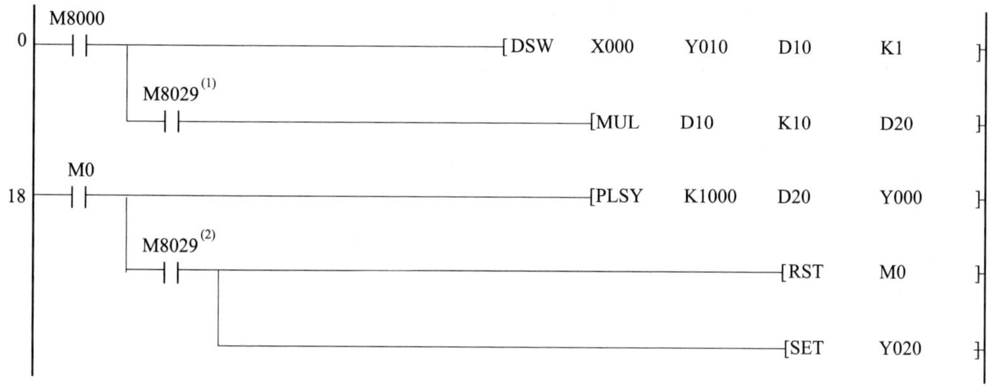

```
    M8000
0 ──┤├──────────────────────────[DSW   X000   Y010   D10    K1  ]
      │  M8029(1)
      └──┤├─────────────────────[MUL   D10    K10    D20        ]
    M0
18──┤├──────────────────────────[PLSY  K1000  D20    Y000       ]
      │  M8029(2)
      └──┤├──┬──────────────────[RST   M0                       ]
             └──────────────────[SET   Y020                     ]
```

图 9-1-11　M8029 错误位置程序梯形图

正确的程序如图 9-1-12 所示，也可采用图 9-1-13 所示的程序。

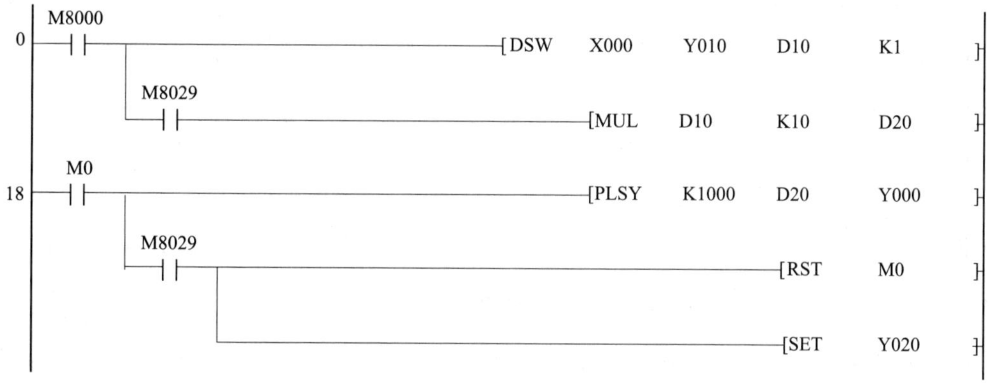

```
    M8000
0 ──┤├──────────────────────────[DSW   X000   Y010   D10    K1  ]
      │  M8029
      └──┤├─────────────────────[MUL   D10    K10    D20        ]
    M0
18──┤├──────────────────────────[PLSY  K1000  D20    Y000       ]
      │  M8029
      └──┤├──┬──────────────────[RST   M0                       ]
             └──────────────────[SET   Y020                     ]
```

图 9-1-12　M8029 正确位置程序梯形图一

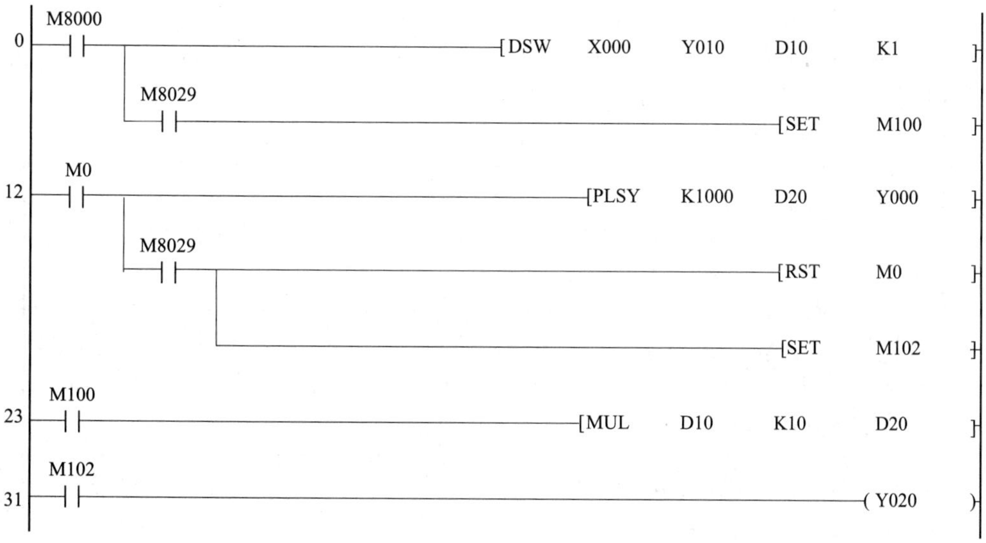

```
    M8000
0 ──┤├──────────────────────────[DSW   X000   Y010   D10    K1  ]
      │  M8029
      └──┤├─────────────────────[SET   M100                     ]
    M0
12──┤├──────────────────────────[PLSY  K1000  D20    Y000       ]
      │  M8029
      └──┤├──┬──────────────────[RST   M0                       ]
             └──────────────────[SET   M102                     ]
    M100
23──┤├──────────────────────────[MUL   D10    K10    D20        ]
    M102
31──┤├──────────────────────────( Y020                          )
```

图 9-1-13　M8029 正确位置程序梯形图二

学习笔记

请回答：

M8029 的使用注意事项：

①

②

③

④

请观察：

DSW　X000 Y010 D10 K1 指令中，

X000 的值是

Y010 的值是

D10 的值是

MUL D10 K10 D20 指令中，

D10 的值是

D20 的值是

学习笔记

请分析：图 9-1-12 和图 9-1-13 中 M8029 使用的区别：

①

②

请记录：图 9-1-14 中，执行程序后 M10 的状态是

M11 的状态是

M12 的状态是

请记录：图 9-1-15 中，执行程序后，M30 的状态是

M31 的状态是

请分析：图 9-1-14 和图 9-1-15 中 M8029 使用的不同点：

①

②

在程序设计中，M8029 的正确位置就是紧随其指令的正下方。这样，M8029 标志位随各自的指令而置“ON”。

M8029 在程序中的作用是在一个指令执行完成后可以用 M8029 来启动下一个指令，完成一个驱动输出和进行必要的数据运算。

3. M8029 在典型电机定位控制程序中的应用

在单轴的定位控制中，不管运动多么复杂，其总是由一段一段的运动所衔接而成，类似于步进指令 SFC 程序，对每一段运动可以用一条指令来完成。单轴的定位控制就是由一个一个的定位指令控制程序和完成其他控制要求的程序组合而成的。图 9-1-14 所示为定位指令的典型应用程序，每一个定位指令后的 M8029 先复位本指令驱动条件，再驱动下一个定位指令。

```
0   M10 ─┬─────────────────[ 定位指令1 ]
         │ M8029
         └──┬──────────────[RST  M10]  自复位
            └──────────────[SET  M11]  驱动下一条定位指令
11  M11 ─┬─────────────────[ 定位指令2 ]
         │ M8029
         └──┬──────────────[RST  M11]  自复位
            └──────────────[SET  M12]  驱动下一条定位指令
```

图 9-1-14　定位控制指令程序样例一

在定位控制中，也经常采用步进指令 SFC 程序设计方法，这时，每一个状态执行一条定位指令，当状态发生转移时，上一个状态元件是自动复位的。因此，可直接利用 M8029 进行下一个状态的激活。但是，由于 SFC 程序在进行状态转换时，有一个扫描周期是两种状态都处于激活状态，这就发生了同时驱动两条定位指令的错误，为避免这种情况，可利用 PLC 扫描数据集中刷新的特点，设计程序使下一条定位指令延迟一个扫描周期驱动。程序如图 9-1-15 所示。状态转移期间，S21 和 S22 都会被激活，M31 也同时被接通，但是其相应触点要等到状态转移扫描周期结束后到下一个扫描周期才接通，这就避免了定位指令 2 与定位指令 1 同时被驱动的情况。

```
0   S21 ─┬─ M30 ───────────────[ 定位指令1 ]
         ├─ M8029 ── M30 ──────[SET  S22]
         └─ M8000 ─────────────(M30)
18  S22 ─┬─ M31 延迟1个扫描周期接通 ──[ 定位指令2 ]
         ├─ M8029 ── M31 ──────[SET  S23]
         │  延迟1个扫描周期接通     驱动下一条定位指令
         └─ M8000 ─────────────(M31)
                                 状态转移扫描周期接通
```

图 9-1-15　定位控制指令程序样例二

学习笔记

请观察：2S42Q－03948型电动机铭牌参数的含义

请记录：Kinco2M412步进驱动器中 A^+ 的含义 A^- 的含义 B^+ 的含义 B^- 的含义 DIR^+ 的含义 DIR^- 的含义 PLS^- 的含义 PLS^+ 的含义

请记录：输出电流DIP开关设定的依据是

活动3：完成步进电动机驱动器的功能设定

本任务中采用2S42Q-03948两相混合式步进电动机来完成其定位控制，选用Kinco步进驱动器2M412进行驱动控制。

2S42Q-03948型电动机具体铭牌参数如图9-1-16所示，其要求额定电流为1.2 A，固定步距角为1.8°，电动机运行频率为1 r/s=1 000/s，即K1000。先根据电动机及系统要求对其驱动器进行细分并对输出电流进行相关的设置。

一、输出电流的设置

在Kinco2M412步进驱动器顶部有一个红色的八位DIP功能设定开关，如图9-1-17所示，可以用来设定驱动器的工作方式和工作参数，注意在更改拨码开关的设定之前请先切断电源。

图9-1-16　2S42Q-03948型电动机铭牌参数

图9-1-17　Kinco2M412步进驱动器DIP开关

具体的开关功能分类见表9-1-5。

表9-1-5　DIP开关功能分配表

开关序号	ON功能	OFF功能	特别说明
DIP1~DIP4	细分设置用	细分设置用	
DIP5	自动半流功能禁止	自动半流功能有效	
DIP6~DIP8	电流设置用	电流设置用	

针对输出电流设定的DIP6~DIP8具体功能描述见表9-1-6。

表9-1-6　输出相电流DIP开关功能说明表

DIP6	DIP7	DIP8	输出相电流峰值/A
OFF	OFF	OFF	0.20
OFF	OFF	ON	0.35
OFF	ON	OFF	0.50
OFF	ON	ON	0.60
ON	OFF	OFF	0.80
ON	OFF	ON	0.90
ON	ON	OFF	1.00
ON	ON	ON	1.20

通过表9-1-6可以看出，要符合2S42Q-03948型电动机额定电流1.2A的参数要求，DIP6~DIP8必须全设定为ON的状态，如图9-1-18所示。

学习笔记

二、细分驱动的设定

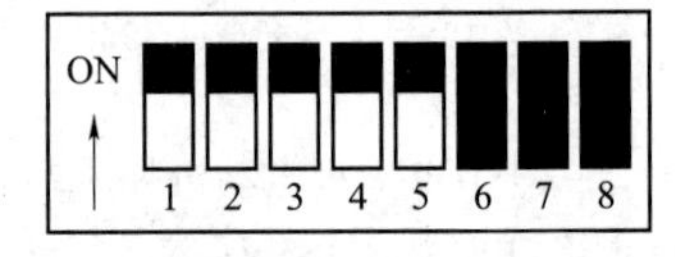

图 9-1-18　输出电流 DIP 开关的设定

基于系统对 2S42Q-03948 两相混合式步进电动机要求的运行频率为 1 r/s = 1 000/s，即 K1000，其固定步距角为 1.8°。结合活动 1 中的（公式 9-1-1）可以计算出细分系数为 5，在 5 细分的状态下，系统每发一个步进脉冲，电动机转动 0.36°，即可满足电动机一周需要 1 000 个脉冲的要求。

通过表 9-1-5 中 DIP 开关功能分配表可以看出，Kinco2M412 步进驱动器的细分设定是由 DIP1～DIP4 四个功能开关确定的，具体详细说明见表 9-1-7。

请分析：当 DIP2 为 ON，DIP3 为 ON，DIP4 为 ON，DIP 为 ON 时，细分的计算过程

表 9-1-7　细分 DIP 开关功能说明表

细分设定表			DIP 为 ON	DIP 为 OFF
DIP2	DIP3	DIP4	细分	细分
ON	ON	ON	N/A*	2
OFF	ON	ON	4	4
ON	OFF	ON	8	5
OFF	OFF	ON	16	10
ON	ON	OFF	32	25
OFF	ON	OFF	64	50
ON	OFF	OFF	128	100
OFF	OFF	OFF	256	200
注意：N/A 代表无效，无整步功能，禁止将拨码开关拨到 N/A 档。				

请思考：输出脉冲个数 K1000 × 5 = K5000 的计算依据

通过表 9-1-7 可以看出，要符合对 2S42Q-03948 型电动机 5 细分状态的要求，则 DIP1～DIP4 需分别设定为 OFF、ON、OFF、ON 的状态，如图 9-1-19 所示。

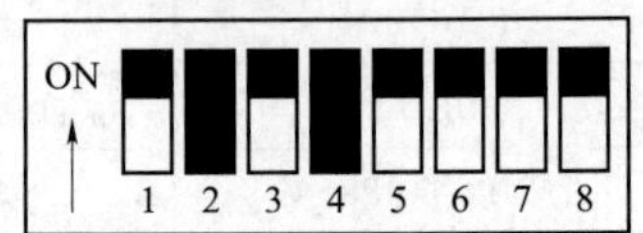

图 9-1-19　细分驱动 DIP 开关的设定

活动 4：画出 PLC 电路原理图

本任务中采用 FX3U-48MR 型号的 PLC 来完成控制，系统设置一个启动按钮、一个停止按钮和一个暂停按钮，对应 PLC 三个输入信号，输出脉冲最高频率为 K1000，输出脉冲个数为 K1000×5 = K5000，加减速时间为 200 ms，脉冲输出口选为 Y0。Y2 为方向控制，其“ON”为正转，“OFF”为反转。

1. 系统输入点、输出点的分配

根据对任务控制要求的分析，针对系统输入点与输出点的 I/O 分配见表 9-1-8。

请分析：基于 PLC 控制的步进电动机定位系统中有　个 PLC 输入信号，有　个 PLC 输出信号。

表 9-1-8　I/O 地址分配

输　入			输　出		
元件	作用	输入点	元件	作用	输出点
SB1	启动按钮	X0		脉冲输出	Y0
SB2	停止按钮	X1		电机方向控制	Y2
SB3	暂停按钮	X2			

2. 画出 PLC 电路原理图

根据 I/O 分配表，画出用三菱 FX3U-48MR 型可编程控制器电路原理图，如图 9-1-20 所示。

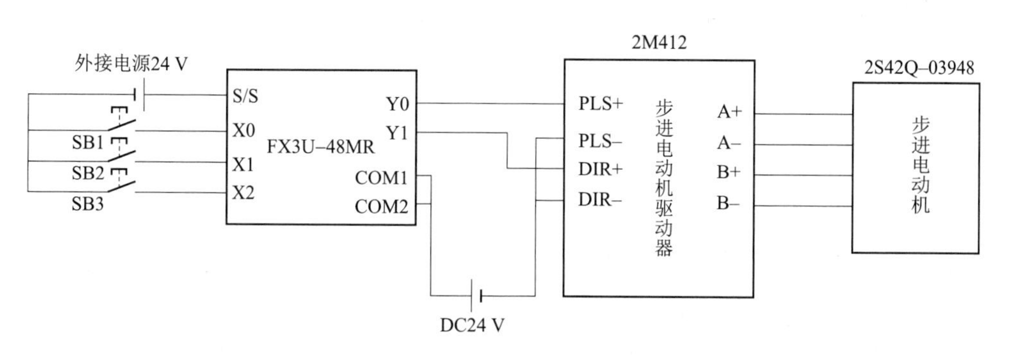

图 9-1-20　PLC 电路原理图

活动 5：用 GX Works2 编程软件编写、下载、调试程序

1. 程序输入

打开 GX Works2 编程软件，新建“步进电动机定位控制”文件，完成 PLC 程序的输入，如图 9-1-21 所示。

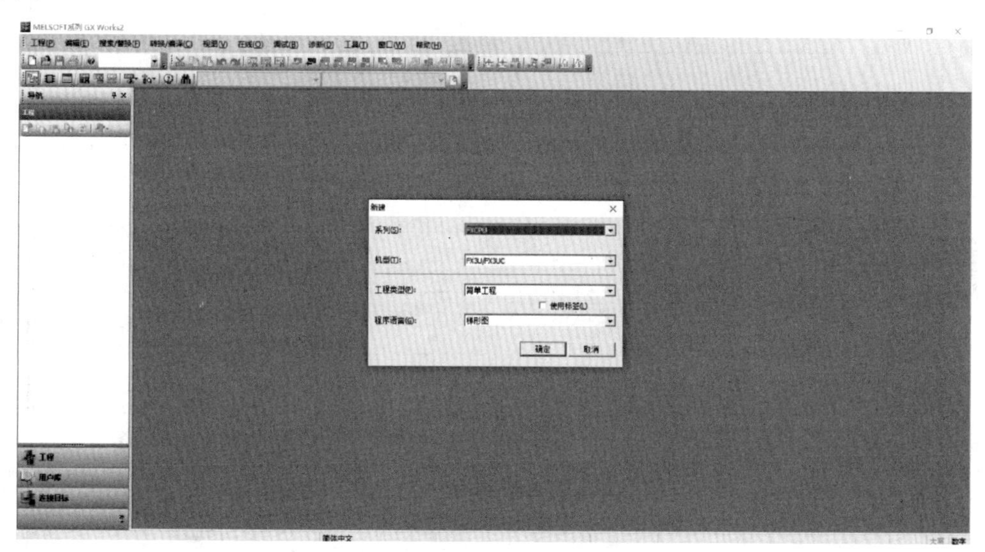

图 9-1-21　新建 PLC 文件

2. 用功能指令编写 PLC 控制程序

PLC 控制程序梯形图如图 9-1-22 所示，M8029 为指令执行完成标志特殊辅助继电器。

程序分析：

（1）程序中 X0 有信号时，系统开始启动运行；而 X1 为停止按钮，当有信号时，程序运行完反转 5 周后停止。

（2）X2 为暂停按钮，第一次获得信号时，SFC 块中正在运行的状态继续运行，输出也执行，但不发生转移；第二次获得信号时，程序从下一个状态继续运行。

（3）程序中状态 S20 完成正转 5 周的动作，Y2 有信号；状态 S21 完成正转 5 周后停止 2S 的动作；状态 S22 完成反转 5 周的动作，Y2 没有信号；状态 S23 完成正转 5 周后停止 2S 的动作，然后程序又重新回到初始状态，循环动作。

（4）ALT 是交替指令，一次触发时为“ON”，再一次触发就“OFF”，再触发又“ON”，如此交替下去。但注意 ALT 同 ALTP 的区别：一个是脉冲带 P 的，只在一个扫描周期执行一次；一个是每个周期都执行。也就是说执行条件一直接通时，ALTP 只执行一个扫描周期（执行条件上升沿时），ALT 在每个扫描周期都执行。

学习笔记

绘制的注意事项：

①

②

③

请记录：

步进电动机定位控制系统的程序调试步骤：

①

②

③

请记录：

ALT 和 ALTP 在使用过程中的注意事项：

①

②

学习笔记

请思考：左边的步进电动机系统的控制程序是否可以优化

请观察：PLSY K1000 K500 Y000 中 Y000 的输出状态

```
0   X000(常开) X001(常闭) ——————————————(M0)
    M0(常开, 并联X000)
4   X002 ——————————————[ALTP M8040]
8   M0(上升沿) ——————————————[SET S0]
12  ——————————————[STL S0]
13  M0 ——————————————[SET S0]
16  ——————————————[STL S20]
17  ——————————————(M0)
    ——————————————(Y002)
19  M8029 ——————————————[SET S21]
22  ——————————————[STL S21]
23  ——————————————(T1 K50)
26  T1 ——————————————[SET S22]
29  ——————————————[STL S22]
30  ——————————————(M2)
31  M8029 ——————————————[SET S23]
34  ——————————————[STL S23]
35  ——————————————(T2 K50)
38  T2 ——————————————(S0)
41  ——————————————[RET]
42  M1 ——————[PLSY K1000 K5000 Y000]
    M2(并联M1)
53  ——————————————[END]
```

图 9-1-22 系统程序梯形图

（5）程序中 M1、M2 中间继电器的状态分别代表电动机的正转及反转，驱动 PLC 输出脉冲，正反转每 5 周总的脉冲为 1 000×5 = 50 000 个脉冲，由脉冲输出指令 PLSY 来完成。

3. 系统调试

（1）在教师现场监护下进行通电调试，验证系统控制功能是否符合要求。

（2）如果出现故障，学生应独立检修，根据出现的故障现象检修相关线路或修改梯形图。

（3）系统检修完毕后应重新通电调试，直至系统正常工作。

任务二　伺服电动机的定位控制

任务引入

在自动化生产、加工和控制过程中，经常要对加工工件的尺寸或机械设备移动的距离进行准确定位控制。这种定位控制仅仅要求控制对象按指令进入指定的位置，对运动的速度无特殊要求，例如生产过程中的点位控制（比较典型的如卧式镗床、坐标镗床、数控机床等在切削加工前刀具的定位）、仓储系统中对传送带的定位控制、机械手的轴定位控制等。在定位控制系统中常使用交流异步电动机或步进电动机等伺服电动机作为驱动或控制元件。实现定位控制的关键则是对伺服电动机的控制。与步进式开环系统相比，闭环伺服驱动系统具有工作可靠、抗干扰性强以及精度高等优点。现有一伺服电动机定位控制系统，具体控制要求如下：

如图 9-2-1 所示，要求能独立进行原点回归、点动正转、点动反转、正转定位及反转定位的控制，输出频率为 100 kHz，加减速时间为 200 ms。

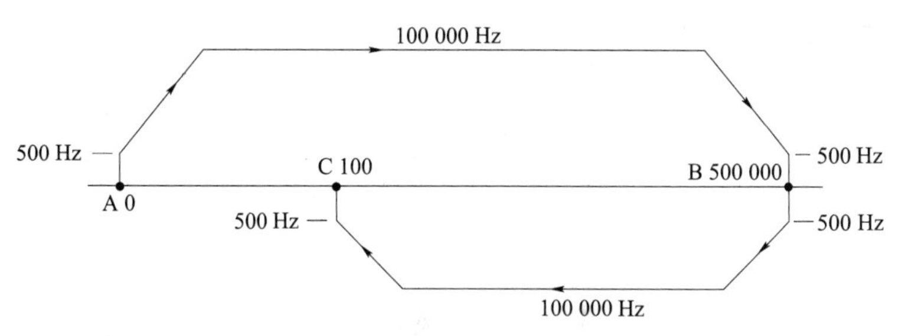

图 9-2-1　定位运行控制示意图

任务分析

要完成本任务中步进电动机的定位控制，整个系统中 PLC 为核心，由 PLC 发出控制指令，伺服驱动器接受控制信号，同时基于对控制精度的调节驱动伺服电动机。通过本任务的学习，你可以解决下面几个问题：

（1）认识伺服电动机定位控制系统，对伺服电动机及驱动器有一定的认知。

（2）学会三菱 PLC 所对应的定位指令 DDRVA、DDRVI 的应用。

（3）根据系统的控制的原理分析，结合任务要求完成 I/O 地址分配，绘制出系统接线原理图。

（4）结合任务的定位控制要求，完成 PLC 梯形图程序设计及调试。

请判断：给 4 个需解决的问题，结合自身实际，由易到难判断：

①

②

③

④

活动 1：认识伺服电动机定位控制系统

用伺服电动机作定位控制执行元件时，伺服电动机末端都带有一个与电动机同时运动的编码器，当电动机旋转时，编码器发出表示电动机转动状况（角位移量）的脉冲个数。编码器是伺服系统速度与位置控制的检测和反馈元件。根据反馈方式的不同，伺服定位系统又分为半闭环回路控制和闭环回路控制两种控制方式。

1. 半闭环回路控制

半闭环回路控制如图 9-2-2 所示。

学习笔记

请分析：半闭环控制，半闭环控制定位和闭环控制定位的区别：

①

②

③

④

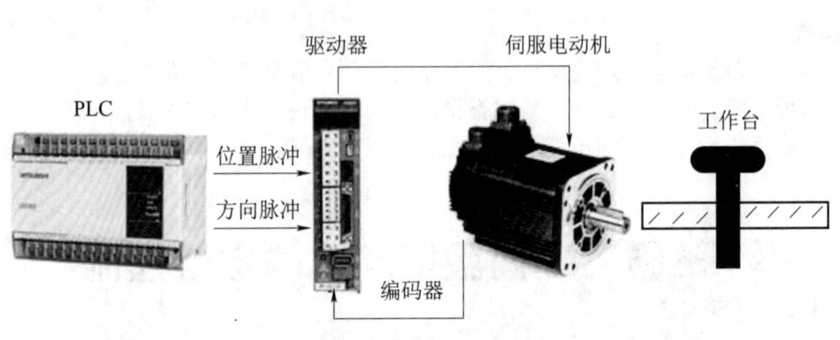

图 9-2-2　半闭环控制系统图

在系统中，PLC 只负责发送高速脉冲命令给伺服驱动器，而驱动器、伺服电动机和编码器构成一个闭环回路，其定位工作原理如图 9-2-3 所示。

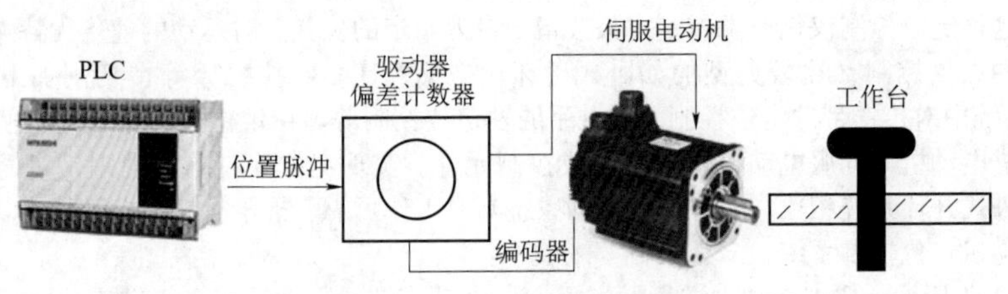

图 9-2-3　半闭环控制定位原理图

和步进电动机一样，伺服电动机总的回转角与输入脉冲数成正比例关系，控制位置脉冲的个数，可以对电动机精确定位；电动机的转速与脉冲信号的频率成正比，控制位置脉冲信号的频率可以对电动机精确调速。

2. 闭环回路控制

闭环回路控制如图 9-2-4 所示。

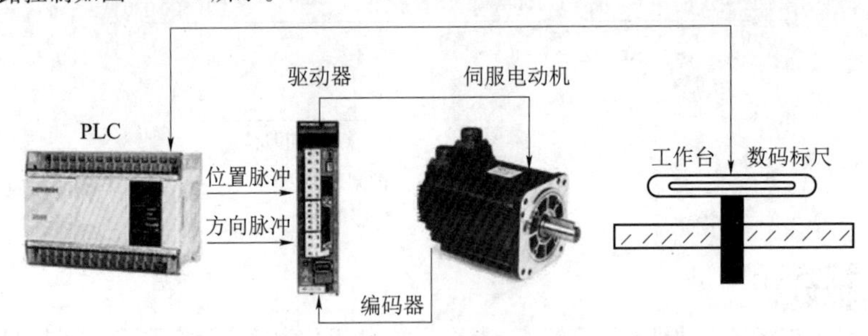

图 9-2-4　闭合控制定位原理图

请回答：交流伺服电动机驱动系统和直流驱动系统的优缺点：

①

②

③

在闭环回路控制中，除了装在伺服电动机的编码器位移检测信号直接反馈到伺服驱动器外，还外加位移检测器装在传动机构的位移部件上，真正反映实际位移量，并将此信号反馈到 PLC 内部的高速硬件计数器，这样就可做更精确的控制，并可避免上述半闭环回路的缺点。

在定位控制中，一般采用半闭环回路控制就能满足大部分控制要求。除非是对精度要求特别高的定位控制才采用闭环回路控制。PLC 中的各种定位指令也是针对半闭环回路控制的。

现代高性能的伺服系统，大多数采用永磁交流伺服系统，其中包括永磁同步交流伺服电动机和全数字交流永磁同步伺服驱动器两部分。交流伺服电动机驱动是最新发展起来的新型伺服系统，该系统克服了直流驱动系统中电动机电刷和整流子要经常维修、电动机尺寸较大和使用环境受限等缺点。它能在较宽的调速范围内产生理想的转矩，结构简单，运行可靠，用于驱动系统为精密位置的控制。

一、交流伺服电动机及驱动装置

交流伺服电动机的工作原理：伺服电动机内部的转子是永磁铁，驱动器控制的 U/V/W 三相电形成电磁场，转子在此磁场的作用下转动，同时电动机自带的编码器反馈信号给驱动器，驱动器根据反馈值与目标值进行比较，调整转子转动的角度。伺服电动机的精度决定于编码器的精度（线数）。

1. 交流伺服电动机及驱动器型号说明

图 9-2-5 所示为 MHMD022P1U 永磁同步交流伺服电动机及 MADDT1207003 全数字交流永磁同步伺服驱动装置。MHMD022P1U 的含义：MHMD 表示电动机类型为大惯量，02 表示电动机的额定功率为 200 W，2 表示电压规格为 200 V，P 表示编码器为增量式编码器，脉冲数为 2 500 p/r，分辨率为 10 000，输出信号线数为 5 根线。

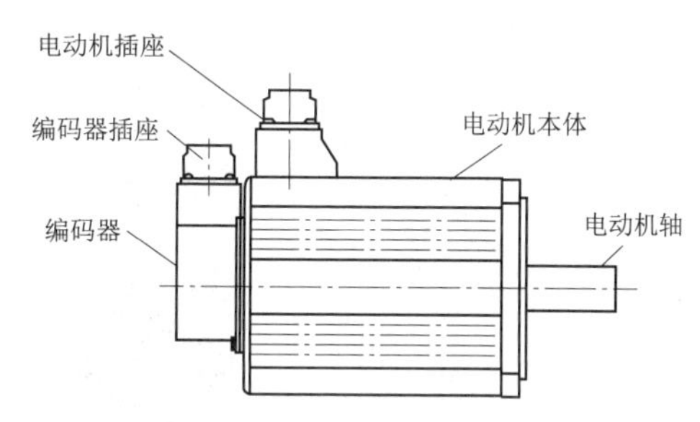

图 9-2-5　交流伺服电机及驱动器

请记录：实训中所用交流伺服电动机型号，并分析铭牌参数

MADDT1207003 的含义：MADDT 表示松下 A4 系列 A 型驱动器，T1 表示最大瞬时输出电流为 10 A，2 表示电源电压规格为单相 200 V，07 表示电流监测器额定电流为 7.5 A，003 表示脉冲控制专用。驱动器的外观和面板如图 9-2-6 所示。

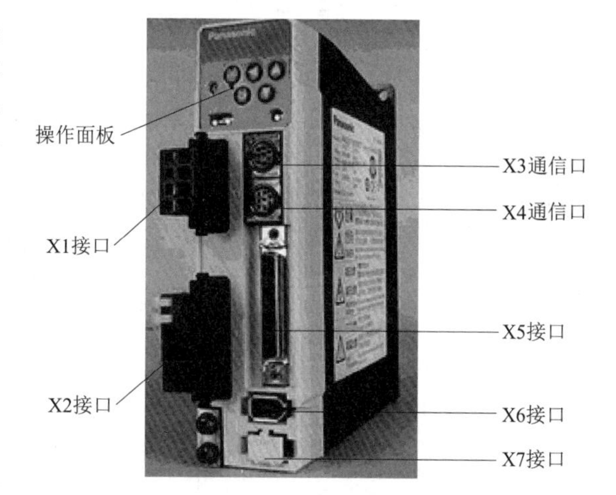

图 9-2-6　MADDT1207003 驱动器外观接口示意图

请记录：操作面板上按键的使用方法：

2. 伺服驱动器接线端口介绍

MADDT1207003 伺服驱动器面板上有多个接线端口（见图 9-2-7），其中：

X1：电源输入接口，AC 220V 电源连接到 L1、L3 主电源端子，同时连接到控制电源端子 L1C、L2C 上。

X2：电动机接口和外置再生放电电阻器接口。U、V、W 端子用于连接电动机。必须注意，电源电压务必按照驱动器铭牌上的指示，电动机接线端子（U、V、W）不可以接地或短路，交流伺服电动机的旋转方向不像感应电动机可以通过交换三相相序来改变，必须保证驱动器上的 U、V、W、E 接线端子与电动机主回路接线端子按规定的次序一一对应，否则可能造成驱动器的损坏。电动机的接线端子和驱动器的接地端子以及滤波器的接地端子必须保证可靠的连接到同一个接地点上，机身也必须接地。RB1、RB2、RB3 端子是外接放电电阻，MADDT1207003 的规格为 100 Ω/10 W。

X6：连接到电动机编码器信号接口，连接电缆应选用带有屏蔽层的双绞电缆，屏蔽层应接到电动机侧的接地端子上，并且应确保将编码器电缆屏蔽层连接到插头的外壳（FG）上。

X5：I/O 控制信号端口，其部分引脚信号定义与选择的控制模式有关，不同模式下的接线请参考《松下 A 系列伺服电机手册》。在本任务中，伺服电动机用于定位控制，选用位置控制模式，可以采用的是简化接线方式，如图 9-2-8 所示。

3. 交流伺服驱动器工作原理

交流永磁同步伺服驱动器主要由伺服控制单元、功率驱动单元、通信接口单元、伺服电动机及相应的反馈检测器件组成，其中伺服控制单元包括位置控制器、速度控制器、转矩和电流控制器等。其结构组成如图 9-2-9 所示。

学习笔记

请记录：

电源输入接口原则

电动机接口原则

请回答：

伺服驱动器电源端子 WN 两端电压 V。

在接电机过程中，相序接反的影响是

PULS2 接 PLC 的输出，是否能随意对接任何 Y 端口？为什么？

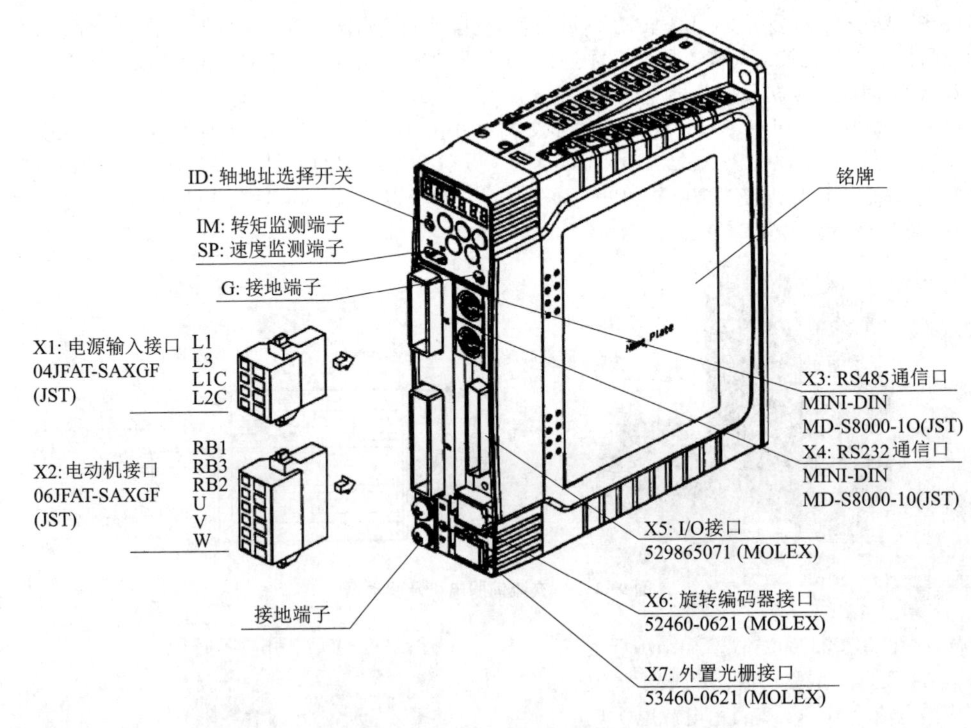

图 9-2-7　伺服驱动器的面板标示图

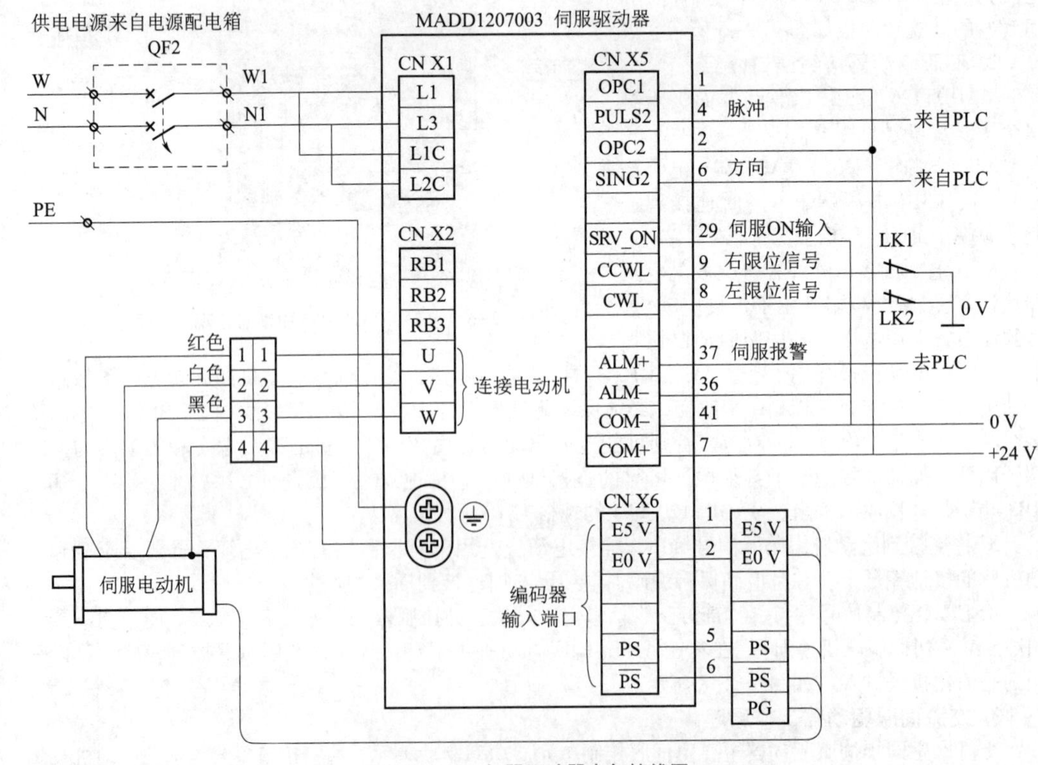

图 9-2-8　伺服驱动器电气接线图

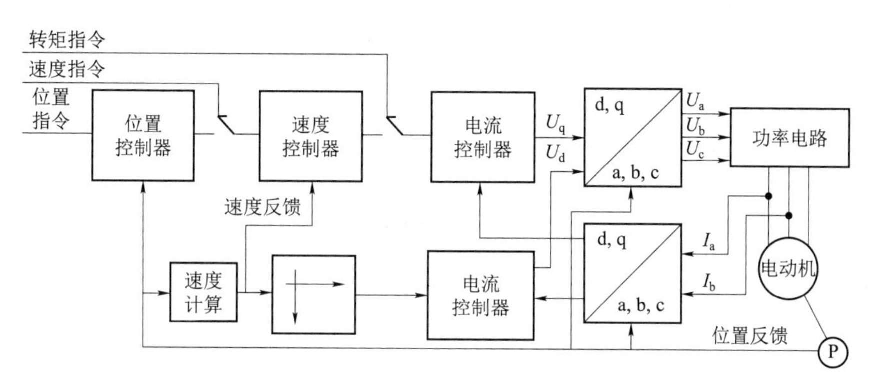

图 9-2-9　系统控制结构

伺服驱动器均采用数字信号处理器（DSP）作为控制核心，其优点是可以实现比较复杂的控制算法，实现数字化、网络化和智能化。功率器件普遍采用以智能功率模块（IPM）为核心设计的驱动电路，IPM 内部集成了驱动电路，同时具有过电压、过电流、过热、欠压等故障检测保护电路，在主回路中还加入软启动电路，以减小启动过程对驱动器的冲击。

功率驱动单元首先通过整流电路对输入的三相电或者市电进行整流，得到相应的直流电，再通过三相正弦 PWM 电压型逆变器变频来驱动三相永磁式同步交流伺服电动机。

三、位置控制模式下电子齿轮的概念

位置控制模式下，等效的单闭环系统方框图如图 9-2-10 所示。

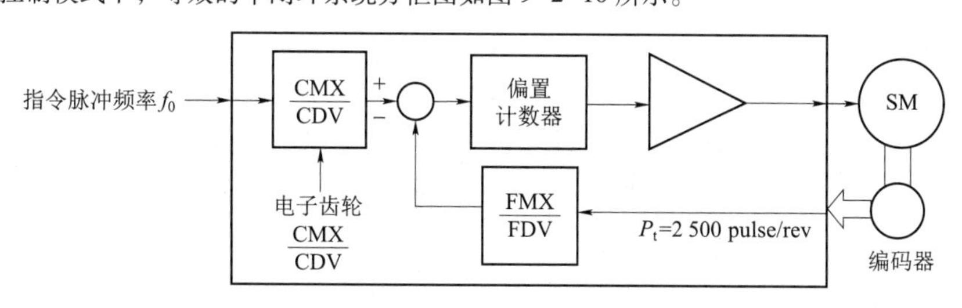

图 9-2-10　等效的单闭环位置控制系统方框图

图 9-2-10 中，指令脉冲信号和电机编码器反馈脉冲信号进入驱动器后，均通过电子齿轮变换才进行偏差计算。电子齿轮实际是一个分-倍频器，合理搭配它们的分-倍频值，可以灵活地设置指令脉冲的行程。

例如某系统中所使用的松下 MINAS A4 系列 AC 伺服电动机/驱动器，电动机编码器反馈脉冲为 2 500 pulse/rev。默认情况下，驱动器反馈脉冲电子齿轮分-倍频值为 4 倍频。如果希望指令脉冲为 6 000 pulse/rev，那么就应把指令脉冲电子齿轮的分-倍频值设置为 10 000/6 000，从而实现 PLC 每输出 6 000 个脉冲，伺服电动机旋转一周，驱动执行机构恰好移动 60 mm 的整数倍关系。

请回答：以 MINAS A4 系列 AC 伺服电动机驱动器为例，若指令脉冲为 300 pulse/rev，则对应分-倍频值，应设置为

活动 2：熟悉定位控制方式

在定位控制中有两个基本的概念：相对定位控制和绝对定位控制，下面来具体进行介绍。

一、定位控制方式

在定位控制中，有相对定位和绝对定位两种方式。相对定位和绝对定位是针对起始位置的设置而言的。现用图 9-2-11 来进行说明。

假定工作台当前位置在 *A* 点，要求工作台移位后停在 *C* 点，即位移量应是多少呢？在 PLC 中，用两种方法来表示工作台的位移量。

请简述：相对位移概念

1. 相对位移

相对位移是指定位置坐标与当前位置坐标的位移量。由图 9-2-11 可以看出，工作台的当前位置为 200，只要移动 400 就到达 *C* 点，因此，移动位移量为 400。也就是说，相对位移量与当前位置有

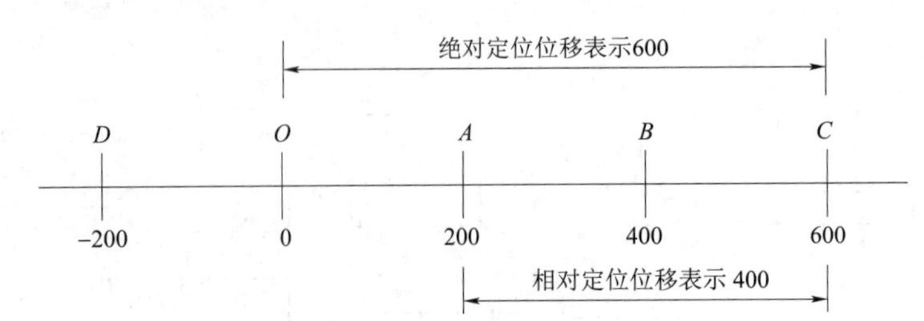

图 9-2-11　相对定位和绝对定位

关，当前位置不同时，位移量也不一样。如果设定向右移动为正值（表示电动机正转），则向左移动为负值（表示电动机反转）。例如，从 A 点移到 D 点，相对位移量为-400。以相对位移量来计算的位移称相对位移，相对位移又称为增量式位移。

2. 绝对位移

绝对位移是指定位位置与坐标原点（机械量点或电气量点）的位移量。同样，由当前位置 A 点移到 C 点时，绝对定位的位移量为 600，也就是 C 点的坐标值，可见，绝对定位仅与定位位置的坐标有关，而与当前位置无关。同样，如果从 A 点移动到 D 点，则绝对定位的位移量为-200。

在实际伺服系统控制中，这两种定位方式的控制过程是不一样的，执行相对定位指令时，每次执行的是以当前位置为参考点进行定位移动，而执行绝对定位指令时，是以原点为参考点然后再进行定位移动。

三菱 FX 系列 PLC 的相对定位指令为 DRVI，绝对定位指令为 DRVA，将在后面活动中进行介绍。

请分析：比较相对定位和绝对定位的区别：①②③

二、原点回归运行模式

在定位控制中，常常涉及机械原点问题。机械原点是指机械坐标系的基准点或参考点，一旦原点确定，坐标系上其他位置的尺寸均以与原点的距离来标记，即绝对坐标。这样做的好处是，坐标系上的任一位置的尺寸是唯一的。在定位时，只要告诉绝对坐标，就能非常准确的定位。

机械原点的确定涉及原点回归问题，也就是说，在每次断电后、重复工作前，都先要做一次原点回归操作。这是因为每次断电后，机械所停止的位置不一定是原点，但 PLC 内部当前位置数据寄存器都已清零，这样就需要机械做一次原点操作而保持一致。

原点回归动作示意图如图 9-2-12 所示。

原点回归控制分析图如图 9-2-13 所示。

请回答：机械原点的参考点或是基准点是

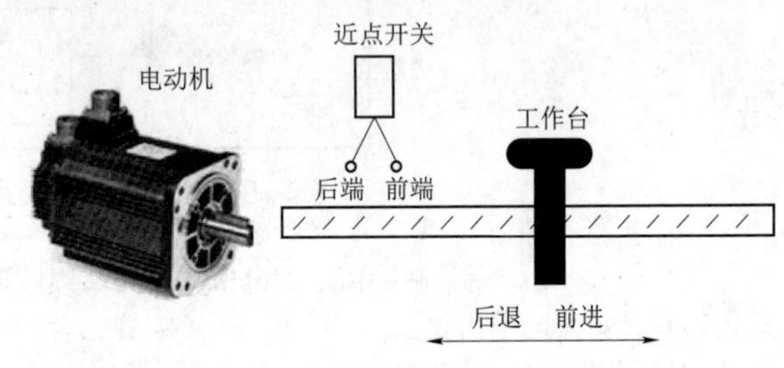

图 9-2-12　原点回归动作示意图

请分析：图 9-2-13 中原点回归控制的过程

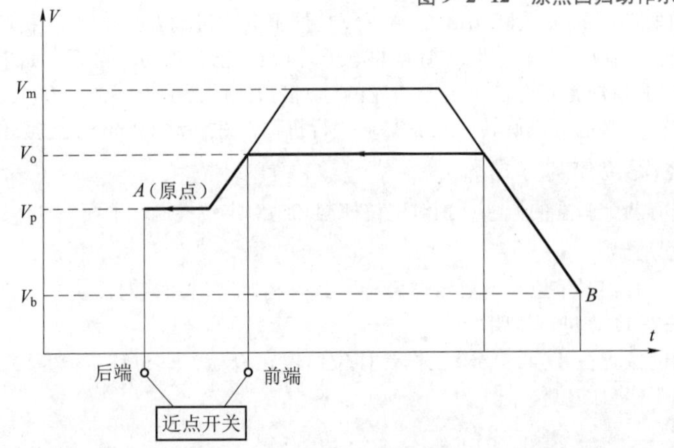

图 9-2-13　原点回归控制分析

原点回归控制分析如下：

（1）启动原点回归指令后，机械由当前位置加速至设定的原点回归速度 V_o。

（2）以原点回归速度快速向原点移动。一般原点回归速度比较大，这样可以较快地回归原点。

（3）当工作台碰到近点信号前端（近点开关 DOG 由“OFF”变为“ON”）时，机械由原点回归速度 V_o 开始减速到爬行速度 V_p。

（4）机械以爬行速度 V_p 继续向原点移动。爬行速度一般较低，目的是能准确地停留在原点。

（5）当工作台碰到近点信号前端（近点开关 DOG 由 ON 变成 OFF）时马上停止，停止位置即为回归的机械原点。

活动 3：学习 FX 系列 PL 定位控制指令的使用方法

定位控制指令只能用于 FX_{1S} 和 FX_{1N}，对 FX_{2N} 并不适用。使用定位指令可以使 FX_{1S} 和 FX_{1N} 直接与伺服驱动器连接，通过发送脉冲的方式实现一些简单的定位控制，应用定位控制指令 PLC 必须是晶体管输出型。

在定位控制中，一般都要确定一个位置为原点，而定位运动控制每次都是以原点位置作为运动位置的参考。当 PLC 在执行初始化运行或断电后再上电时，由于其当前值寄存器的内容会清零，而机械位置却不一定在原点位置。因此，有必要执行一次原点回归，使机械位置回归原点，从而保持机械原点和当前值寄存器内容一致，那么在以后的定位指令应用时，当前值寄存器中的值就表示机械的实际位置。

相对位置控制指令和绝对位置控制指令是目标位置设定方式不同的单速定位指令。学习定位指令，都必须回答位置控制时的三个问题：一是位置移动方向（电机转动方向）；二是电动机旋转的速度；三是位置移动的距离。

一、学习原点回归指令 ZRN

（1）功能号：FNC156。

（2）助记符：ZRN。

（3）指令功能：当驱动条件成立时，机械以 S1 指定的原点回归速度从当前位置向原点移动，在碰到以 S3 指定的近点信号（OFF 变 ON 时）就开始减速，一直减到以 S2 指定爬行速度为止，并以爬行速度继续向原点移动，当近点信号由 ON 变 OFF 时，就立即停止脉冲输出，结束原点回归动作工作过程。

应用举例：

举例 1：

举例分析：案例如图 9-2-14 所示，原点回归速度为 5 000 Hz，爬行速度为 2 000 Hz，近点信号接在 X3 上，脉冲从 Y0 输出。其工作过程：开始以 5 000 Hz 速度回归碰到近点信号 X3 由“OFF”变为“ON”时，减速至 2 000 Hz 速度继续回归，当近点信号由 ON 变为 OFF 时，停止脉冲输出，停止原点回归并停止点为原点。

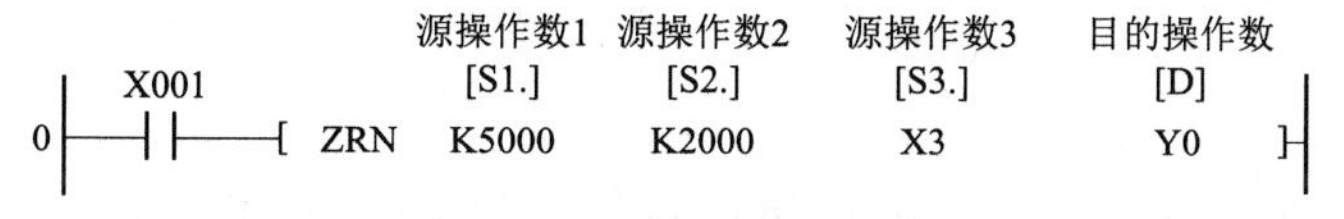

图 9-2-14　ZRN 指令举例

指令说明：

1. 操作数内容与取值说明（见表 9-2-1）

表 9-2-1　ZRN 指令操作数说明表

操作数	内容与取值
S1	原点回归开始速度【16 位】10~32 767 Hz 【32 位】10~1 000 000 Hz
S2	爬行速度　10~32 767 Hz

学习笔记

请回答：

V_m、V_0、V_p 和 V_b 之间的关系

请思考：

机械位置和原点位置的区别

请分析：

ZRN 指令中，源操作 1、源操作 2、源操作数 3 的区别是

请回答：

ZRN 指令使用注意事项：

①

②

③

学习笔记

续表

操作数	内容与取值
S3	近点信号的输入端口
D	脉冲输出端口，仅为 Y0 或 Y1

2. 相关特殊软元件

在学习和应用原点回归指令 ZRN 及后续定位指令 DRVI、DRVA 时，涉及一些特殊继电器 M 和数据寄存器 D，它们的含义和功能见表 9-2-2 和表 9-2-3。实际应用中必须结合这些软元件一起理解。

表 9-2-2　相关特殊辅助继电器

编号	内容含义	适用机型
[M8145]	Y0 脉冲输出停止指令（立即停止）	FX_{1S}，FX_{1N}，FX_{2N}
[M8146]	Y1 脉冲输出停止指令（立即停止）	
[M8147]	Y0 脉冲输出中监控（BUSY/READY）	
[M8148]	Y1 脉冲输出中监控（BUSY/READY）	
[M8029]	指令执行完成标志位，执行完毕 ON	

请比较：D8140、D8141 和 D8142、D8143 的使用区别
①
②
③
④

表 9-2-3　相关特殊数据寄存器

编号	位数	出厂值	内容含义	适用机型
D8140（低位）	32	0	Y0 输出定位指令的绝对位置当前值寄存器，用 PLSV、DRVI、DRVA 指令时，对应于旋转方向增减当前值	FX_{1S}、FX_{1N}
D8141（高位0				
D8142（低位）	32	0	Y0 输出定位指令的绝对位置当前值寄存器，用 PLSV、DRVI、DRVA 指令时，对应于旋转方向增减当前值	
D8143（高位）				
D8145	16	0	执行 ZRN、DRVI、DRVA 指令的基底速度，为在最高速的十分之一之下，超出范围，自动以最高速度的十分之一运行	
D8146（低位）				
D8147（高位）				
D8148	32	100 000	执行 ZRN、DRVI、DRVA 指令的时的追高速度，设定范围为 0～100 000 Hz	
	16	100	执行 ZRN、DRVI、DRVA 指令的时的加速时间，设定范围 50～5 000 ms	

3. 指令扩充说明

(1) ZRN 指令执行时信号输出时序分析。

原点回归指令在动作过程及动作完成会有一些相关信号自动完成，如图 9-2-15 所示。

当近点信号 DOG 由“ON”变成“OFF”时，采用中断方式使脉冲输出停止，脉冲输出停止后，在 1 ms 内发出清零信号，如图 9-2-15 中 1* 所示。同时，向当前值寄存器 D8140、D8141 或 D8142、D8143 中写入 0。

清零信号是指在完成原点回归的同时，由 PLC 向伺服驱动发出一个清零信号，使两者保持一致。清零信号是由规定输出端口输出的；如果脉冲输出端口为 Y0，则清零输出端口为 Y2；而 Y1 则相对

学习笔记

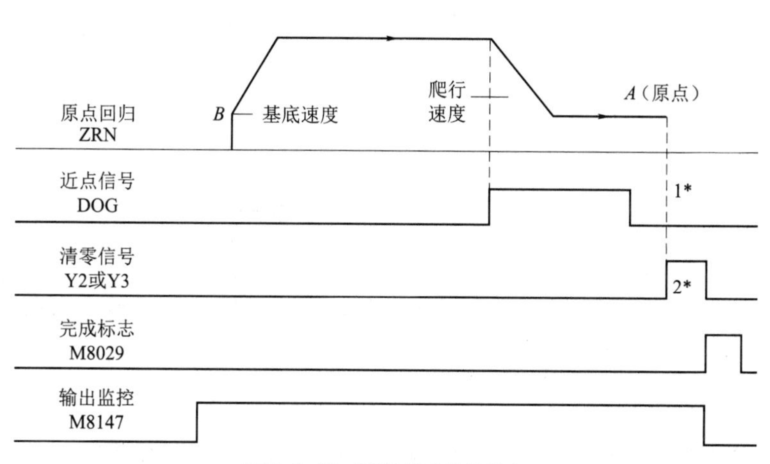

图 9-2-15　ZRN 指令信号时序

于 Y3。清零信号还受到 M8140 的控制，仅当 M8140 置于“ON”时，才会发出清零信号。因此，如需发出清零信号，请先将 M8140=ON。清零信号的接通时间约为 20 ms+1 个扫描周期，如图 9-2-15 中 2* 所示。

M8029 为指令执行完成标志位，当指令执行完成，清零信号由“OFF”变为“ON”时，M8029=ON，同时，脉冲输出监控信号 M8147（对应于 Y0 口输出）或 M8148（对应于 Y1 输出）由“ON”变为“OFF”。

（2）回归速度。

原点回归有两种速度，开始时以原点回归速度回归，碰到近点信号后，减速至爬行速度回归，原点回归速度较高，这样可以在较短时间内完成回归，但由于机械惯性，如果以高速停止，则会造成每次停止位置不一样，即原点不唯一，因而在快到原点时，降低速度，以爬行速度回归。一般爬行大大低于原点回归速度，但大于等于基底速度，则能较准确地停止在原点，由于原点回归的停止是不减速停止的，如果爬行速度太快，机械会由于惯性导致停止位置偏移，故取值要适当取小一些，机械惯性越大，爬行速度应越小。

（3）近点信号（DOG）。

近点信号的通断时间非常重要，它接通时间不能太短，如果太短的话，就不能以原点回归速度降到爬行速度。同样，会导致停止位置的偏移。

ZRN 指令不支持 DOG 的搜索功能：机械当前位置必须在 DOG 信号的前面才能进行原点回归，如果机械当前位置在 DOG 信号中间或在 DOG 信号后面，则都不能完成原点回归功能。但 FX_{3U} 开发了具有搜索功能的原点回归指令 DSZR，不论当前位置处于何处，甚至在限位信号上都能完成原点回归功能，请参见 FX_{3U} 编程手册。

近点信号的可用软元件为 X、Y、M、S。但实际使用时，一般为 X0~X7，最好是 X0、X1，因为指定这个端口为近点信号输入，PLC 是通过中断来处理 ZRN 指令的停止的。如果指定了 X10 以后的端口或者其他软元件，则会由于受到顺控程序的扫描周期影响而使原点位置的偏差会较大。同时，如果指定了 X0~X7 为近点信号，则不能和高速计数器、输入中断等重复使用。

（4）ZRN 指令的驱动和执行。

原点回归指令 ZRN 驱动后，如果在原点回归过程中，驱动条件为“OFF”时接点断开，回归过程不再继续进行而马上停止，并且在监控输出 M8147 或 M8148 仍然处于“ON”时，将不接收指令的再次驱动，而指令执行结束标志 M8029 不动作。

原点回归指令 ZRN 驱动后，回归方向是朝当前值寄存器数值减少的方向移动。因此，在设计电机旋转方向与当前值寄存器数值变化关系时必须注意这点。

原点回归指令 ZRN 一般是在 PLC 重新上电应用，但如果是与三菱伺服驱动器 MR~H、MR~J2、MR~J3（带有绝对位置检测功能，驱动器内部常有电池）相连，由于每次断电后伺服驱动器内部的当前位置能够保存，这时 PLC 可以通过绝对位置读取指令 DABS 将伺服驱动器内部当前位置读取到

请分析：
ZRN 指令执行时，DOG 的变化情况
Y2 或 Y3 的变化情况
M8029 的变化情况
M8147 的变化情况

请分析：
当 M8029 由“OFF”转为“ON”时，M8147 和 M8148 的变化情况

请回答：
近点信号（DOG）的使用注意事项：
①
②

ZRN 的使用注意事项：
①
②

学习笔记

请分析：

DDRVI 指令中源操作数 1 和源操作数 2 分别代表的

请回答：

DRVI 指令使用注意事项

①

②

请思考：

V_m 的最高速度存入寄存器的原则是

请思考：

V_b 的基底速度存入寄存器中的方法是

PLC 的 D8140、D8141 中。这样，在重新上电后，就不需要再进行原点回归而只要在第一次开机时进行一次即可。

二、学习相对位置控制指令 DRVI

（1）功能号：FNC158。

（2）助记符：D（DRVI）。

（3）指令功能：当驱动条件成立时，指令通过 D1 所指定的输出口发出定位脉冲，定位脉冲的频率（电动机转速）由 S2 所表示的值确定；定位脉冲的个数（相对位置的移动量）由 S1 所表示的值确定，并且根据 S1 的正、负确定位置移动方向（电动机的转向），如果 S1 为正，则表示绝对位置大的方向（电动机正转）移动；如 S1 为负，则向相反方向移动。移动方向由 D2 所指定的输出口向驱动器发出，正转“ON”，反转“OFF”。

应用举例：

举例 1：

举例分析：案例见图 9-2-16，S1=K5000 表示电动机移动 5 000 个脉冲当量的位移。S2= K10000 表示电动机转速为 10 000 Hz。D1=Y0 表示 Y0 输出。D2=Y4 表示由 Y4 口向驱动器输出电动机转向信号。若 Y4=ON，则电动机正转。

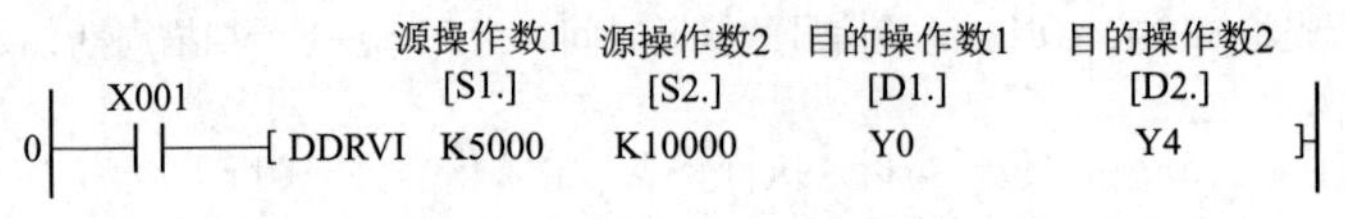

图 9-2-16　DRVI 指令举例

指令说明：

1. 操作数内容与取值（见表 9-2-4）

表 9-2-4　DRVI 指令操作数说明表

操作数	内容与取值
S1	输出脉冲量【16 位】-32 768~+32 767，0 除外 【32 位】-999 999~+99 999，0 除外
S2	输出脉冲频率，【16 位】10~32 767 Hz，【32 位】10~100 000 Hz
D1	输出脉冲端口，仅能 Y0 或 Y1
D2	指定旋转方向的输出端口，ON：正转；OFF：反转

2. DRVI 指令操作数设定注意点

相对位置控制指令 DRVI 在应用时，涉及相关特殊继电器 M 和数据寄存器 D，它们的含义和功能见表 9-2-2 和表 9-2-3，结合此表现，针对指令 DRVI 操作数的设定值做进一步强调。

（1）V_m：电动机运行的最高速度。

指令中 S2 为上限值，电动机运行时 S2 指定的输出频率值必须小于该值，最高速度存于寄存器 D8147（高位）、D8146（低位）中，设定范围为 10~100 000 Hz。其出厂值为 100 000 Hz。

（2）V_b：基底速度。

电动机运行的启动速度，即当电动机从位置 A 向位置 B 移动时，并不是从 0 开始加速，而是从基底速度开始加速到运行速度。基底速度不能太高，一般小于最高速度的十分之一。当超过该范围时，自动将为最高速度的十分之一运行。

基底速度由寄存器 D8145 值所决定，出厂值为 0。

（3）t_1，t_2：加减速时间。

加速时间指电动机从当前位置加速到最高转速 V_m 的时间；减速时间指电动机从 V_m 下降到当前位置的时间。当输出脉冲频率小于最高速度时，实际加减速时间要小一些，如图 9-2-17 中 t_3，t_4。加、减速时间不能单独设置，它们的数值由寄存器 D8148 所设定，设定范围为 50~500 ms，出厂值为 100 ms。而 FX_{3U} 的 PLC 中，加减速时间可分别设定。

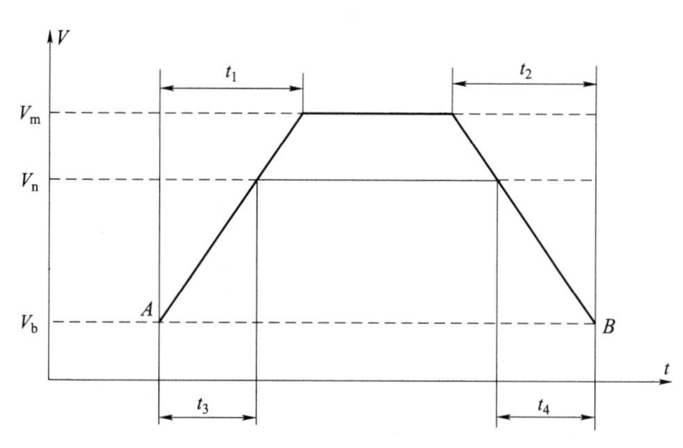

图 9-2-17　DRVI 定位控制分析

3. 运行速度

指令对运行速度（脉冲输出频率）有如下限制：最低速度≤［S2］<最高速度。最低速度（最低输出频率）由下式决定，即

最低输出频率=最高速度/[2×(加减速时间 ms/1 000)]　　　（公式 9-2-1）

由（公式 9-2-1）可知，最低输出频率仅与最高频率和加减速时间有关。例如，最高频率为 50 000 Hz，加减速时间为 100 ms，则可计算出最低输出频率为 500 Hz。

在实际应用中，如果 S2 设定小于 500 Hz（S2=300 Hz），则电动机按最低输出频率 500 Hz 运行。电动机在加速初期和减速最终部分的实际输出频率也不能低于最低输出频率。

4. DRVI 指令的驱动和执行

DRVI 指令驱动后，如果驱动条件“OFF”，则将减速停止，但完成标志位 M8029 并不动作（不为 ON），而脉冲输出中监控标志位（M8147 或 M8148）仍为“ON”时，不接受指令的再次驱动；如果在指令执行中改变指令的操作内容，这种改变不能更改当前的运行，只能在下一次执行时才生效。

DRVI 指令在执行过程中，输出的脉冲数以增量的方式存入当前值寄存器 D8141、D8140 或 D8143、D8142。正转时当前值寄存器数值增加，反转时则减少，所以相对位置控制指令又称增量式驱动指令。

三、学习绝对位置控制指令 DRVA

（1）功能号：FNC159。

（2）助记符：D（DRVA）。

（3）指令功能：当驱动条件成立时，指令通过 D1 所指定的输出口发出定位脉冲，定位脉冲的频率（电动机转速）由 S2 所表示的值决定；S1 表示目标位置的绝对位置脉冲量（以原点为参考点）。电动机的转向信号由 D2 所指定的输出口向驱动器发出，当 S1 大于当前位置值时，D2 为“ON”，电动机正转；反之，当 S1 小于当前位置值时，D2 为“OFF”，电动机反转。

应用举例：

举例 1：

举例分析：案例见图 9-2-18，S1=K25000 表示电动机移动到绝对位置 K25000 处，电动机转速为 10 000 Hz，定位脉冲由 Y0 口输出，电动机的转向信号由 Y4 口输出。如果当前位置值小于 K25000，Y4 口输出为“ON”，则电动机正转到 K25000 处；如果当前位置值大于 K25000，Y4 口输出为“OFF”，则电动机反转到 K25000 处。电动机的转向无须编制程序，由指令自动完成。

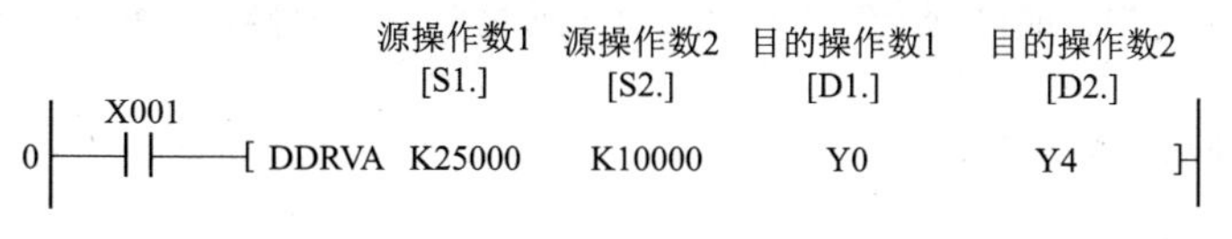

图 9-2-18　DRVA 指令举例

学习笔记

请分析：

图 9-2-17 中，DRVI 定位控制过程

请记录：

DRVI 指令使用中的注意事项

请分析：

DRVA 指令中，源操作数和目的操作数的使用类型

学习笔记

请回答：

DRVA 指令使用注意事项：

①

②

③

④

请分析：

DRVA 和 DRVI 指令使用的不同

指令说明：

1. 操作数内容与取值（见表 9-2-5）

表 9-2-5　DRVA 指令操作数说明表

操作数	内容与取值
S1	目标的绝对位置脉冲量【16 位】-32 768～+32 767，0 除外 【32 位】-999999～+99999，0 除外
S2	输出脉冲频率，【16 位】10～32 767 Hz，【32 位】10～100 000 Hz
D1	输出脉冲端口，仅能 Y0 或 Y1
D2	指定旋转方向的输出端口，ON：正转；OFF：反转

2. 定位指令 DRNI 和 DRVA 的应用区别

定位指令 DRNI 和 DRVA 都可以用来进行定位控制，其不同点在于 DRVI 是用相对于当前位置的移动量来表示目标位置，而 DRVA 是用相对于原点的绝对位置值来表示目标位置，它们的运行模式、运行速度要求、指令的驱动和执行及相关软元件基本一致。请参见 DRNI 指令介绍，这里就不再赘述。

由于目标位置的表示方法不同，因此，它们的差异在于确定电动机转向的方法也不同，DRVI 指令是通过输出脉冲数量的正、负来决定电动机的转向的；而 DVIA 指令的输出脉冲数量永远为正值，电动机的转向则是通过与当前值比较后确定的。也就是说，应用 DRVI 指令时，必须在指令中说明电动机转向；而应用 DRNA 指令时，则无须关心其转向的确定，只需关心目标位置的绝对数值。但不管是 DRVI 指令还是 DRVA 指令，一旦参数确定，电动机的方向信号 D2 都是指令自动完成的，不需要在程序中另行考虑。

对 DRVA 指令来说，还有一点与 DRVI 指令不同的是，DRVI 指令中所指定的脉冲数量也就是 PLC 输出的数量，而 D 指令中所指定的数量不是 PLC 实际发出脉冲的数量，其实际输出脉冲数是与指令驱动前当前值寄存器（D8141、D8140 或 D8143、D8142）相运算的结果。

3. DRVA 指令的驱动和执行

DRVA 指令驱动后，如果驱动条件“OFF”，则将减速停止，但完成标志位 M8029 并不动作（不为 ON)，而脉冲输出中监控标志位（M8147 或 M8148）仍为“ON”时，不接受指令的再次驱动。

如果在 DRVA 指令执行中改变指令的操作内容，这种改变不能更改当前的运行，只能在下一次执行时才生效。

DRVA 指令在执行过程中，如果 S1 大于当前值，则电动机正转，当前值寄存器数值增加；如果 S1 小于当 ZJHGFDKJLKKJ9G 前值，则电动机反转，当前值寄存器数值减小。

活动 3：完成伺服驱动器参数的设定

完成本任务伺服电动机的定位控制，首先结合任务控制要求进行伺服驱动器参数的设定。

一、参数设置操作面板说明

MADDT1207003 伺服驱动器的参数共有 128 个，Pr00～Pr7F，可以通过与计算机连接后在专门的调试软件上进行设置，也可以在驱动器的面板上进行设置。

在 PC 上安装，通过与伺服驱动器建立起通信，即可将伺服驱动器的参数状态读出或写入，非常方便，如图 9-2-19 所示，针对软件的具体操作在此不具体介绍。

当现场条件不允许，或修改少量参数时，也可通过驱动器上操作面板来完成。操作面板如图 9-2-20 所示。

各个按钮的说明见表 9-2-6。

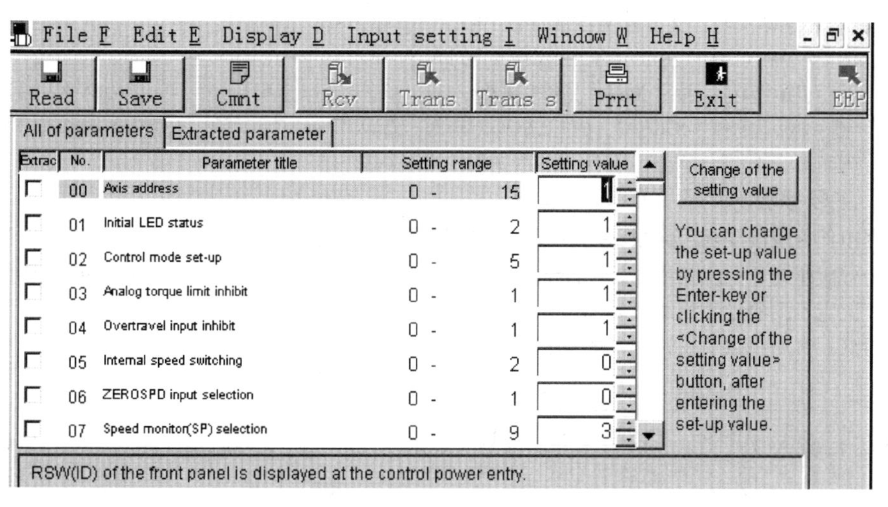

图 9-2-19　驱动器参数设置软件 Panaterm

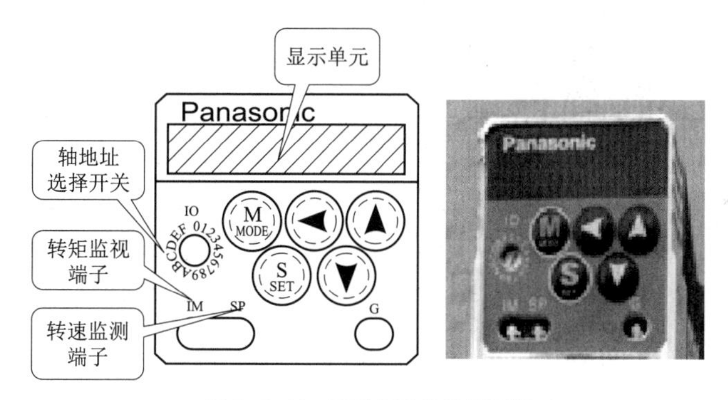

图 9-2-20　驱动器参数设置面板

表 9-2-6　伺服驱动器面板按钮的说明

按键说明	激活条件	功　能
MODE	在模式显示时有效	在以下 5 种模式之间切换： （1）监视器模式； （2）参数设置模式； （3）EEPROM 写入模式； （4）自动调整模式； （5）辅助功能模式
SET	一直有效	用来在模式显示和执行显示之间切换
▲ ▼	仅对小数点闪烁的哪一位数据位有效	改变个模式里的显示内容、更改参数、选择参数或执行选中的操作
◀		把移动的小数点移动到更高位数

通过操作面板完成参数修改的说明：

（1）参数设置，先按“Set”键，再按“Mode”键选择到“Pr00”后，按向上、下或向左的方向键选择通用参数的项目，按“Set”键进入。然后按向上、下或向左的方向键调整参数，调整完后，按“S”键返回。选择其他项再调整。

学习笔记

请观察：

Pr00~Pr7F 设置参数

请记录：

驱动参数设置的过程

请回答：

实现手动运行的操作步骤是

学习笔记

（2）参数保存，按“M”键选择到“EE-SET”后按“Set”键确认，出现“EEP -”，然后按向上键 3 s，出现“FINISH”或“reset”，然后重新上电即保存。

（3）手动 JOG 运行，按“Mode”键选择到“AF-ACL”，然后按向上、下键选择到“AF-JOG”按“Set”键一次，显示“JOG -”，然后按向上键 3 s 显示“ready”，再按向左键 3 s 出现“sur-on”锁紧轴，按向上、下键，单击正反转。注意先将 S-ON 断开。

二、主要参数的介绍

根据本任务控制要求，伺服驱动装置工作于位置控制模式，系统采用 FX_{1N}-16MT 的 Y000 输出脉冲作为伺服驱动器的位置指令，脉冲的数量决定伺服电动机的旋转位移，即机械手的直线位移，脉冲的频率决定了伺服电动机的旋转速度。对于控制要求较为简单的情况，伺服驱动器可采用自动增益调整模式。常用参数及设置见表 9-2-7。

请记录：

伺服参数设置的功能和含义

表 9-2-7　伺服参数设置表格

序号	参数		设置数值	功能和含义
	参数编号	参数名称		
1	Pr01	LED 初始状态	1	
2	Pr02	控制模式	0	
3	Pr04	行程限位禁止输入无效设置	2	
4	Pr20	惯量比	1678	
5	Pr21	实时自动增益设置	1	
6	Pr22	实时自动增益的机械刚性选择	1	
7	Pr41	指令脉冲旋转方向设置	0	
8	Pr42	指令脉冲输入方式	3	
9	Pr48	指令脉冲分倍频第 1 分子	10 000	
10	Pr49	指令脉冲分倍频第 2 分子	0	
11	Pr4A	指令脉冲分倍频分子倍率	0	
12	Pr4B	指令脉冲分倍频分母	6 000	

注：其他参数的说明在此不介绍，基于本任务所需设定参数请参看松下 Ninas A4 系列伺服电动机、驱动器使用说明书。

活动 4：画出 PLC 电路原理图

系统采用 FX3U-48MT 型号的 PLC 来完成控制，系统设置了正、反转点动按钮及相应的停止按钮等，对应 PLC 七个输入信号，脉冲输出口选为 Y0，Y2 为对应的清零端口，Y4 控制电动机的方向。

请分析：基于PLC控制电机定位系统中有____个输入信号，____个输出信号。

1. 系统输入点、输出点的分配

根据对任务控制要求的分析，针对系统输入点与输出点的I/O分配表见表9-2-8。

表 9-2-8　I/O 地址分配

输入			输出		
元件	作用	输入点	元件	作用	输出点
SB1	停止按钮	X0		脉冲输出	Y0
SB2	原点回归	X1		电机方向控制	Y4
SB3	点动正转	X2			
SB4	点动反转	X3			
SB5	正转启动	X4			
SB6	反转启动	X5			
SB7	近点信号（DOG）	X6			
	停止按钮				

2. 画出 PLC 电路原理图

根据I/O分配表，画出用三菱FX3U-48MT型可编程控制器电路原理图，如图9-2-21所示。

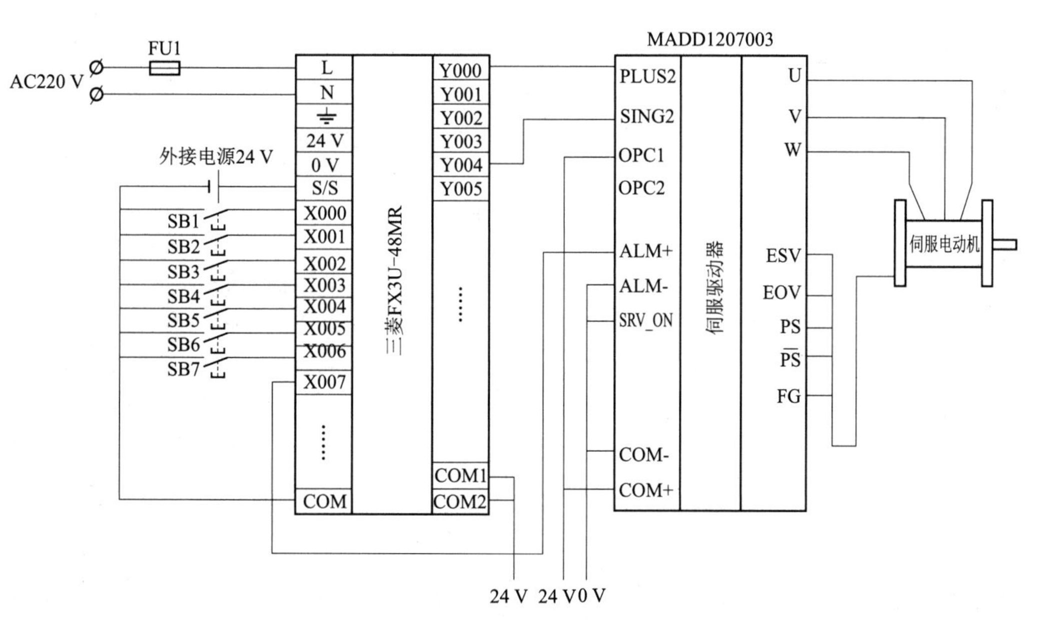

图 9-2-21　PLC 电路原理图

绘制注意事项：
①
②
③

活动5：用 GX Works2 编程软件编写、下载、调试程序。

1. 程序输入

打开GX Works2编程软件，新建“伺服电动机定位控制”文件，完成PLC程序的输入，如图9-2-22所示。

2. 用功能指令编写 PLC 控制程序

程序编制时，应用了相对定位指令DRVI及绝对定位指令DRVA来进行程序设计。程序梯形图如图9-2-23所示，M8029为指令执行完成标志特殊辅助继电器，M8147完成对脉冲输出中的监控。

学习笔记

请记录：

电动定位控制

程序调试步骤：

①

②

③

④

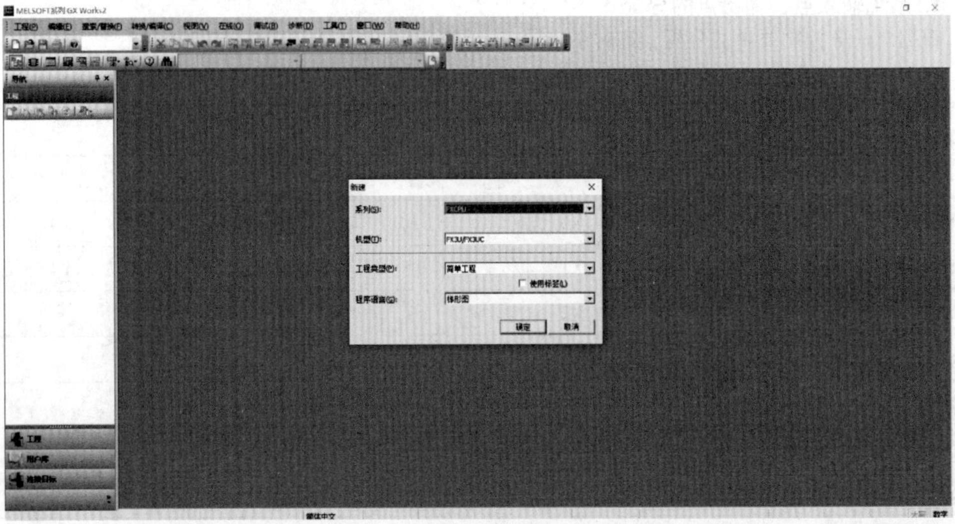

图 9-2-22 新建 PLC 文件

请分析：

DMOV K1000

D8146 指令实现的功能

MOV K200

D8148 指令实现的功能

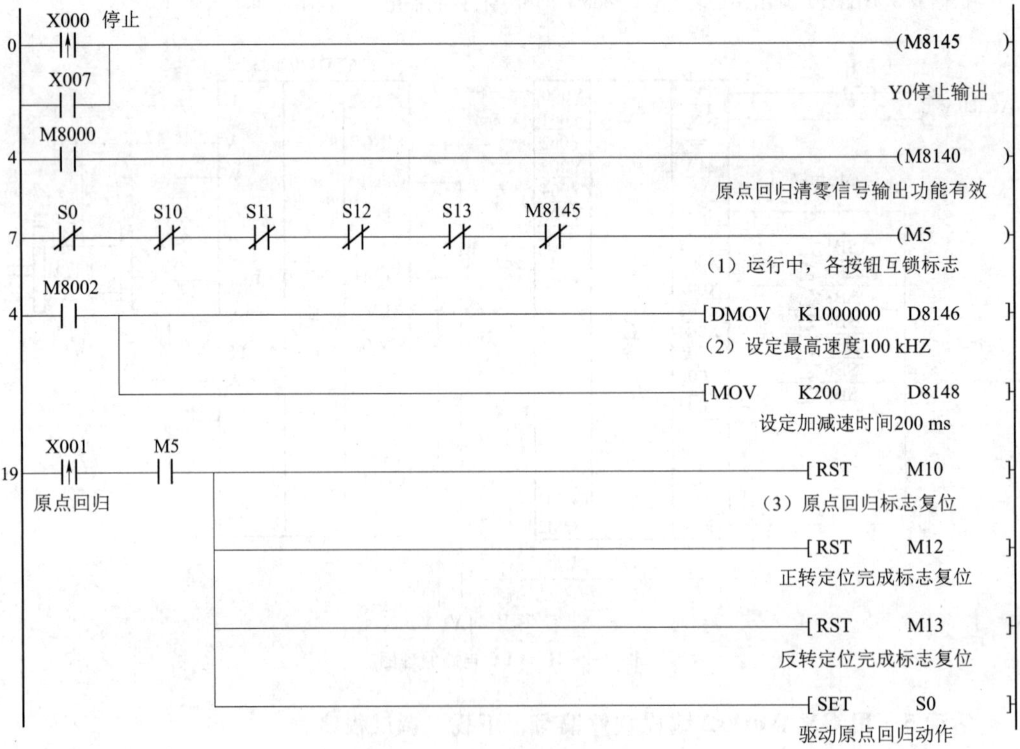

```
0   X000 停止                                              (M8145  )
    ─┤↑├─┬────────────────────────────────────────────────
    X007 │                                              Y0停止输出
    ─┤ ├─┘
4   M8000                                                  (M8140  )
    ─┤ ├──────────────────────────────────────────────────
                                          原点回归清零信号输出功能有效
7   S0    S10   S11   S12   S13   M8145                    (M5     )
    ─┤/├──┤/├───┤/├───┤/├───┤/├───┤/├─────────────────────
                                          (1）运行中，各按钮互锁标志
4   M8002                                  [DMOV  K1000000  D8146  ]
    ─┤ ├──┬───────────────────────────────
          │                               (2）设定最高速度100 kHZ
          └───────────────────────────────[MOV   K200      D8148  ]
                                                设定加减速时间200 ms
19  X001     M5                                  [RST     M10      ]
    ─┤↑├─────┤ ├──┬──────────────────────
    原点回归       │                          (3）原点回归标志复位
                  ├──────────────────────────[RST     M12      ]
                  │                            正转定位完成标志复位
                  ├──────────────────────────[RST     M13      ]
                  │                            反转定位完成标志复位
                  └──────────────────────────[SET     S0       ]
                                                驱动原点回归动作
```

图 9-2-23 系统程序梯形图（一）

```
37  X002   M5
    ─┤├────┤├──────────────────────────────[RST    M12   ]
40  X003   M5
    ─┤├────┤├──┬───────────────────────────[RST    M12   ]
    点动反转    │                          正转定位完成标志复位
               ├───────────────────────────[RST    M13   ]
               │                          反转定位完成标志复位
               └───────────────────────────[SET    S11   ]
                                           驱动点动反转动作
45  X004   M5     M10
    ─┤↑├───┤├─────┤├──┬────────────────────[RST    M12   ]
    正转定位           ├────────────────────[RST    M13   ]
                      └────────────────────[SET    S12   ]
                                           驱动正转定位动作
52  X005   M5     M10
    ─┤↑├───┤├─────┤├──┬────────────────────[RST    M12   ]
    反转定位           ├────────────────────[RST    M13   ]
                      └────────────────────[SET    S13   ]
                                           驱动反转定位动作
```

```
    原点回归动作
60  S0       M50                (4)
    ─┤├──┬───┤├─────────────────[DZRN   K5000   K500   X006   Y000 ]
         │   M8029
         ├───┤├─────────────────────────────[SET    M10  ]
         │   M8147    M50
         ├───┤/├──────┤├────────────────────[RST    S0   ]
         │   M8000
         └───┤├─────────────────────────────(M50         )
    点动正转动作
91  S10      X002     M51       (5)
    ─┤├──┬───┤/├──────┤├────────[DDRVI  K999999  K30000  Y000  Y004 ]
         │   M8147    M51
         ├───┤/├──────┤├────────────────────[RST    S10  ]
         │   M8000
         └───┤├─────────────────────────────(M51         )
```

图 9-2-23　系统程序梯形图（二）

学习笔记

请分析：程序中 M12 和 M13 的使用注意事项

请分析：DZRN K500 K500 X006 Y000 实现的功能

DDRVI K999999 K30000 Y000 Y004 实现的功能

学习笔记

请分析：点动反转动作与正转定位动作中 Y0 和 Y4 的值

请分析：M54 在反转定位动作中实现的功能

```
点动反转动作
      S11      X003      M52              (7)
120 ──┤├───┬───┤├────────┤├──────────────[DDRVI   K999999   K30000    Y000    Y004 ]
           │   M8147     M52
           ├───┤/├───────┤/├─────────────────────────────[RST     S11 ]
           │   M8000
           └───┤├────────────────────────────────────────────────(M52 )
正转定位动作
      S12      M53
149 ──┤├───┬───┤├────────────────────────[DDRVI   K500000   K100000   Y000    Y004 ]
           │   M8029
           ├───┤├────────────────────────────────────────[SET     M12 ]
           │   M8147     M53
           ├───┤/├───────┤├──────────────────────────────[RST     S12 ]
           │   M8000
           └───┤├────────────────────────────────────────────────(M52 )

反转定位动作
      S13      M54
180 ──┤├───┬───┤├────────────────────────[DDRVA   K100      K100000   Y000    Y004 ]
           │   M8029
           ├───┤├────────────────────────────────────────[SET     M13 ]
           │   M8147     M54
           ├───┤/├───────┤├──────────────────────────────[RST     S13 ]
           │   M8000
           └───┤├────────────────────────────────────────────────(M54 )

211 ─────────────────────────────────────────────────────[END ]
```

图 9-2-23　系统程序梯形图（三）

请记录：电动机定位控制系统程序调试中存在的问题及解决方法：

①

②

程序分析：

程序中虽然使用了状态元件 S，但它不是步进指令 SFC 程序，在这里状态元件 S 仅作为一般继电器使用。如果采用步进指令 STL 编程，则在程序结束指令前必须加步进结束指令 RET。但就是采用步进指令 SFC 编程，程序中也没有状态转移发生，5 个定位控制是互相独立的，因此，可以说这仅仅是一个演示程序，演示 5 种定位控制动作过程。

（1）段程序：M5 的作用是如果有一个控制动作在进行，则按下其他按钮是无效的，形成互锁。

（2）段程序：如果最高速度和加减速时间为初始值，则就不需要该段初始化程序。

（3）段程序：M10、M12、M13 为定位指令执行完成标志位，可以用来驱动其他控制程序段。

（4）段程序：原点回归指令 ZRN 的最高速度为 50 kHz，爬行速度为 5 kHz，其基底速度为初始值 0；如欲另设基底速度，则可在初始化中将设定值送到 D8145。

（5）段程序：自复位程序。M8147 为运行监视继电器，定位控制指令运行中，其常闭触点断开，运行结束后，接通进行自复位。但在正常情况下，应该采用 M8029 进行自复位，而不采用 M8147 进行自复位，因为 M8147 是紧随指令驱动而驱动的，当 M8147 未驱动时，不能确认定位指令是没有运行还是运行刚结束，而 M8029 则是执行结束标志，功能非常确定。

（6）段程序：点动正转利用相对定位指令完成。当发出脉冲数最大 K999999 时，保证能够点动到位。如果 K999999 还不能到位，则必须再次进行点动操作。注意，点动指令是按住就动，松开就停，因此，在指令前串接 X2 或 X3。

（7）段程序：正转定位执行到 *B* 点（500 000 处），从图 9-2-1 定位运行控制示意图中 *A* 点到 *B* 点，电动机显示正转，绝对位置定位指令仅说明执行结果为 *B* 点，与起点无关。反转定位执行到 *C* 点（100 处），从图 9-2-1 定位运行控制示意图中 *B* 点到 *C* 点，电动机显示反转。

评价指标：

项目评价如表 9-2-9 所示。

表 9-2-9　项目评价表

考核项目			考核内容	项目分值	自我评价	小组评价	教师评价
考核项目	专业能力 60%	1. 工作准备的质量评估	（1）常用电工工具、三菱 FX3U PLC、计算机、GX 软件、万用表、数据线能正常使用	5			
			（2）工作台环境布置合理，符合安全操作规范	5			
		2. 工作过程各个环节的质量评估	（1）能根据自动售货机控制系统的具体要求，合理分配输入与输出点	2			
			（2）画出由三菱 FX 系列 PLC 实现电动机定位控制的电路原理图	4			
			（3）会利用 PLSY 指令编写简单的步进电动机定位 PLC 控制程序	2			
			（4）能正确使用 M8029，完成电动机定位的相关控制	2			
			（5）能正确使用 ZRN 指令，完成电动机定位的相关控制	2			
			（6）能用 DRVI 和 DRVA 指令编写简单伺服电动机的定位控制	4			
			（7）能综合应用上述指令实现电机定位控制系统的运行	4			
	综合能力 40%	3. 工作成果的质量评估	（1）三菱 PLC 接线板搭建美观、合理、规范	5			
			（2）会用万用表检测并排除 PLC 系统中电源部分、输入回路以及输出回路部分的故障	5			
			（3）能熟练使用 GX Works2 编程软件实现 PLC 程序的编写、调试、监控	10			
			（4）项目实验报告过程清晰、内容翔实、体验深刻	10			
		信息收集能力	（1）自动售货机控制系统实施过程中程序设计以及元器件选择的相关信息收集	10			

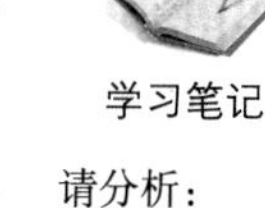

学习笔记

请分析：

M8147 的作用

M8029 的作用

请分析：

完成项目评分表后，对本项目进行小结：

学习笔记

请记录：

本项目学习过程中存在的问题

续表

考核项目	综合能力 40%	考核内容		项目分值	自我评价	小组评价	教师评价
		交流沟通能力	（1）会通过组内交流、小组沟通、师生对话解决软件、硬件设计过程中的困难，及时总结	10			
		分析问题能力	（1）PLC 电路原理图的分析过程、正确接线的方式、采用联机调试的基本思路与基本方法顺利完成本项目的软、硬件设计	10			
		团结协作能力	（1）项目实施过程中，团队能分工协作、共同讨论，及时解决项目实施中的问题	10			

项目总结

本项目主要介绍了电动机定位的 PLC 控制，包括步进电动机定位控制系统及伺服电动机定位控制系统的结构组成，步进电动机驱动器及伺服电动机驱动器的工作原理及接线方式，脉冲输出指令 PLSY、PLSR 及定位控制指令 DRVI、DRVA 在电动机定位控制程序设计中的应用。通过此项目的学习，学生能对基于 PLC 完成对电动机定位系统的控制有充分的了解，在综合技能及知识应用能力上有更深层次的提高。

在完成项目的过程中，利用 GX Works2 软件仿真的方法需要读者多加练习。

练习与操作

请分析：

本章运行过程的每一个阶段

1. 如图 9-1 所示，步进电动机定位运行控制要求如下：

（1）启动后，小车自动返回 ST1 点，停车 5S、向 ST2 运行，到达 ST2 点后，停车 5 s，自动返回 ST1 点；10 s 后向 ST3 点运行，到 ST3 停 10 s 后返回 ST1 点；15 s 后向 ST4 点运行，在 ST4 位置停 15 s 后向返回 ST1 点；20 s 后向 ST1。如此往复运行。

（2）按下停止按钮，下车需完成当前循环后停在 ST1 位置。

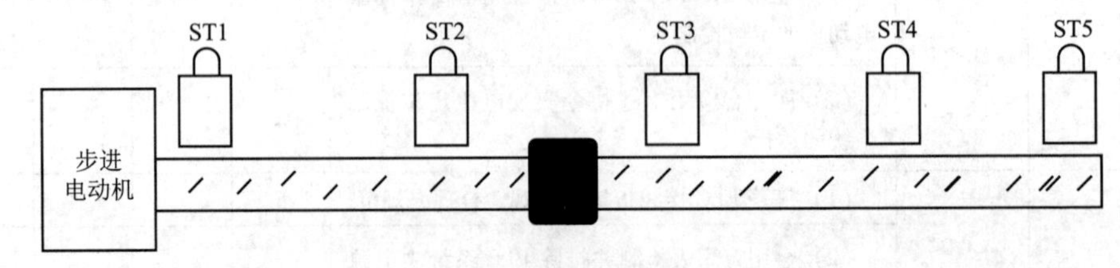

图 9-1　题 1 小车运行示意图

请分析：

步进电动机控制中，PLC 的输入信号

输出信号

2. 步进电动机控制综合习题

按照自己设计的电气图设置，主回路由一个带星-三角降压启动的正反转电动机控制回路【正、反转启动时，星形运行时间 4 s，再转换成三角运行；正、反转转换时的时间间隔为 5 s】、变频器控制的单速电动机三速段变速控制回路【设置参数：变频器设置为第一速段为 25 Hz 加速时间 2 s，第二速段为 35 Hz、第三速段为 50 Hz】、步进电动机控制回路【设置参数：步进电动机，第一次动作为正向旋转 4 圈，脉冲频 400 Hz；第二次动作为正向旋转 3 圈脉冲频率 400 Hz；第三次动作为反向向旋转 6 圈，脉冲频率 600 Hz：步进驱动器设置为 4 细分，电流设置为 1.5 A。】组成。竞赛以电动机

学习笔记

旋转“顺时针旋转为正向，逆时针为反向”为准。

（1）整个动作实现过程应采用无人工干预的方式，由 PLC 控制实现。

（2）整个动作实现过程不考虑任何特殊情况下的如紧急停车或自动恢复。

（3）使用 SB1 作为启动、SB2 停止的控制方式，并有工作状态指示。

（4）整个控制电路（含主回路与控制回路）必须按自己设计的图纸连接实现。

（5）热继电器 FR1、FR2 的整定电流均为 0.4 A。

参考文献

[1] 史宜巧，孙业明，景绍学. PLC 技术及应用项目教程 [M]. 北京：机械工业出版社，2009.
[2] 高安邦，薛岚，刘晓艳. 三菱 PLC 工程应用设计 [M]. 北京：机械工业出版社，2010.
[3] 莫操君. 三菱 FX3U 编程技术及应用 [M]. 北京：机械工业出版社，2009.
[4] 周惠文. 可编程控制器原理与应用 [M]. 北京：电子工业出版社，2007.
[5] 周建清. PLC 应用技术 [M]. 北京：机械工业出版社，2007.
[6] 岳庆来. 变频器、可编程控制器及触摸屏综合应用技术 [M]. 北京：机械工业出版社，2006.
[7] 张运刚，宋小春，郭武强. 三菱 FX3U PLC 技术与应用 [M]. 北京：人民邮电出版社，2007.
[8] 孙德盛，李伟. PLC 操作实训（三菱）[M]. 北京：机械工业出版社，2007.
[9] 王光义. 可编程控制器教程 [M]. 北京：机械工业出版社，1999.
[10] 耿淬，熊家慧. PLC 控制技术项目训练教程 [M]. 北京：高等教育出版社，2015.